工业阀门选型计算及应用

戴富林　戴　健　王焕彩　编著

中国质量标准出版传媒有限公司
中　国　标　准　出　版　社

北　京

图书在版编目(CIP)数据

工业阀门选型计算及应用 / 戴富林，戴健，王焕彩编著. —北京：中国标准出版社，2023.3

ISBN 978-7-5066-9922-8

Ⅰ.①工… Ⅱ.①戴… ②戴… ③王… Ⅲ.①阀门—选型—研究 Ⅳ.①TH134

中国版本图书馆 CIP 数据核字（2022）第 053583 号

内容提要

工业阀门应用广泛，其中电力行业对阀门的要求较高。本书就试图根据电力行业用户对阀门的要求，结合介质、压力、温度、流量等参数，给出阀门的选择原则并通过选型计算来正确选用阀门。书中详细介绍了气蚀、喘振、水锤、噪声和振动产生的原理和计算方法。同时，结合一些成功的例子，对阀门采取特殊设计的应用进行了阐述，旨在给工程设计人员及阀门用户提供一些有价值的建议。本书重点介绍了阀门的新结构和选型计算方法，没有过多涉及数学推算和理论分析，目的在于提高实用性。本书可供设计人员、采购工程师以及售后服务工程师工作时参考，也可供大中专院校相关专业师生在进行系统设计和产品设计时参考。

中国质量标准出版传媒有限公司
中　国　标　准　出　版　社　出版发行

北京市朝阳区和平里西街甲 2 号（100029）
北京市西城区三里河北街 16 号（100045）

网址：www. spc. net. cn
总编室：(010) 68533533　发行中心：(010) 51780238
读者服务部：(010) 68523946

北京联兴盛业印刷股份有限公司印刷
各地新华书店经销

*

开本 710×1000　1/16　印张 22.25　字数 486 千字
2023 年 3 月第一版　　2023 年 3 月第一次印刷

*

定价 98.00 元

前　言

阀门是用途非常广泛的机械产品，改革开放 40 多年来，我国阀门产业得到了空前发展。自行设计、制造的各类阀门产品已大量地应用于石化、电力和国防建设等各个领域。在电力工业中，新能源和清洁能源的应用日新月异。燃气轮机-蒸汽联合循环发电、核电、分布式电站、光热（熔盐）发电、煤气余压发电（TRT）、氢能源等技术快速发展，使得与之配套的各种阀门的工艺参数越来越高，工作环境越来越苛刻。如何根据各个不同系统、不同工况、不同启动方式和不同负荷下参数的变化，来选择合适的定型产品或开发专用的阀门产品，显得非常重要。因此，正确选用、设计、制造满足工艺要求的阀门，已经成了每个“阀门人”追求的目标。

首先，工业阀门密封性能要好，泄漏量应在标准允许的范围内；其次，强度和调节性能要好，保证阀门能打得开、关得严，特别是在故障状态能快速到达安全位置；最后，阀门的材质必须经得起两相流的冲蚀及在强腐蚀介质中耐腐蚀，使用寿命要长。

本书试图根据工艺系统对阀门的要求，结合介质、压力、温度、流量等参数，给出阀门的选择原则并通过选型计算来正确选用阀门。书中详细介绍了气蚀、喘振、水锤、噪声和振动产生的原理和计算方法。同时，结合一些成功的例子，对阀门采取特殊设计的应用进行了阐述，旨在给工程设计人员及阀门用户提供一些有价值的建议。本书重点介绍了阀门的新结构和选型计算方法，没有过多涉及数学推算和理论分析，目的在于提高实用性。

本书共 10 章。其中，第 1 章概括介绍了火力发电站的主要工艺系统及阀门；第 2 章介绍了燃气轮机-蒸汽联合循环电站的主要系统及特殊阀门；第 3 章介绍了光热发电熔盐阀的技术特点及应用；第 4 章至第 8 章分别介绍了水力、核电站的工艺特点和其他专用阀门的选型计算及应用；第 9 章介绍了防喘振阀门在压气机中的应用计算及有效措施；第 10 章重点介绍了电液（伺服）执行器在阀门上的应用。与气动、电动等其他执行机构相比，电液执行机构具有输出推力（力矩）大、响应速度快、控制精度高、结构紧凑、易于功能扩展等优点，拥有其他类型的执行器无法替代的优良特性。近年来，由于泵控伺服系统的应用，自带油源已做到 10 年免维护，省去了外接油箱，安装调试维护更方便。书中对此进行了详细的描述，为工业阀门智能和智慧管线的创新发展指出了新的途径。

本书引用的插图，部分是国内外厂家经过实践验证，准确可靠。本书还引用了国内外有关的文献资料，以及有关设计院和阀门制造企业（如 Fisher、MOTOYAMA、Masoneila、沈阳东北电力调节技术有限公司、重庆川仪执行器公司、成都凯远流体控制工程有限公司等）的参考资料，编著者在此一并表示衷心感谢！本书的最后，注明了相关的参考文献，方便读者直接查阅、核对。同时，也借此机会表达对作者的无限敬意！

王焕彩高级工程师参与了第 10 章的编写，韩小安高级工程师参与了第 2 章的编写和校核，赵南平高级工程师参与了第 3 章的编写。吴晓、曾文强等同志参与了部分章节的校核工作，特此表示感谢！

由于工业阀门的工况条件极为复杂，而且参数变化又非常迅速，部分情况难以及时、完全掌握。尽管编著者千方百计从各种渠道搜集资料及信息，但由于时间和水平所限，不当或错误之处仍在所难免，敬请读者予以指正！

编著者

2021 年 9 月

目　录

第1章　火力发电站的主要工艺系统及阀门

1.1　火力发电站的主要工艺系统及配套阀门的特点

电力工业中的火力发电站通常是指以煤为燃料的发电机组，它的工艺流程简单来说，就是加热液态的水，使之变成蒸汽，再由蒸汽推动蒸汽轮机带动发电机旋转，切割磁场产生电流，如图1-1所示（亦可见彩图1）。

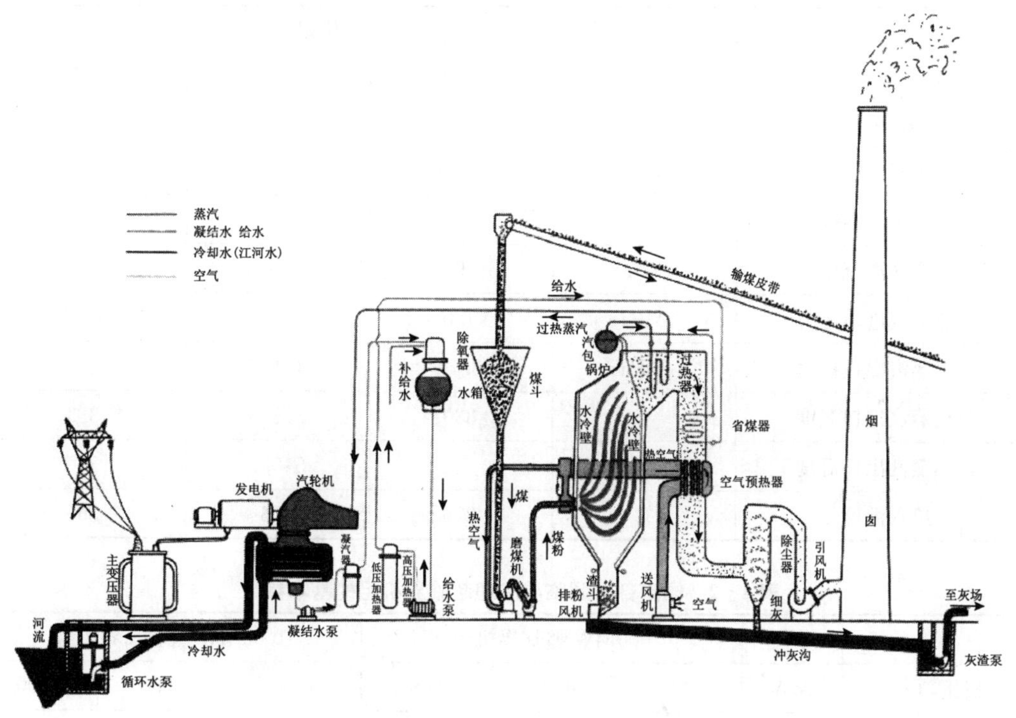

图1-1　发电站生产过程和主要设备示意图

根据主蒸汽的压力和温度的不同，燃煤机组又分为亚临界、超临界和超超临界机组。

我们都知道，水的临界点参数：P=22.12MPa，t=374.12℃。

亚临界火电机组的蒸汽参数：P = 16MPa ～ 19MPa，t = 538℃/538℃ 或 t = 540℃/540℃。

当蒸汽参数超过水的临界点的参数时，称为超临界机组。一般超临界机组的蒸汽压力为24MPa～26MPa，其典型参数：$P=24.1$MPa，$t=538$℃/538℃。我国正在建造的600MW超临界机组的参数：25.4MPa、$t=538$℃/566℃；或者$P=25.4$MPa，$t=566$℃/566℃。

超超临界机组实际上是在超临界机组参数基础上，进一步提高蒸汽压力和温度。国际上通常把主蒸汽压力为24.1MPa～31MPa、主蒸汽/再热蒸汽温度为580℃～600℃/580℃～610℃的机组定义为高效超临界机组，即通常所说的超超临界机组。

机组的主蒸汽是由锅炉产生的，亚临界锅炉：主蒸汽出口压力为15.7MPa～19.6MPa；超临界锅炉：主蒸汽出口压力≥22MPa；超超临界锅炉：商业性称谓，不具备明确的物理定义，仅表示技术参数或技术发展的一个阶段，表示更高的压力和温度，起始点定义不同。例如，日本：大于24.2MPa或达到593℃；丹麦：大于27.5MPa；我国：电力百科全书为高于27MPa。

▲国产亚临界、超临界和超超临界机组的基本参数见表1-1和表1-2。

表1-1　国产部分亚临界机组的基本参数

参数	单位	机组功率/MW		
		300	600	500
蒸汽流量MCR	t/h	1025	2026.8	1650
过热蒸汽压力	MPa	18.2	18.19	17.46
过热蒸汽温度	℃	540	540.6	540
再热蒸汽流量	t/h	860	1704.2	1481
再热蒸汽进口压力	MPa	4.0	4.3	4.21
再热蒸汽出口压力	MPa	3.79	4.176	4.0
再热蒸汽进口温度	℃	330	313.3	333
再热蒸汽出口温度	℃	540	540.6	540
给水温度	℃	276	276	255

表1-2　国产部分超临界和超超临界机组的基本参数

参数	单位	600MW超临界机组			1000MW超超临界机组		
机组功率	MW	600	600	600	1000	1000	1000
蒸汽流量MCR	t/h	1900	1900	1795	2953	2953	3033
过热蒸汽压力	MPa	25.4	25.4	26.15	27.56	27.56	26.25
过热蒸汽温度	℃	543	571	605	605	605	605
再热蒸汽流量	t/h	1640.3	1607.6	1464	2457	2446	2469.7
再热蒸汽进口压力	MPa	4.61	4.71	4.84	6.0	4.92	4.99
再热蒸汽出口压力	MPa	4.42	4.52	4.64	5.8	4.77	4.79

表1－2（续）

参数	单位	600MW 超临界机组			1000MW 超超临界机组		
再热蒸汽进口温度	℃	297	322	350	359	375	356.3
再热蒸汽出口温度	℃	569	569	603	603	603/613	603
给水温度	℃	283	284	293	296	297	302.4

下面，对电厂的几个主要系统进行说明。为了方便看图先将阀门和管件在系统图上的图形符号列出，见表1－3。

表1－3　阀门和管件在系统图上的图形符号

名称				图形符号	名称		图形符号
阀门	关断用阀门	闸阀			连接件	大小头	
		截止阀				中间堵板	
		球阀				管间盲板	
		蝶阀				法兰	
		旋塞阀			节流孔板	单级	
		隔离阀				多级	
	调节用阀门	节流阀			过滤装置	滤水器	
		控制阀				蒸汽或空气过滤器	
		减压阀				泵入口滤网	
		疏水器			水封装置	单级	
		减温减压器				多级	
	保护用阀门	止回阀			流量测量装置	孔板	
		安全阀	重锤式			喷嘴	
			弹簧式		排水	至排水管	
			脉冲式			至排水沟	

1.2　火力发电站的汽水管道

发电站的管道作为热力系统各个设备（锅炉、热轮机以及辅助设备等）之间的联络管道，是发电站热力系统必不可少的重要组成部分。管道工作的可靠性，对电厂的安全运行影响很大。随着高参数、大容量再热机组的发展，现代大型燃煤电站的管道总长可达数万米，总重量可达几百吨甚至千吨以上。例如600MW机组仅主蒸汽再热蒸汽和主给水管道就重达650t，其中昂贵的高级耐热合金钢占有相当大的比例，这些合金钢必须具有强度高、耐高温腐蚀、耐汽侧氧化等性能，以及良好的焊接性能和加工性能。

我国目前电站管道设计遵循的标准为 DL/T 5054《火力发电厂汽水管道设计规范》（简称《管规》）。该标准是根据我国经验，参照国外有关规程，包括美国 B31.1 规程制定的。

在《管规》中规定：主蒸汽管道的设计压力，取用锅炉过热器出口的额定工作压力或锅炉最大连续蒸发量下的工作压力。当锅炉和汽轮机经允许超压 5%运行时，应加上 5%的超压值。主蒸汽管道的设计温度，取用锅炉过热器出口蒸汽额定工作温度加上锅炉正常运行时允许的温度偏差 5℃。主蒸汽管道配套的阀门也是按这个设计温度和压力进行选型的。

汽水管道的介质流速，为实现发电站的安全经济运行，不仅要求管道系统布置设计合理、安全可靠，还要求汽水管道中的介质流速在允许范围内。若选择的介质流速过大，则管径过小，钢材消耗及投资减少，但管内介质流动阻力增大，运行费用增加，且使阀门密封面磨损加剧，甚至产生气蚀，使阀门密封面失效，管道产生振动。为此，《管规》中推荐了允许介质流速的范围，以核算管径。汽水管道介质的允许流速见表 1-4。

表 1-4 汽水管道介质的允许流速

介质种类	管道种类	流速/（m/s）
主蒸汽	超临界压力蒸汽管道 亚临界压力蒸汽管道 高压蒸汽管道 中、低压蒸汽管道	40～50 40～60 40～60 40～70
中间再热蒸汽	热段再热蒸汽管道 冷段再热蒸汽管道	40～60 30～50
其他蒸汽	抽汽管道 饱和蒸汽管道 减压减温器的蒸汽管道	30～50 30～50 60～90
给水	高压主给水管道 中、低压给水管道 给水再循环管道	2～6 0.5～3 ＜4
凝结水	凝结水泵出水管道 凝结水泵进水管道	1 ～3 0.5～1
化学净水、生水	离心水泵出水管道 离心水泵进水管道	2～3 0.5～1.5
工业用水	压力管道 无压排水管道	2～3 ＜1

综上所述，主蒸汽管道的设计压力、设计温度和汽水管道介质流速的规定，就构成了电站阀门的选型参数。其中，设计压力和设计温度是选择阀门阀体材料和压力等级的依据，通常按 ASME B16.34—2013 的温度-压力表进行（Class 系列）。国家能源局在 2014 年 6 月颁发了 NB/T 47044—2014（代替 JB/T 3595—2002）电站阀门标准（PN 系列），该标准也纳入了 ASME B16.34—2013 中的部分材料，为阀门设计和选型提供了指南。

介质流速的规定是选择阀门的公称通径的依据。需要特别指出的是，阀门的公称通径要兼顾管道的尺寸，特别是对接焊连接的阀门。燃煤电站工艺流程及主要阀门布置图见彩图 2。

1.3　阀门的材料

有各种不同的材质，可以满足阀门在不同工况下的使用要求。但是，正确、合理地选择阀门的材料，可以获得阀门的最经济的使用寿命和最佳的性能。

选择电站阀门主要零件材质时，应考虑到工作介质的物理性能（温度、压力）和化学性能（腐蚀性）等，有无固体颗粒，还要参照《管规》的有关规定和要求。如果是焊接阀门，则必须考虑与管道材料的适应性，即为同种钢焊接。

现将常用的阀体材质、内件材质（通常把除阀体、阀盖以外，与介质接触的主要零件称为内件）和密封面材质介绍见表 1-5～表 1-7。

表 1-5　常用阀体材料选用表

材料			常用工况		适用介质
类别	材料牌号	代号	公称压力 PN	t/℃	
球墨铸铁	QT400-18 QT400-15	Q	≤40	≤350	水、蒸汽、油类等
优质碳素钢	ZG205-415、ZG250-480、ZG275-485、WCA、WCB、WCC	C	≤160	≤420	水、蒸汽、油类等
	Q235、10、20、25、35		≤320	≤200	氨、氮、氢气等
铬钼合金钢	12CrMo、WC6、15 CrMo、ZG20CrMo	I	P_{54}100	540	蒸汽类
	Cr5Mo、ZGCr5Mo		≤160	≤550	油类
铬钼钒合金钢	12Cr1MoV、15Cr1MoV ZG12Cr1MoV、ZG15Cr1MoV WC0	V	P_{57}140	570	蒸汽类
镍、铬、钛耐酸钢	1Cr18Ni9Ti、ZG1Cr18Ni9Ti	P	≤63	≤200	硝酸等腐蚀介质
				−196～−100	乙烯等低温介质
				≤600	高温蒸汽、气体等

表 1－5（续）

材料			常用工况		适用介质
类别	材料牌号	代号	公称压力 PN	t/℃	
镍铬钼钛耐酸钢	1Cr18Ni12Mo2Ti ZG1Cr18Ni12Mo2Ti	R	≤200	≤200	尿素、醋酸（乙酸）等
优质锰钒钢	16Mn、15MnV	I	≤160	≤450	水、蒸汽、油类等
铜合金	HSi80－3	T	≤4.0	≤250	水、蒸汽、油类等
9 铬 1 钼钒钢	ASTMA217C12A ASTMA182F91	V	P_{57}240	≤600	蒸汽类
9 铬 1 钼钨钢	ASTMA182F92		P_{60}276	≤650	蒸汽类

表 1－6　阀门内件常用的材质及使用温度

阀门的内件材质	使用温度下限/℃（℉）	使用温度上限/℃（℉）	阀门的内件材质	使用温度下限/℃（℉）	使用温度上限/℃（℉）
304 型不锈钢	－268（－450）	316（600）	440 型不锈钢 60RC	－29（－20）	427（800）
316 型不锈钢	－268（－450）	316（600）	17－4PH	－40（－40）	427（800）
青铜	－273（－460）	232（450）	6 号合金（Co－Cr）	－273（－460）	816（1500）
因可镍尔合金	－240（－400）	649（1200）	化学镀镍	－268（－450）	427（800）
K 蒙乃尔合金	－240（－400）	482（900）	镀铝	－273（－460）	316（600）
蒙乃尔合金	－240（－400）	482（900）	丁腈橡胶	－40（－40）	93（200）
哈氏合金 B	－198（－325）	371（600）	氟橡胶	－23（－10）	204（400）
哈氏合金 C	－198（－325）	538（1000）	聚四氟乙烯	－268（－450）	232（450）
钛合金	－29（－20）	316（600）	尼龙	－73（－100）	93（200）
镍基合金	－198（－325）	316（600）	聚乙烯	－73（－100）	93（200）
20 号合金	－46（－50）	316（600）	氯丁橡胶	－40（－40）	82（180）
416 型不锈钢 40RC	－29（－20）	427（800）	—	—	—

表 1－7　密封面常用材料及适用介质

材料	代号	常用工况		适用阀类
		公称压力 PN	t/℃	
橡胶	X	≤1	≤60	截止阀、隔膜阀、蝶阀、止回阀等
尼龙	N	≤320	≤80	球阀、截止阀等
聚四氟乙烯	F	≤63	≤150	截止阀、隔膜阀、蝶阀、止回阀等
巴氏合金	B	≤25	－70～150	氨用截止阀

表1-7（续）

<table>
<tr><th colspan="2" rowspan="2">材料</th><th rowspan="2">代号</th><th colspan="2">常用工况</th><th rowspan="2">适用阀类</th></tr>
<tr><th>公称压力PN</th><th>t/℃</th></tr>
<tr><td colspan="2">陶瓷</td><td>G</td><td>≤16</td><td>≤150</td><td>球阀、旋塞阀等</td></tr>
<tr><td colspan="2">搪瓷</td><td>C</td><td>≤10</td><td>≤80</td><td>截止阀、隔膜阀、止回阀、放料阀等</td></tr>
<tr><td>铜合金</td><td>QSN6-6-3、
HMn58-2-2</td><td>T</td><td>≤16</td><td>≤200</td><td>闸阀、截止阀、止回阀、旋塞阀等</td></tr>
<tr><td>不锈钢</td><td>20Cr13、30Cr13
TDCr-2、TDCrMn</td><td>H</td><td>≤32</td><td>≤450</td><td>中高压阀门</td></tr>
<tr><td colspan="2">渗氮钢38CrMoAlA</td><td>D</td><td>P_{54}10</td><td>540</td><td>电站闸阀、一般情况使用</td></tr>
<tr><td rowspan="2">硬质
合金</td><td>WC、TiC</td><td rowspan="2">Y</td><td colspan="2" rowspan="2">按阀体材料确定</td><td>高温阀、超高压阀</td></tr>
<tr><td>TDCoCr-1
TDCoCr-2</td><td>高压、超高压阀
高温、低温阀</td></tr>
<tr><td rowspan="2">在本
体上
加工</td><td>优质碳素钢</td><td rowspan="2">W</td><td>≤40</td><td>≤200</td><td>油类用阀门</td></tr>
<tr><td>1Cr18Ni9Ti
Cr18Ni12Mo2Ti</td><td>≤320</td><td>≤450</td><td>酸类等腐蚀性介质用阀门</td></tr>
<tr><td colspan="2">蒙乃尔合金K
蒙乃尔合金S</td><td>M</td><td colspan="2" rowspan="3">按阀体材料确定</td><td>石油化工阀、低温阀、核阀</td></tr>
<tr><td colspan="2">哈氏合金B
哈氏合金C</td><td></td><td>石油化工阀、耐腐蚀阀、电站阀</td></tr>
<tr><td colspan="2">20号合金</td><td></td><td>石油化工阀、耐腐蚀阀、核阀</td></tr>
</table>

1.4 蒸汽系统及阀门

蒸汽系统是指主蒸汽系统、再热蒸汽系统、旁路系统、轴封蒸汽系统、辅助蒸汽系统和回热抽汽系统。

1.4.1 主蒸汽和再热蒸汽系统

锅炉从过热器联箱出口至汽轮机主汽阀进口的主蒸汽管道、阀门、输水管等设备、部件组成的工作系统。

锅炉过热、再热和给水系统的温度及偏差见表1-8。

表 1-8　锅炉的压力、温度及温度偏差

锅炉类型		中压	次高压	高压	超高压	亚临界	超临界	超超临界
过热	过热蒸汽额定压力 P/MPa	3.8≤P<5.3	5.3≤P<9.8	9.8≤P<13.7	13.7≤P<16.7	16.7≤P<22.1	P≥22.1	P≥22.1
	过热蒸汽额定温度/℃	440	440/475	540	540	541	540/570	613/623
	过热蒸汽温度允许偏差/℃	+10 −15	+10 −15	+5 −10	+5 −10	+5 −10	+5 −10	+5 −10
再热	再热蒸汽额定温度/℃	—	—	—	540	541	—	—
	再热蒸汽温度允许偏差/℃	—	—	—	—	+5 −10	+5 −10	+5 −10
给水	给水温度/℃	150	140/150/170	220	240	278	275	300
注：A 级锅炉指表压力 P≥3.8MPa 的锅炉。								

在主汽阀前，通常有电动主汽阀，在汽轮机启动以前，电动主汽阀关闭，使汽轮机与主蒸汽管道隔开，防止水或主蒸汽管道中其他杂物进入主汽阀区，主蒸汽管道的最低位置处，设置有疏水止回阀及相应的疏水管道，用于在汽轮机启动前暖管至10%额定负荷之前，以及汽轮机停机后及时进行疏水，避免因管内积水而发生水击（水锤）现象。

再热冷段：指从高压缸排汽至锅炉再热器进口联箱入口处的管道和阀门。在接近高压缸下方的排汽管道上，设有高压缸排汽止回阀。该处还设有疏水管道以及相应的疏水止回阀。

再热热段：指从锅炉再热器出口至中联门前的蒸汽管道。

在蒸汽系统除了上述的一些由主机厂提供的阀门以外，需要特别重视的是蒸汽系统安全阀的选型。安全阀是一种自动阀门，它不借助任何外力而利用介质本身的力来排出一定量的流体，以防止系统内部压力超过预定的安全压力数值。当压力恢复正常值后，阀门自行关闭并阻止介质继续流出。

PCV 阀：亦称为电磁泄放阀。PCV 阀主要功能是为了消除锅炉运行时，压力波动引起的安全阀动作，在安全阀动作之前开启，排出多余的蒸汽，以保证锅炉在规定的压力下正常运行，从而保护安全阀，减少安全阀的动作次数，延长其使用寿命。

PCV 阀的排量一般设定为锅炉总蒸发量的10%。

PCV 阀有自动/手动和闭锁三种操作方式。自动为逻辑控制，即根据压力的变化，自动进行开启和关闭。图 1-2 为其原理图，图 1-3 为 PCV 阀的结构图。

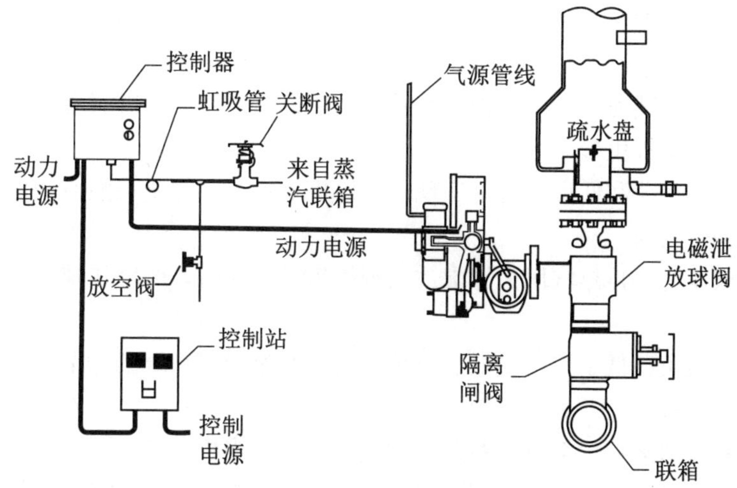

图1-2 PCV阀原理图

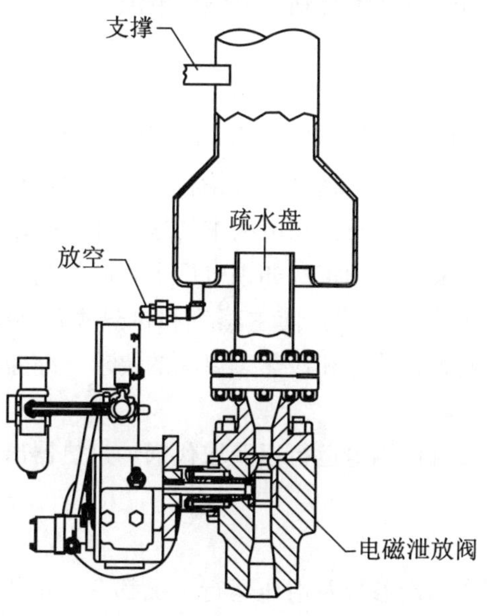

图1-3 PCV阀结构图

1.4.2 旁路系统

1.4.2.1 旁路系统的功能

旁路系统的最基本功能是协调锅炉产汽量和汽轮机耗汽量之间的不平衡，改善启动和负荷特性，提高机组运行的安全性、灵活性和负荷的适应性。除启动、安全和溢流三个主要功能外，还有工质回收、清洗和减少叶片腐蚀等功能。

（1）机组在冷态、温态、热态和极热态工况启动时，在锅炉启动阶段因蒸汽参数未满足冲转要求，通过旁路系统可以控制锅炉的蒸汽压力和蒸汽温度，使启动参数能较快地与汽轮机金属温度相匹配，快速提升系统参数，不仅缩短机组的启动时间，也减少汽轮机寿命损耗。

（2）在汽轮机冲转前、冲转过程中及并网初期带负荷时，可以实现主汽压力及再热汽压力调节，为汽轮机提供参数稳定的蒸汽。

（3）在机组空负荷和低负荷时，实现机组停机不停炉，便于在短时间停机后，汽轮机能快速启动并网带负荷。

（4）当主汽压力、再热汽压力异常或出现机组甩负荷时，旁路快速开启，减少安全门动作。

（5）当汽轮机负荷低于锅炉最低稳燃负荷时，通过旁路系统的调节，允许机组在低负荷下不投油稳定燃烧。

（6）设备和管道运行后会有一些杂质颗粒物产生，当机组启动时，蒸汽中的这些微小固体颗粒会随蒸汽进入汽轮机，采用旁路系统后，启动初期蒸汽可绕过汽轮机而进入凝汽器，防止汽轮机调节阀、喷嘴及动叶受到固体颗粒侵蚀。

1.4.2.2 旁路选型原则

旁路选型主要包括旁路的型式和容量。选型的原则即为设置旁路所需实现的功能和目标。一般来说，要求旁路功能越全、越多，旁路容量也越大，相应造成投资增加。旁路系统的型式和容量还要结合机组特性及其在电网中的地位和任务以及汽机的启动方式、锅炉布置形式、启动系统要求等来综合确定。如果电厂主要以带基本负荷并调峰运行为主，可以明确旁路的基本功能即为启动功能，使主蒸汽和再热蒸汽压力、温度维持到预定的水平，以满足汽轮机冷态、温态、热态和极热态启动的要求，缩短启动时间，减少汽轮机金属的疲劳损伤。

其他诸如停机不停炉、带厂用电运行以及取代锅炉过热器出口安全阀等功能分别分析如下：

（1）停机不停炉

停机不停炉要求旁路在额定参数及滑压运行工况都有一定的通流能力。在额定参数定压下汽轮机跳闸时，锅炉按设计要求应维持45%BMCR（锅炉最大蒸发量）不投油的最低稳燃负荷。此时，如配置30%BMCR的高压旁路容量，不能通过锅炉的设计流量。所以，不能满足停机不停炉运行要求。

在滑压运行工况下，汽机45%THA（热耗保证）工况下由于主蒸汽压力的降低，蒸汽容积流量的增大，而使高压旁路的通流能力降低。因而要满足锅炉最低稳燃负荷的需要，旁路的容量需要很大，设备和管道费用增加很多。同时由于凝汽器容量不允许旁路容量设置过大，加上凝结水平衡及气动条件限制，停机不停炉这种工况较难实现。

（2）带厂用电运行

带厂用电运行是机组最恶劣的一种运行工况，其能否成功，不仅取决于旁路的设计，而且还取决于锅炉及辅机的可控性，控制和保护系统的正确性和可靠性，汽轮机的适应性和稳定性等。实现带厂用电运行功能，对电网的安全、可靠运行，故障及时的恢复与保护，显得尤为重要。对于机组而言，若实现带厂用电运行功能，需要增加大量资金，且利用率很低。带厂用电运行工况下，要求旁路与汽轮机并联运行，是机组启动、运行最不利的工况。

带厂用电运行，600MW 汽轮机进汽量约为 122t/h，锅炉维持最低稳燃负荷，其蒸发量约为 912.6t/h。在滑参数条件下，旁路需溢流 790t/h 蒸汽。按此工况计算，低压旁路的设计容量需增至 100%BMCR 以上，才能达到上述要求。因而要实现带厂用电运行功能，旁路和管道投资依然很大。

（3）兼带安全功能

兼带安全功能的旁路系统即上文所述三用阀旁路。目前，世界上只有少数国家（如德国及其周边国家、南非等）的规程或标准，允许以带安全功能的旁路系统取代锅炉过热器出口的安全阀。但在这种条件下，因凝汽器容量限制，与高压旁路串联的低压旁路容量不能为 100%，一般为 55%～65%，因此再热器出口仍需设安全阀。

按德国 TRD 规定，采用兼带安全功能的高压旁路系统，还应满足以下要求：

1）锅炉设计压力应按 TRD421 的规定增加 10%。

2）按 TRD401 的规定，兼带安全功能的高压旁路减压阀应采用角式结构，即阀门开启时汽流应顶起阀芯由下向上排出。

3）高压主蒸汽管道上规定应设三个独立回路的安全设备，具有三个相同的压力测点和三个压力开关，采用三取一的动作原理，即任一压力开关动作，高压旁路阀就应打开。一旦蒸汽压力下降到压力开关设定值之下时，就关闭高压旁路阀。压力开关前应设置隔离阀，定时进行旁路阀开启试验，以保证系统安全可靠。有的设计中除了压力升高至定值时开启阀门的功能外，还有超前开启和快开控制三项结合的措施。

4）如锅炉采用滑压运行或定压—滑压—定压的复合滑压运行方式，则压力开关的设定值应随负荷变动并保持一定的偏置值。

5）采用这种高压旁路时，即使喷水减温失灵，为确保锅炉的安全，高压旁路亦应按要求开启，为适应高温主蒸汽排入低温再热系统，低温再热管道材料必须采用低合金钢。但此旁路配置的缺点是控制系统很复杂，且必须采用电液调节，设备价格较高，维修工作量大，冷段管系采用低合金钢投资较高，在目前不太适应国内的电力发展需求。

所以，国内机组基本要求有事故可以迅速解列，而不必要做到停机不停炉和带厂用电运行。对于国内机组来讲，要实现以上功能，需要增加大量投资，同时对汽机寿命影响很大，且利用率很低。对于电网来讲，不必每台机组均带此功能，且随着电网容量的扩大，电网结构的灵活性逐渐增强，机组的停机不停炉和带厂用电运行功能也显得不是非常重要。

因此，旁路系统经常是按以启动功能为旁路设置的基本功能，并附有稳定蒸汽压力以及在事故工况下的保护功能来确定。此时，可采用高压缸启动或高中压缸联合启动。

1.4.2.3　旁路容量

1.4.2.3.1　旁路容量考虑因素

旁路系统以启动功能为旁路设置的基本功能来考虑，旁路系统的最低容量必须满足机组各种启动工况的要求。

由锅炉厂和汽轮机厂提供的启动曲线，查出在汽轮机冲转前锅炉主蒸汽的压力、温度和流量。这些流量必须经高压旁路（高旁）绕过汽轮机高压缸排入再热冷段管道或凝汽器。同时，考虑到机组甩负荷时，锅炉产汽量往往大于汽机耗汽量，因此需要通过旁路来协调机炉之间的差别。

按照上述条件应用喷嘴流动公式可计算出高旁阀的理论通流面积，折算至高旁容量，这个容量是必须满足的最低容量。配两级串联旁路时，低压旁路容量应能通过高旁流量加减温水量，按照同样的计算方法，可以对低压旁路阀的理论通流面积进行计算，确定低旁的容量。

一般来讲，旁路容量越大，机组运行的灵活性越大，机组的启动速度也越快。主机厂也希望旁路容量大一些。但有时进一步提高旁路容量并不能缩短启动时间，这是因为对于超临界机组，机组启动时间还受汽缸温升率的制约。因此，旁路容量应综合权衡后确定，一般情况下能满足启动要求即可。

1.4.2.3.2 旁路容量计算

（1）若采用高压缸启动，则可以采用一级大旁路系统，旁路系统容量计算如下：

以 300MW 机组为例，根据锅炉厂和汽机厂提供的高压缸启动曲线，冷态启动时，汽机开始冲转前锅炉主汽参数为 350℃/5.0MPa（A）（绝对压力）、流量为 79t/h。据此参数计算，配置 8%BMCR 的高压旁路容量即可满足启动要求。

同样，对于机组温态、热态和极热态启动时，汽机开始冲转前锅炉主汽参数分别为 400℃/7MPa（A）、162t/h，500℃/10MPa（A）、172t/h 和 522℃/10MPa（A）、202t/h。据此参数计算，配置 14.61%、14.81%、17.72%BMCR 的旁路容量即可满足启动要求。由于锅炉本身有 5%的启动疏水旁路，在极热态启动时，15%容量的旁路仍能满足要求；即使不投入 5%的启动疏水旁路，因为在机组启动时所用的主汽疏水阀全开，通流 2.72% BMCR 的容量也没有任何困难。

综上分析，旁路可取 15%的容量。若 1000MW 机组，旁路可取 25%BMCR 的容量。

这种系统较为简单，操作简便，投资最少。可用来调节过热蒸汽温度，但不能保护再热器，机组滑参数启动时，特别是机组在热态启动时，不能调节再热蒸汽温度，使用于再热器不需要保护的机组上，这种旁路系统不适用于调峰机组。

（2）若采用高中压缸联合启动，则可以配两级串联旁路，旁路系统容量计算如下：

根据锅炉厂和汽机厂提供的高中压缸联合启动曲线，冷态启动时，汽机开始冲转前锅炉来主汽参数为 350℃/5.0MPa（A）、流量为 200t/h。据此参数计算，配置 20%BMCR 的高压旁路容量即可满足启动要求。

同样，对于机组温态、热态和极热态启动时，汽机开始冲转前锅炉来主汽参数分别为 400℃/7MPa（A）、354t/h，500℃/10MPa（A）、304.2t/h 和 526℃/10MPa（A）、337t/h。据此参数计算，配置 25.8%、27%、29.64%BMCR 的高压旁路容量即可满足启动要求。由于采用高低压旁路系统时，无法与 5%的启动疏水旁路并联运行，所以高旁容量应取 30%。

综上分析，两级串联旁路可取30%的容量。若1000MW机组，旁路可取40%BMCR的容量。

两级串联旁路系统由高压旁路和低压旁路组成。高压旁路把主蒸汽经减温减压设备后排入汽轮机高压缸的排汽管道，低压旁路将再热器出口的再热蒸汽经减温减压设备后排入凝汽器。高旁后的蒸汽通过再热器，既保护了再热器又满足了热态启动时蒸汽温度与汽缸金属壁温相匹配的要求，并能使机组在冷态、温态或热态工况下，以滑参数快速安全地启动。

两级串联旁路系统，由于阀门较少、系统简单、功能齐全，因此被广泛用于再热机组上。系统流程如图1-4所示，图1-5为旁路阀外形图。

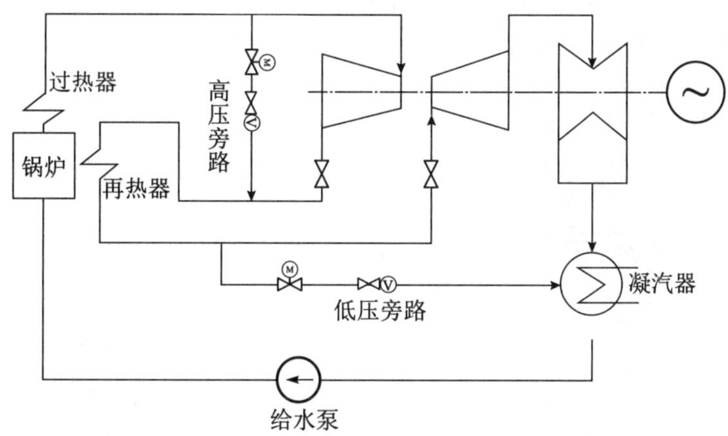

图1-4　两级串联旁路系统

图1-5　旁路阀的外形

（3）三级旁路系统，这种旁路系统是由两级串联旁路系统和整机旁路系统组成的。通过整机旁路，可以使锅炉维持稳定负荷，多余蒸汽经大旁路排至凝汽器。高、低压两级旁路串联，可满足汽轮机启动过程不同阶段对蒸汽参数和流量的要求，并保证了再热器的最低冷却流量。三级旁路系统的功能齐全，但系统复杂，设备附件多，投资大，布置困难，运行不便，现已很少采用。

1.4.2.4 高中低压旁路阀门的结构及参数

旁路阀在工作时，蒸汽的降压和冷却是分别进行的。阀门采用多级减压组合阀笼，减小级间压差，能减小汽流对密封面的冲刷及气蚀破坏。阀门设计有副阀芯，可实现小力矩启动、快开/快关。

喷嘴需满足喷水均匀，雾化优良，避免减温水与管壁的直接接触而带来的冲击，实现管道温差应力最小化，满足防止振动、降低噪声等要求。

（1）高压旁路阀，如图 1-6 所示。

设计参数：

进口：压力 11.0MPa，温度 530℃，流量 312.7t/h；

出口：压力 4.2MPa，温度 388℃。

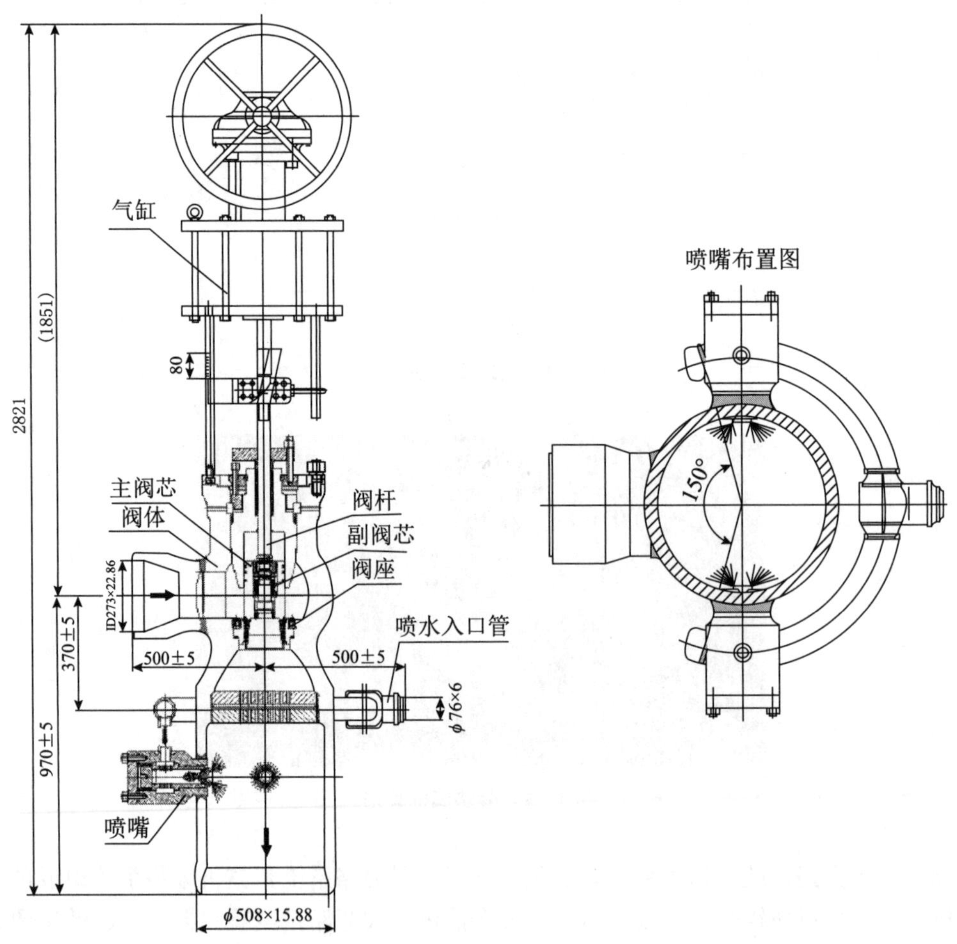

图 1-6　高压旁路阀[1)]

1）如无特殊说明，本书图中尺寸均为毫米（mm）。

（2）中压旁路阀，如图 1－7 所示。

设计参数：

进口：压力 3.9MPa，温度 530℃，流量 398t/h；

出口：压力 0.6MPa，温度 160℃。

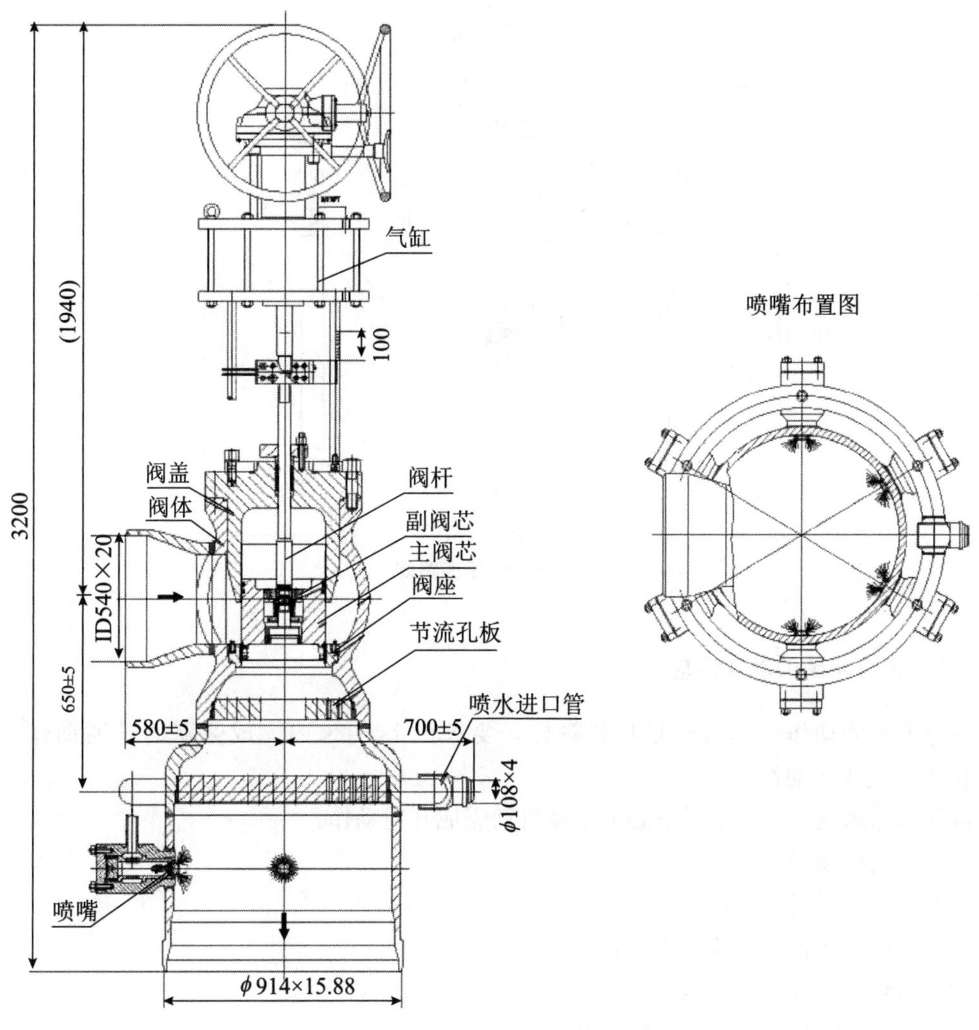

图 1－7　中压旁路阀

（3）低压旁路阀，如图 1－8 所示。

设计参数：

进口：压力 0.55MPa，温度 160℃，流量 70t/h；

出口：压力 0.29MPa，温度 160℃。

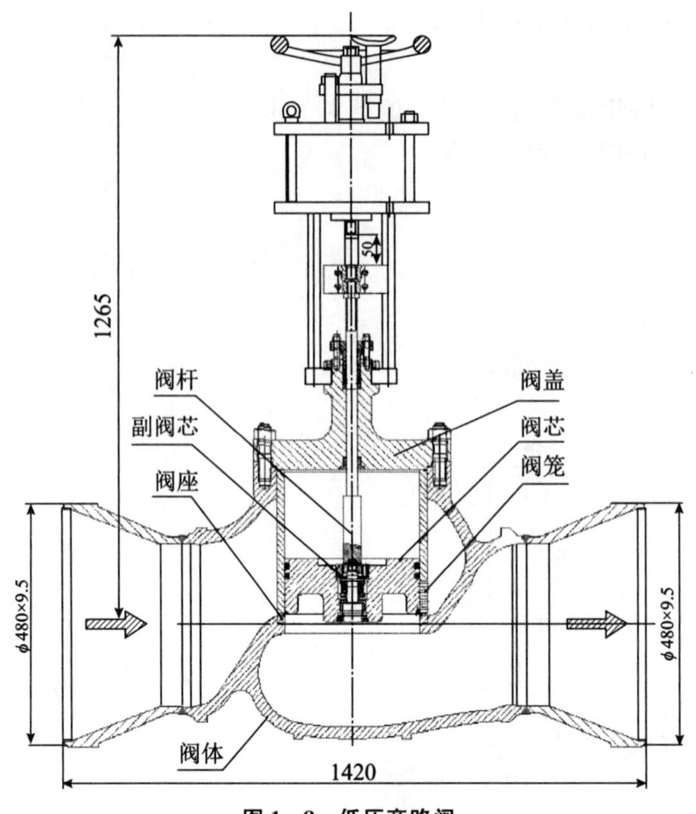

图1-8　低压旁路阀

1.4.2.5　旁路系统的动作响应

旁路系统的动作响应时间是越快越好，要求在1s～2s内完成旁路的开通动作，在2s～3s内完成关闭动作。

高压旁路系统在下述情况下必须立即自动完成开通动作：

(1) 汽轮机跳闸；

(2) 汽轮机组甩负荷；

(3) 锅炉过热器出口蒸汽压力超限；

(4) 锅炉过热器蒸汽升压率超限；

(5) 锅炉MFT（主燃料跳闸）动作。

当发生下列任一情况时，高压旁路阀快速自动关闭（优先于开启信号）：

(1) 高压旁路阀后的蒸汽温度超限；

(2) 揿下事故关闭按钮；

(3) 高压旁路阀的控制、执行机构失电。

当高压旁路阀动作时，其减温水隔离阀、控制阀同步动作。

低压旁路系统在下述情况下应立即自动完成开通动作：

(1) 汽轮机跳闸；

（2）汽轮机组甩负荷；

（3）再热热段蒸汽压力超限。

当发生下列任一情况时，低压旁路系统应立即关闭：

（1）旁路阀后蒸汽压力超限；

（2）低压旁路系统减温水压力太低；

（3）凝汽器压力太高；

（4）减温器出口的蒸汽温度太高；

（5）揿下事故关闭按钮。

当低压旁路阀开启或关闭时，其相应的减温水调节阀也随之开启或关闭（后者关闭略有延时）。

1.4.3　轴封蒸汽系统

轴封蒸汽系统的主要功能是向汽轮机、给水泵小汽轮机的轴封和主汽阀、控制阀的阀杆汽封供送密封蒸汽，同时将各汽封的漏汽合理导向或抽出。在汽轮机的高压区段，轴封系统的正常功能是防止蒸汽向外泄漏，以确保汽轮机有高效率；在汽轮机的低压区段，则是防止外部的空气进入汽轮机内部，保证汽轮机有尽可能高的真空（即尽可能低的背参数），也是为了保证汽轮机组的高效率。轴封蒸汽系统主要由密封装置、轴封蒸汽母管、轴封加热器等设备及相应的阀门、管路系统构成。

为了汽轮机本体部件的安全，对送汽的压力和温度有一定要求。因为送汽温度如果与汽轮机本体部件温度（特别是转子的金属温度）差别太大，将使汽轮机部件产生较大的热应力，这种热应力将造成汽轮机部件寿命损耗的加剧，同时还会造成汽轮机动、静部分的相对膨胀失调，将直接影响汽轮机组的安全。

在汽轮机启动时，高中压缸轴封的送汽要求是：冷态启动时，用压力为0.75MPa～0.80MPa、温度为150℃～260℃的蒸汽向轴封送汽，对汽轮机进行预热；热态启动时，用压力为0.55MPa～0.60MPa、温度为208℃～375℃的蒸汽向轴封送汽。对于高中压缸，较好的轴封送汽温度范围为208℃～260℃，这一温度范围适用于各种启动方式。低压缸轴封的送汽温度则取150℃或更低一些。

为了控制轴封系统蒸汽的温度和压力，系统内除管道、阀门外，还设有压力调节装置和温度调节装置。

当汽轮机组正常运行时，轴封系统的蒸汽由系统内自行平衡。但压力调节装置、温度调节装置仍然进行跟踪监视和调节。此时，通过汽轮机轴封装置泄漏出来的蒸汽，分别被接到除氧器（或除氧器前的高压加热器）、低压加热器、轴封冷凝器（轴封冷却器），尽可能地回收能量，确保汽轮机组的效率。

当汽轮机紧急停机时，高中压缸的进汽阀迅速关闭。此时，高压缸内的蒸汽压力仍然较高，而中低压缸内的蒸汽压力接近于凝汽器内的压力，于是，高压缸内的蒸汽将通过轴封蒸汽系统泄漏到中低压缸内膨胀做功，造成汽轮机的超速。为了避免这种危险，轴封系统应设置危急放汽阀，当轴封系统的压力超限时，放汽阀立即打开，将轴封系统与凝汽器接通。

轴封系统通常有两路外接气原。一路来自其他机组或辅助锅炉（对于新建电厂的第一台机组）的辅助蒸汽，经温度、压力控制阀之后，接至轴封蒸汽母管，并分别向各轴封送汽；另一路是主蒸汽经压力调节后供汽至轴封蒸汽系统，作为轴封蒸汽系统的备用气原。

随着机组负荷的增加，高、中压缸轴封漏汽和高、中压缸进汽阀的阀杆漏汽也相应增加，使得轴封蒸汽压力上升。于是，轴封蒸汽压力调节器逐渐将进气阀关小，以维持轴封蒸汽压力在正常值。

当送往低压缸轴封的蒸汽温度太高时，控制温度控制阀（即冷却水阀）向减温器喷水，以维持低压缸轴封蒸汽温度在正常值（≈150℃）。

当600MW机组正常运行时，轴封系统轴封蒸汽压力通常为8.5kPa（不同的机组，系统设置将有所不同，此数值也将有所不同），去低压缸轴封的蒸汽温度为150℃。

当机组启动时，轴封蒸汽的气原来自辅助蒸汽系统，此时轴封送汽参数：冷态启动压力1.0MPa，温度210℃；热态启动压力1.0MPa，温度265℃。这个系统的阀门，一般就是根据这些参数来设计和选型的。

1.4.4 辅助蒸汽系统

辅助蒸汽系统的主要功能有两方面。当本机组处于启动阶段而需要蒸汽时，它可以将正在运行的相邻机组（首台机组启动则是辅助锅炉）的蒸汽引送到本机组的蒸汽用户，如除氧器水箱预热、暖风器及燃油加热、厂用热交换器、汽轮机轴封、真空系统抽汽器、燃油加热及雾化、水处理室等；当本机组运行时，也可将本机组的蒸汽引送到相邻（正在启动）机组的蒸汽用户，或将本机组再热冷段的蒸汽引送到本机组各个需要辅助蒸汽的用户。图1－9是汽轮机辅助蒸汽系统示意图。

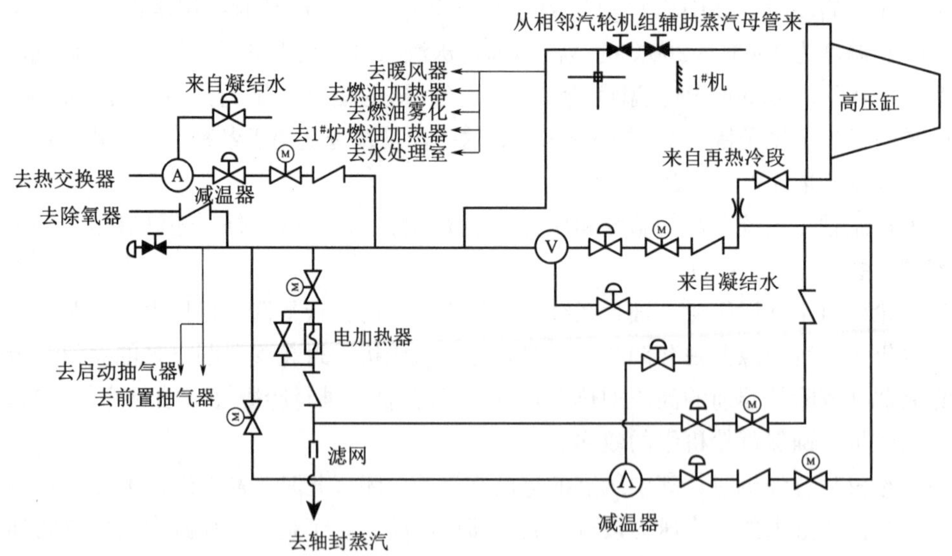

图1－9 汽轮机辅助蒸汽系统示意图

该系统辅助蒸汽额定流量为90.4t/h，额定压力为1.1MPa，额定温度为195℃。

辅助蒸汽母管至轴封蒸汽系统的管路上，设有一只电加热器，启动时用来提高轴封蒸汽的温度（从195℃提高到265℃）。在正常运行期间，轴封蒸汽的最低温度为265℃。

辅助蒸汽系统内共有6只安全阀，辅助蒸汽母管上3只，再热冷段至小旁路1只，再热冷段至轴封蒸汽管道上1只，这5只安全阀的压力整定值均为1.57MPa；另1只安装在辅助蒸汽母管至厂用热交换器的管路上，其压力整定值为1.0MPa。

该系统内共有3只减温器。再热冷段至辅助蒸汽母管上1只，再热冷段至辅助蒸汽小旁路管上1只，这2只各有1只压力控制器，以维持辅助蒸汽母管的压力不大于1.1MPa，辅助蒸汽温度不高于195℃；另1只设在辅助蒸汽母管至厂用热交换器管路上，维持热交换器的压力不大于2.1MPa，温度不高于145℃。减温器的喷水均取自凝结水泵出口母管。

在机组启动期间，辅助蒸汽系统的气原来自相邻机组的辅助蒸汽系统，向本机组除氧器、真空系统抽汽器、汽轮机轴封、燃油加热及雾化、厂用热交换器及化学水处理室供汽。

在机组低负荷期间，随着负荷的增加，当再热冷段压力足够时（1.5MPa），辅助蒸汽开始由再热冷段供汽。当再热冷段蒸汽温度高于280℃时，轴封也由再热冷段供汽，随着负荷进一步增加，逐渐切换成自保持方式，机组进入正常运行阶段。

正常运行期间，当汽轮机第4段抽汽压力足够时，由第4段抽汽向除氧器、暖风器及燃油加热、厂用热交换器直接供汽。

1.4.5　回热抽汽系统

回热抽汽系统用来加热进入锅炉的给水（主凝结水）。回热抽汽系统性能的优化，对整个汽轮机组热循环效率的提高起着重大的作用。回热抽汽系统抽汽的级数、参数（温度、压力、流量），加热器（换热器）的形式、性能，抽汽凝结水的导向，以及系统内管道、阀门的性能，都应予以仔细地分析、选择，才能组成性能良好的回热抽汽系统。

理论上回热抽汽的级数越多，汽轮机的热循环过程就越接近卡诺循环，其热循环效率就越高。但回热抽汽的级数受投资和场地的制约，不可能设置得很多。目前我国600MW等级的汽轮机组，采用8段回热抽汽（3段用于高压加热器的抽汽、1段用于除氧器的抽汽、4段用于低压加热器的抽汽）。通常，用于高压加热器和除氧器的抽汽，由高、中压缸（或它们的排汽管）处引出，而用于低压加热器的抽汽由低压缸引出。

在抽汽级数相同的情况下，抽汽参数对系统热循环效率有明显的影响。抽汽参数的安排应当是：高品位（高焓，低熵）处的蒸汽少抽，而低品位（低焓，高熵）处的蒸汽则尽可能多抽。

一般由汽轮机的高、中压缸抽出的蒸汽具有一定的过热度，在加热器的蒸汽进口处，可设置过热蒸汽冷却段（简称过热段）；经过加热器的凝结水（疏水），比进入加热器的主凝结水温度高，故可设置疏水冷却段。这样，就可以充分利用抽汽的能量，使加热器进出口的（温度）断差尽量减小，有利于提高整个回热系统的效率。如图1-10所示。

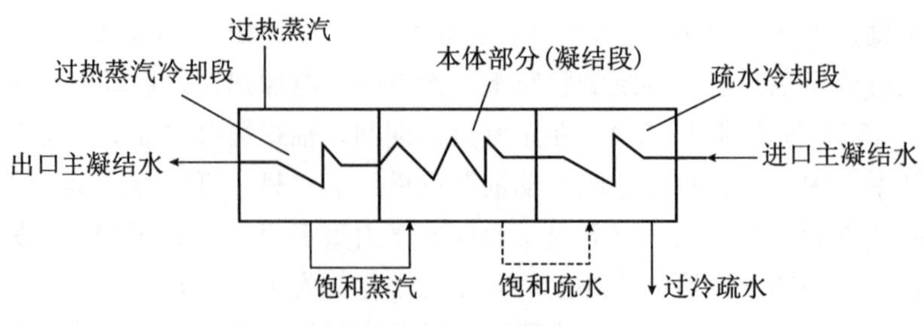

图 1-10 回热抽汽

在过热蒸汽冷却段内，过热蒸汽被冷却，其热量由主凝结水吸收，水温提高，而过热蒸汽的温度降低至接近或等于其相应压力下的饱和温度。但要注意的是，采用过热段是有条件的，这些条件是：在机组满负荷时，蒸汽的过热度≥83℃，抽汽压力≥1.034MPa，流动阻力≤0.034MPa，加热器端差在 0℃～－1.7℃，过热段出口蒸汽的剩余过热度≥30℃。

在疏水冷却段内，由于疏水温度高于进水温度，故在换热过程中疏水温度降低，主凝结水吸热而温度升高。疏水温度的降低，可导致相邻压力较低的加热器抽汽量增大；进水温度升高则导致本级抽汽量的减少。其结果是：高品位的蒸汽少抽，低品位的蒸汽多抽，这对提高回热系统的效率很有好处。

设置疏水冷却段，没有像过热蒸汽冷却段的限制条件，因此目前 600MW 机组的所有加热器都设置了疏水冷却段。

加热器设置疏水冷却段不但能提高经济性，而且对系统的安全进行也有好处。因为原来的疏水是饱和水，在流向下一级压力较低的加热器时，必须经过节流减压，而饱和水一经节流减压，就会产生蒸汽而形成两相流动，这将对管道和下一级加热器产生冲击、振动等不良后果。经冷却后的疏水是不饱和水，这样在节流过程中产生两相流动的可能性就大大减少。

抽汽的管道、阀门要有足够的通流面积，管道内表面应尽可能平滑，以减少阀门、管道的流动损失。

600MW 汽轮机组的抽汽系统，均采用 3 只高压加热器、1 只除氧器、4 只低压加热器。图 1-11是 600MW 汽轮机组的抽汽系统示意图。

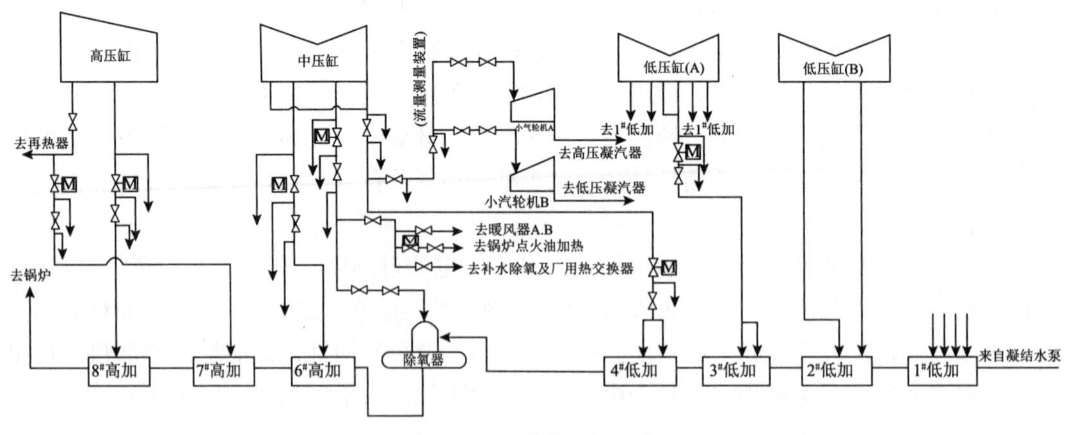

图 1-11 抽汽系统示意

电厂抽汽系统除了要求系统有令人满意的效率外，还要求系统必须十分安全可靠。抽汽系统的抽汽管道大都直接由汽轮机本体引出，这些管道的工作状态直接影响汽轮机本体的安全。

在汽轮机跳闸时，这些抽汽管道中的蒸汽将会倒灌到汽轮机本体，致使汽轮机发生意外的超速（也称“飞车”），酝酿灾难；当汽轮机低负荷运行，或某些加热器水位太高，或加热器水管泄漏破裂，或管道疏水不畅时，水可能倒灌到汽轮机本体内，损坏叶片，这是不允许的。为了防止上述情况的发生，在抽汽管道紧靠气缸的抽汽口处，设有抽汽隔离阀和气动抽汽止回阀。一旦工质有倒灌趋势，该止回阀立即自动快速强制关闭。图 1 - 12、图 1 - 13 为抽汽止回阀结构图。抽汽止回阀控制原理见图 1 - 14。

该系统危急疏水管道设置的控制阀，是为顺流逐级正常疏水故障而准备，该阀组通常全部进口。

保证抽汽系统各种阀门启闭灵活、可靠，关闭严密，是确保抽汽系统安全的关键。

抽汽系统中，凡是与凝汽器连通的管道上的阀门必须是真空阀，防止大气进入凝汽器。

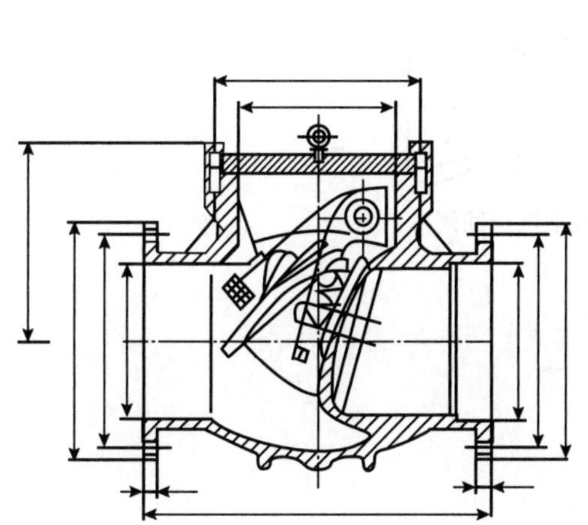

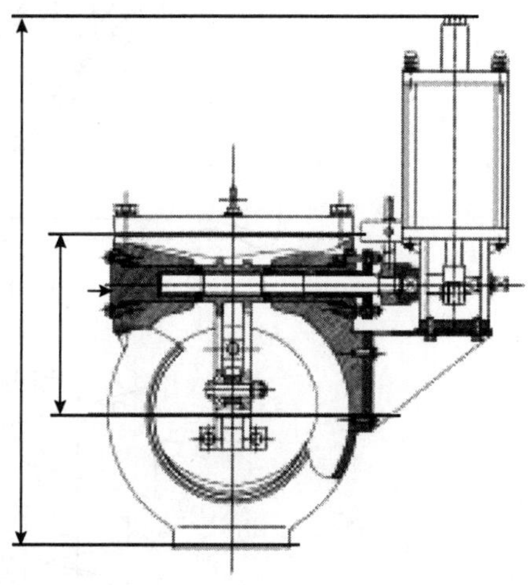

图 1 - 12 侧装式气缸抽汽止回阀

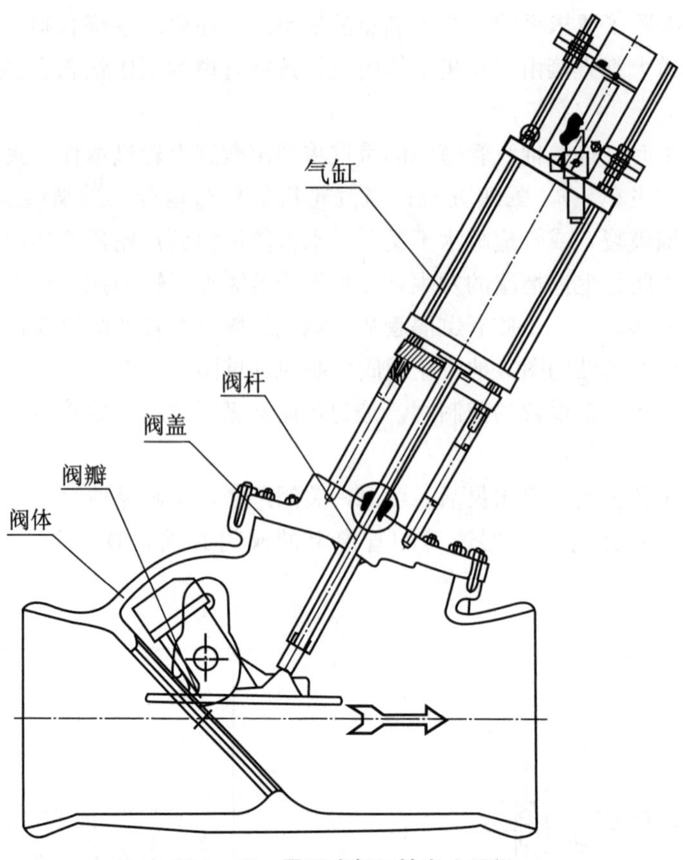

图 1－13　置顶式气缸抽汽止回阀

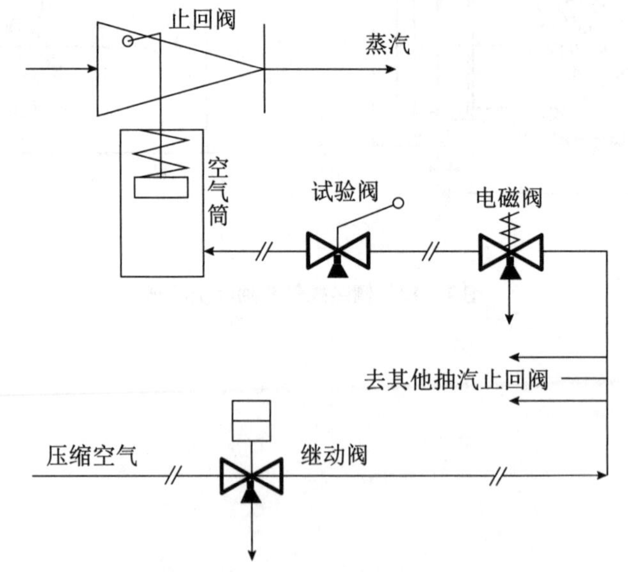

图 1－14　抽汽止回阀控制原理示意

1.5　真空抽气系统及其阀门

对于凝汽式汽轮机组，需要在汽轮机的汽缸内和凝汽器中建立一定的真空，正常运行时也需要不断地将由不同途径漏入的不凝结气体从汽轮机及凝汽器内抽出。真空系统就是用来建立和维持汽轮机组的低背压和凝汽器的真空的。低压部分的轴封和低压加热器依靠真空抽气系统的正常工作才能建立相应的负压或真空。

真空抽气系统主要包括汽轮机的密封装置、真空泵以及相应的阀门、管路等设备和部件。图 1 - 15 是 600MW 汽轮机组的真空抽气系统连接示意图。汽轮机凝汽器的抽汽总管从 N1 接入抽汽系统，经阀门 2、射气式抽汽器 3 及止回阀 4 进入水环式真空泵 5。气体在水环式真空泵内经过一级和二级压缩、升高压力，与部分密封水一起进入气水分离器 11。在分离器内，水与气体分离，大部分气体经上部的排气管排至大气，小部分气体进入射气式抽汽器的喷嘴，在喷嘴的出口处，这部分气体具有一定的功能，将凝汽器内的气体引出，并压送至真空泵的进口；由分离器分离出来的水从下部管道引出，送至冷却器 14，冷却后又回到真空泵中，循环使用。

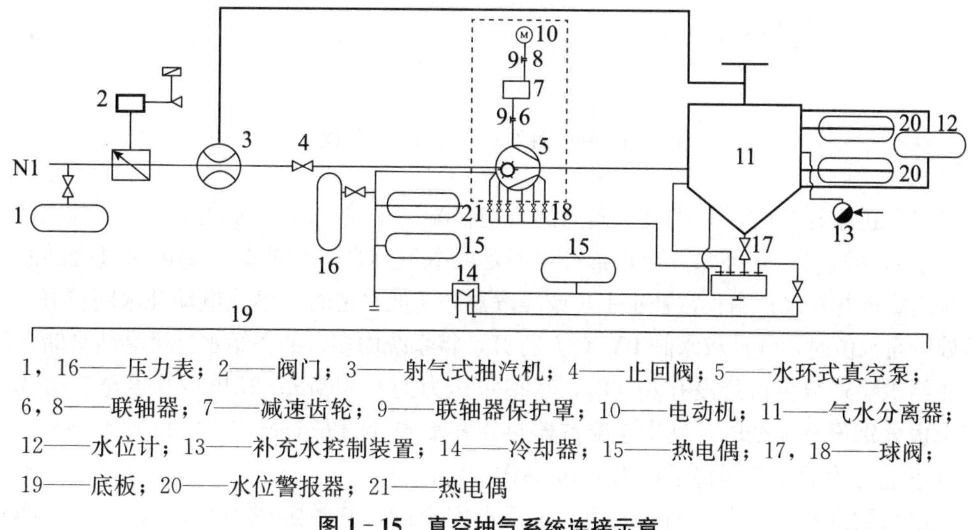

1，16——压力表；2——阀门；3——射气式抽汽机；4——止回阀；5——水环式真空泵；6，8——联轴器；7——减速齿轮；9——联轴器保护罩；10——电动机；11——气水分离器；12——水位计；13——补充水控制装置；14——冷却器；15——热电偶；17，18——球阀；19——底板；20——水位警报器；21——热电偶

图 1 - 15　真空抽气系统连接示意

1.6　凝结水系统及其阀门

1.6.1　系统概述

凝结水系统的主要功能是将凝汽器热井中的凝结水由凝结水泵送出，经出盐装置、轴封冷凝器、低压加热器输送至除氧器，其间还对凝结水进行加热、除氧，化学处理和除杂质。此外，凝结水系统还向各有关用户提供水源，如有关设备的密封水、减温器的减温

水、各有关系统的补给水以及汽轮机低压缸喷水等。

凝结水系统的最初注水及运行时的补给水来自汽轮机的凝结水储存水箱。

凝结水系统主要包括凝汽器、凝结水泵、凝结水储存水箱、凝结水输送泵、凝结水收集箱、凝结水精除盐装置、轴封冷凝器、低压加热器、除氧器及水箱以及连接上述各设备所需要的管道、阀门等。图 1-16 是 600MW 凝结水系统流程示意图。

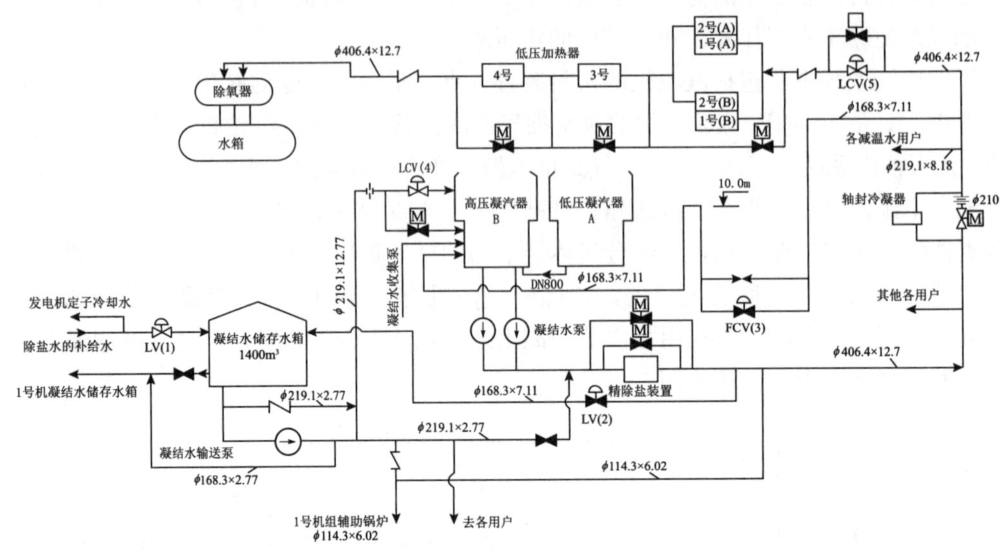

图 1-16　凝结水系统流程示意图

机组在正常运行时，利用凝汽器内的真空将凝结水储存水箱内的除盐水通过水位调节阀自动地向凝汽器热井补水。当正常补水不足或凝汽器真空较低时，则可通过凝结水输送泵向凝汽器热井补水；当正常补水不足或凝汽器处于低水位时，事故电动补水阀打开；当凝汽器处于高水位时，气动放水阀 LV（2）打开，将系统内多余的凝结水排至凝结水储存箱。

凝结水输送泵出口处设有安全阀，其整定压力为 0.9MPa；其出口管道至有关用户的支管上也分别设有安全阀，其中至凝汽器热井补水支管的安全阀整定压力为 0.28MPa；至密封水系统支管的安全阀整定压力为 0.8MPa。

凝结水泵进口处设有滤网，滤网上游设有安全阀，其整定值为 0.2MPa。每台凝结水泵出口管道上均设有再循环回路，使凝结水泵作再循环运行。凝结水泵出口处设有止回阀、电动隔离阀及流量测量装置。在它们之后，两根凝结水管合并为一根凝结水母管（ϕ406.4×12.7），该母管上接有一根 ϕ48.3×3.68 的支管，向密封水系统和凝结水泵的轴封供水，该支管上设有止回阀、安全阀，安全阀的整定值为 0.5MPa。

该凝结水系统中还设有小流量回路，即通过轴封冷凝器下游凝结水支管（ϕ168.3×7.11），经气动流量调节阀 FCV（3）、倒 U 形管后，返回高压凝汽器 B 热井，以使凝结水泵作小流量运行(400t/h)。

流经精除盐装置的凝结水回路上设有两个旁路，即 33.3%和 100%的凝结水旁路，以便视凝结水水质和精除盐装置设备情况作不同方式的运行。

流经轴封冷凝器的凝结水回路上也设有旁路，而且配有电动隔离阀和节流孔板（ϕ210）。设置节流孔板的目的是确保有一定流量的凝结水流经轴封冷凝器。在机组处于正常负荷（620MW）运行时，该凝结水流量为350t/h；当凝结水泵作最小流量（400t/h）运行时，该凝结水流量为100t/h。机组在正常运行时，电动隔离阀全开；凝结水流量小于350t/h，该电动隔离阀关闭。

凝结水系统在锅炉注水和厂用采暖系统注水的管道上，也分别设有安全阀，其相应的整定压力为4.3MPa、1.1MPa。

凝结水母管上还接有若干支管，分别向下列用户提供水源：

1）凝汽器真空泵水箱和前置抽汽器的减温水；

2）凝结水储存水箱；

3）汽动、电动给水泵和汽动给水泵的前置泵轴封冷却水（经减压阀之后）；

4）小汽轮机（驱动给水泵）电动排汽蝶阀的密封水；

5）闭式冷却循环水系统高位水箱补水；

6）阀门密封水；

7）加药系统的氨箱；

8）各类减温水。

在流经低压加热器的凝结水回路上设有旁路，而且配有电动隔离阀，即2号、1号低压加热器合用一个旁路，4号、3号低压加热器为单独旁路，可分别将上述低压加热器从凝结水系统中撤出运行。

凝结水系统中所有设备均为非铜质零部件，以保护凝结水的水质。此外，凝结水系统中还设有加药点，通过添加氨和联氨来改善凝结水中的pH值和降低含氧量。

1.6.2 凝汽器管道上的真空阀门

凝汽器的主要功能是在汽轮机的排气部分建立低背压，使蒸汽能最大限度地做功，然后冷却下来变成凝结水，并予以回收。凝汽器的这种功能由真空抽气系统和循环冷却水系统给予配合和保证。真空抽气系统的正常工体，将漏入凝汽器的气体不断抽空；循环冷却水系统的正常工体，确保了进入凝汽器的蒸汽能及时变成凝结水，体积大大缩小（在0.0049MPa的条件下，单位质量的蒸汽与水的体积比约为2800∶1），既能将水回收，又保证了排汽部分的真空。

所有与凝汽器连接管道上的阀门都必须是真空阀门，以阻止大气进入管道和凝汽器破坏真空。它们可以是真空闸阀、真空截止阀，也可以是波纹管截止阀和闸阀，这取决于对真空度的要求。在凝汽器水室的真空抽气系统还设有真空破坏阀。

需要特别指出的是，在电站阀门中所指的“真空”阀门，其介质压力都很高，有的管道压力高达10MPa，此时，阀门的设计压力也就高达10MPa，但填料部分必须保证大气不得漏入真空系统，所以，此真空阀门与真空系统用的真空阀门是不同的。

电站真空阀适用于系统的最低绝对压力大于或等于0.01MPa（75Torr）。电站真空阀门的真空试验方法是：

封闭阀门的进口和出口，使阀门处于全开启状态，然后连接真空试验系统抽真空，使阀门体腔表压达到－0.099MPa 或小于－0.099MPa 时，关闭抽真空系统，开始计量阀门体腔内低压变化的时间，符合表 1－9 的规定为合格。

表 1－9　真空试验阀门体腔内低压变化的时间

公称通径/mm	50～150	350
表压从－0.096MPa 下降至－0.091MPa 时间/min （表压真空度为相对值）	40	60

1.6.3　冷凝水再循环阀及除氧器水位控制阀

凝结水系统中的小流量回路，安装有汽动流量再循环阀，该阀使凝结水泵作小流量运行，返回到高压凝汽器的热井，以防止冷凝泵过热和气蚀。

冷凝泵的出口压力即再循环阀的进口压力为 2.8MPa～4.2MPa，压降为 2.8MPa～4.2MPa，介质温度为 48℃～66℃。一般选单座阀，具有金属-PTFE 密封方式，以满足高流量、严密关闭（Ⅳ或Ⅴ级）、防止气蚀的要求。流量特性为线性，故障状态为自动打开，其推荐阀型的外形图见图 1－17，结构图见图 1－18。

除氧器水位调节也是由控制阀实现的，其进口压力为 2.1MPa～4.2MPa，压降为 0.7MPa～4.2MPa，介质温度为 38℃～66℃，推荐的阀型与冷凝水再循环阀一致，选型计算见第 7 章。

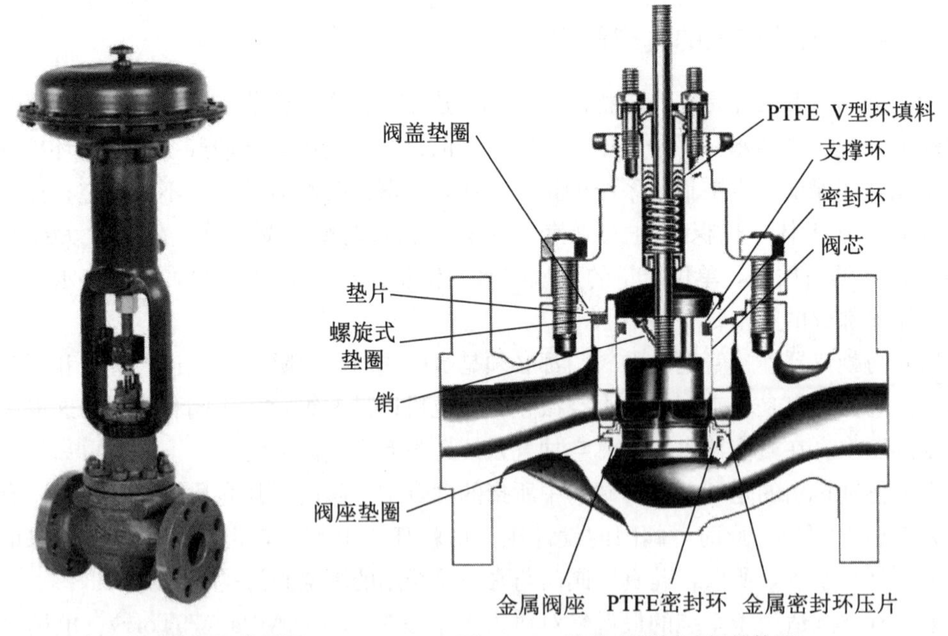

图 1－17　冷凝水再循环阀外形图

图 1－18　冷凝水再循环阀结构图

1.7　给水系统及其阀门

1.7.1　系统概述

给水系统的主要功能是将除氧器水箱中的主凝结水通过给水泵提高压力，经过高压加热器进一步加热之后，输送到锅炉的省煤器入口，作为锅炉的给水。

此外，给水系统还向锅炉再热器（冷段）的减温器，过热器（冷段）的一、二级减温器，以及汽轮机高压旁路装置的减温器提供减温水，用以调节上述设备的出口蒸汽温度。给水系统的最初注水来自凝结水系统。

对于 600MW 的汽轮机给水泵，目前采用的基本配置是两台 50%的纯电调汽动给水泵及其前置泵和一台 25%～40%的液力调速的备用电动给水泵及其前置泵。

为了适应机组运行时负荷变化的要求，汽动给水泵和电动给水泵要有灵活的调节功能。要求汽动主给水泵的小汽轮机的调速范围为 2700r/min～6000r/min，允许负荷变化率为 10%/min；要求电动给水泵组从零转速的备用状态启动至给水泵出口的流量和压力达到额定参数的时间为 12s～15s；要求主汽轮机负荷在 75%以下时，给水调节功能应能够保证锅炉汽包水位在±15mm 范围内变化，不允许大于或等于±50mm 范围（对于直流锅炉，则要求保证压力、流量在允许的范围内）。一般给水泵的出口不设调节阀，前置泵的流量等于或略大于主给水泵的流量。

为了具体说明给水系统的功能和设备配置情况，下面以某电厂给水系统为例加以介绍，其给水系统如图 1-19 所示。

该给水系统处理配置两台汽动泵和一台电动泵及其前置泵外，还配有 8 号、7 号、6 号高压加热器等设备及管道、阀门等配套部件。

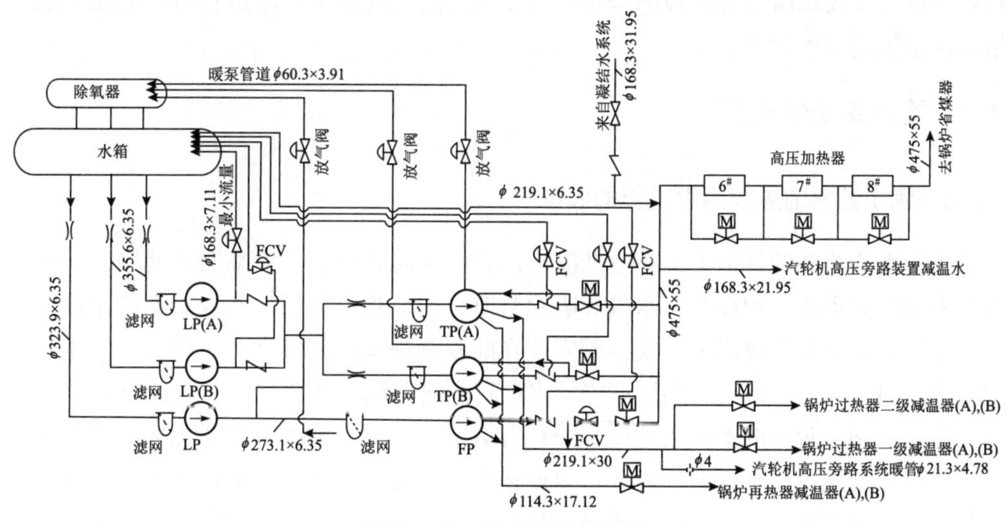

图 1-19　给水系统示意图

1.7.1.1 汽动给水泵组

由图1-19可以看出，两台汽动给水泵（TP-A和TP-B）与其前置泵的连接管之间设有连通管，使给水泵与前置泵除作一一对应的运行方式外，在单泵运行时，还可以通过阀门切换作交叉运行。

汽动给水泵的前置泵（LP）进口管道处设有手动隔离阀、流量测量装置和滤网。当滤网前后的压差达到0.13MPa时，发出报警信号；滤网的上游设有安全阀，其整定压力为1.5MPa。前置泵的出口管道处设有止回阀、手动隔离阀，而止回阀的上游管道上接有再循环（小流量）支管，前置泵出口的给水经流量调节阀后回到除氧器水箱。

汽动给水泵进口处的管道上设有流量测量装置和磁性滤网（也称磁性分离器）。当滤网前后的压差达到0.07MPa时，发出报警信号；该滤网的上游也设有安全阀，其整定压力为2.8MPa。汽动给水泵的出口管道上装有止回阀和电动隔离阀，止回阀和电动隔离阀之间的管道上接有再循环（小流量）支管，给水泵出口的给水经流量调节阀后回到除氧器水箱。

1.7.1.2 电动给水泵组

电动给水泵组的前置泵进口管道也设有手动隔离阀、流量测量装置和滤网。当滤网前后的压差达到0.13MPa时，发出报警信号；滤网上游配有安全阀，其整定值为1.5MPa。该前置泵与电动给水泵之间仅有一个滤网而没有任何阀门，当该滤网前后的压差达到0.07MPa时，发出报警信号。在前置泵出口管道和滤网处都接有支管，两者并入一根暖管后，经放气阀接向除氧器。

电动给水泵组（FP）出口管道处装有止回阀、流量调节阀和电动隔离阀。止回阀的上游处也设有最小流量支管（ϕ219.1×30），经流量调节阀后接入除氧器水箱。该流量调节阀处还设有多级减压节流孔板的旁路，以便在该流量调节阀撤出运行后，电动给水泵维持最小流量工况（再循环）运行。

1.7.2 给水系统的阀门

1.7.2.1 锅炉给水前置泵的管道上的阀门

锅炉给水前置泵的管道上设有电动隔离阀、安全阀和一个三通临时性滤网。滤网可以隔离在安装期间可能聚积在除氧水箱和吸水管道中的杂物，以保护水泵。系统干净后，可以拆除滤网，以减少系统阻力。安全阀安装在前置泵进口隔离阀之后，以防止进水管在锅炉起动泵（BFSSP）运行期间超压。当给水前置泵进口隔离阀关闭时，进水管可能由于锅炉给水泵止回阀或暖管的泄漏而超压。一旦有泄漏，运行人员将从安全阀的出口发现。安全阀的出口接管进入一个敞开的漏斗，以便运行人员监视。锅炉给水前置泵设有最小再循环流量管路，即暖泵管路，它起始于泵的出口隔离阀之后，经停用的给水前置泵外壳回到凝汽器。

1.7.2.2　锅炉给水泵的管道上的隔离阀和止回阀

锅炉给水泵管道上设有止回阀和电动隔离阀。止回阀之前通往最小再循环管路，隔离阀之后通往给水泵暖泵管路。

锅炉给水泵的逆止阀，已经是成熟产品，无论是在国内项目上，还是在国外项目上都已成功运行了几十年。电动隔离阀属于高温高压的压力密封闸阀，也是成熟产品，但要求开关阀的单行程时间小于 30s。

1.7.2.3　给水泵管道上的再循环阀（也称最小流量阀）

锅炉给水泵的再循环阀，典型地面对着电厂内各种控制阀中最为困难的工作条件。这类再循环阀是为保证有适量的给水流过水泵，使水泵得到保护——防止过热和气蚀而设置的。其控制压降：汽包锅炉为 19MPa～22MPa，直流锅炉为 25.2MPa～31MPa。其工作温度：汽包锅炉约为 210℃，直流锅炉约为 232℃。面对如此高的压降，如果没有适当的阀门内件，便会发生气蚀，阀门密封会迅速失效。为了有效解决该问题，在给水泵管道上设置了再循环阀，该阀的流程见图 1-20。

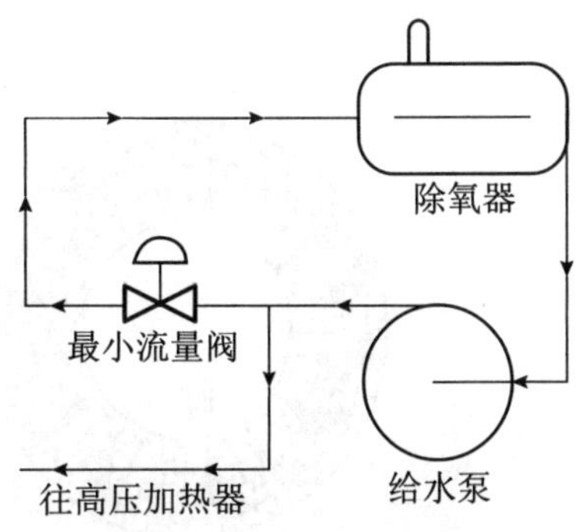

图 1-20　再循环阀流程

再循环阀有两种不同结构，图 1-21 是其中一种，独特的压力分级阀内件与不同的阀体相结合，可以满足不同压差的需要。

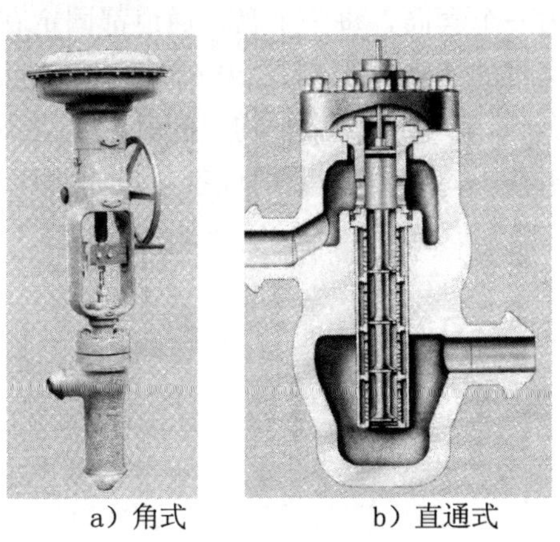

a）角式　　b）直通式

图 1-21　给水泵的再循环阀外形图

图 1－22 为另一种结构的再循环阀结构及压力下降过程图。它的外形如图 1－23 所示。

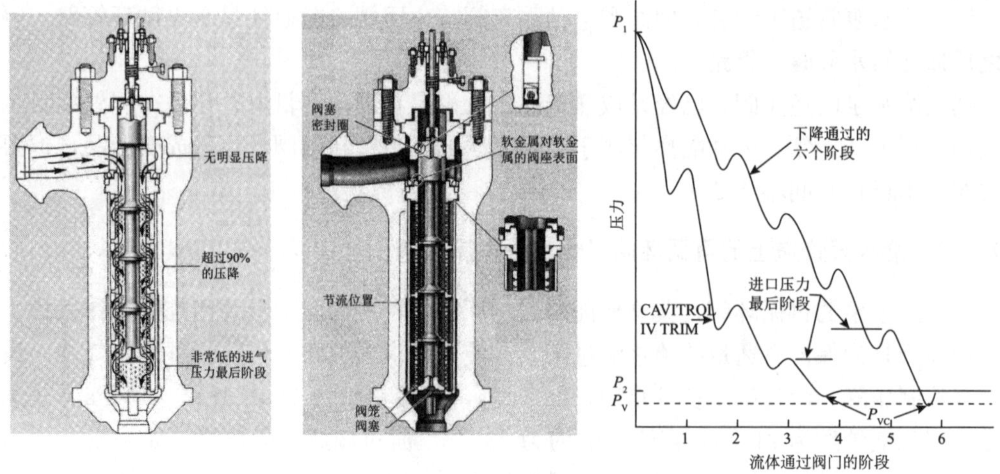

图 1－22　给水泵的再循环阀结构及压力下降过程图

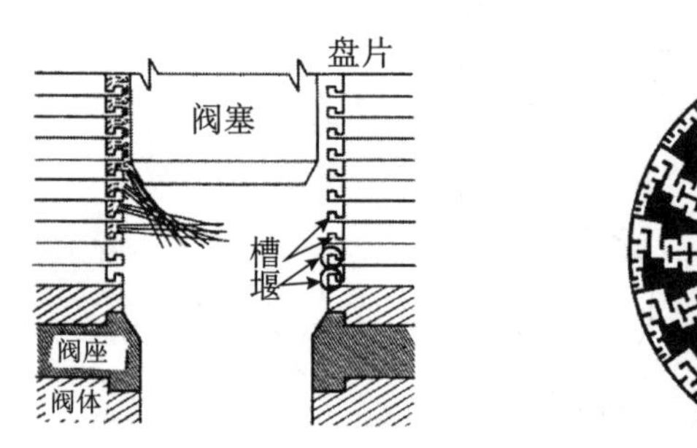

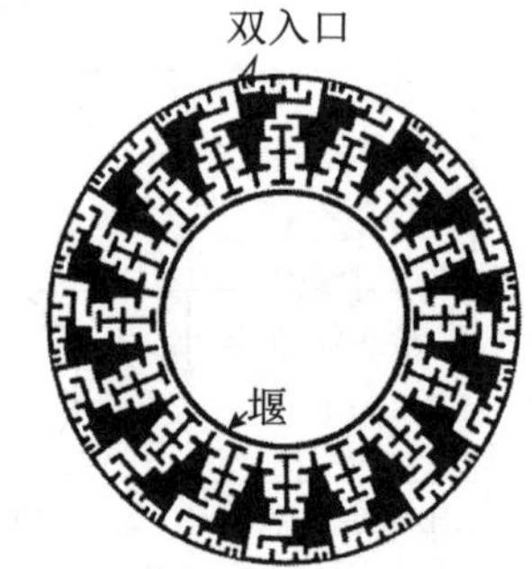

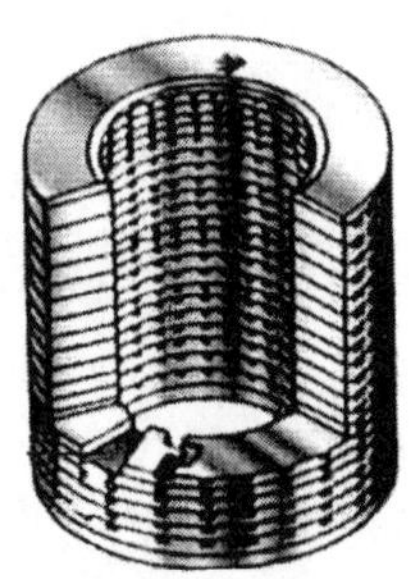

图 1－23　再循环阀外形

该阀从控制流速入手，采用迷宫式的设计理念，利用盘片上的多个 90°拐弯形成的通道逐级降压，并把盘片叠为一个套筒，每一个盘片通道都固定在套筒内，无论阀门开度多少，高压给水通过每个通道时的流速都限制在 30m/s 以下。迷宫盘片及套筒见图 1－24。每一盘片内圆周出口处都有堰，使四周压力平均，同时使介质不会直接冲击在阀座上。为了避免在低流量（低阀门开度）时产生线切割现象，损坏阀座及阀塞，当开度低于 10％时，阀门会立即关闭。

它的工作参数为：

进口压力：17.5MPa～38.7MPa，温度：141℃～300℃；

出口压力：0.5MPa～1.5MPa，温度：141℃～300℃。

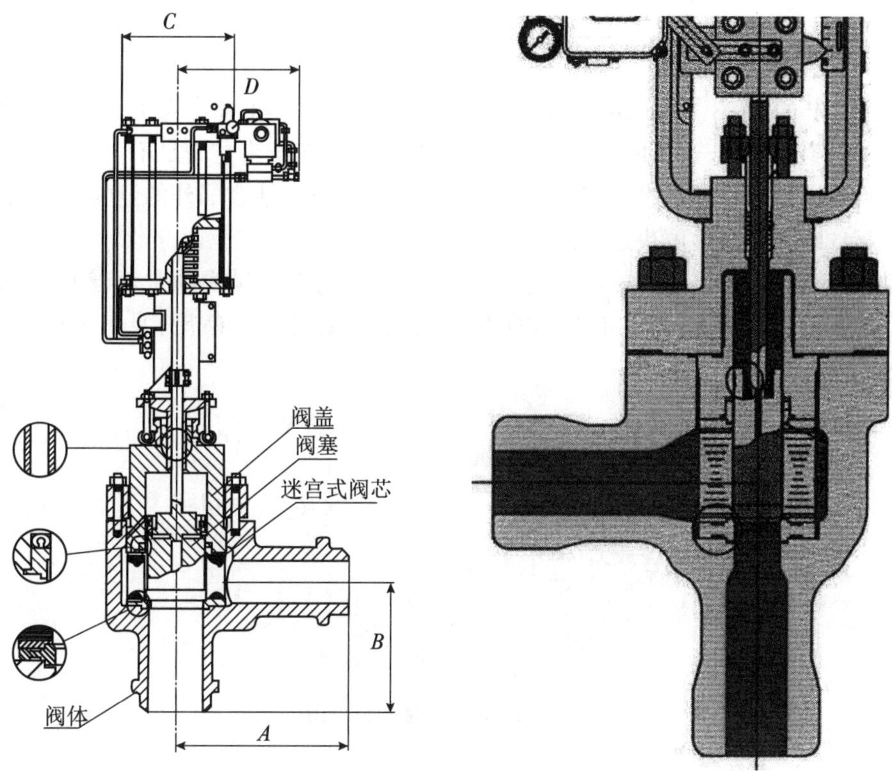

图 1-24　迷宫盘片及套筒

1.7.2.4　锅炉启动阀

锅炉启动阀是用于控制超临界锅炉启动顺序的阀。面对高压降的工作条件，要对气蚀、噪声进行控制，关闭要严密，使用寿命要长。

其阀内件的设计非常重要，推荐阀型的外形图如图 1-25 所示。

a）外形图

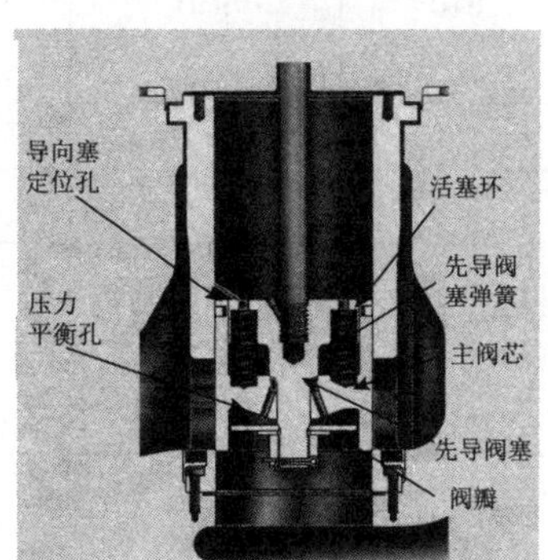

b）结构图

推荐阀的 C_v 值

C_v	CLASS	阀门公称直径/mm	
		200、250	300、350
	1500	864	—
	2500	551	932

图 1-25　锅炉启动阀

允许的泄漏等级为 ANSI B16.104 Ⅴ级。

1.7.2.5 锅炉给水管道上的电动孔板阀

在600MW的2028t/h亚临界锅炉或超临界锅炉的主给水管道上，当锅炉低负荷（30%～50%额定流量）运行时，供给过热器的减温水，其压头是满足不了要求的。因此，必须通过快速节流建立满足过热器减温器喷水的压头。我们结合国外的经验，在国内首创的电动孔板阀就能圆满地解决这个问题。

电动孔板阀安装在高压加热器与锅炉省煤器之间，过热器减温喷水管道由高压加热器前引出，它的位置见图1-26，孔板阀的基本参数和主要技术性能指标见表1-10。

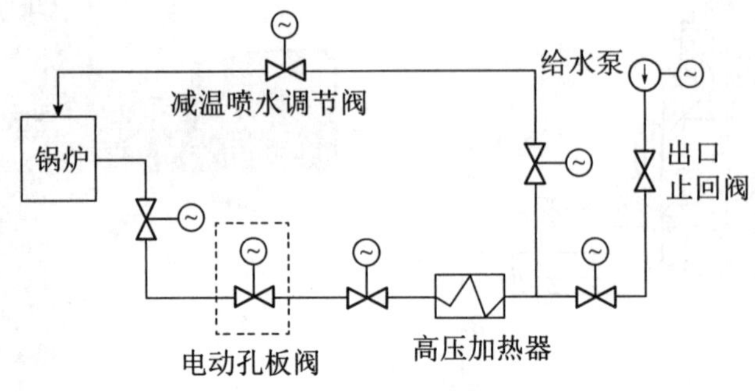

图1-26 电动孔板阀位置图

表1-10 孔板阀的基本参数和主要技术性能指标

型号	K9D63Y—1500LB①		K9D63Y—2000LB Ⅱ①			
公称压力/MPa	25		32			
公称通径/mm	225	275	300	350	400	450
配管尺寸/mm	ϕ273×28	ϕ355.6×36	ϕ355.6×25.4	ϕ402×26	ϕ457×32	ϕ508×36
流体	水					
全开时最大流量/t/h	420	670	1025	2200	2028	2028
全开时额定流量/t/h	400	610	950	2000	1928	1928
全开时阀门压降/MPa	≤0.01	≤0.01	≤0.01	≤0.01	≤0.01	≤0.01
全开时额定流量/t/h	120	183	285～700	400	560～1400	560～1400
全开时额定压差/MPa	1.0	1.0	1.0	1.0	1.0	1.0
入口工作压力/MPa	17.06	17.06	26.72	26.72	28.3	28.7
入口流体温度/℃	≤282					
电动装置型号	2SA3032	2SA3032	2SA3032	2SA3032	2SA3042	2SA3042
电动全开全关时间/s	30	38	35	38	75	75
水压强度试验压力/MPa	38	38	48	48	48	48
配管材料	20	20	WB36	WB36	WB36	WB36
使用机组	135MW	200MW	300MW	300MW	600MW	600MW

① 1500LB、2000LB为公称压力压力级CL1500、CL2000。

孔板阀由阀门本体和执行机构两部分组成。执行机构根据用户要求可采用电动装置或气动装置。阀门本体采用整体铸造 WB36 材料（见图 1-27）或采用整体铸造 WCB 材料＋WB36 的焊接短管（见图 1-28），两者在现场都可直接跟管道进行同钢种焊接。用 WB36 整体铸造的阀门价格较贵。阀门的入口尺寸和坡口形式根据用户提供的配管尺寸和要求设计加工。阀座和孔板都堆焊硬质合金。节流孔板是根据每台机组的不同工况进行设计的。由于该阀在额定流量时全开，为防止主管道压力损失，将阀门缩径比控制在 0.9 以上。

需要特别指出的是，隔离阀的开、关时间（单程）必须小于 30s。

孔板阀在锅炉满负荷运行时，通过系统的流量变送单元发来信号，启动执行机构，快速关闭阀门。此时流体通过节流孔板的节流，使阀门的入口压力升高，建立一定的压差，从而使从阀前引出的通往过热器的减温喷水系统得到需要的压头；当再转入满负荷运行时，通过流量变送单元的信号，启动阀门，使阀门快速开启。

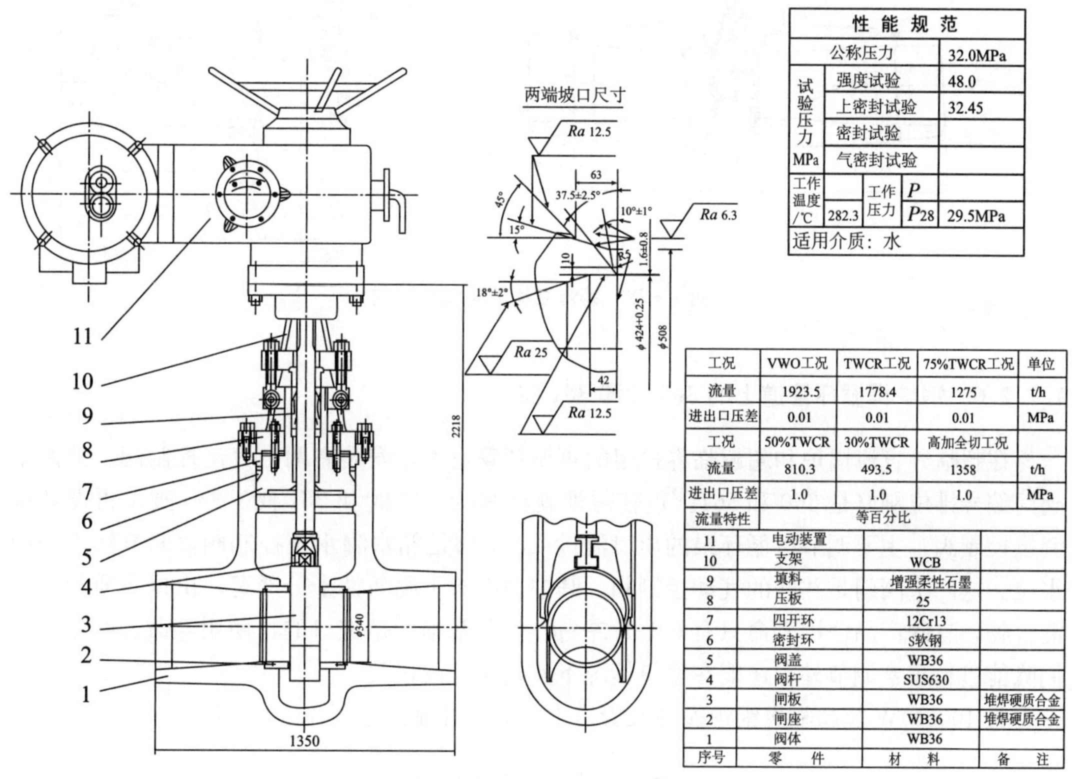

性能规范				
公称压力				32.0MPa
试验压力 MPa	强度试验			48.0
	上密封试验			32.45
	密封试验			
	气密封试验			
工作温度/℃		工作压力	P	
	282.3		P_{28}	29.5MPa
适用介质：水				

工况	VWO工况	TWCR工况	75%TWCR工况	单位
流量	1923.5	1778.4	1275	t/h
进出口压差	0.01	0.01	0.01	MPa
工况	50%TWCR	30%TWCR	高加全切工况	
流量	810.3	493.5	1358	t/h
进出口压差	1.0	1.0	1.0	MPa
流量特性	等百分比			

序号	零件	材料	备注
11	电动装置		
10	支架	WCB	
9	填料	增强柔性石墨	
8	压板	25	
7	四开环	12Cr13	
6	密封环	S软钢	
5	阀盖	WB36	
4	阀杆	SUS630	
3	闸板	WB36	堆焊硬质合金
2	闸座	WB36	堆焊硬质合金
1	阀体	WB36	

图 1-27　整体铸造的电动孔板阀

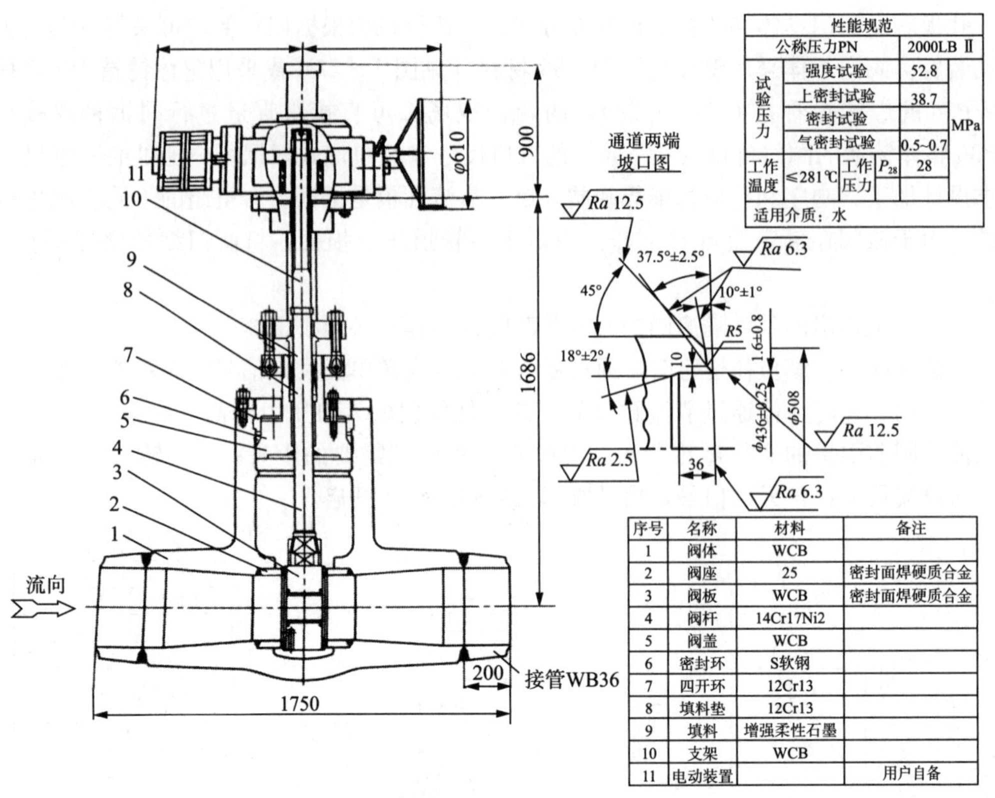

图 1-28 铸焊结构的电动孔板阀

1.7.2.6 锅炉再循环管道上的 360 阀和 361 阀

在超临界直流锅炉和超超临界机组的再循环管道上，安装有两台气动控制阀。这两个阀门编号排位刚好是 360 和 361，现在习惯就称其为 360 阀和 361 阀。360 阀是再循环泵流量控制阀，主要调节再循环泵的出口流量；361 阀是储水罐水位控制阀，调节储水罐的水位。这两个阀门是并联的气动控制阀。其中 361 阀工况条件十分严苛，出口介质为汽水混合物，有的产品使用寿命只有 6 个月左右，目前基本上是进口的，使用寿命近两年。它们除能进行正常调节外，还能在紧急情况下实行快开或快关。

某 1000MW 超超临界锅炉循环泵管道上的 360 控制阀参数见表 1-11。

表 1-11 360 控制阀参数

流过介质	水	设计压力	33.3MPa (g)
设计温度	350 ℃	执行机构形式	气动
流量特性	等百分比	泄漏等级	ANSI CLASS V
配管尺寸	ϕ406.4×66 mm	配管材质	SA335P12
坡口形式	I		

表 1 - 11（续）

系统工况	锅炉冷态清洗工况	快速升压过程开始工况	临近直流运行前
流量	636.6 t/h	636.6 t/h	30 t/h
工质	水	水	水
进口压力	1.08MPa（g）①	10.85MPa（g）	11.42MPa（g）
压降	0.58MPa	0.75MPa	0.82MPa
进口工质温度	15 ℃	308 ℃	312 ℃
关闭压差	33.3MPa		
①（g）表示测量，以下同。			

某 1000MW 超超临界锅炉循环泵管道上的 361 控制阀参数见表 1 - 12。

表 1 - 12　361 控制阀参数

流过介质	水（进口） 汽水混合物（出口）		设计压力	32.7MPa（g）
配管尺寸	进口端 ϕ273×42mm 出口端 ϕ377×20 mm		设计温度	375 ℃
配管材质	进口 SA—335P12 出口 12Cr1MoVG		流量特性	
泄漏等级			执行机构形式	
控制阀各工况	工况 1	工况 2	工况 3	工况 4
流量	252.75 t/h	252.75 t/h	50.55 t/h	252.75 t/h
阀门入口压力	0.26MPa（g）	1.5MPa（g）	0.26MPa（g）	9.6MPa（g）
阀门出口压力①	0.03MPa（g）	1.27MPa（g）	0.03MPa（g）	0.7MPa（g）
压降①	0.23MPa	0.23MPa	0.23MPa	8.9MPa
阀门入口温度	35 ℃	201 ℃	35 ℃	308 ℃
①工况数据可能有变化或增加，以签协议时数据为准。				

360 阀和 361 阀有两种型式，即角式和直通式，如图 1 - 29 所示。

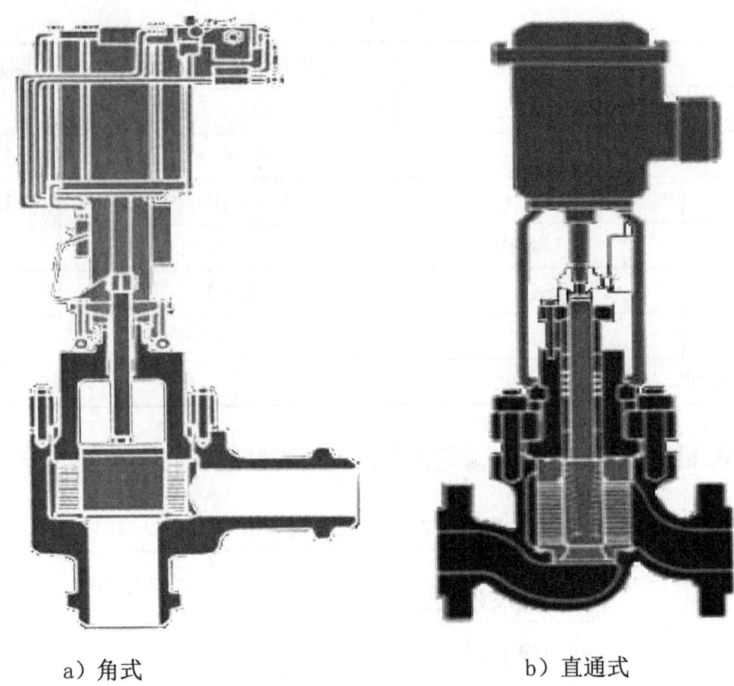

a）角式　　　　b）直通式

图 1-29　控制阀的形成

（1）360 阀和 361 阀的技术要求

1）阀门阀体设计保证使用寿命达到 30 年。

2）阀门不允许采用含铜成分的材质制造。

3）阀门阀体和阀内件的材质及结构应保证能够在闪蒸等恶劣工况下正常使用，阀出口段内表面应耐磨损、耐冲蚀。

4）阀门应能参与锅炉的冷态清洗、热态清洗和吹管，并保证阀门不堵塞，运行安全可靠。

5）361 阀应配锅炉吹管用阀芯（两炉一套），必须满足吹管调控水位的要求。

（2）配供的气动执行器的技术要求

1）配用的气动执行器应与阀体相适应，安全可靠、动作灵活，无卡涩现象；电气元件要齐全完好，内部接线正确。

2）输入信号：4mA～20mA，执行器应能送出成正比例的 4mA～20mA 阀位反馈开到位、关到位信号。最大信号负载 0Ω～500Ω。

3）气动执行器及其附件，在气原压力 0.4MPa～0.8MPa 范围内应能安全地工作，并满足招标书要求。

4）气动执行器应具有三断保护，即当失去控制信号或失去气原或电源故障时具有自锁功能，并具有供报警用的输出接点。三断自锁保护装置动作时间≤5s，闭锁效果：执行器自锁后，阀位变化每小时不超过全行程的 5%。

5）执行器应配备有储气罐，以便系统失去气原等意外情况发生时阀门能保位。

6）每一气动执行器应配有可调整的过滤减压阀及与供气不锈钢管相接的管接头，以及监视气原和信号的压力表。

7）气动执行器应配有手轮及手/自动切换机构，在气动操作脱开时能安全地合至手轮操作位置，手轮上标有开关方向指示。

8）配供智能定位器，含二线制位置变送器。智能定位器应保证输入信号和输出行程的关系与阀门调节特性一致。

9）气动执行器应装设可调行程开关机限位开关，这些开关至少应具有两对独立的常开、常闭触电。

10）三断保护和快速控制用的电磁阀，其直径大小和所需的最小压差应与其相应的气动执行器功能要求相一致。电磁阀应装配好，并配好管路，电磁阀线圈电压应为220V（AC）。

11）配供就地控制柜及接线盒（如有）。

12）执行器可调比大，调节精度高，在小于15％C_v的低流量下能稳定控制，不超过1％的过调。

13）基本误差：直行程≤1.5％（额定行程）。

14）死区：执行器的死区应不大于输入信号量程的0.8％。

15）回差：执行器的回差应不大于额定行程的1.5％。

16）静态耗气量：执行器的静态耗气量不大于2000L/h（标准状态）。

17）全行程时间：20s以内（自动时），20s以内（手动时）。

18）快速行程时间：快关≤5s（无快开功能）。

19）气动执行器的外壳防护等级为IP68，绝缘等级：F级。

20）气原压力影响：执行器中的阀门定位器输入端子的气原压力，从公称值变化＋10％和－10％时，行程变化不大于额定的1.5％。

21）漂移：4h的漂移应不大于额定行程的1.0％。

22）寿命：执行器经20000个周期试验后，自锁性能应满足4）的规定；试验后行程下限值和量程变化应不大于额行程的1.5％；量程中点的回差不大于额定行程的1.5％。

23）外磁场影响：在交流50Hz和400A/m磁场强度下，在最不利的磁场方向和相位下，行程变化不大于额定行程的1.5％。

24）环境影响：环境温度在－25℃～＋70℃范围内变化时，每变化10℃的行程变化不大于额定行程的0.75％。

25）机械振动影响：执行器应能承受频率为10Hz～50Hz，位移幅值为0.15mm和频率为55Hz～150Hz，加速度为20m/s^{2}的三个相互垂直方向的正弦扫频试验，行程下限值和量程变化应不大于额定行程的1.5％。

控制阀的选型计算，将在第7章中详细阐述。

1.7.2.7　高压加热器管路的电动阀

高压加热器管路的电动阀，给水流经管内被抽汽加热后，进入锅炉省煤器。为了在检修加热器时，使其与系统隔离，高压加热器设有两种旁路系统，即小旁路系统和大旁路系统。在进行系统设计时任选其中一种。

小旁路系统见图 1-30～图 1-33。

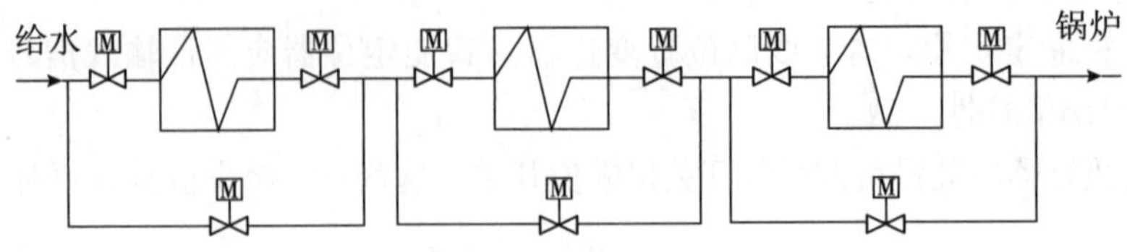

图 1-30　高温加热器小旁路示意图

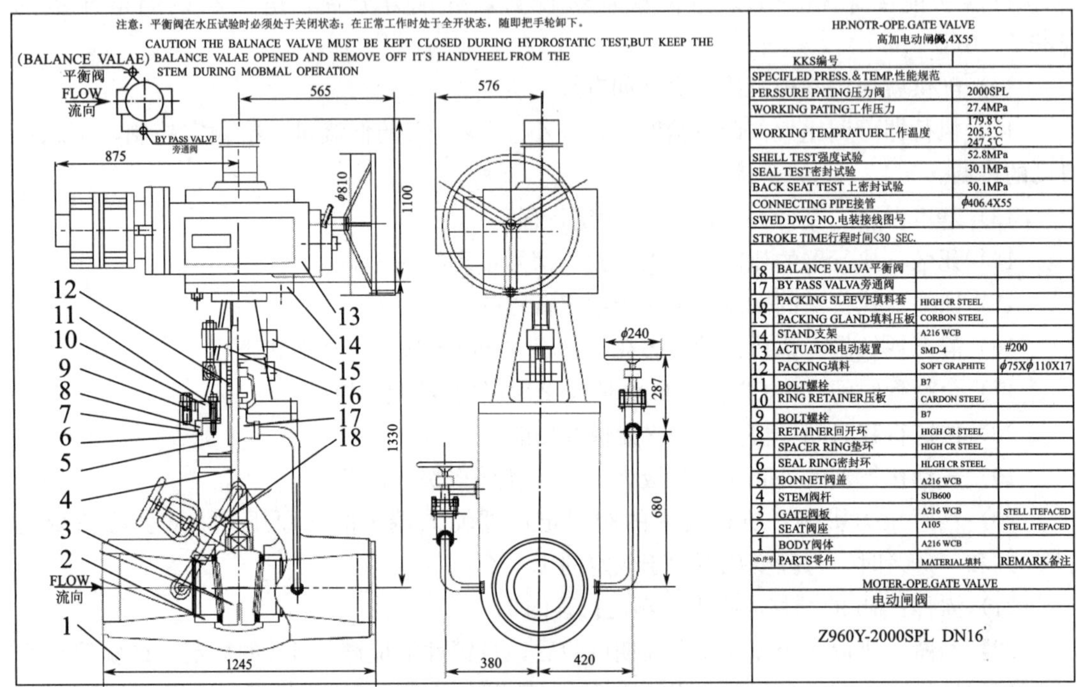

图 1-31　小旁路系统高压加热器入口阀（一）

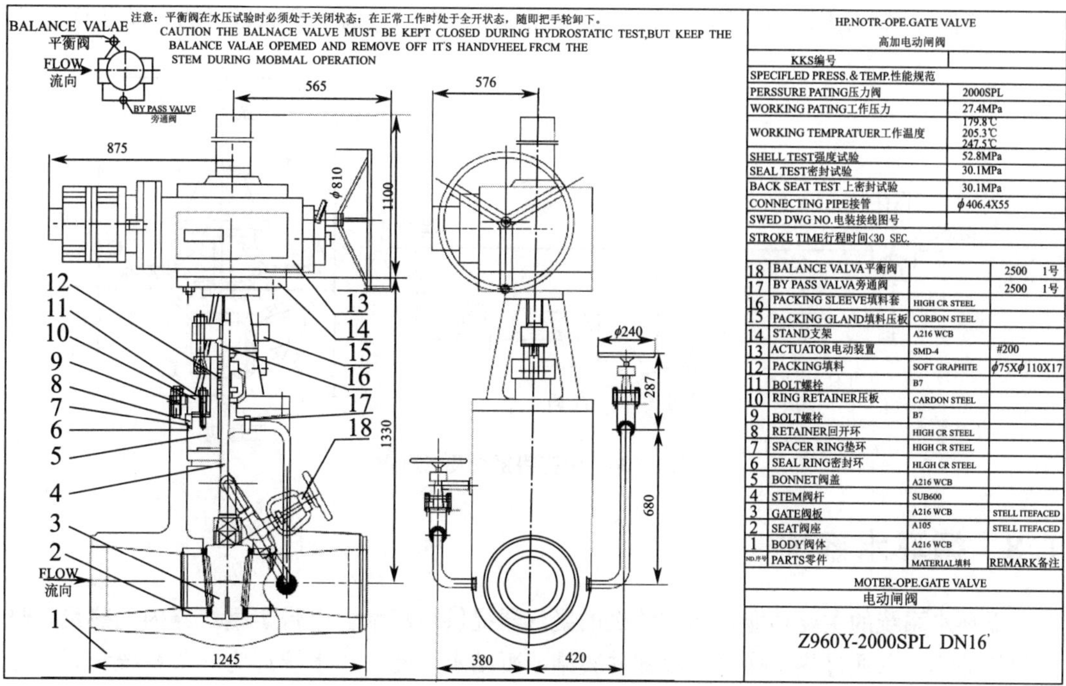

图 1-32　小旁路系统高压加热器入口阀（二）

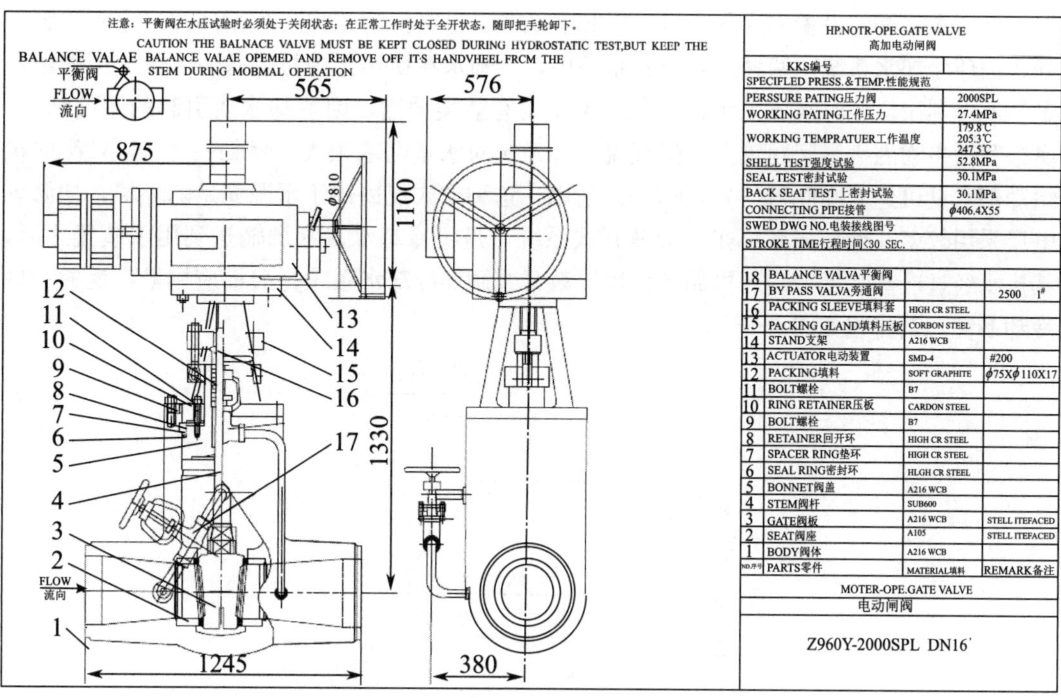

图 1-33　小旁路系统高压加热器旁道阀

大旁路系统如图 1－34 所示。大旁路系统的三通阀，目前国产和进口的产品都有。

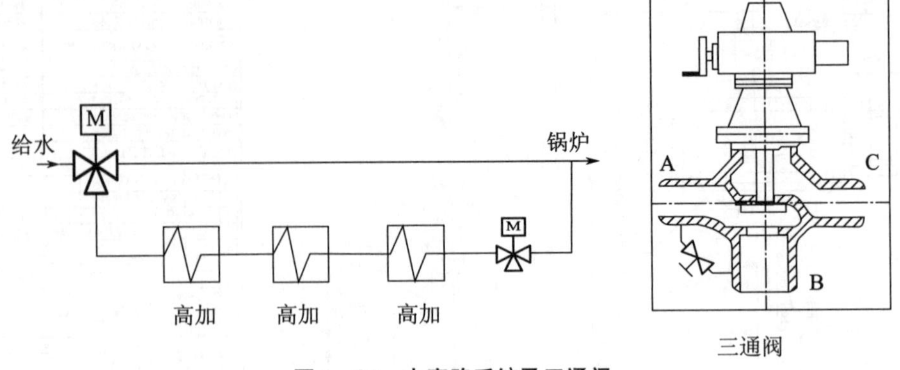

图 1－34　大旁路系统及三通阀

1.8　循环水系统

循环水系统的主要功能是向汽轮机的凝汽器提供冷却水，以带走凝汽器内的热量，将汽轮机的排气（通过热交换器）冷却并凝结成凝结水。此外，系统还为除灰系统和开式冷却水系统提供水源。由于电厂地理条件的不同，循环水系统所采用的循环水将有所不同，可能是江河、湖泊的淡水，也可能是海水（如海边、海岛上的电厂）。

循环水系统的设置方式分为直流冷却水系统（也有称为开式）和循环式（也有称为敞开式循环冷却水系统）两种。直流式系统中，冷却水在换热器中只进行一次热交换即被排走，不再利用。此时水质无明显变化，由于没有盐类浓缩，因冷却水质引起的系统结垢、腐蚀和微生物滋生等问题较少。但直流冷却系统对水量需求很大，例如一台 600MW 的机组冷却水量可达 60000t/h～75000t/h。所以，这种方式仅适用于水源充足的环境，如海滨电厂采用较多。循环式系统亦称为敞开式系统，是将冷却水从水源输送到用水装置之后，其排水经过冷却装置冷却后再循环使用。敞开式循环冷却水系统是目前应用最广泛的一种冷却系统，其流程如图 1－35 所示。

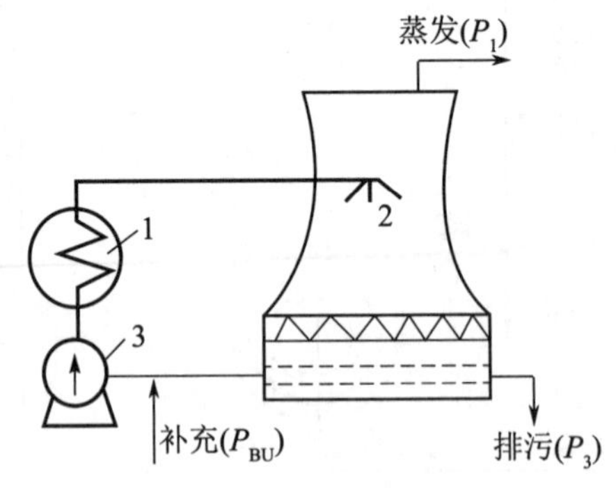

冷却水流程

1——凝汽器；2——冷却塔；3——循环水泵

图 1－35　冷却水流程

在敞开式循环冷却水系统中，冷却水被送入凝汽器进行热交换，被加热的冷却水经冷却塔冷却后，收集到集水池中，再由循环水泵送入凝汽器循环使用。

这种循环利用的冷却水称为循环冷却水。此类系统的特点是有CO_2散失和盐类浓缩而产生结垢和腐蚀；水中溶解氧充足，有光照，营养源丰富，再加上温度适宜，有微生物的滋生；还由于冷却塔内洗涤空气中的灰尘，有生成污垢的问题。

此类系统相对于直流冷却水系统最主要的优点就是节水。因此，在我国水资源短缺的北方地区被广泛采用，在长江以南的电厂也愈来愈多地采用。

循环水系统主要使用的阀门是循环水泵出口处的液控止回蝶阀和凝结器循环水进、出口处的电动蝶阀，它们的系统设置见图1-36所示。

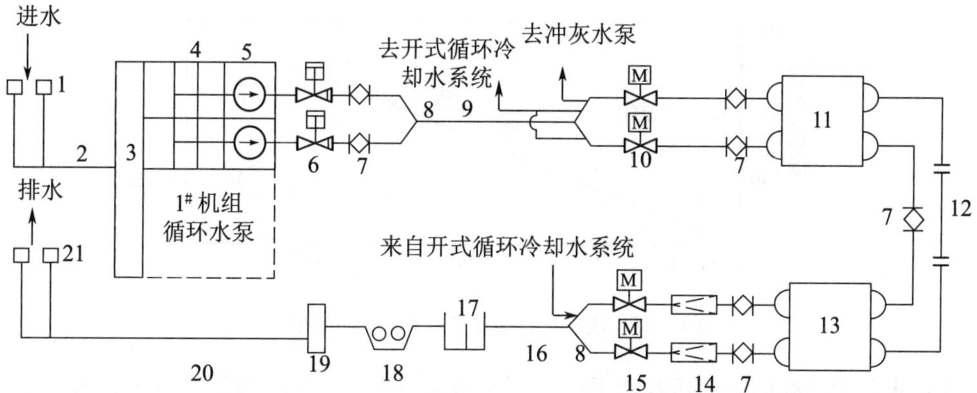

1——取水头；2——进水盾沟；3——进水工作井，4——循环水泵房滤网设备；5——循环水泵；6——液压止回蝶阀；7——膨胀节；8——Y形钢管；9——ϕ3000混凝土预应力管；10——进口电动蝶阀；11——低压凝汽器A；12——回水管调整段；13——高压凝汽器B；14——胶球收球网；15——出口电动蝶阀；16——方孔排水沟；17——虹吸井；18——3、4号机循环水进水管；19——排水工作井；20——排水盾沟；21——排水头

图1-36 循环水系统设置示意图

1.8.1 循环水泵出口处液控止回蝶阀

循环水泵出口处的液控止回蝶阀位于循环水泵房外侧的阀门井内。它同时具有隔离阀、止回阀的功能，由液压油缸操作其开启或关闭。蝶阀配有一个关闭重锤和一套可调整的液压缓冲装置。正常运行时，蝶阀在液压作用下锁定在其全开位置。

当循环水泵失电或液压控制系统的所有电磁阀电源发生故障时，蝶阀在重锤的作用下自行关闭。

液压止回阀的主要技术数据见表1-13。蝶阀开启和关闭动作曲线见图1-37。

表 1-13　液控止回蝶阀的主要技术参数

项目		参数
通流直径/mm		DN2100
设计压力/MPa		0.7
试验压力/MPa		1.0
试验泄漏量/（L/min）		0.11
试验关闭时间（蝶阀 A/B）/s		15.8/15.6
电厂实测动作时间	蝶阀 A（全开/全关）/s	43/23
	蝶阀 B（全开/全关）/s	46/23

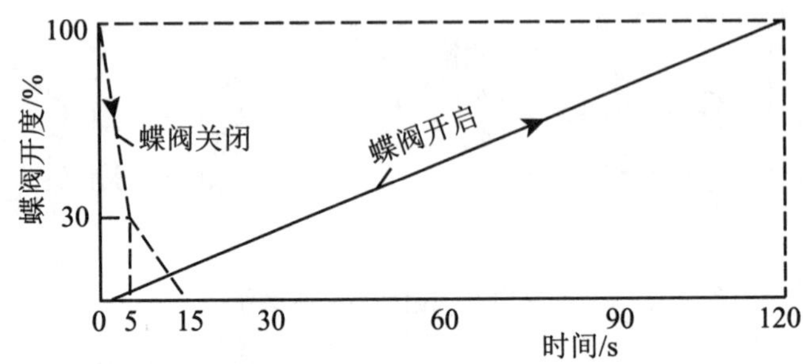

图 1-37　液控止回蝶阀开启和关闭动作曲线

循环水泵出口蝶阀的液压控制系统主要包括液压控制装置、液压缓冲器、液压油缸和阀门、软管、管道部件等。

液压控制装置通过控制其进、排油路来操作循环水泵出口蝶阀的开启和关闭。此外，可通过调节其油路上的流量控制阀改变蝶阀的开启或关闭速度，以免发生水锤现象。液压控制装置主要由两台 100%容量的电动液压油泵、一台备用的手动油泵、液压关断阀、电磁阀、流量控制阀、蓄压器、安全阀、止回阀以及连接管道等部件组成。图 1-38 为液控止回阀外形图 ，图 1-39 为电液控止回蝶阀，图 1-40 为全液控止回蝶阀。

图 1-38　液控止回蝶阀外形图

型号：HD7BT41X-6Q DN1800

主要外形尺寸和零件材料MAIN OUTLINE DIMENSION AND MATERIAL OF PARTS

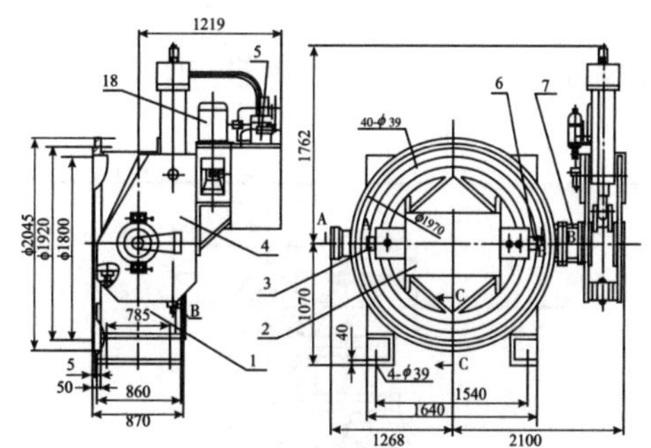

电液控止回蝶阀

ELECTRTC HYDRAULIC CONTROL BUTTERFLY CHECK VALVES

性能规范/Specification:

公称压力/Nominal pressure(MPa)		0.6
试验压力/Testing pressure (MPa)	壳体/Body shell	0.9
	密封/Seal	0.66
工作压力/Working pressure(MPa)		0.6
介质温度/Suitable temperature(℃)		≤80
适用介质/Suitable medium		水/Water

技术要求

1.设计、制造、验收执行BS5155，结构长度按双法兰短系列。

2.法兰连接尺寸按GB/T 17241.6中PN6执行。

3.压力试验执行BS6755 PART1中的A级标准。

4.阀门的关闭分快关、慢关两个阶段并且时间和角度均可调整。开始关闭为快关段角度在60°~80°之间可调，时间在5s~20s之间可调。然后是慢关段角度在30°~10°之间可调，时间在10s~50s之间可调。

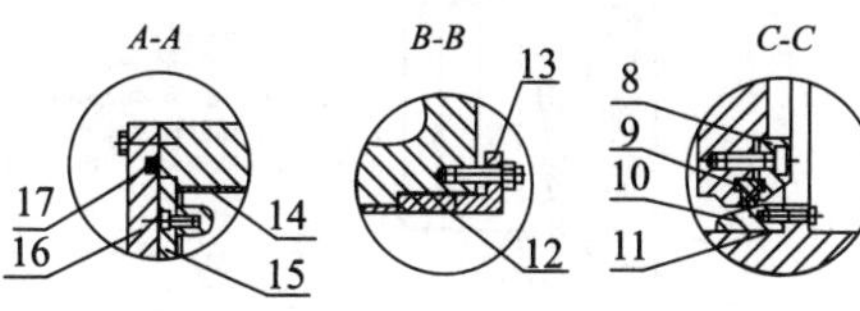

序号	代号	名称	数量	材料	备注
18		电动机	1		
17		O形圈	1		
16		密封端盖	1		
15		摩擦垫	1		
14		轴承	1		
13		填料压盖	1		
12		填料	6		
11	DKS	O形圈	1		
10		阀体密封圈	1		
9		蝶板密封圈	1		
8		密封圈压板	1		
7		支座	1		
6		上阀杆	1		
5		液压缸	1		
4		电控销	1		
3		下阀杆	1		
2		蝶板	1		
1		阀体	1		

图 1－39　电液控止回蝶阀

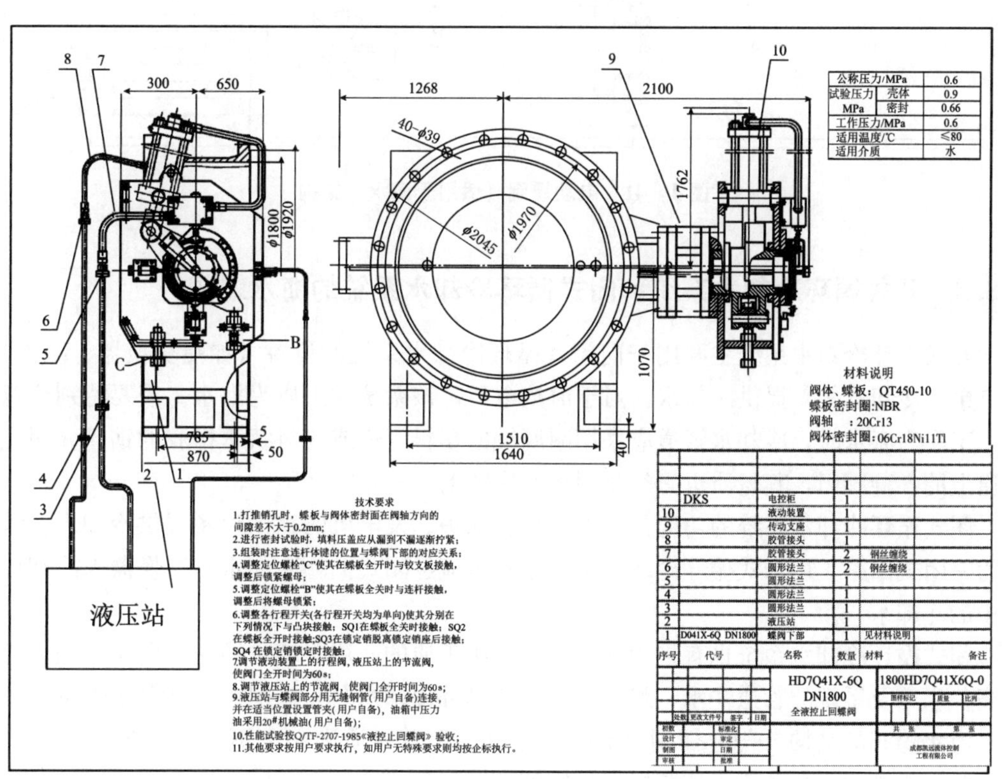

图 1－40　全液控止回蝶阀

1.8.2 凝汽器循环水进/出口电动蝶阀

凝汽器进/出口的循环水由进/出口电动蝶阀对其进行控制。其结构如图 1-41 所示。

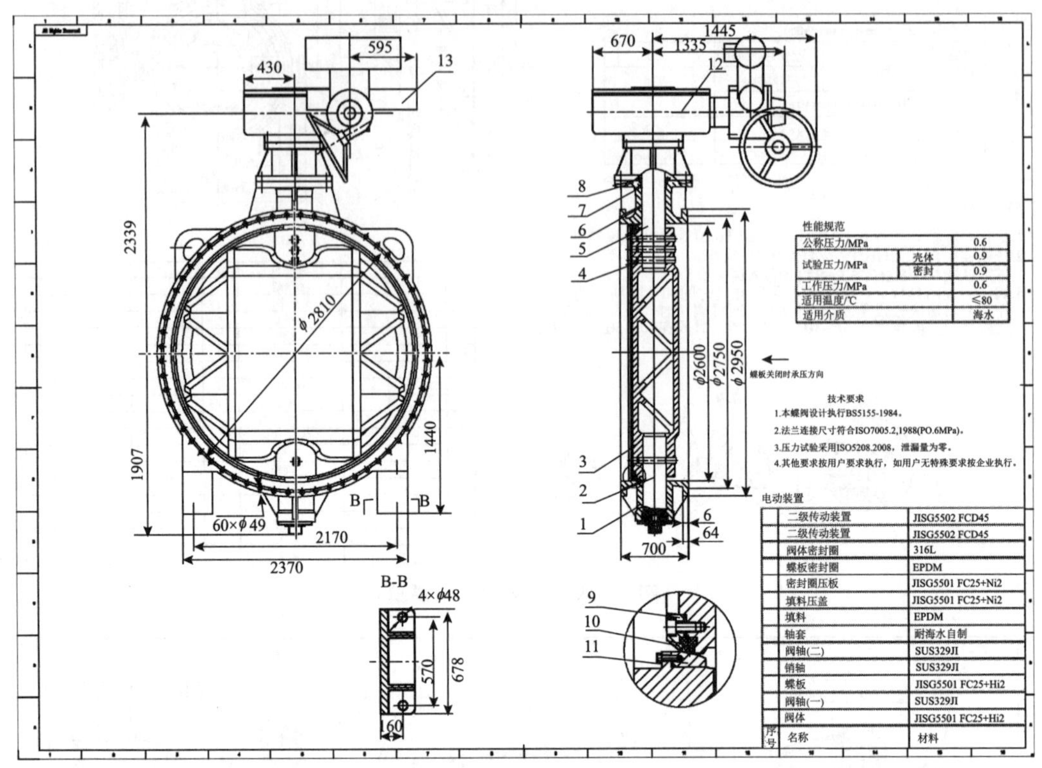

图 1-41 电动蝶阀（适用于海水）结构

1.8.3 开式循环冷却水系统和闭式循环冷却水系统的海水蝶阀

开式循环冷却水系统主要用于向闭式循环冷却水系统的设备（如热交换器、凝汽器、真空泵、冷却器等）提供冷却水。对于海滨电厂，该系统的工质为海水。需要特别注意的是，工质为海水时，冷却水管道应采用耐腐蚀的塑料管道或内衬氯丁橡胶的钢管。而此时管道上的各种阀门，其材质也必须是耐海水腐蚀的。

闭式循环冷却水系统的功能是向汽轮机、锅炉、发电机的辅助设备提供冷却水。该系统为一闭式回路，用开式循环冷却水系统中的水流经闭式循环冷却水热交换器来冷却该系统中的冷却水。

闭式循环冷却水系统也有采用盐水作为系统工质的，用凝结水输送泵向闭式循环冷却水高位水箱及系统的管道注水，然后通过闭式循环冷却水泵在该闭式回路中做循环。

海水蝶阀的结构与普通蝶阀没有什么不同，但其材质则完全不同（见图 1-41）。此外，为提高阀门寿命还需采取阴极保护措施。

1.8.4　海水蝶阀的阴极保护（牺牲阳极法）

循环水泵出口处液控止回阀、凝汽器循环水进/出口电动蝶阀、开式循环冷却水系统的蝶阀以及闭式循环冷却水系统中采用的阀门，如果介质都是海水，除了要求阀体及蝶板等内件材料必须是耐海水腐蚀的以外，还要注意，有些系统设计上要求这些（也可能是部分）阀门必须配有阴极保护（牺牲阳极法）。

阴极保护（牺牲阳极法）是一种用于防止阀门在电介质（海水、淡水）中腐蚀的电化学保护技术，该技术的基本原理是使阀门构件作为阴极，对其施加一定量的更活泼的金属作为阳极来保护阀门，也就是一种电位比所要保护的阀门还要负的金属或合金与被保护的阀门电性连接在一起，依靠电位比较负的金属不断腐蚀溶解所释放的电子来保护阀门，释放出的电子在被保护的阀门表面发生阴极还原反应，抑阻了被保护体的阳极溶解过程，从而对被保护体提供了有效的阴极保护。

牺牲阳极主要有镁合金牺牲阳极、铝合金牺牲阳极、锌合金牺牲阳极。镁合金牺牲阳极主要应用于高电阻率的土壤环境中。铝合金和锌合金主要用于水环境介质中。锌合金也可用于土壤电阻率小于5Ω·m的环境。阀门阴极保护（牺牲阳极法）主要采用锌合金牺牲阳极。

阀门若采用锌合金牺牲阳极，一种方法是将锌合金块与阀门阀瓣铸造在一起，另一种方法是用铆钉将锌合金块与阀瓣连接在一起。锌合金安放位置根据阀门口径大小确定，小口径阀门（≤1200mm）可以在阀瓣中心位置安放，大口径阀门（>1200mm）可以在阀瓣中央位置并列安放。图1-42为DN2600的安放示意图。

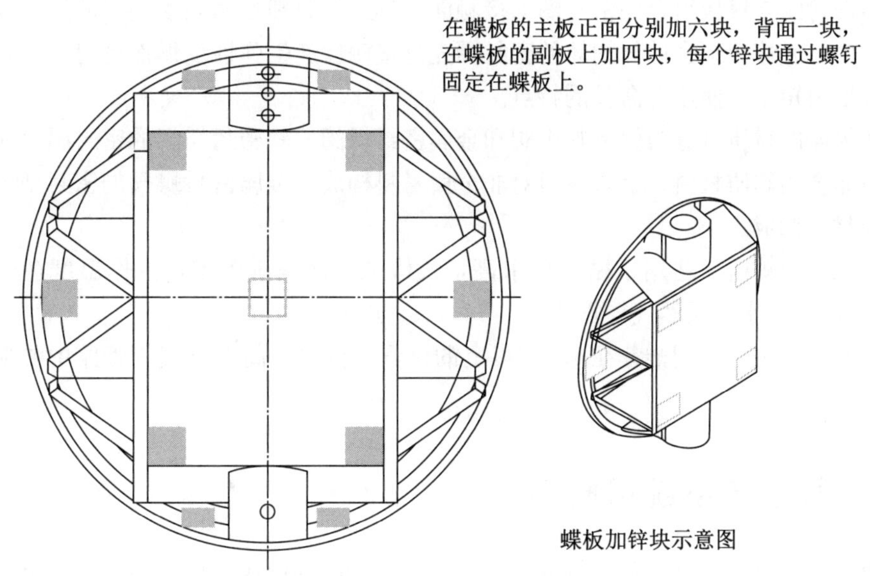

图1-42　DN2600阀蝶板加锌块安放示意图

阴极保护（牺牲阳极法）的优点：（1）一次投资费用偏低，且在运行过程中基本上不需要支付维护费用；（2）保护电流的利用率较高，不会产生过保护；（3）对邻近的地下金属设施无干扰影响，适用于厂区及无电源的长输管道；（4）具有接地和保护兼顾的作用。

1.8.5 蝶阀的选用原则

蝶阀是用圆盘式启闭件往复回转90°来开启、关闭和调节流体通道的一种阀门。在电站的给水系统、循环水系统、海水淡化、烟气脱硫等诸多系统的腐蚀、非腐蚀性流体介质的管道上，用来调节和截断介质的流通。

蝶阀完全开启时，具有较小的流阻，当开度在15°～70°之间时，又能进行较灵敏的流量控制，因而在大口径调节领域，蝶阀的应用非常普遍。蝶阀的流量特性为近似等百分比或快开。

蝶阀结构简单，体积小重量轻，材料耗用低，驱动力矩小，操作简便、迅速。按它的结构形式通常分为中线型、双偏心和三偏心蝶阀。中线密封蝶阀的结构特点是蝶阀的回转中心位于中心线上，且通过密封面的中心，中线蝶阀的蝶板与衬胶阀座始终处于挤压、摩擦状态，启闭力矩较大，磨损快，导致使用寿命短。双偏心密封蝶阀的结构特点是阀杆轴中心既偏离蝶板中心也偏离本体中心，双偏心的特点是当阀门开启时蝶板密封面能迅速脱离阀座，大幅度地消除蝶板与阀座间的挤压和刮擦，减轻了开启力矩，降低了磨损，提高了使用寿命。由于刮擦的大幅度降低，使得双偏心蝶阀可以做成金属密封，扩大了蝶阀在高温领域的应用。但因其密封原理属于位置密封构造，即蝶板与阀座是通过蝶板挤压阀座所形成的弹性变形产生密封效果，属于线密封，承载能力低，泄漏量较大。三偏心密封蝶阀的结构特点是将双偏心结构的线密封改进为面接触密封。三偏心蝶阀的密封面是斜锥面、阀体密封圈与蝶板组合件密封圈的接触面，其工作原理是靠驱动装置的扭力直接带动蝶板组合件，使蝶板组合件与阀体的密封圈充分接触后产生弹性变形而密封。它具有密封可靠，开启力矩小，使用寿命长的特点。

按密封面的材质可分为软密封蝶阀和金属密封蝶阀。软密封蝶阀的密封副由非金属软质材料对非金属软质材料、金属材料对非金属材料构成；金属密封蝶阀的密封副由金属材料对金属材料构成。

中线软密封蝶阀，适用于密封要求高，气体试验泄漏量为零，工作温度在－10℃～130℃的淡水、海水、天然气等管路中。

双偏心和三偏心蝶阀推荐在130℃以上的供汽、供热、高温空气等管路中要求调节和截流时使用。

1.9 烟气脱硫系统用阀门

燃煤电厂排放的二氧化硫和氮氧化物，造成了酸雨的形成。酸雨腐蚀建筑物和工业设备，破坏露天的文物古迹，损坏植物叶面，使湖泊中的鱼虾死亡，破坏土壤成分，使农作物减产甚至死亡，饮用酸化的水源，会危害人体健康。酸雨和大气污染已成为超越国界的全球性问题。

控制火电厂和燃煤设备二氧化硫的排量，是防治大气污染和酸雨的重中之重。为此，国家已颁布了《中华人民共和国大气污染防治法》和《火电厂大气污染物排放标准》等法律和标准，使烟气脱硫脱硝成为必然。

我国火电厂的烟气脱硫方法，基本上是以石灰石/石膏湿法（FGD）为主，全世界约有 90%的电厂采用这种方法。烟气系统流程：锅炉引风机排出烟气经脱硫增压后，依次通过烟气换热器（GGH）降温、吸收塔、GGH 升温，最后接入烟囱。主要设备：增压风机、烟气换热器、挡板门。图 1 - 43 为 FDG 脱硫系统流程图。

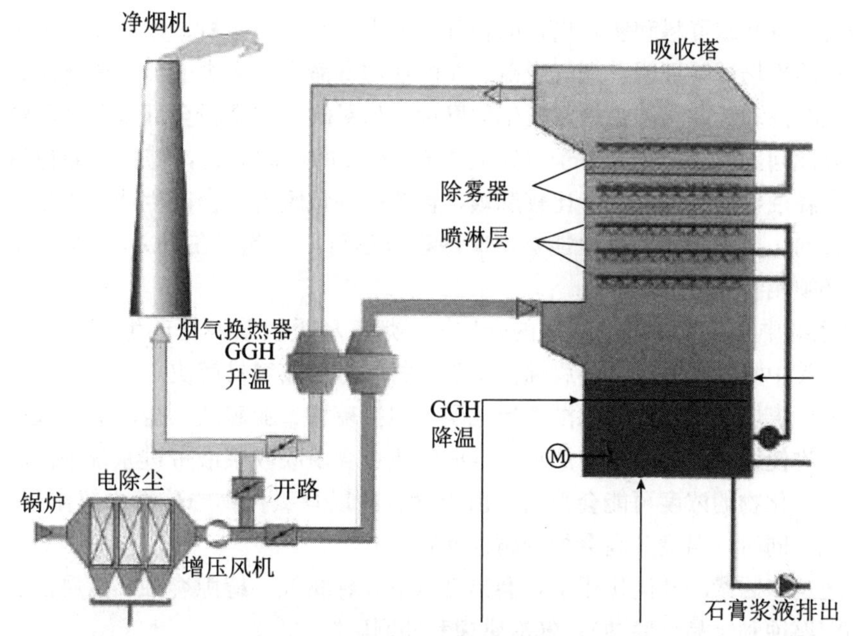

图 1 - 43　FGD 脱硫系统流程图

在湿法脱硫装置中，大量使用各种不同规格和种类的阀门，其中主要是蝶阀。因此，开发针对该系统应用的专用蝶阀，正确选择阀门的材料和结构形式，提高阀门的密封性能，解决阀门的腐蚀和磨损问题，延长阀门的使用寿命，降低制造成本，就成了保证 FGD 装置长期安全运行的关键。

1.9.1　FGD 装置对阀门材质的耐磨损要求

FGD 系统中，处理的介质主要是生石灰、石灰石粉、石灰石浆液、石膏浆液、石膏粉和含粉尘的 SO_2 烟气。这些介质中含有不溶解或部分溶解的固体颗粒，阀门的密封部件接触高速流动的介质，不但会发生磨损，还伴随着腐蚀的发生。在这种条件下，阀门的工作寿命与诸多因素有关，如流速、压差、温度、含固量、颗粒大小、硬度以及操作的频繁程度等。

石灰石和石膏的莫氏硬度（Mohn's scale）为 2～3，生石灰的莫氏硬度为 2～4。一般认为，莫氏硬度≥6.0 的物质对阀门和管道具有较强的磨损作用，石灰石浆液和石膏属于具有中度磨损作用的介质。

过去，人们往往认为阀门的材质越硬就越耐磨。实践证明，采用硬制材料，效果并没有预期的那样好，而且制造难度大，维修困难，价格昂贵。衬胶蝶阀作为一种很好的耐颗粒磨损用途的阀门，完全可以在浆液脱硫系统中应用，而且有合理的使用寿命。它采用EPDM（三元乙丙橡胶）作为阀座，蝶板可用NYLON11尼龙或EPDM橡胶包覆，或选用整体耐磨耐蚀的特殊合金材料。下面讨论FGD系统用阀的主要腐蚀现象。

1.9.2 FGD系统的主要腐蚀现象

根据对大量文献资料和实际出现的各种腐蚀失效情况的分析，以及在已有的烟气脱硫设备中进行的现场试验证明：烟气脱硫装置的使用寿命主要取决于装置所选用材料的耐腐蚀性能，点腐蚀和缝隙腐蚀是最常发生的腐蚀。如果阀门和蝶板全部采用衬胶结构，也就不存在点腐蚀问题了。但是，对于口径大于600mm的蝶阀而言，蝶板依靠包覆橡胶或尼龙来抵御点腐蚀，在制造技术上比较麻烦，包覆层一旦脱落，会产生严重事故。大型电厂是连续运行的，要求脱硫装置也能够不间断连续运行。因此，在FGD系统中，大口径蝶阀的蝶板必须用特殊合金制成。

FGD系统中，在吸收塔中相遇的介质——烟气和吸收浆液是产生一系列腐蚀问题的根本原因，其中吸收浆液本身的腐蚀性不强，材料方面较容易解决，而烟气冷凝物的腐蚀性却特别强。煤燃烧后产物的水溶液形成酸，包括硫酸、亚硫酸、盐酸等。煤中所含的氯化物和氟化物使腐蚀问题变得更严重，这些物质也会由吸收浆液带进系统中。其中氟化物量很少，但氯化物的浓度可能会很高。由于含有酸以及氯化物的酸性水解作用，会使pH值变得很低。同时，温度升高会加剧腐蚀问题。

在上述这些因素的共同作用下，会出现以下几种腐蚀：缝隙腐蚀、点腐蚀、应力腐蚀开裂（晶间腐蚀和穿晶型腐蚀）、气泡腐蚀和冲刷腐蚀。

（1）缝隙腐蚀一般以裂缝的形式出现（图1-44），发生在因氧气供应不足致使钝化膜被破坏的部位。在缝隙中的电解质由于扩散迟缓而比在缝隙外面的电解质更缺氧；另外，阳极的氯化物会发生水解作用，使缝隙里的液体大多呈酸性；加上放热反应促使局部蒸发，使缝隙里的电解质浓度越来越高。

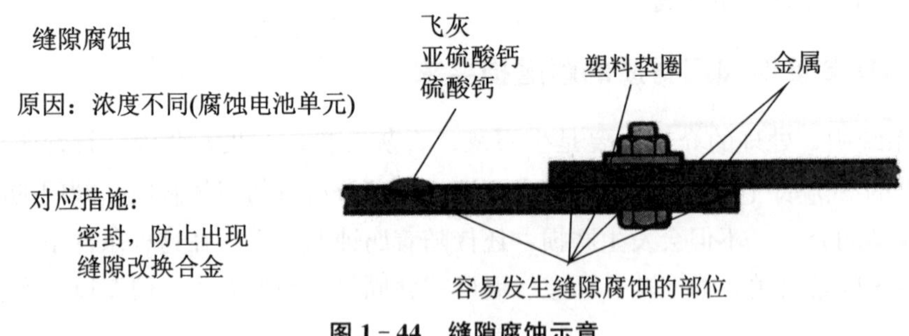

图1-44 缝隙腐蚀示意

总的来说，材料的缝隙腐蚀主要取决于介质的温度、浓度和通风条件。它可能出现在材料中，也可能出现在不同的材料之间，至少其中有一种材料是金属，比如图 1－44 中的塑料垫圈部位或附着沉积物的金属表面。防止发生此类腐蚀的方法是在合金中提高铬、钼元素，尤其是钼元素的含量。

（2）点腐蚀是继缝隙腐蚀之后在 FGD 设备中频繁出现的另一种腐蚀，是一种在金属或合金钝化膜上发生的局部腐蚀（图 1－45）。如果钝化膜再生得不够快，也就是新的钝化膜形成得不够快，这种腐蚀就会加速，使腐蚀深度加深。一般在含有氯化物的水溶液中可以观察到点腐蚀。防止发生此类腐蚀的方法是增加合金中的铬、钼元素，尤其是钼元素的含量。

点腐蚀

原因：形成了腐蚀电池单元

对应措施：
改换合金(更高Cr和Mo含量)
稀释强腐蚀液
强化钝化膜(电化学方法)

图 1－45　点腐蚀示意

（3）应力腐蚀开裂是在应力和特定腐蚀介质的作用下，在金属材料中产生裂纹的一种腐蚀。根据材料和腐蚀介质的不同，会出现穿晶间型和晶间型裂纹。对于压力较低的 FGD 装置而言，阀门承受的应力水平很低，基本不会产生应力腐蚀。

（4）气泡腐蚀（图 1－46）和冲刷腐蚀（图 1－47）起因于钝化膜和材料的表面机械应力过高。在气泡腐蚀中，气泡爆裂是造成钝化膜破裂的主要原因；而在冲刷腐蚀中，高流速和介质中夹带的固体粒子是主要原因。

气泡腐蚀

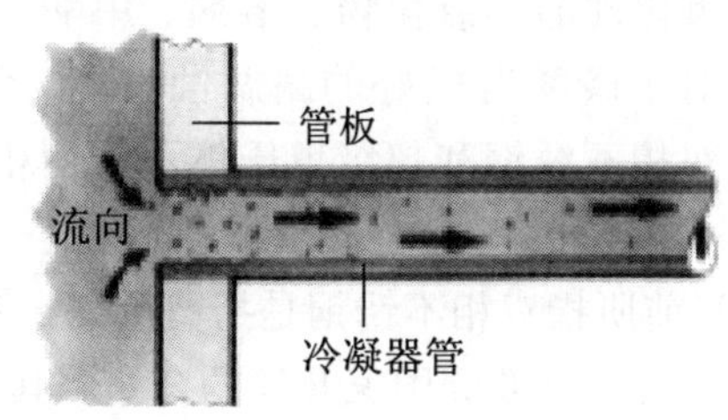

图 1－46　气泡腐蚀

冲刷腐蚀
原因：
机械破坏和腐蚀联合作用。
对应措施：
提高抗机械应力和耐腐蚀能力；
降低流速；
防止出现湍流。

图 1－47　冲刷腐蚀

在防止缝隙腐蚀和点腐蚀的措施中，都提及更换合金材料，其中提高铬和钼的含量是重要的一条。合金元素对镍合金及奥氏体不锈钢、双相不锈钢和超级不锈钢材料的影响结果，由于钢的化学成分不同、使用条件的变化，差异较大，很难一一列举。以下对主要成分做分析介绍。

1.9.3　FGD 介质条件下选材要求

阀门与介质接触部分如蝶阀的蝶板：球阀的阀体和球体、阀杆等的金属材料必须具有抗点蚀能力。金属材料的抗点蚀能力一般用抗点蚀当量数 PREN（Pitting Resistance Equivalent Number）来表示，计算 PREN 有不同的经验公式，耐蚀不锈钢最常用的公式之一是 Truman 提出的公式：

PREN$=w(\text{Cr})+3.3\times w(\text{Mo})+16\times w(\text{N})$（如含 W，也要计算在内，为 $1.5\times w(\text{W})$）

根据美国的经验，在早期设计燃煤电厂的脱硫装置中，几乎全部是采用的 316LN（1.4429）合金、317LN（1.4439）合金以及 904L（1.4539）合金，这些合金即使在脱硫系统正常使用的条件下也会发生腐蚀，可以说采用这类合金取得的经验是负面的，由于工作条件日趋苛刻，这类合金如今已很少在 FGD 系统中应用。

在 FGD 系统腐蚀负荷较高的部件中，美国 Haynes 公司开发的 HastelloyC（哈氏）合金 C－276，是应用得最为成功的一种。美国和日本的公司多数采用这种材质制作蝶板，它对还原性及氧化性酸、氯化物、溶剂、甲酸、乙酸、湿氯气、次氯酸盐等都有很好的耐腐蚀能力，对于磷酸有极好的耐腐蚀性能。试验表明，在浓度 65%，沸点以下的腐蚀率极低。与双相不锈钢和超级奥氏体不锈钢相比，其价格昂贵。现在国内项目中已较少采用。

双相不锈钢，目前所指双相不锈钢是指奥氏体＋铁素体两相均独立存在的结构钢，钼含量至少占 25%～30%，是欧洲国家开发的合金，其性能也相当优良，价格比 HastelloyC 便宜。由于双相钢中两相均具有适宜的比例，它兼有奥氏体和铁素体不锈钢的特性，相对于一般的奥氏体不锈钢来说，双相钢对于局部腐蚀，特别是应力腐蚀、点蚀和缝隙腐蚀、腐蚀疲劳等比较有效。从耐点蚀当量来看，双相钢 SAF2205/SAF2507 都要比 904L 好。价格相对于一些超级奥氏体不锈钢（通常把耐点蚀当量高于 40 的奥氏体不锈钢，称为超级奥氏体不锈钢），如 904L、926 等便宜很多。由于它在性能上的这些优点和价格优势，目前获得了大量的应用。

在烟气吸收塔腐蚀负荷较弱的区域，乃至中等强度负荷区，越来越被广泛采用的合金材料是 Cronifer 1925hMo - 926 合金（1.4529）和 Nicrofer 3127hMo - 31 合金（1.4562）。这些高级不锈钢除镍含量高以外，其中含有的钼和铬，在与镍的共同作用下，保证了这些材料具有优良的耐腐蚀性能，在蝶阀的蝶板和阀杆上使用效果极好。

FGD 系统介质条件下，常用金属材料的抗点腐蚀当量数见表 1 - 14。

表 1 - 14　常用金属材料的坑点腐蚀当量表

牌号	碳 max	铬	镍	钼	氮	铜	其他	耐点腐蚀当量
奥氏体不锈钢								
304（1.4301）	0.08	18	9					18
304L（1.4307）	0.03	18	10					18
316（1.4401）	0.08	17	11	2.1				22.5
316L（1.4404）	0.03	17	11	2.1				22.5
317（1.4436）	0.08	19	12	3.1				28
317L（1.4438）	0.03	19	12	3.1				28
317LN（1.4439）	0.025	18.5	14.5	4.1	0.15			30
lncoloy 20	0.07	20	34	2.1		3.5		25.5
lncoloy 825	0.05	21.5	42	3.1		2	0.9Ti	28
904L（1.4539）	0.02	20	25	4.1		1.5		32
PREN 是对完全退火不锈钢的临界点蚀温度和平衡组成的函数关系作统计回归得到的，Cr、Mo 和 N 不是真正独立的变量，也不能相互代替，PREN 值可用于为不同钢的耐蚀性分级，但 2 或更小的差别不应看作是显著的区别。								
6%Mo 超级奥氏体不锈钢								
254SMO	0.02	20	18	6.1	0.2	0.8		41
926（1.4529）①	0.02	20	25	6	0.2	1		40.5
7%Mo 654SMO	0.02	24.5	22	7.2	0.5	0.5	3.5Mn	54
双相钢								
SAF2205（1.4462）②	0.03	22	5.5	3	0.18			34
SAF2507（1.4469）	0.03	25	7	4	0.25			38
镍合金								
合金 625	0.02	22	62	9			3.5（Nb+Ta）.04Ti4Fe	46.5
合金 C—276	0.01	15.5	60	16			3.8W5.5Fe0.35V	64
合金 G—30	0.03	30	46	5			2.5W15Fe	41

① 合金 926 是蒂森克虏伯（ThyssenKrupp）VDM 公司开发的一种超级奥氏体不锈钢。

② 括号外的钢牌号除 SAF2205、SAF2207 为瑞典开发的双相不锈钢和超级双相不锈钢种以外，其余的均为美国 ASTM 牌号。

湿法脱硫介质条件下，不同氯化物和 pH 时的选材建议，见表 1 - 15。

表 1－15　不同氯化物和 pH 时的选材建议

<table>
<tr><td colspan="2" rowspan="3">pH</td><td colspan="8">氯化物/$\times 10^{-6}$</td></tr>
<tr><td>弱</td><td colspan="2">中</td><td colspan="2">强</td><td colspan="3">非常强</td></tr>
<tr><td>100～500</td><td>1000</td><td>5000</td><td>10000</td><td>30000</td><td>50000</td><td>100000</td><td>200000</td></tr>
<tr><td>弱</td><td>6.5</td><td></td><td>不锈钢
316L</td><td colspan="2"></td><td></td><td rowspan="3">超级奥氏体不锈钢
254SMO
926（1.4529）</td><td>镍合金
625</td><td></td></tr>
<tr><td>中等</td><td>4.5</td><td></td><td colspan="2">不锈钢 317L</td><td colspan="2">超级双相钢 2507</td><td colspan="2" rowspan="3">C－276 等
镍合金</td></tr>
<tr><td>强</td><td>2.0</td><td>不锈钢
317L</td><td></td><td>双相钢
2205</td><td colspan="2"></td></tr>
<tr><td>非常强</td><td>1.0</td><td>不锈钢
317LN</td><td colspan="3">超级奥氏体不锈钢
254SMO、926</td><td>镍合金
625</td><td></td></tr>
</table>

第2章　燃气轮机-蒸汽联合循环电站的主要系统及特殊阀门

随着燃气轮机技术不断完善和天然气能源利用的比重加大，燃气轮机发展迅速，正在成为世界火电的重要动力和国民经济发展的关键技术。而随着我国“西气东输”国家重大工程的实施和东南沿海地区液化天然气（LNG）进口与气站的建设，燃气轮机及其联合循环电站发展应用前景广阔。

燃气轮机-蒸汽联合循环发电装置就是将燃气机的排气引入余热锅炉，产生高温、高压蒸汽，从而驱动汽轮机，带动发电机发电。燃气轮机在循环中作为主要动力设备，而它的排气中的余热则被用来产生蒸汽，进一步在汽轮机中做功。它在不增加燃料供给的情况下可增加1/3的出力，大大提高了效率，并可燃烧各种气体或液体燃料，现已成为一种成熟的动力系统被世界普遍接受。在世界能源短缺和对环境要求日趋严格的形势下，联合循环发电机组在各类发电设备中所占比例，呈快速上升的趋势。

我国燃气轮机技术水平与国外先进水平相比尚有明显差距。近年来，通过设备进口和技术引进，这一状态正在发生变化。

2.1　燃气轮机-蒸汽联合循环电站的工作原理

燃气轮机-蒸汽联合循环电站的工作原理见图2-1。

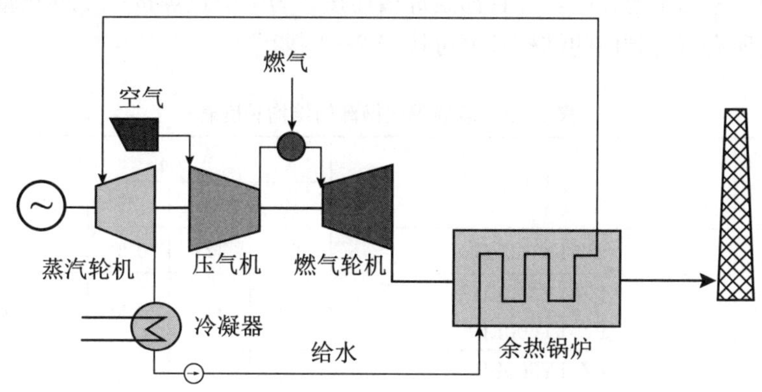

图2-1　燃气轮机-蒸汽联合循环电站的工作原理

2.2 燃气轮机-蒸汽联合循环电站阀门的特点、结构长度

燃气轮机-蒸汽联合循环电站使用的阀门，其技术要求高，品种规格多。燃气-蒸汽联合循环电站工艺流程及其主要阀门布置见彩图 3，即使型号规格相同的阀门，其性能要求也是各不相同。例如：

（1）有的阀门要求带开度指示。

（2）有的阀门要求带防雨罩。

（3）有的阀门配管是进口钢管，有的是国产钢管，承插焊连接时的阀门，阀门的预留孔径就不相同，需要在上千台的阀门中，做到没有差错。

（4）同型号规格的阀门，因介质不同，其密封部件的材质也不相同。例如润滑油系统，该系统阀门的介质主要是洁净的润滑油。所以，该系统阀门的填料不能使用石墨材料，它会污染润滑油，从而导致转动部件的损坏。

（5）燃气和主燃料管道系统上的过滤器、加热器、阀门等，其介质是天然气，它的设计温度是 350℃，设计压力是 5.5MPa。这个系统上阀门及附件的特点是：除了要进行水压强度试验外，还要进行高压气密封试验。否则，天然气泄漏到大气中，其危害性极大。

（6）同型号规格的阀门，有的焊接坡口需要做射线探伤检验，有的则不需要。

（7）有的要带锁定装置。

（8）有的要有防爆设计。

（9）有的要有抗硫设计。

（10）有的要加排污口等。

（11）所有的锻钢和铸钢阀门，都是全通径系列。

燃气轮机-蒸汽联合循环电站的各个系统，除上述提到的系统外，还包含水清洗系统、空气和烟气系统、保护系统、壳体冷却空气系统、仪用空气系统、防冰和注水系统等，这些系统阀门都是采用全通径的，并且都是焊接连接。为了防止焊接产生的热量损坏阀门的密封面，上述所有系统阀门的结构长度可按表 2-1 执行。

表 2-1 承插焊锻钢阀门结构长度表 单位：mm

阀门类型	型号	DN					
		15	20	25	32	40	50
闸阀	PZ61Y150LB①	92	111	120	120	140	155
	PZ61Y300LB① PZ61Y600LB①	92	111	120	120	140	155
	PZ61Y800LB① PZ61Y900LB①	92	111	120	120	140	155
	PPZ61Y1500LB①	90	100	120	120	155	155
	PPZ61Y2500LB①	90	100	120	120	250	300

表 2-1（续）

阀门类型	型号	DN					
		15	20	25	32	40	50
闸阀	Z61Y150LB①	92	111	120	120	140	155
	Z61Y300LB① Z61Y600LB①	92	111	120	120	140	155
	Z61Y800LB① Z61Y900LB①	92	111	120	120	140	155
	SGZ61Y1500LB①	90	100	120	120	155	155
	PGZ61Y1500LB①	90	100	120	120	155	155
	SGZ61Y1500LB①	90	100	120	120	250	300
	PGZ61Y2500LB①	90	100	120	120	250	300
截止阀	PCJc61Y150LB①	108	117	127	140	165	203
	PJ61Y300LB① PJ61Y600LB①	92	111	120	152	172	200
	PJ61Y800LB① PJ61Y900LB①	92	111	120	152	172	200
	PPJ61Y1500LB①	90	100	152	165	165	205
	PPJ61Y2500LB①	90	100	152	210	210	270
	GCJc61Y150LB①	108	117	127	140	165	203
	J61Y150LB①	92	111	120	152	172	200
	J61Y300LB① J61Y600LB①	92	111	120	152	172	200
	J61Y800LB① J61Y900LB①	92	111	120	152	172	200
	SGJ61Y1500LB①	90	100	152	165	165	205
	PGJ61Y1500LB①	90	100	152	165	165	205
	SGJ61Y2500LB①	90	100	152	210	210	270
	PGJ61Y2500LB①	90	100	152	210	210	270
止回阀	PH61Y150-1500LB①	92	111	120	152	172	200
	GH61Y150-1500LB①	92	111	120	152	172	200

注：PJ、PZ、PH、PC——表示用于油系统的各种阀门；PPZ、PPJ——表示压力密封的阀门；SG——压力密封阀门，密封圈为金属材料；PG——压力密封阀门，密封圈为 PTFE。

① 欧美各国惯用 class 表示公称压力。例如 CL150、300、600、1500、2500 等；在阀门型号中表示压力等级时，磅级就标记为 150LB、300LB、600LB、1500LB、2500LB 等。

2.3 燃气轮机-蒸汽联合循环电站用特殊阀门

根据技术要求和工艺特点，国内燃气轮机-蒸汽联合循环电站使用的特殊阀门，主要有以下几种。

2.3.1 金属密封（高温）球阀

金属密封（高温）球阀的结构见图 2-2。其主要零件材料见表 2-2，适合的工况条件见表 2-3。

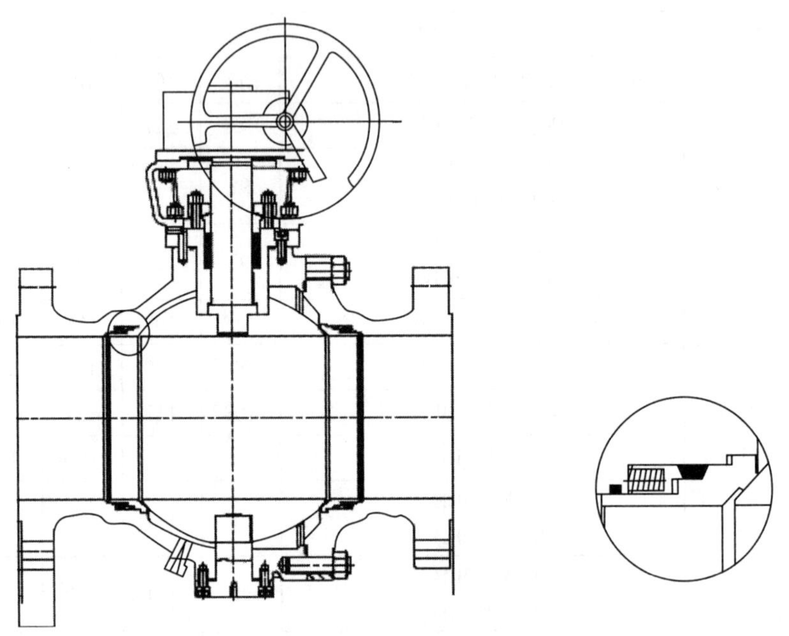

图 2-2 金属密封（高温）球阀结构图

表 2-2 金属密封（高温）球阀主要零件材料

材料	碳钢		不锈钢 304	
温度范围	−20℃～150℃	−29℃～350℃	−20℃～150℃	−20℃～350℃ −20℃～500℃
阀体	A216 WCB		A351 CF8	
球	304+钴基碳化物		304+钴基碳化物	
阀杆	17−7PH		17−7PH	
阀座	304+stel 合金		304+stel 合金	
垫片	石墨夹不锈钢缠绕垫片		石墨夹不锈钢缠绕垫片	
填料	柔性石墨		柔性石墨	
轴承	305+stel 合金		305+stel 合金	

表 2-2（续）

材料	碳钢		不锈钢 304	
弹簧	INCONEL X—750		INCONEL X—750	
副密封圈	增强 TEF 氟橡胶 O 型圈	柔性石墨+不锈钢	增强 TEF 氟橡胶 O 型圈	柔性石墨+不锈钢
螺柱	A193/B7		不锈钢 304	
螺母	A194/2H		不锈钢 304+HCr	

表 2-3　金属密封（高温）球阀适合的工况条件

结构形式	制作范围	温度范围	辅助密度	涂层	应用
固定球式	Class150、300、600 2"～20" （50mm～500mm） Class900、1500 2"～20" （50mm～250mm） 双流向	—20℃～150℃	氟橡胶 O 型圈	球：钴基碳化物或碳化铬 阀座：stel6 号	泥浆、纸浆含固定的流体
		—29℃～350℃	石墨自紧圈		高温流体、蒸汽、天然气、泥浆、纸浆含固体的流体
		—29℃～500℃	石墨自紧圈		高温、高压
注：1in（英寸）=25.4mm。					

固定式硬密封球阀除具有浮动式硬密封球阀的特性外，还具有以下优点：

（1）采用两端进口端弹簧预紧阀座组件，具有自紧密封特性，实现上游密封，每阀有两个阀座，两个方向都能实现完全密封，因而安装没有流向限制。

（2）由于该阀是上游密封双向阀，因而阀门处于全开或全关状态时，可以排放阀体中腔的流体或积滞的污染。两个相互独立的阀座使流体阻断，在工作情况下，可以更换或维修阀杆部的填料，定期排放污染物，可减少污物对密封面的损伤，易于从不同的流动方向检测出阀座的泄漏情况，而不需要把阀门从管线上拆卸下来。

（3）使用弹簧预紧阀座，当阀体中腔压力异常升高时，能自动压缩弹簧，排放中腔的压力，实现中腔自动泄压，使阀体中腔压力与管道压力一致，从而保证管线的安全。

（4）金属密封结构的设计完全符合 API607 或 API6FA 的防火安全。

（5）阀体、阀杆、球体之间设计有预防静电钢球、弹簧的导静电装置。

图 2-3 是高温球阀（公称通径 DN200～250，Q347Y—600LB，P 型，350℃）的密封结构图，球阀的流量系数表见表 2-4。

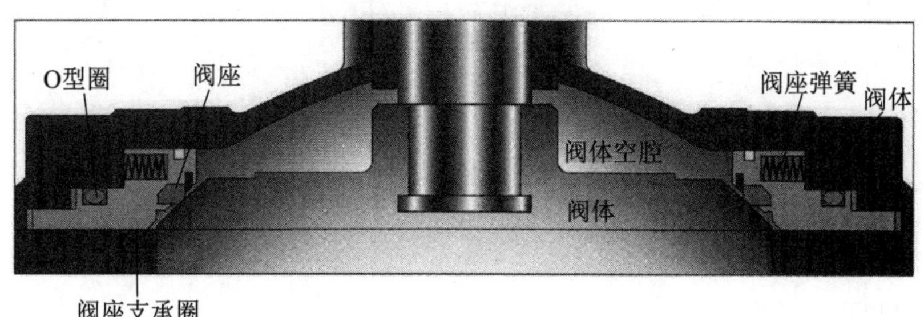

图 2-3　高温球阀密封结构图

表 2-4 球阀的流量系数表

公称通径 DN[1]	口径 NPS[2]	Class150—Class600 PN20—PN100		Class900 PN150		Class1500 PN260		Class2500 PN420	
		全通径	缩径	全通径	缩径	全通径	缩径	全通径	缩径
		流量系数 C_v 值							
15	1/2	24	14	24	14	24	14	24	14
20	3/4	55	31	55	31	55	31	55	31
25	1	100	55	100	55	100	55	100	55
32	1¼	160	85	160	85	160	85	160	85
40	1½	260	123	260	123	260	123	260	123
50	2	450	218	450	218	450	218	330	160
65	2½	720	340	720	340	720	340	510	240
80	3	1100	490	1100	490	1100	490	770	350
100	4	2200	880	2200	880	2200	880	1700	680
125	5	3000	1380	3000	1380	3000	1380	2300	1060
150	6	5500	1980	5500	1980	5100	1840	4200	1500
200	8	10000	3500	10000	3500	9100	3200	7900	2800
250	10	17000	5460	17000	5460	15300	4900	13300	4300
300	12	24000	7900	24000	7900	21500	7100	18400	6100
350	14	28000	10700	26000	9940	24900	9500	—	—
400	16	36000	14000	33800	13100	31500	12300	—	—
450	18	46000	18000	43300	17000	—	—	—	—
500	20	57000	22000	53300	20600	—	—	—	—
600	24	75000	31500	70200	29500	—	—	—	—
650	26	84000	37000	—	—	—	—	—	—
700	28	93000	43000	—	—	—	—	—	—
750	30	102000	49000	—	—	—	—	—	—
800	32	110500	56000	—	—	—	—	—	—
900	36	133000	71000	—	—	—	—	—	—

1） DN 单位为 mm。

2） NPS 单位为 in。

2.3.2　TCA 空气冷却器旁通阀

2.3.2.1　主要用途

燃机循环系统中，空气冷却器的旁通阀，不但口径较大（DN＝300)，而且要求阀门有调节功能并且在中间位置工作。根据这样的设计要求，只能选用截止阀。根据标准规定，DN250、CL300[1]及以上的截止阀都必须采用平衡式。为此，在焊接截止阀的基础上，又专门设计了适合于此种用途的平衡式截止阀。

设计标准规范

设计制造：API6D，ANSI 16.34，GB/T 12237；

结构长度：API6D，ANSI 16.10，GB/T 12221；

试验与检验：API6D，API1598，GB/T 13927；

压力试验：强度 7.6MPa，密封 5.6MPa，气密性 0.6MPa；

适用的工况条件：介质为热空气，设计温度为 485℃，设计压力为 1.86MPa。

TCA 空气冷却器旁通阀的结构如图 2-4 所示，其性能规范见表 2-5。

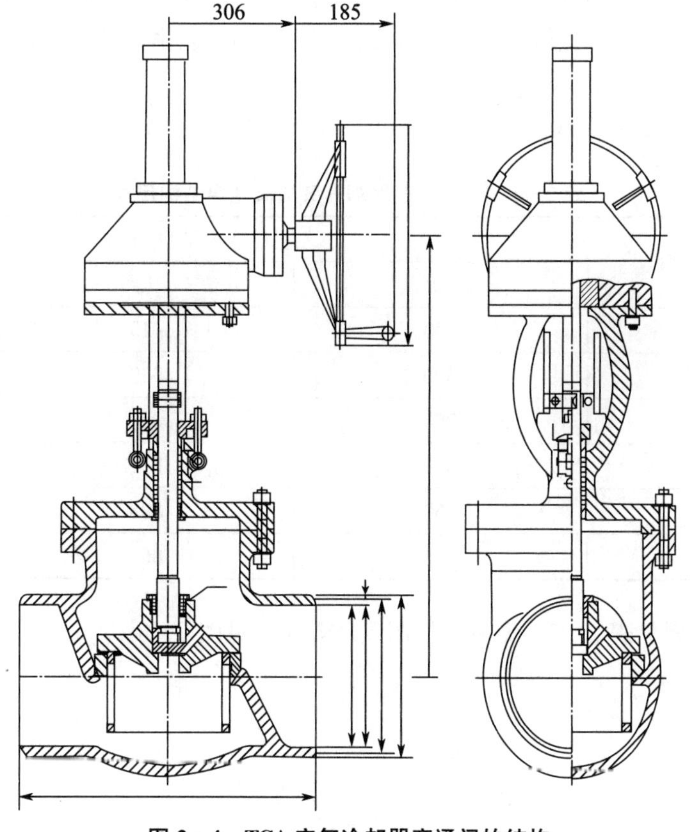

图 2-4　TCA 空气冷却器旁通阀的结构

1)　CL 为磅级公称压力级。

表 2-5　TCA 空气冷却器旁通阀的性能规范

压力等级	CL300
强度试验压力/MPa	7.6
上密封试验压力/MPa	5.6
密封试验压力/MPa	5.6
高压气密性试验压力/MPa	0.6
工作温度/℃	≤540
介质	水、空气、蒸汽

2.3.2.2　结构特点

TCA 空气冷却器旁通阀结构特点如下：

(1) 采用主副阀结构，主阀起密封作用，副阀起平衡阀前和阀后的压力，致使开关矩减小的作用。

(2) 在主阀瓣的下部，设计了一个导向套筒，导向套筒一方面能防止阀门在中间位置时产生震动，另一方面因导向套筒的圆周设有调节流量的窗口，使该阀具备了调节功能。

(3) 在安装时，与截止阀的正常安装方向相反，即介质由阀瓣的上部向下，阀体上有箭头标注。

主要结构尺寸见表 2-6。

表 2-6　TCA 空气冷却器旁通阀主要结构尺寸

公称通径 NPS	主要结构尺寸/mm		
	D	*L*	*H*
6	400	445	790
8	500	559	870
10	500	622	1040
12	600	711	1140
14	750	838	1200
16	850	864	1400

主要零件材料见表 2-7。流量曲线图（DN300）见图 2-5。

表 2-7　主要零件材料

零件名称	Mat'1
阀体	ASTM/A217WC6
密封面	STL—6
阀杆	ASTM/A182 F22
法兰螺栓	ASTM/A193 GR B8
螺母	ASTM/A194M GR 8
阀盖	A217 WC6
填料	Exp. Graph

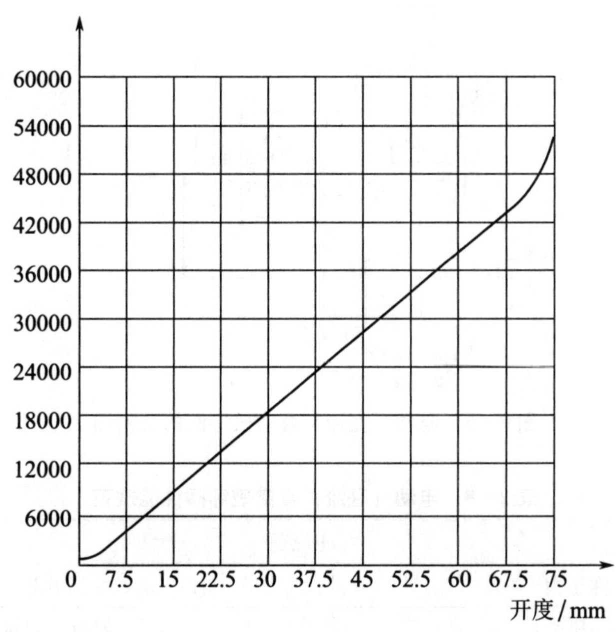

图 2-5　流量曲线图（DN300）

2.3.3　电动（直流）真空破坏阀

电动（直流）真空破坏阀的结构如图 2-6 所示，其性能规范见表 2-8，主要零件材料见表 2-9。

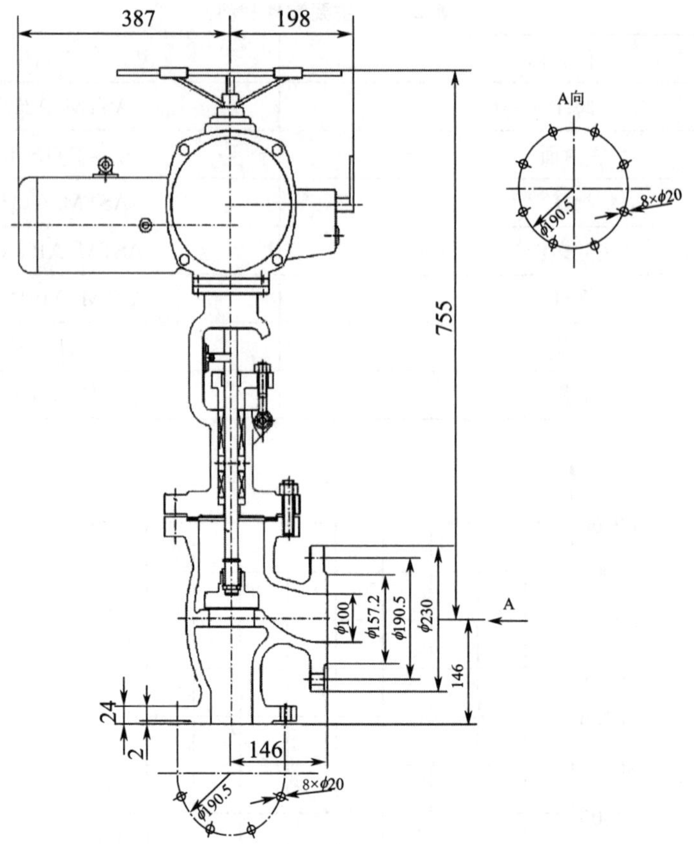

图 2-6　电动（直流）真空破坏阀的结构图

表 2-8　电动（直流）真空破坏阀性能规范

性能规范	
公称压力	150LB
工作压力	VACUUM
工作温度	60℃
强度试验	3.15MPa
密度试验	2.2MPa
上密封试验	2.2MPa
介质	蒸汽、水、油品

表 2-9　主要零件材料

零件	材料	备注
阀体	WCB	HARD FACED
阀瓣	2+2Cr13	HADE FACED
阀杆	1Cr13	

表 2-9（续）

零件	材料	备注
填料	柔性石墨	$\phi52\times\phi36\times8$
阀盖	WCB	
电装	SMC—03	

2.3.4　轻型止回阀

安装在机组的抽风风机出口。设计压力为大气压，该阀必须保证在最低工作压力为 0.01MPa 时，止回阀的阀瓣能被打开。轻型止回阀的结构如图 2-7 所示，其性能规范见表 2-10，主要零件材料见表 2-11。

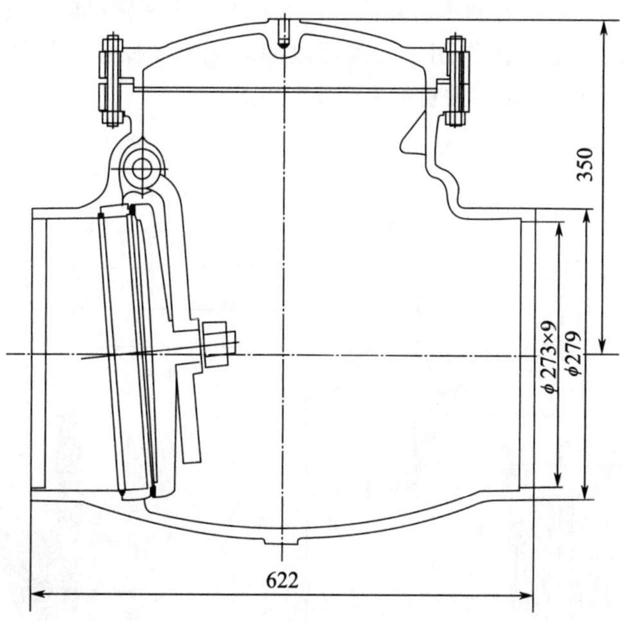

图 2-7　轻型止回阀的结构及性能规范

表 2-10　轻型止回阀的性能规范

性能规范		
公称压力	150LB	
工作压力	2.0MPa	0.55MPa
工作温度	38℃	≤427℃
强度试验	3.15MPa	
密度试验	2.2MPa	
上密封试验	2.2MPa	
介质	蒸汽、水、油品	

表 2-11 主要零件材料

零件	材料	备注
阀体	WCB	
阀座	25	HARD FACED
阀瓣	WCB	13Cr. FACED
摇杆	WCB	
阀杆	2Cr13	
阀盖	WCB	

2.3.5 带旁路高压闸阀

该阀为自密封结构，带有两个旁路阀，当只打开一个旁路阀时，起中腔卸压作用，当两个旁路阀都打开时，起平衡作用。该阀可以手动或电动操作。其结构如图 2-8 所示，其性能规范见表 2-12，主要零件材料见表 2-13。

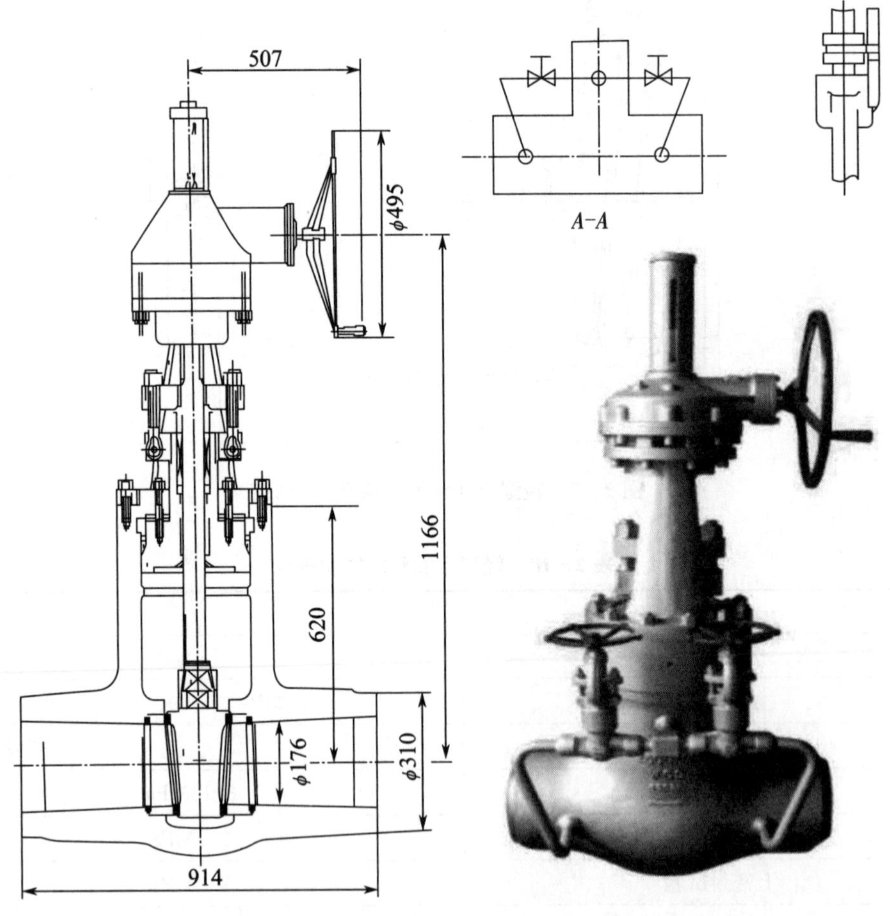

图 2-8 带旁路高压闸阀的结构及性能规范

表 2-12　带旁路高压闸阀的性能规范

性能规范	
压力级	2500LB
工作压力	11.48MPa
工作温度	543℃
强度试验	65.9MPa
密封试验	12.63MPa
上密封试验	12.63MPa
介质	蒸汽

表 2-13　主要零件材料

零件	材料	备注
阀体	WC9	
阀座	12CrMoVA	HARD FACED
闸板	A217 WC9	HARD FACED
阀杆	20Cr1Mo1V1A	镀 Ni/P
阀盖	A217 WC9	
密封环	SOFT STEEL	
螺柱	20Cr1Mo1V1A	
螺母	35CrMoA	
填料	增强性石墨	ϕ84×ϕ55×125
支架	A216WCB	

2.3.6　切换阀

在联合循环中，蒸汽轮发电机组是高速运转的大型机械，其支持轴承和推力轴承需要大量的油来润滑和冷却，因此，汽轮机必须配有供油系统用于保证上述装置的正常工作。供油的任何中断，即使是短时间的中断，都将会引起严重的设备损坏。

润滑油系统的主要任务是向汽轮发电机组的各轴承（包括支持轴承和推力轴承）、盘车装置提供合格的润滑、冷却油，并为发电机氢密封系统提供密封油，以及为机械超速脱扣装置提供压力油。在汽轮机组静止状态，投入顶轴油，在各个轴颈底部建立油膜，托起轴颈，使盘车顺利盘动转子；机组正常运行时，润滑油在轴承中要形成稳定的油膜，以维持转子的良好旋转；同时由于转子的热传导、表面摩擦以及油涡流会产生相当大的热量，需要一部分润滑油来进行换热。

切换阀作为两台冷油器之间的切换设备，其操作简单，不会由于误操作而造成润滑油系统断油。冷油器通常选用 100％备用容量。当运行着的冷油器结垢较严重，造成冷油器出口油温偏高时，可以通过快速切换切换阀的位置，启动另一台冷油器。当冷油器的进、出口冷却水温超过设计值，而冷油器的出口油温超过最高允许温度时，可通过快速切换切换阀的工作位置，使两台冷油器同时投运，满足系统供油要求。润滑油冷却器切换管路见图 2-9。

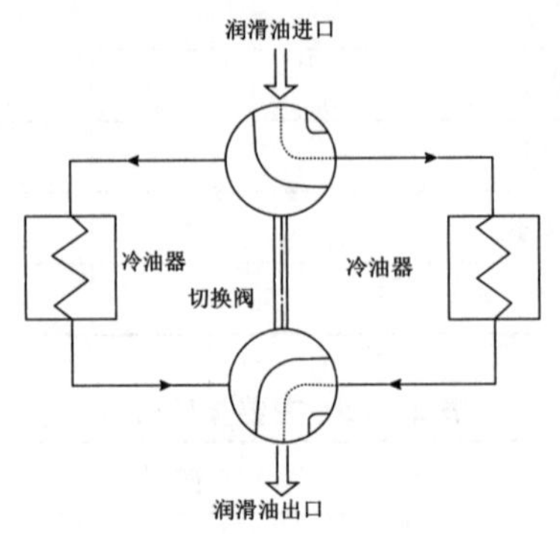

图 2-9　润滑油冷却器切换管路图

切换阀的性能参数：

适用介质：润滑油、汽轮机油；

工作油温：0℃～100℃；

工作压力：1.0MPa；

设计压力：2.0MPa；

公称通径：DN150～DN300。

目前常见的切换阀有四种结构，如图 2-10 所示。

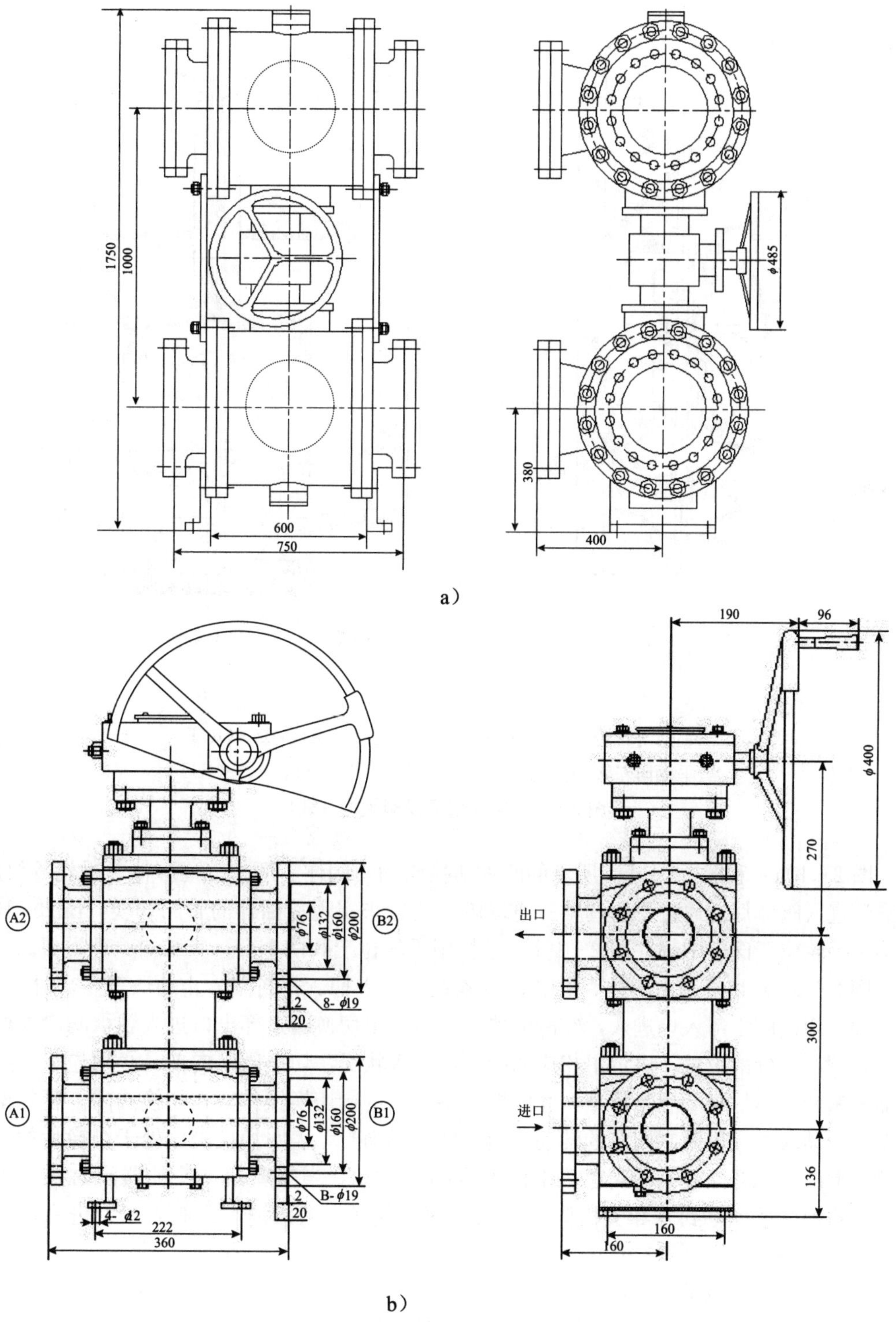

a）

b）

位置一：进口→A1→A2→出口　位置二：进口→B1→B2→出口

图 2-10　常见的切换阀结构

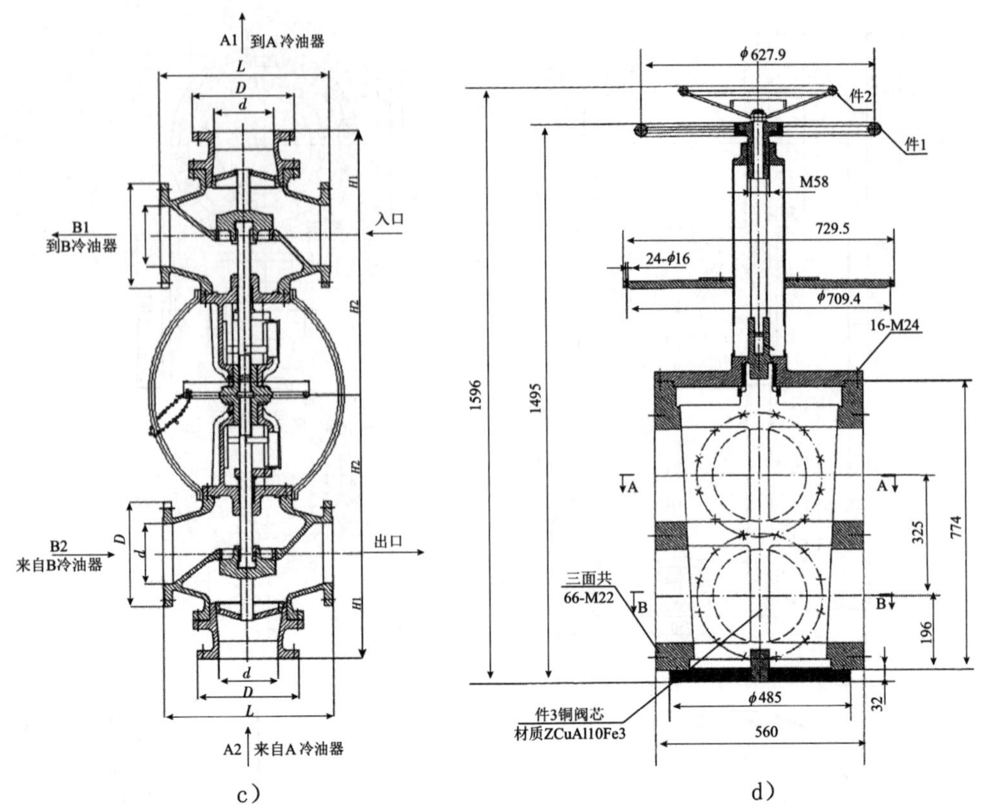

c)　　　　　　　　d)

当手柄向右转动，流向：B 冷油器　　IN→B1；B2→OUT；

当手柄向左转动，流向：A 冷油器　　IN→A1；A2→OUT

图 2－10　常见的切换阀结构（续）

图 2－10a）和图 2－10b）所示的两种切换阀均由阀体、两个三通球体、手轮等组成，润滑油进入阀体后，通过手轮调整三通球体的位置来实现冷油器的管路切换。图 2－10a）结构中手轮位于阀门中部，图 2－10b）结构中手轮位于阀门上部，其结构原理类似。

图 2－10c）切换阀由阀体、阀芯、压紧扳手、手柄、密封架、止动块等零部件组成。润滑油从切换阀下部入口进入，经冷油器冷却后，由切换阀上部出口进入轴承润滑油供油母管，阀芯所处的位置，决定了相应的冷油器投入状况。切换阀换向前，必须先将备用冷油器充满油，然后松动压紧扳手，才能扳动手柄，进行切换操作，在切换阀内，密封架上设置了止动块，用以限制阀芯的转动，当手柄扳不动时，表明切换阀已处于切换后的正常位置，此时应压紧扳手，使阀芯、手柄不得随意转动，当需要两台冷油器同时投入工作时，应将换向手柄移到开和关极限位置的中间。这样，润滑油可经阀芯分别进入两台冷油器。

安装中应注意以下几点：

（1）切换阀应垂直安装，不得任意方向倾斜安装。

（2）当手柄扳不动时，表明切换阀已处于切换后的正常位置，此时应锁紧手柄，使阀芯、手柄不得随意转动。

(3) 安装前应检查切换阀内部清洁度情况，若有锈蚀、污垢应清理干净，达到JB/T 4058规定的要求。

(4) 当与冷油器外部管道相连接时，应适当调整冷油器和外部管道的位置，保证接口处仅有较小的附加应力。

(5) 切换阀安装好后，应做切换操作试验，若有卡涩，查明原因消除。

(6) 切换阀的维护应以清除污垢、检查严密性为主，拆下手柄、压紧扳手和密封架即可检修维护。

(7) 检查阀芯与阀体之间的严密性，必要时进行修磨，更换阀芯与密封架之间的密封圈。

(8) 壳体下端有一螺塞为放油孔，解体前，应先取下螺塞，将切换阀内存油放净。

切换阀通过手轮的转动来调整阀芯的位置，从而实现切换。

2.3.7　对夹双瓣旋启式止回阀

为了保证润滑油系统中各辅助油泵的投入、切除及系统的正常运行，在油泵出口设置了止回阀。如图2-11所示，止回阀采用双瓣结构，即使其中一瓣阀板出现卡涩、关闭不严及密封不好的情况，仍能保证汽轮机的正常安全运行，图2-12是安装示意图。

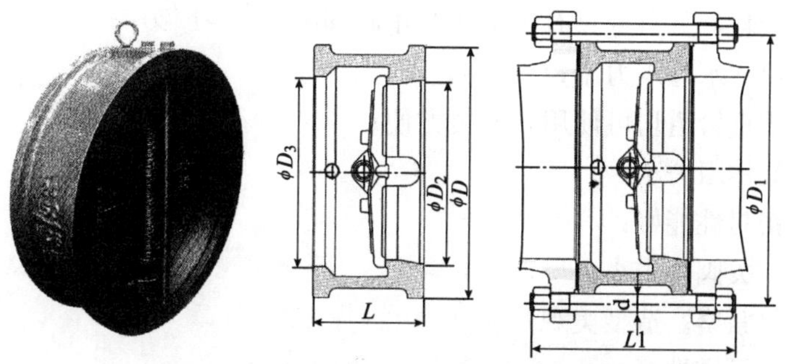

图2-11　对夹双瓣旋启式止回阀结构图

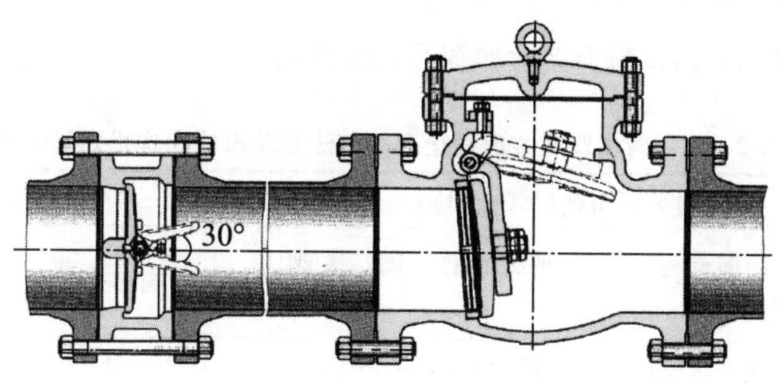

图2-12　对夹双瓣旋启式止回阀安装示意图

2.3.7.1 用途

对夹式止回阀适用于公称压力PN10～420、Class150～2500，公称尺寸DN15～2000，NPS1/2～84，工作温度－196℃～540℃的各种管路上，用于防止介质倒流。通过选用不同的材质，可适用于水、蒸汽、油品、硝酸、强氧化性介质等多种介质。

2.3.7.2 标准与规范

设计与制造：API 594、API 6D、JB/T 8937；

结构长度：API 594、API 6D、DIN 3202、JB/T 8937；

压力—温度等级：ASME B 16.34、DIN 2401、GB/T 9124、HG/T 20592～20635、SH 3406、JB/T 74；

试验与检验：API 598、API 6D、JB/T 9092；

配管法兰：JB/T 74～90、HG/T 20592～20635、SH 3406、ASME B 16.5、DIN 2543～2548、GB/T 13402、API 605、ASME B 16.47、AWWA C207。

2.3.7.3 结构特点

结构长度短，只有传统法兰止回阀的1/4～1/8；

体积小、重量轻，其重量只有传统法兰止回阀的1/4～1/20；

阀瓣关闭快速，水锤压力小；

水平管道或垂直管道均可使用，安装方便；

流道畅通、流体阻力小；

动作灵敏、密封性能好；

阀瓣行程短、关阀冲击小；

整体结构简单紧凑、造型美观；

使用寿命长、可靠性高。

2.3.7.4 与旋启式止回阀对比

详细内容见表2－14，阻力系数如图2－13所示。

表2－14 对夹双瓣旋启式止回阀与法兰单瓣旋启式止回阀的对比

结构形式	对夹双瓣旋启式止回阀	法兰单瓣旋启式止回阀
水锤压力	小，阀瓣行程短且有弹簧辅助关闭，关阀速度快	很大，阀瓣行程长，需要较长的关闭时间
	双瓣式的水锤压力只有法兰式的1/2～1/5	
尺寸和重量	结构长度很短、体积小、重量轻，为阀门的安装、搬运、存放及管道的布置带来很大便利，并能大量节约材料、降低造价	结构长度很长，体积笨大，很重
	双瓣式的长度只有法兰式的1/4～1/6，重量只有法兰式的1/4～1/10	

表 2-14（续）

结构形式	对夹双瓣旋启式止回阀	法兰单瓣旋启式止回阀
流体阻力	小，流体阻力系数 ξ 为 2.6～0.7，随着阀门口径的增大，流体阻力系数减小	小，流体阻力系数 ξ 为 1.3～3，但在低压工况下，阀瓣不能完全开启，流体阻力大。流体阻力随着阀门口径的增大而增大
安装	可水平安装或垂直安装，重量轻，不必为阀门设置支座	可水平安装或垂直安装，大口径阀门重，需设置支座
开启压力	很小，阀瓣在很小的压差下就能完全打开	较大，阀瓣在较大压差下才能完全打开
可靠性	阀门为整体结构，简单紧凑，阀门关闭时冲击力小，阀门寿命长，可靠性高	阀门关闭时的巨大冲击力及水锤压力容易损坏阀门

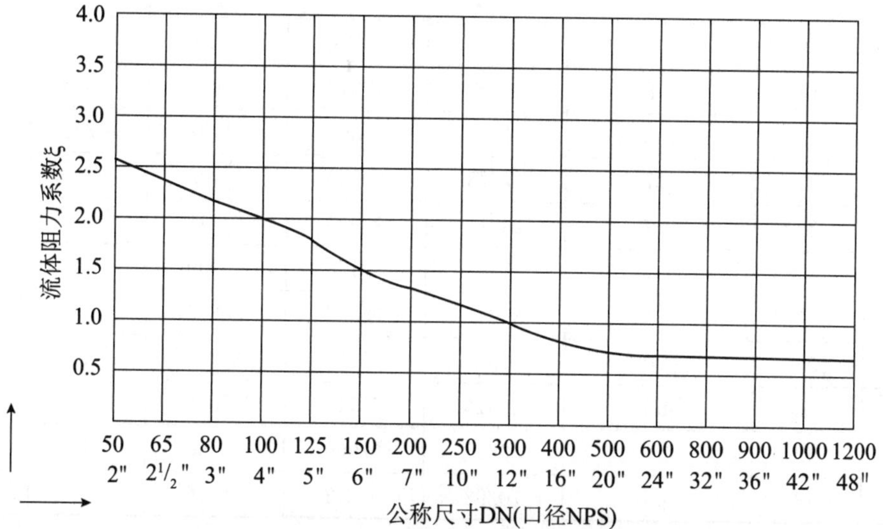

图 2-13 对夹双瓣旋启式止回阀的流体阻力系数

2.3.7.5 对夹双瓣旋启式止回阀的流体阻力系数、流量系数及开启压力

详细内容见表 2-15。

表 2-15 对夹双瓣旋启式止回阀的流体阻力系数、流量系数及开启压力

公称尺寸		阀门全开启时的流体阻力系数 ξ	常温下阀门全开启时的水流量系数			流体的流向	
DN	NPS		K_v/（m^3/h）	C_v（U.S）	C_v（U.K）	↑	→
						开启压力近似值/kPa	
50	2	2.6	63	74	62	2	1
65	2½	2.4	109	128	107	2	1
80	3	2.3	172	201	169	2	1
100	4	2.0	289	338	283	2	1
125	5	1.8	476	557	466	2	1

表 2-15（续）

公称尺寸		阀门全开启时的流体阻力系数 ξ	常温下阀门全开启时的水流量系数			流体的流向	
DN	NPS		K_v/（m^3/h）	C_v（U.S）	C_v（U.K）	↑	→
						开启压力近似值/kPa	
150	6	1.5	750	878	735	2	1
200	8	1.3	1432	1675	1403	2	1
250	10	1.2	2330	2726	2283	2	1
300	12	1.0	3676	4301	3602	2	1
350	14	0.9	5274	6171	5169	2	1
400	16	0.8	7306	8548	7160	3	1
450	18	0.8	9246	10818	9061	3	1
500	20	0.8	11415	13356	11187	3	1
600	24	0.7	17573	20560	17222	3	1
700	28	0.7	23919	27985	23441	4	1
750	30	0.7	27458	32126	26909	4	1
800	32	0.7	31241	36552	30616	4	1
900	36	0.7	39539	46261	38748	4	1
1000	40	0.7	48814	57112	47838	4	1
1050	42	0.7	53817	62966	52741	4	1
1200	48	0.7	70292	82242	68886	4	1

2.3.8 跳闸阀

为了保证大型汽轮机设备的安全稳定运行，必须对其各个重要参数进行监视，而当这些参数超限时，就要通过自动装置或人为措施使汽轮机跳闸，关闭所有气门，避免事故的发生或扩大，这套保护装置就叫 ETS（Emergency Trip System），即汽轮机紧急跳闸系统。跳闸阀是该系统中的关键部件之一，其结构如图 2-14 所示。

ETS 系统监视汽轮机的转速、控制油压及凝汽器的真空度等信息，如果有参数超越限制则根据保护跳闸逻辑，发出遮断信号，跳闸阀接收信号后，快速打开，使液压油系统泄压，迅速关闭高中压主气门和调节门的进汽，同时快速关闭各段抽汽止回阀，实现停机。

跳闸阀的动作时间，根据火力发电厂汽轮电液控制系统技术条件，即 DL/T 996—2019 的规定，见表 2-16。

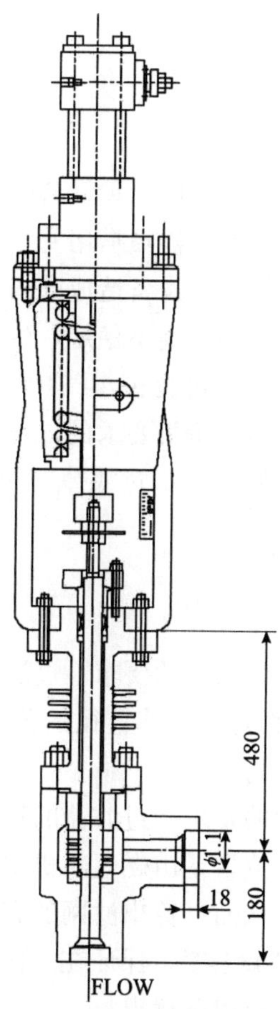

图 2-14　跳闸阀结构图

表 2-16　跳闸阀动作过程时间

机组额定功率/MW	主气门/s	调节气门/s
≤100	<0.5	<0.6
>100～200（包含 200）	<0.4	<0.5
>200	<0.3	<0.3

跳闸阀的操作机构通常为液动（适用于两位阀）及电液伺服控制系统（适用于控制阀）。

跳闸阀的泄漏等级为标准 ANSI/FCI 70-2 中的 V 等级。

2.4　燃气过滤器

目前国内用于发电的燃气轮机的主要燃料是天然气和液化天然气等。只有在燃气的温度、清洁度和压力等参数满足燃气轮机要求时，才能送入燃烧室进行燃烧。在输送燃气的管道上，过滤器是不可缺少的一种装置。

2.4.1 燃气过滤器的作用

燃气过滤器用来过滤燃气中的杂质，以保护设备的正常工作。因为，天然气中的大尺寸固体颗粒进入燃烧室，将直接引起燃烧器喷嘴堵塞，情况严重者甚至引起燃气轮机叶片损伤；小固体颗粒也会对燃气轮机的系统设备造成磨损，刮伤管道上的阀门密封面，造成泄漏；天然气中掺杂的微小液滴会引起燃烧不稳定，设备损坏等。燃气管道系统中的上游过滤装置一般采用旋风分离器，它可以过滤掉燃气中99.99%的大于0.1mm粒径的固体颗粒和液滴。但仅靠它是无法满足燃气轮机要求的，还必须在燃气终端设置过滤器，将天然气中大于或等于0.05mm的固体颗粒全部过滤掉。

2.4.2 燃气过滤器的基本要求

基本要求包括：

(1) 能满足燃气供应系统对过滤精度的要求。过滤器的过滤精度是指燃气通过过滤器时，能够滤除的最小杂质颗粒度的大小，其直径的公称尺寸以微米（μm）为单位表示。颗粒度越小，过滤器的精度要求越高。

(2) 能够满足系统对过滤能力的要求。过滤器的过滤能力是指在一定的压差下，允许通过过滤器的最大流量。通常最大流量是由燃气轮机主机特性设计给定，再根据滤网的层数和目数计算出复合网的开通率，从而计算出滤网的有效面积系数和阻力系数。

(3) 滤芯材料应具有一定的机械强度，保证在工作压力下，不会被破坏。在燃气过滤器中，通常使用不锈钢滤网。它具有以下优点：

①良好的过滤性能，对50μm粒径以上的固体颗粒可发挥均一的过滤性能。

②耐蚀性、耐热性、耐压性和耐磨性好。

③不锈钢滤网气孔均匀，过滤精度很高。

④不锈钢滤网单位面积的流量大。

⑤不锈钢滤网适用于高温环境。

(4) 滤芯在一定的工作温度下，应保持性能稳定，不变形。高温高压的大型过滤器应有吸收滤芯伸长量的弹性元件，防止滤芯发生较大挤压变形，并防止由此产生泄漏间隙。

(5) 结构简单，尺寸紧凑，在燃气系统上一般采用Y型过滤器。它具有结构先进、阻力小及排污方便的特点。

(6) 便于清洗维护，便于更换滤芯。

2.4.3 燃气过滤器的性能指标

性能指标包括：

(1) 过滤器的进出口通径，一般与进出口管路口径一致。

(2) 过滤器的公称压力，通常指管路可能出现的最高工作压力。

(3) 滤网孔目的选择：主要考虑需拦截杂质的粒径。依据介质流程工艺要求而定。各种规格丝网可拦截的粒径尺寸可在GB/T 5330《工业用金属丝编织方孔筛网》中查取。冲孔网的网孔尺寸系列可在GB/T 10611《工业用网　标记方法与网孔尺寸系列》中查取。

(4) 阀体材质：一般选择与所连接的工艺管道材质相同。

(5) 压损或称压降，是指介质通过过滤器后的压力损失。在保证满足流量要求的前提下，压损越小越好。通常情况下根据工艺要求，由燃气轮机辅助系统设计给定。设计还同时给定了滤芯被阻塞后必须清洗的压降值。

过滤器的设计计算就是要满足过滤器的上述各项性能指标的要求。下面以一个已在工艺流程中成功应用的燃气过滤器为例，介绍过滤器的设计及计算。

2.4.4　燃气过滤器的设计计算实例

燃气过滤器的技术规范见表2-17。

表2-17　终端燃料过滤器技术规范

序号	阀门及工况信息	参数
1	压力等级及规格	600LB　250A
2	接口型式	ANSI 600LB　250A　RF
3	排水管道接口	25A接管
4	流体介质	天然气
5	设计压力/bar[1)]	50
6	设计温度/℃	300
7	运行压力/bar	35±1.5
8	运行温度/℃	200
9	水压试验压力/bar	150
10	安装位置	室外布置
11	过滤器型式	Y型
12	壳体材料	SCS13 (A351CF8) 等同或以上
13	滤芯材料	SUS304
注1：达到阻塞压损后，应清洗或更换过滤器滤芯。 注2：达到设定点后，将触发燃机的报警信号。		

2.4.5　燃气过滤器的结构设计

过滤器的结构设计如图2-15所示。

1)　1bar=100kPa=0.1MPa。

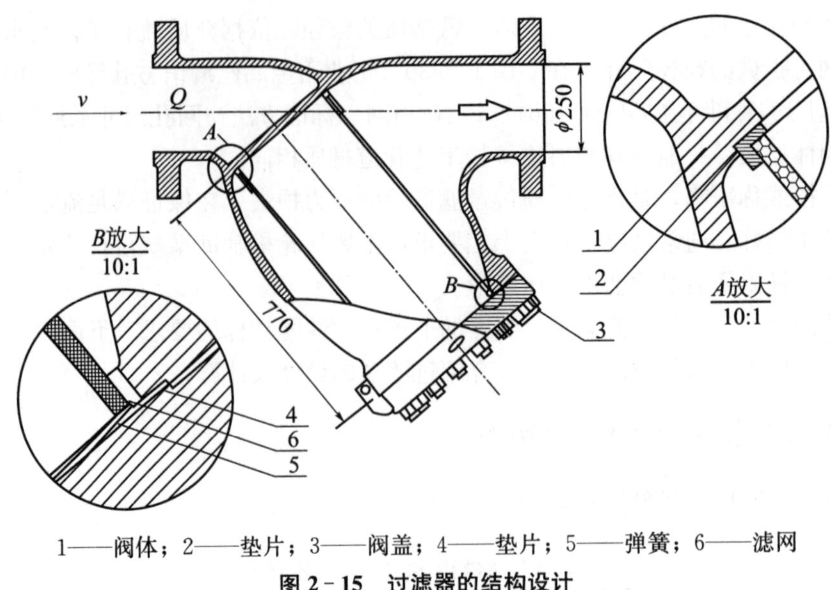

1——阀体；2——垫片；3——阀盖；4——垫片；5——弹簧；6——滤网

图 2-15 过滤器的结构设计

过滤器壳体的强度计算与阀门阀体的强度计算是相同的。除此以外，主要应满足以下几点要求：

（1）要有足够大的流通面积。保证通过过滤器的燃气流量大于设计要求，通过滤芯时的压降小于设计要求。

（2）滤芯与阀体接触的端面要有安全可靠的密封。防止燃气由此处不经过滤芯，而漏到过滤网的外侧，经燃气管道进入燃烧器。

（3）滤芯与阀盖接触的端面也要有可靠的密封，以阻止燃气外漏进入工作场地。

（4）在阀盖与滤芯之间必须设置一个弹性元件。吸收滤芯从室温上升到 200℃工作温度时的轴向伸长量，以防止滤芯发生挤压变形。

2.4.6 滤芯的设计计算

在过滤器的设计计算中，燃气通过滤芯的压降计算是非常重要的。

（1）燃气过滤器的滤芯，是由一层冲孔网和四层不锈钢丝编织网组成的复合网滤芯。若为新网时，介质经过它的压降按式（2-1）计算：

$$\Delta P_{新}=\xi\times\frac{\rho\times v^2}{2} \tag{2-1}$$

式中：$\Delta P_{新}$—— 新网时的压降，本例设计允许的压降为 0.166bar；

ξ—— 复合网的阻力系数，本例为 2.7；

ρ—— 工作状态时的天然气的密度，单位为 kg/m^3；

v—— 天然气通过滤芯时的流速，单位为 m/s。

求 ρ：设计给定了在 0℃，1 个大气压，1 个标准立方米的值是 0.774 kg/m^3，当工作状态为 200℃，35 kgf/cm^2[1)]时的密度为：

$$\rho = 35 \times 273 \times 0.774/(273+200) \approx 15.635 kg/m^3;$$

求 v ：设计给定的流量为 67.5t/h，计算 $v = 26.07m/s$；

$$\Delta P_{新} = \xi \times \frac{\rho \times v^2}{2} = 2.7 \times \frac{15.635 \times 26.07^2}{2} \approx 0.1435bar < 0.166bar \text{（设计给定压降）}$$

（2）天然气温度达到 200℃工作温度时，滤芯的长度增加值。

过滤器的滤芯是由冲孔网、不锈钢丝网、支撑筋及两端的不锈钢圈组成的一个圆柱形框架。冲孔网和四层过滤网都固定在这个框架上。燃气的工作温度在 200℃时，滤芯的长度会有一定的热胀量。根据 304 不锈钢的线膨胀系数，长度增加值按式（2-2）计算：

$$\ell = \alpha \times L \times (t_2 - t_1) \times 10^{-6} \tag{2-2}$$

式中：L—— 滤芯的长度，单位为 mm，本例为 770；

ℓ —— 滤芯伸长量，单位为 mm；

α —— 304 不锈钢线膨胀系数，本例为 17；

t_1—— 初始室温，单位为℃，本例为 0℃；

t_2—— 工作状态时的温度，单位为℃，本例为 200℃。

则 $\ell = 17 \times 770 \times (200) \times 10^{-6} = 2.618mm$

（3）弹性元件——碟形弹簧的设计计算

为了吸收因温度升高时滤芯的轴向伸长量，避免滤芯发生径向挤压变形，应在滤芯的顶部设置一个碟形弹簧。碟形弹簧及数据计算表见表 2-18、表 2-19。

表 2-18 碟形弹簧尺寸数据表

尺 寸			
弹簧外径	$D_e = 345.000mm$	原始高度	$h_0 = 4.500mm$
弹簧内径	$D_i = 285.000mm$	原始高厚比	$h_0/t = 1.500$
弹簧厚度	$t = 3.000mm$	外内直径比	$D_e/D_i = 1.211$
碟簧自由高度	$l_0 = 7.500mm$	碟形弹簧数量	1

1） $1kgf/cm^2 = 1bar = 0.1MPa$。

表 2-19 碟形弹簧计算数据表

弹簧各点载荷单片弹簧				计算应力/MPa			
受力点	高度 l/mm	行程 s/mm	弹簧力 F/mm	Ⅰ	Ⅱ	Ⅲ	Ⅳ
	7.500						
1	5.000	2.500	2923	−407	−10	347	−108
2	4.500	3.000	3055	−469	8	400	−216
3	4.000	3.500	3102	−524	31	447	−252
4	3.500	4.000	3093	−574	61	488	−288
5	3.000	4.5000	3055	−617	98	523	−324
制作规范							
材料	50CrV4			杨氏一模量（弹性模量）：206GPa			
去应力处理	喷丸			温度：20℃			
表面防锈处理	磷化并涂油防锈						

在滤芯、阀体和阀盖的尺寸链中，通过碟形弹簧对滤芯施加一个预紧力，以保证滤芯端面的密封，该密封力计算为1880N。碟形弹簧的变形量为1.7mm左右时，弹簧负载为2000N。设计阀盖、阀体和滤芯的尺寸链时必须考虑此变形量，以使滤芯的端面获得预紧力。当碟形弹簧的变形量在3.5mm～4.0mm时，正好是滤芯伸长量的预留值，吸收滤芯热伸长量，防止较大的挤压变形，有效地保证了滤芯、阀体及阀盖端面间的可靠密封。这样，无论介质在热态还是冷态，都杜绝了泄漏的发生。

第 3 章　光热发电用熔盐阀

开发利用太阳能已成为人类获得能源的新途径。太阳能利用技术是指将太阳辐射能转换为热能、电能或化学能等其他能量并加以利用的方式。其中，通过光一热转换为电能的方法，称之为光热发电。光热发电是将太阳辐射能转换为热能，再通过热交换产生高温蒸汽，驱动汽轮机发电的一种技术，它在分布式电站中已有应用。太阳能光热发电系统的原理见图 3-1。

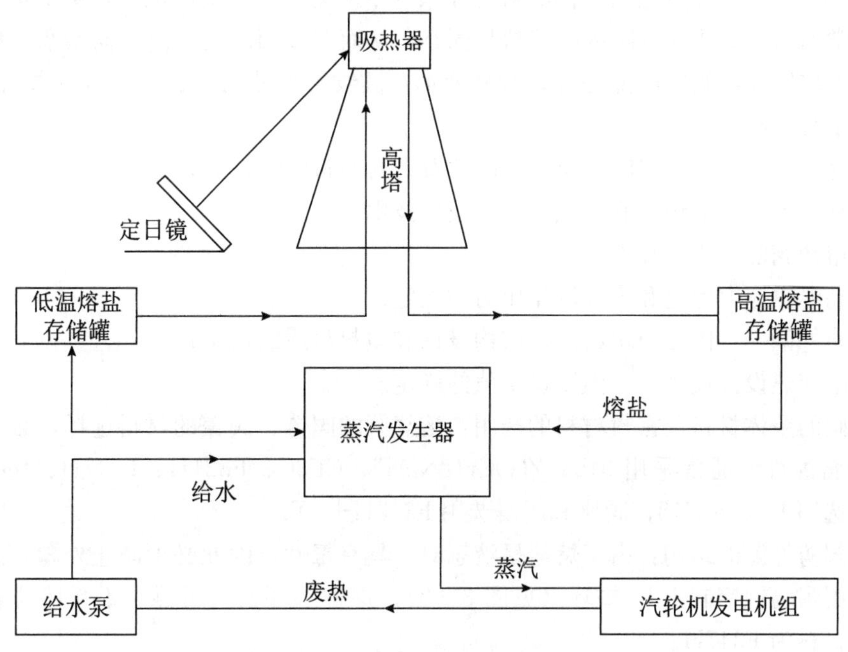

图 3-1　太阳能光热发电系统原理图

该系统采用一定数量的双轴跟踪聚光镜（定日镜），将太阳光聚集到一个装在高塔顶部的吸热器上，吸热器一般可以收集 100MW 级的辐射功率，产生 1100℃的高温。该系统也称为塔式发电系统，采用熔盐作为光热发电的传热和储能工质。

3.1　熔盐

通常把熔融无机盐称为熔盐，现在也包括氧化物熔体及熔融有机物。熔盐在标准温度和大气压下呈固态，温度升高后呈液态。熔盐是一种低成本、长寿命、高温、高热通量的传热储能介质，采用它作为光热发电的工质能显著提高光热发电的热效率、可靠性和经济性，使得光热发电实现持续稳定的运行。

熔盐由二元熔盐和三元熔盐组成。二元熔盐由60%硝酸钠和40%硝酸钾组成。二元熔盐的熔化起始温度点为207℃，凝固起始温度点为238℃，在207℃～238℃为固液共存，238℃以上为液态。具有强氧化性。

三元熔盐由40%亚钾酸钠、7%硝酸钠和53%硝酸钾组成。其熔点比二元熔盐低，为142℃，气化点为500℃。但在450℃以上时，亚钾酸钠就会缓慢分解，在水蒸气的作用下有一定的腐蚀性并具有毒性。

3.2　熔盐阀的技术特点

熔盐阀在熔盐输送系统中起截断和节流的作用。该类阀门及其管路系统的正常工作温度为350℃～570℃。过流的熔盐呈高温液态在系统中流动，当系统停机检修或夜间其温度降低到接近常温时，阀体和管路内的熔盐呈固态，从而造成阀门无法启闭而堵塞。现实中的熔盐阀是不堵即漏，阀门内漏外漏，阀杆变形，波纹管熔盐结晶、气蚀等现象普遍存在。其主要技术难点在于：

（1）冷热交变及频繁启闭工况下，阀体及密封面材料的选定；

（2）高压差条件下耐冲刷防气蚀结构设计技术；

（3）熔盐阀的防冻堵技术；

（4）高温热应力评定和饱和汽化压力的测定；

（5）防外漏——体盖及填料函的结构设计和填料材质的选用；

（6）电拌热设计技术——温度设定值的确定。

熔盐阀的主体材料及密封材料的选用：熔盐阀的阀体、阀盖的材料选择，必须满足耐高温及耐腐蚀性，通常采用316、ZG0Cr18Ni9Ti、CF8C、F321H、F347H、Inconel等；阀杆材料选用Inconel 718；阀座和阀瓣选用F347H+STL。

熔盐阀防外漏的结构：由于熔盐呈液态时，具有毒性，因此必须防止外漏。阀体和阀盖之间选用耐腐蚀钢制RTJ垫环（见图3-2），这种垫环密封可靠，不受熔盐氧化性影响。垫环材料为F347H。

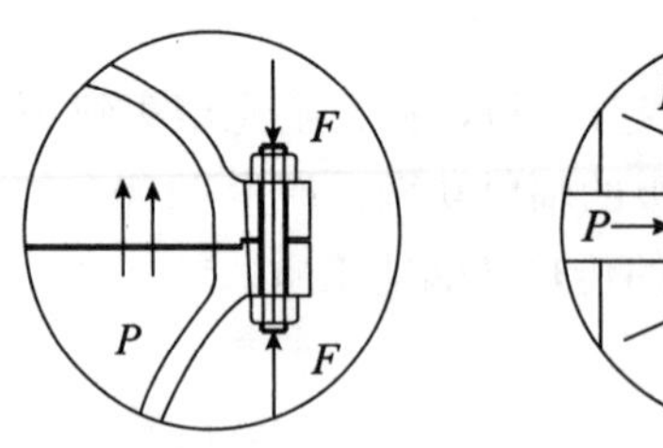

强制密封

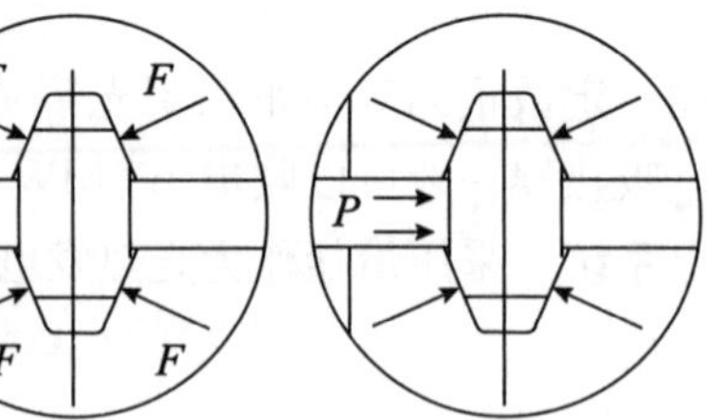

半自动密封

图3-2　RTJ垫环密封原理

阀杆部分采用三重密封（见图 3－3）：一是增加耐高温高压的波纹管。波纹管为多层，材料为 inconel 625 镍基合金，这种材料的韧性和耐压性能高，使用寿命长。二是阀杆设计倒关密封面。三是采用抗无机盐氧化腐蚀的 TH894 填料，亦称为高温固力特 894。熔盐阀的流道设计要求流通性好，阻力损失小。

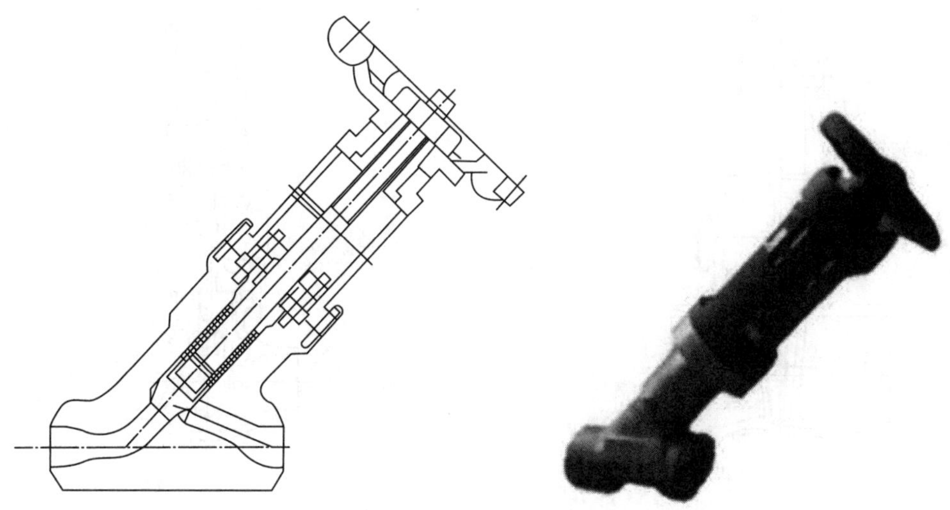

图 3－3　阀杆三重密封示意图

熔盐阀的防冻堵：平时多在关闭状态下的阀门通常都采用保温夹套（见图 3－4），在初时加热与停机检修后都需要对保温夹套供热，待熔盐呈液态时开启阀门。熔盐阀防冻堵亦可在填料函部位加设可控温加热装置（见图 3－5），以保证阀杆导向缝隙部位的熔盐始终处于液化温度之上，不会因为局部凝结使阀门失去操作性。

图 3－4　阀门防冻堵保温夹套

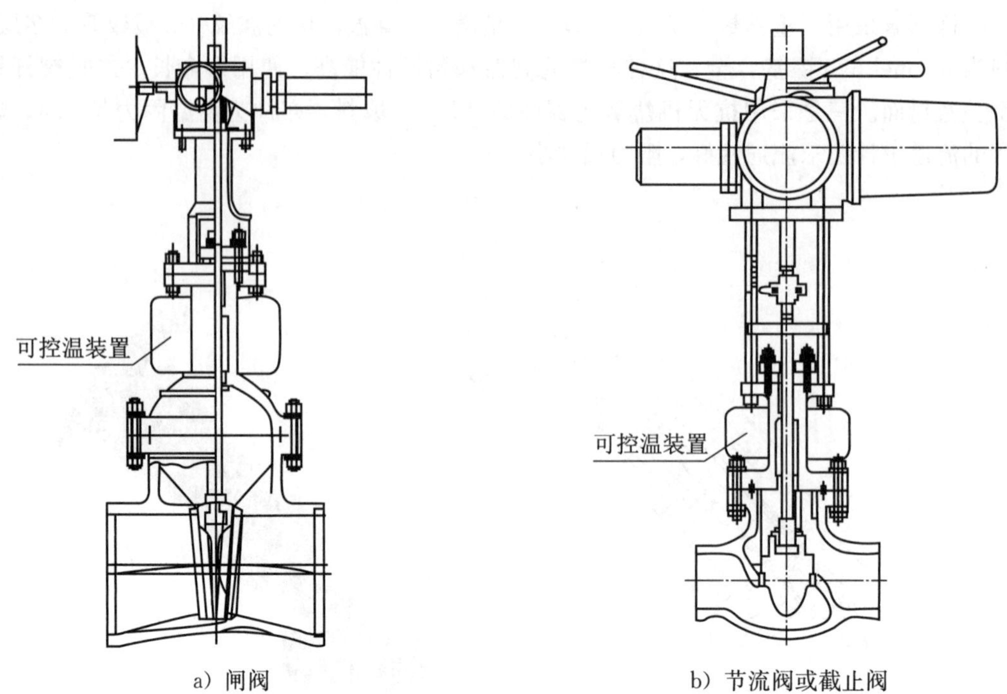

a）闸阀　　b）节流阀或截止阀

图 3-5　加设可控温加热装置阀门示意图

3.3　高温熔盐调节阀

熔盐调节阀在不同工况条件下，一般有约 4MPa 的压差，高压差必然会导致高流速，高流速又会带来振动、冲刷、气蚀和噪声等严重问题。无论对液体、气体或蒸汽介质，不可控制的流速是所有调节阀的大敌。高温熔盐介质更是如此。高温熔盐调节阀的气蚀和冲刷成了光热电站阀门中最关键且必须突破的技术难点。这种阀必备的两个功能是在高压差情况下调节流速，以及关闭时无泄漏。

事实上，对流经阀内件熔盐的流速进行控制，使之不产生或减少冲刷和噪声，是解决上述技术难点的有效措施。根据全部流通范围内进出口的压力要求来设计阀门的控制元件就可以实现。高压差调节阀内件的结构见图 3-6，该图中显示它可以将不同的流速和压降要求组合在一个阀门内。图中表明了流向和流径，流体经阀套中曲折的通道流向阀芯，然后经阀座圈流出。阀体可为角形或直通形。带有曲折流道的阀套是由一系列圆环盘（见图 3-7）叠焊在一起形成的，从下至上每个圆环盘的出口沿周向交错以便流体能从阀套均匀流出。阀套的内径经过磨削，精度较高，使得流体在阀套与阀芯间流动的径向间隙为最小。

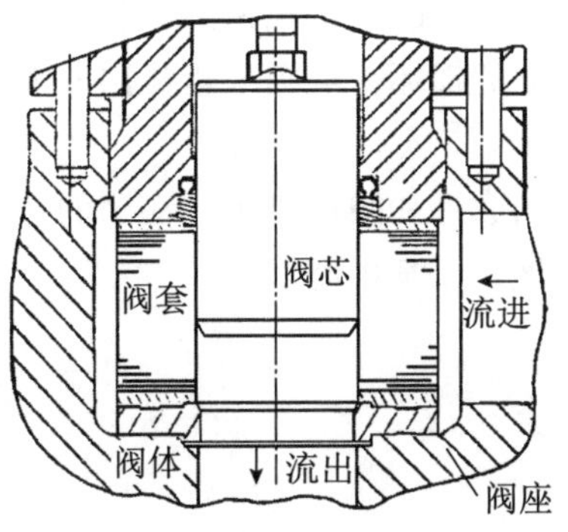

图 3-6 高压差调节阀阀内件结构图

图 3-7 曲折流道的阀套示意图

组成阀套的每个圆环盘上都有经电火花加工成的许多曲折流道，每个流道同其他流道或相邻圆环盘上的流道是不相通的。图 3-8 为典型的圆环盘流道。在径向的宽度上集中了大量的直角弯拐，每个流道可获得极高（20MPa～30MPa）的压降。圆环盘上的流道具有 5 个特点（见图 3-9）。

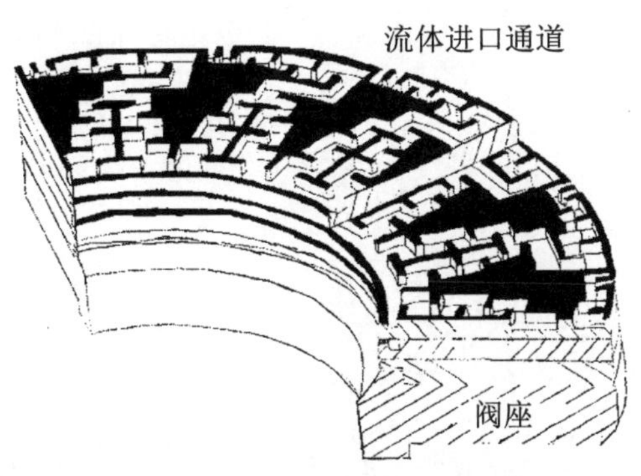

图 3-8 典型圆环盘流道图

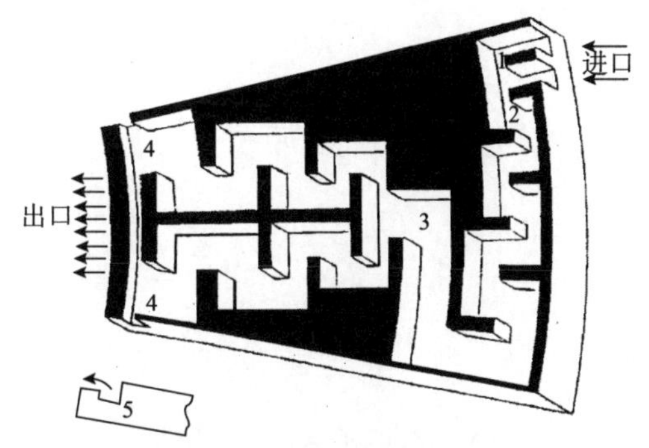

图 3-9 圆环盘流道

（1）双入口。在整个流道中入口截面是最小的，随后有效截面逐渐增大。双入口和小截面的目的在于防止外来杂物诸如焊渣及其他垃圾进入阀内损坏阀座密封面。入口的有效截面是足够大的，即使阻塞 50%的截面也不会影响阀门的流量——压力特性。

（2）渐扩的流道。随通道截面逐渐增加，流体压力就不断降低，这样圆环盘出口处流速将降到很低的水平。通过这样的流道，随着压降的产生，速度得到了控制，就不存在像多孔阀套那样发生气蚀的局部压力恢复点。

（3）大量的弯拐。最多可设计 24 个弯拐，在获得压降的同时，流速大大低于 3～4 个弯拐的设计。普通调节阀，有时其流速会高达 180m/s，而采用圆环盘结构的阀出口处最大流速的极限约为 16m/s。

（4）压力均衡圈。圆环盘内径周围的流道能够均衡是由于不均匀的速度分布所引起的压力波动。此压力均衡结构能确保阀芯受力平衡，且不致引起机械振动噪声。

（5）堰式溢流出口。圆环盘中的流体须经溢流堰流出，保证在此出口仅有一平均速度较低的平面束流入阀套内腔，从而避免局部流速过高而引起损坏的可能性。堰式溢流出口跟圆环盘内径与阀芯两者之间的精密配合，组成了有效的迷宫式密封，从而最大限度地减少了这一区域的间隙流动，因此避免了阀座密封面的损坏。从圆环盘流出的大量流体也能拦截任何微小的间隙流而使其远离密封面。

这种阀的阀套结构，提供了通过改变圆环盘的数目和圆环盘上的流道的弯拐数、面积来改变阀内流阻的可能，从而形成不同的流通特性，以满足需求。

第4章　水力发电站及其主阀

4.1　水电站与水轮机

水能是一种最经济的能源，是一种清洁能源。地球上江河纵横，湖泊星罗棋布，海洋辽阔，蕴含了丰富的水电资源。借助太阳的帮助，地球上的水蒸发成汽，在天空中又凝聚成雨雪降至大地，通过江河又流入海洋，如此循环不已、永无止境。所以说利用水能发电是最经济的电能转换方式，与煤电和核电相比有许多优点。它在运行中不消耗燃料，运行管理和发电成本低，甚至只有火力发电的1/10～1/15；启动快，它可以在几分钟内从静止状态迅速启动投入运行；它适于调峰，并且在水能转化为电能的过程中不发生化学变化，不产生有害物质。

水力发电的基本原理是利用水位落差，融合水轮发电机产生电力，也就是将水的位能转换为水轮机的机械能，再以机械能推动发电机，发电机加入励磁后，建立电压，并在断路器投入后，开始将电力送至电力系统。如果要调整发电机组的输出电力，可以通过调整导翼的开度增减水量来达成，发电后的水经由尾水管回到河道，供给下游。

当然，建设水电站后，也可能出现泥沙淤积，淹没良田、森林和古迹等，特别是大型水库还有诱发地震的可能。水电站的建设工期较火电站长，它的单位千瓦投资也比火电站高出很多。

水电站是借助水工建筑物和机电设备，将水能转换为电能的工厂。利用水流发电，就要将天然落差集中起来，并对天然的流量加以控制和调节。按集中水头落差分类，水电站可分为坝式水电站、引水式水电站和混合式水电站等类型，如图4-1、图4-2和图4-3所示。

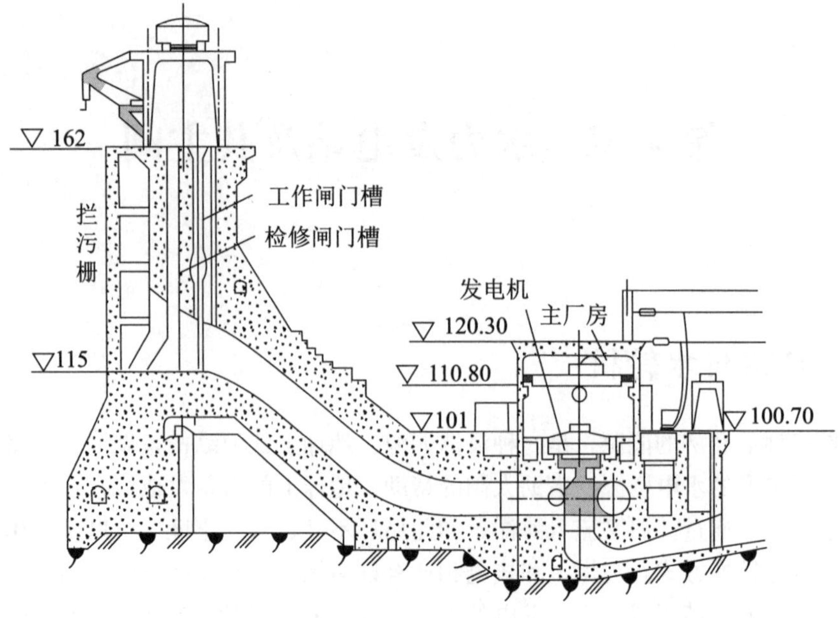

图 4－1　坝式水电站

图 4－2　引水式水电站

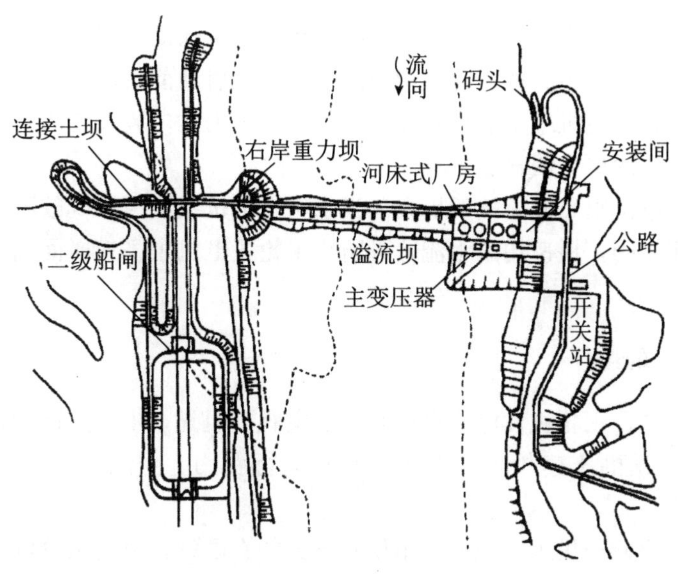

图 4-3　混合式水电站

4.2　水轮机主阀

4.2.1　主阀的作用

为满足水电站机组运行与检修的需要，在水电站的引水系统和水轮机的过流系统中，不同位置应装设相应的闸门或阀门对水流加以控制，如进水口的工作闸门和检修闸门，尾水管出口的检修闸门，水轮机蜗壳前的阀门等。

装设在水轮机蜗壳前的阀门称为主阀。主阀通常只有全开和全关两种工况，不允许通过部分开启来调节流量，以免造成过大的水力损失和影响水流稳定而引起过大的震动。主阀也不允许在动水情况下开启。

4.2.1.1　主阀的作用

为水轮机发电机组检修提供安全工作条件。当压力水管采用联合供水或分组供水时，每台机组前需装一台进水阀，这样当一台机组检修时，关闭该机组的进水阀则不会影响其他机组的正常运行。

停机时减少机组的漏水量，重新开机时缩短机组所需要的时间。水轮机发电机组停机后，水轮机导叶不可能做到完全密闭，存在较大的漏水量。特别是经过一段时间运行后，导叶间隙处产生气蚀和磨损，漏水量增大。据统计，一般导叶漏水量为水轮机最大流量的2%～3%，严重的可达到5%，造成水能大量损失。某些水头较高的小型机组甚至因漏水量过大而不能停机。所以，当机组较长时间停机，关闭其主阀就可以大大减少机组的漏水量。

水轮机发电机组短时停机后，为了在机组重新启动时保证机组运行的速度和灵活，一般不关闭进水口闸门，以免放掉压力水管内的水，下次启动前又需要重新充水，这样既延长了机组启动时间，又使机组不能随时保持备用状态。因此，装设主阀对高水头有较长压力水管的水电站，作用更为明显。

防止水轮机发电机组飞逸事故的扩大。当水轮发电机组调速系统故障而导致导水机构失灵时，紧急关闭主阀，快速切断水流，可防止水轮发电机组飞逸时间超过允许值，避免事故扩大。

4.2.1.2 装设主阀的条件

由以上分析可知，水轮机发电机组必须装设主阀。但是，由于主阀的价格昂贵，且装设主阀将增加水电站的土建投资、设备安装与运行费用。主阀的装设一般应符合以下条件：

（1）压力水管为联合供水方式或分组供水方式的水电站，每台水轮机前应装设主阀。

（2）水头高于120m单元供水方式的水轮机前应考虑装设主阀，因为水头高，压力水道往往较长，充水时间也长，而且水轮机的导叶漏水量较大。实际上，有的高水头水电站，也可装设两个阀门，一个装在压力钢管的始端，另一个装在水轮机前，分别作为压力钢管和机组的保护设施。

（3）水头小于120m单元供水方式的水轮机前不装设主阀，但应在进水口装设快速闸门。当然也有例外，如某些多泥沙河流上的中、低水头电站，由于进水口闸门容易磨损，不能保证快速切断水流，也装设主阀。

4.2.1.3 主阀的技术要求

技术要求如下：

（1）主阀应结构简单、工作可靠、外形尺寸小、重量轻。

（2）主阀应有严密的止水密封装置，关闭时减小漏水量，以便对阀后部件进行检修工作。

（3）主阀及其操作机构的结构和强度应满足运行要求，能承受各种工况下的水压力和震动，不致有过大的变形。水轮发电机组发生事故时，主阀应能在一定的动水压力下迅速关闭，关闭时间应满足水轮发电机组允许飞逸转速持续时间和压力管道允许水锤压力值的要求，一般不大于2min；直径小于3m的蝶阀、直径小于1m的闸阀和球阀不大于1min。仅作水轮机检修时截断水流用的主阀，关闭时间可以稍长一些，但必须在静水中关闭。

（4）主阀处于全开位置时，对水流的阻力应尽量小。

4.2.2 主阀的种类

水轮机主阀的种类主要有蝶阀、球阀和闸阀等。

4.2.2.1 蝶阀

蝶阀是目前应用最广泛的水轮机主阀。

(1) 蝶阀的种类

按照装置方式的不同，蝶阀分为立轴和卧轴两种型式。两种型式蝶阀运行情况均良好，都得到了广泛的应用。在水力性能上两种阀门没有明显的差别，生产厂商一般根据其经验和用户的需要决定布置形式。

立轴蝶阀如图 4-4 所示。阀体内的活门轴位置为垂直布置，阀门接力器和操作机构均装设在阀体上部。尽管需要设置轴向推力轴承以支撑活门，导致结构上较复杂，但整体布置比较紧凑，占厂房面积略小，有利于防潮和对操作系统的监视、检查和维护。但是，其下部轴承容易沉积泥沙，需要定期清洗，以免引起磨损甚至阀门下沉。

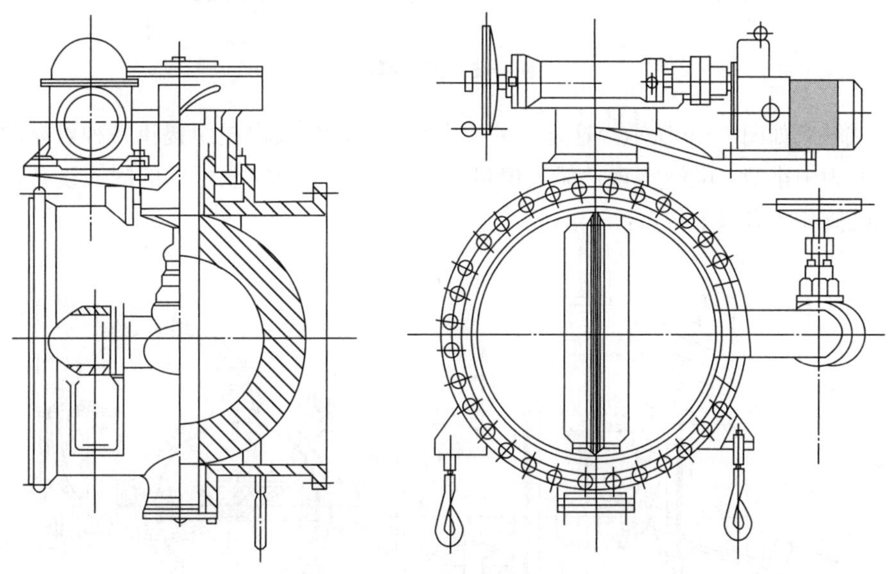

图 4-4 立轴蝶阀

卧轴蝶阀如图 4-5 所示。其阀体内的活门轴位置是水平布置的。接力器和操作机构装设在阀体的一侧，也有装设在阀体的两侧，结构均较为简单。由于水流压力的合力中心落在阀轴的中心线以下，所以当阀体离开中间位置时，卧轴蝶阀将有自动关闭的趋势。卧轴蝶阀的接力器和操作机构所占的空间位置较大，且阀体的组合面大多在垂直位置，操作维护不如立轴式方便。但其操作机构可以利用混凝土地基作为基础，不用支持活门的推力轴承，结构比较简单。

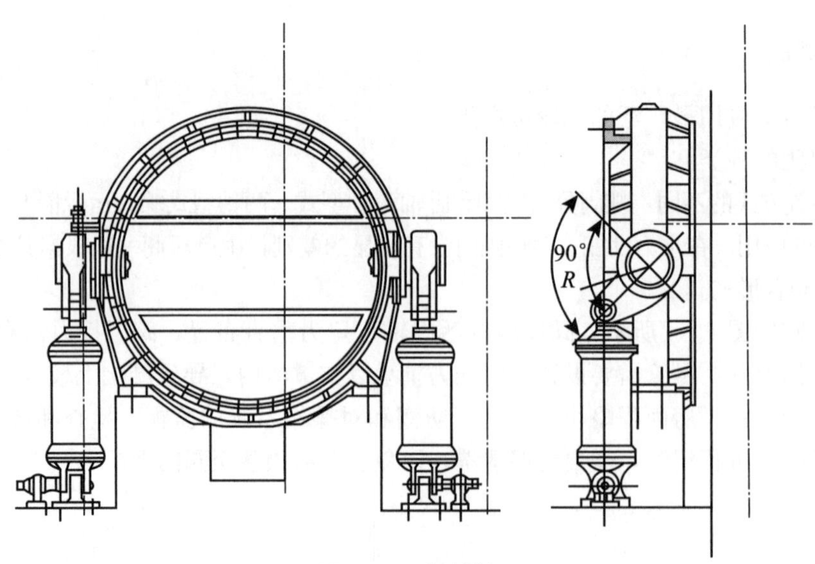

图 4-5 卧轴蝶阀

重锤式蝶阀如图 4-6 所示。这是一种为中小型水轮机发电机组提供一种可靠的后备保护装置，并为中小型水电站实现“无人值班”目标提供一种安全可靠的附属设备，与常规电、手动蝶阀相比有以下特点：

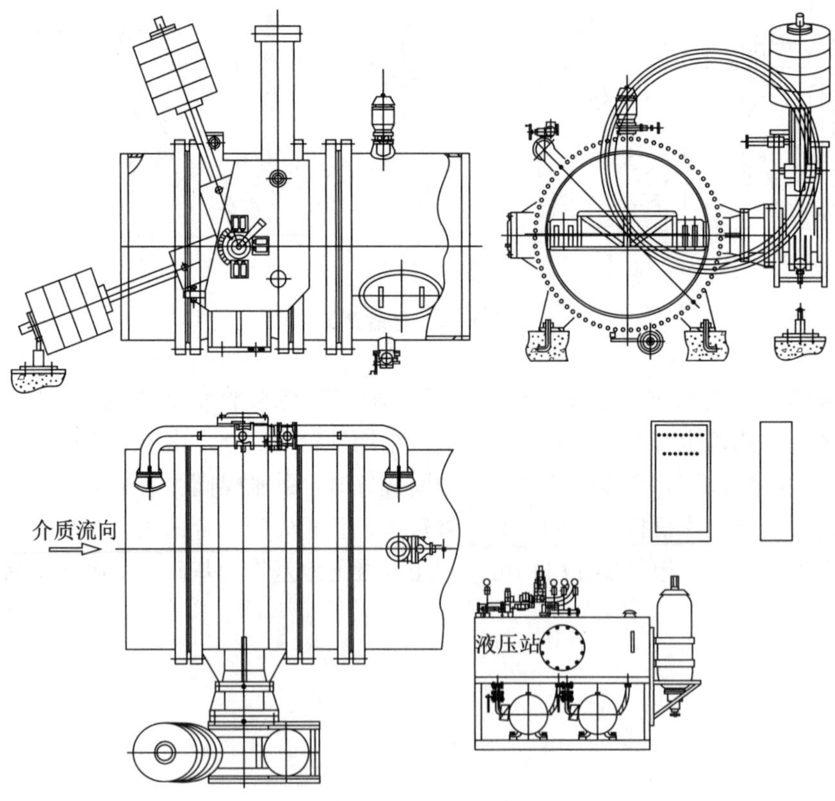

图 4-6 重锤式蝶阀

1）重锤阀设有液压联动旁通阀，油泵电机启动时，旁通阀即开启充水（充水时间可据实调整）。两侧平压后，回路自动切换，油缸开始工作，举锤蓄能，阀门开启。至全开位置后挂钩锁定，油泵自动停止，旁通阀自行关闭。而常规电、手动蝶阀则手动启动旁通阀即可。

2）重锤阀全开位置由重锤挂钩机械定位，避免了电、手动蝶阀由于行程开关不准而造成的全开位置偏离。

3）全关位置由重锤机械限位保证，避免了常规蝶阀因行程开关拒动造成的关闭过度，避免发生橡胶密封圈损坏或扇形涡轮断裂事故。

4）重锤阀的双偏心平板阀结构水流损失小，启、闭力矩配置合理。密封为整圈钳压固定的燕尾形橡胶圈与固定在阀体上的铜环组成，性能可靠，比电、手动蝶阀两段圆端面橡胶圈的密封效果好。

5）系统失电时，事故紧急关闭的操作简单，只需轻轻操作支托拉杆，重锤及时释放重力能，迅速关阀断水，避免了电、手动蝶阀近 10min 的手摇关闭。

6）重锤阀具有可调的先快后慢两段关闭特性，有效地控制了水锤压力升高过大，这是常规电、手动蝶阀无法比拟的。

蝶阀操作有手动、电动和液动三种方式。农村中小型水轮机发电机组的阀门直径小，常为手动操作。很多中小型水轮机发电机组蝶阀直径较大，手动操作困难，常采用电动机减速后进行操作。许多大型机组流量大、阀门直径大，一般采用液压操作方式。

（2）蝶阀的结构

蝶阀主要由圆筒形阀体、蝶板、轴承、密封装置、锁定装置以及附属部件等组成。

阀体：阀体是蝶阀的主要部件，呈圆筒形，水从其中流过，故而要承受水的压力，还要支撑蝶阀的全部部件，承受操作力矩，所以应有足够的强度和刚度，一般是由钢板焊接或铸钢铸造而成的。公称直径≤1200mm 的阀体通常是整体铸造的，材料为 WCB；公称直径>1200mm 的阀体，通常是由钢板卷成圆桶后焊接而成，钢板材质为 16MnR，轴套为 ZG20SiMn。

蝶板：蝶板通过上下轴安装在阀体内，蝶阀在全关位置时，蝶板承受全部的水压，在全开位置时，处于水流中心。因此，不但要有足够的强度和刚度，而且要有良好的水力性能，以减小水力损失。蝶板由铸铁或铸钢做成菱形、透镜形和平板形，图 4-7 为三种蝶板的剖面形状。其中，图 4-7a）为菱形，适用于低水头机组；图 4-7b）为透镜形，适用于高水头机组；图 4-7c）为平板形，由两块平板和若干顺流筋板连接，两平板间也过水流，水力损失小，全关时承受水压力的刚度大，密封性好，适用于高水头。

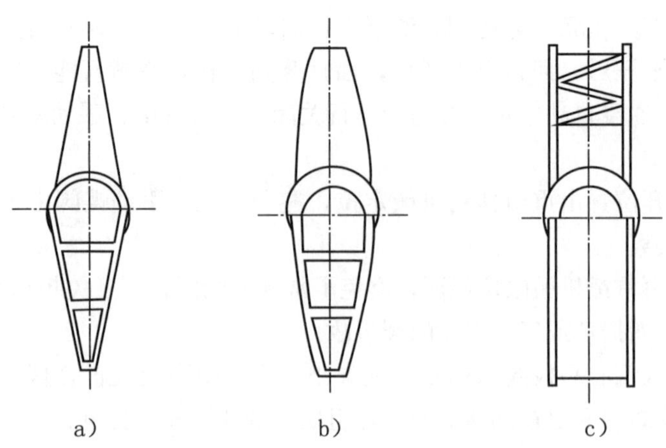

图 4-7 蝶板的剖面形状图

在操作机构带动下，蝶板绕轴在阀体内转动。为了关闭主阀时能最后形成关闭蝶板的力矩，上下轴与蝶板的中心线一般是双偏心或三偏心的。上下轴两边蝶板的面积差约为 8%～10%。多数蝶板对水流中心线的旋转角为 75°～80°，以使蝶板全关时压紧阀体密封件。蝶板的过流表面为拱形结构，以增加过水能力。

密封装置：蝶阀关闭后，在阀体和上下阀轴连接处的蝶板端部及蝶板外圆与阀体密封面之间会漏水。因此，此两处都装设了密封装置，密封形式分为端部密封和圆周密封两种。

端部密封的形式有很多，有青铜胀圈式端部密封、压力自补偿组合密封等。效果最好的是青铜胀圈式端部密封，如图 4-8 所示，这种形式适用于直径较小的蝶阀。压力自补偿组合密封如图 4-9 所示，适用于直径较大的蝶阀。

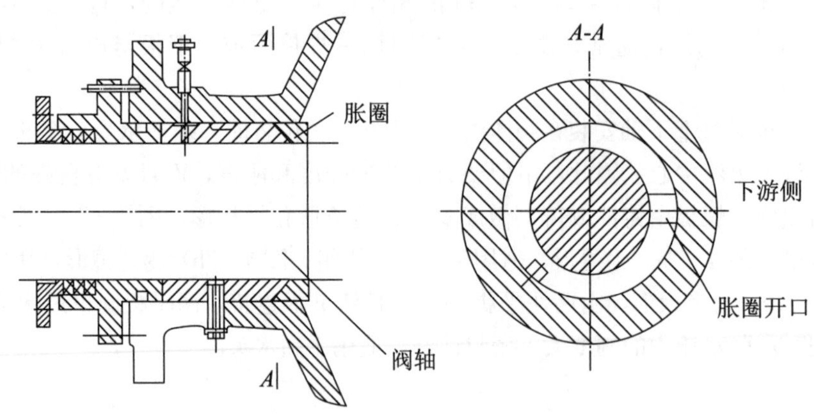

图 4-8 青铜胀圈式端部密封

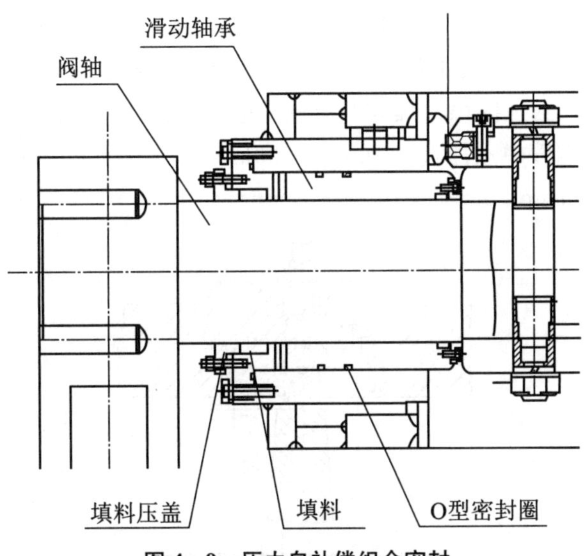

图4-9　压力自补偿组合密封

圆周密封亦称主密封，常见的圆周密封有压紧式和空气围带式两种。压紧式圆周密封阀体密封座，采用堆焊不锈钢或整体不锈钢圈焊接在阀体上。为了延长密封座的使用寿命，其表面粗糙度不大于0.8μm。蝶板密封采用整圈的实心高硬耐油橡胶，硬度为75HD，用不锈钢压板将橡胶圈压在蝶板上，见图4-10。蝶板置于全开位置时，不拆卸阀体就可检修或更换密封圈。当蝶板在全关位置时，受水压力的影响，蝶板密封圈有最大的压紧量，当蝶阀下游管道注水后，形成了背压，压紧量逐步减少。密封压紧量可以通过不锈钢压板进行微调，压紧量为0.5mm～2mm。

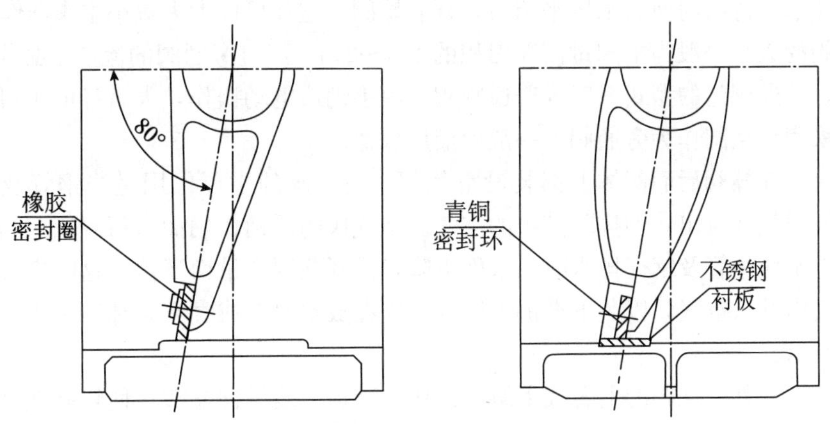

图4-10　压紧式圆周密封

经过精确的刚度计算和密封圈压紧量的调节，可做到蝶阀的密封试验和商业运行时，泄漏量在标准允许的范围之内。

空气围带式圆周密封的结构如图4-11所示，大直径的蝶阀常采用这种形式。当蝶阀关闭后，依靠橡胶围带本身的膨胀，封住蝶板与阀体的间隙。采用这种密封型式时，蝶板由全开至全关转角位 90°，橡胶围带装在阀体上，蝶阀关闭后，向橡胶围带中心空腔内充入压缩空气使其膨胀，封住间隙。蝶阀开启前，必须先排气，使围带缩回。充入围带的压缩空气的压力，应比钢管中水压高 100kPa～300kPa。在不受水压和充气压力时，围带与蝶板间隙为 0.5mm～1mm。

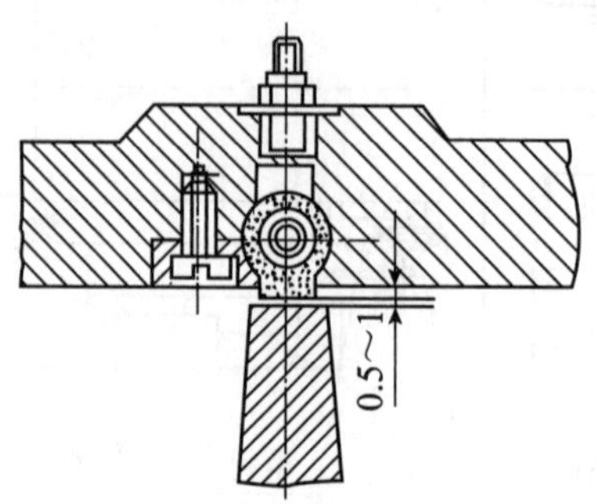

图 4-11　空气围带式圆周密封

上下阀轴与轴瓦：由于上下阀轴综合应力较高，所以采用 35CrMo 锻件。在阀轴与轴瓦接触的表面镀铬，增加其抗磨能力。上下阀轴轴瓦处的压力较高，因此轴瓦采用铜基粉末自润滑轴承，这种轴瓦不但承载能力强，而且其内表面还开有沟槽，一旦阀轴密封失灵，泥沙可以存在沟槽内，防止轴瓦和阀轴的磨损。

附属部件：附属部件有旁通阀、空气阀及伸缩节等。

旁通阀：蝶阀可以在动水下关闭，但蝶阀开启应为静水开启，故在阀门开启前应先平压。平压采用旁通阀与旁通管，即在主阀开启前，先打开装在侧面的旁通阀向主阀后的管道与蜗壳注水，待阀门前后水压平衡后，开启蝶阀，这样可以大大减小主阀操作力矩。

旁通阀的大小一般为主阀过流断面积的 1%～2%，经过旁通阀的流量，必须大于导叶的漏水量。旁通阀门的型式一般为普通闸阀，由手动或电动操作，大直径的也可用液压操作。有的采用针型阀作为旁通阀，一般由液压操作。

空气阀：在蝶阀后面阀体上都装设空气阀。空气阀的主要作用是当钢管及蜗壳注水时，空气经通气孔流出，即排除其中的空气。空气阀因浮桶作用而自行封闭。当蝶阀关闭后，如果下游侧钢管及蜗壳排水时，水面下降，浮桶又因自重而下落，这时空气阀又会向钢管和蜗壳内补入空气，以免下游侧钢管和蜗壳在放空时造成真空破坏。常用的空气阀如图 4-12 所示。

伸缩节：通常在蝶阀的上游或下游侧的压力管道上装设伸缩节，使蝶阀在水平方向有一定距离可以移动，便于蝶阀和蜗壳的安装与检修，以及适应压力钢管的轴向温度微小变形。对几台机组共用一根输水总管且支管外露部分不长时，伸缩节最好布置在蝶阀的下游侧，以便对伸缩节座、盘根等进行检修，同时又不影响其他机组的运行。图 4-13 为伸缩节。

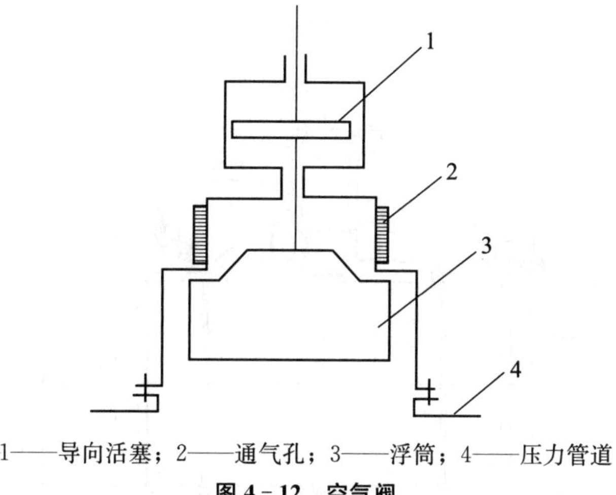

1——导向活塞；2——通气孔；3——浮筒；4——压力管道

图 4-12　空气阀

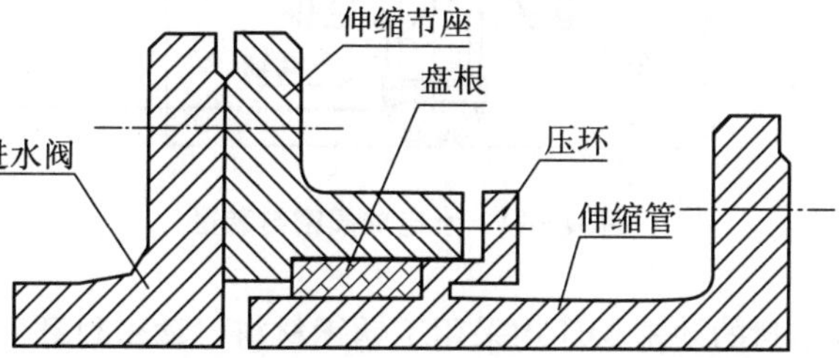

图 4-13　伸缩节

4.2.2.2　球阀

水电球阀广泛应用在中、小直径高水头水电站上（一般用于最高静水头大于 250m 的水电站），由于其阀体为圆筒形，内径与钢管的直径相同，过流时水力损失接近于零，因此特别适用于流速高的场合。球阀一般采用卧轴布置，主要由阀体、球体及上下阀轴、密封装置、操作机构等组成，如图 4-14 所示。球阀内有一个旋转的球体，关闭水道时利用球体挡水；旋转 90°后开启，水流经球体中心与管道直径一致的圆柱孔通过，无阻水构件，水头损失小。按密封形式的不同分为单面密封球阀和双面密封球阀，现在以双面密封球阀居多，即在上游进口端设检修密封，下游出口端设工作密封。球阀的优点是关闭严密，漏水极少；密封装置不易磨损，使用寿命长；全开时几乎无水力损失；阀门开关时两密封副无摩擦旋转，故启闭操作力矩小；可进行动水紧急关闭等。

（1）球阀密封装置

图 4-14 所示水电球阀设有上、下游两个密封装置，即在出水端设置工作密封，在进水端设置检修密封。正常工作时仅工作密封投入使用；当工作密封需要检修时，为了不排空压力钢管，且不影响其他机组的正常运行，检修密封投入工作。

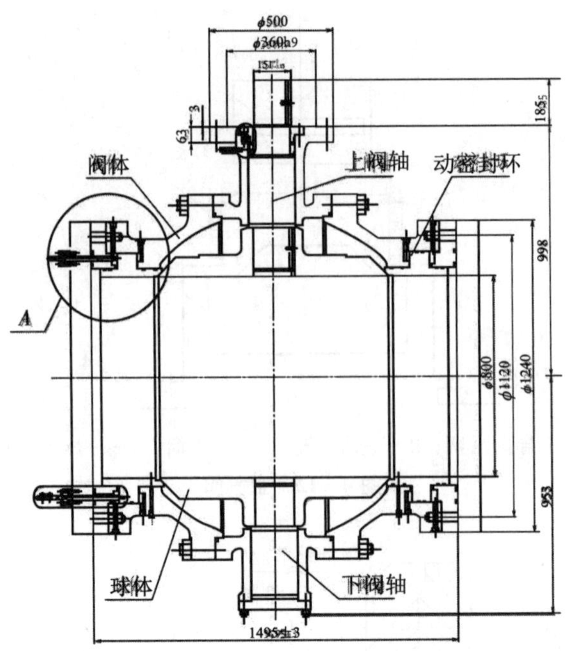

图 4-14　水电球阀密封装置

工作密封和检修密封的动密封环均采用不锈钢材料，动密封环安装后在结构上形成上下两个压力腔，见图 4-15。通过进入不同压力腔的压力水来推动动密封环的投入和退出。当动密封环被推向球阀球体上的密封面，并与之接触时，就形成了密封力。上游检修密封环的底部和下游工作密封环的底部都设置有冲沙孔，可以定期开启冲沙孔来排除密封腔内的杂质。

当球体旋转时，密封环必须先行脱离，使密封面间无旋转摩擦，开启力矩小，使用寿命长。在不拆开阀体的情况下，阀门上下游密封装置均可拆卸更换。在阀门外部设有指示杆可以判断密封环所处位置。

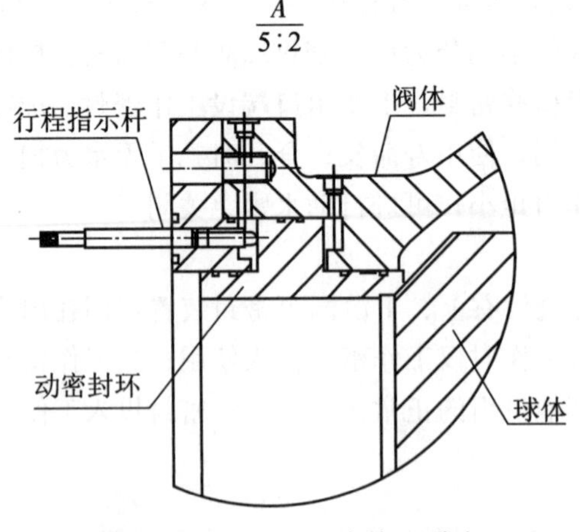

图 4-15　图 4-14 中的 A 放大

阀体密封圈均采用差压式结构，在活塞内两侧不受压力的情况下可保证在管道内的水压（或油压），使检修密封处于开启位置，有效地保护检修密封。因采用特殊的差动设计，密封环投入时能得到可靠的密封比压，确保阀门密封不漏水。

在上下游动密封环操作腔设有测压管路，在向操作腔充水时，可手动操作排气阀，排除操作腔内面的气体。

检修密封设有可靠的锁定装置。该装置能在撤除检修密封环操作压力后，仍能锁定密封环的位置，保证检修密封不漏水。

上下阀轴采用不锈钢材料。主轴承和止推轴承采用自润滑轴承。轴承两侧均设有密封，内侧密封主要是防止泥沙污物进入轴承密封面。封水密封位于轴承的外侧，密封为运动密封，为了克服频繁运动产生的轴端密封磨损，在轴承外侧设置 U 形密封圈，并在外面加装防尘密封圈，既能够有效防止泥沙进入轴承内，又使得密封更严密可靠，采用箱式结构，便于调整、拆卸和更换。后端采用预压可调成型填料结构，成型好，耐磨性好，密封可靠 。成型填料当长期运行产生一定磨损后，通过调节填料压盖上的调节螺钉仍可继续保持满意的密封效果，因此轴端密封完全可满足一个大修期不更换、不外漏的要求。

（2）水电球阀的成套

水电球阀由液动双密封球阀、液压系统、电气系统及附属设备等组成，如图 4 - 16 所示。

液压系统由油压装置和操作机构两部分组成；控制系统以 PLC 为核心，可就地操作或远程控制，也可采用触摸屏进行操作和显示。

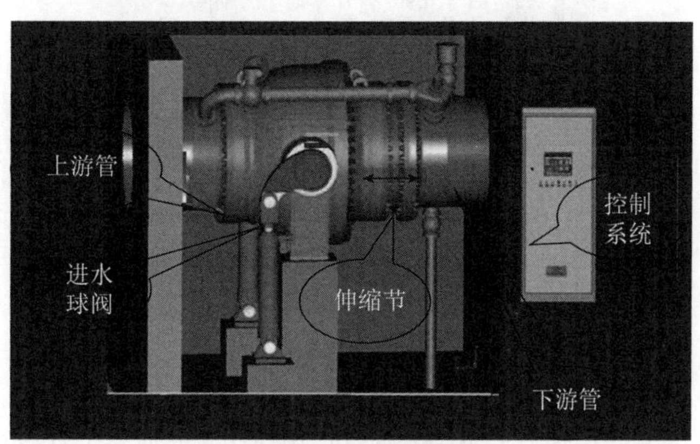

图 4 - 16　水电球阀

水电球阀的附件包括旁通阀、上下游连接管、伸缩节、空气阀和蜗壳放空排水阀等，图 4 - 17 所示为水电球阀的成套图，图 4 - 18 所示为水电球阀外形图。

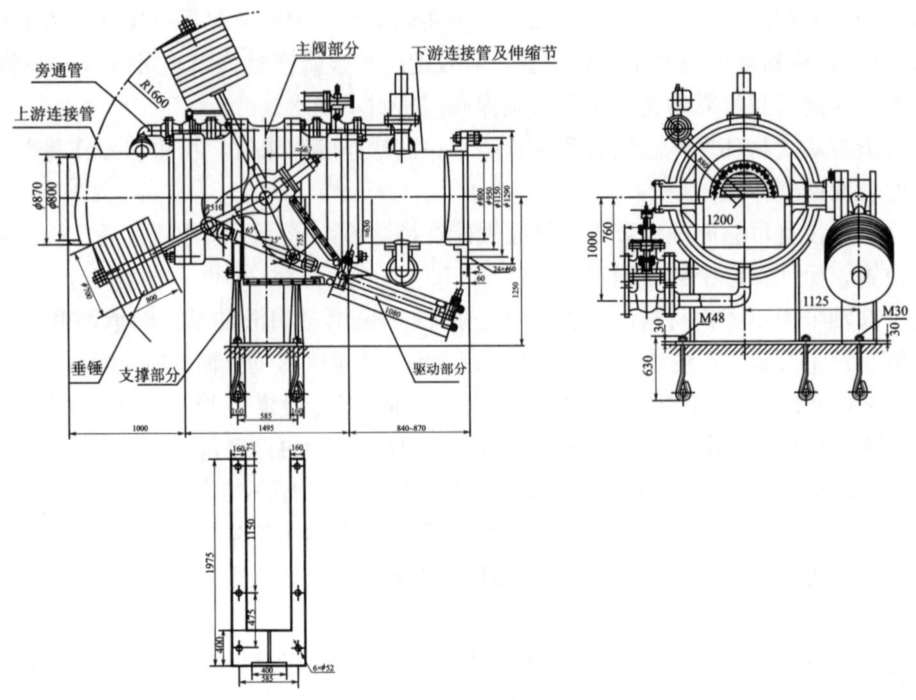

图 4-17 水电球阀成套图

图 4-18 水电球阀外形图

上游连接管：上游连接管与上游压力钢管现场焊接，连通整个管线系统。上游连接管上留有与旁通平压系统、差压控制系统相连的接口。

下游连接管：下游连接管与下游蜗壳进口管现场焊接，连通整个管线系统。下游连接管上留有与旁通平压系统、差压控制系统、自动进排气系统、排水系统等相连的接口。输水管线较大时，在下游连接管下半部分开有检修门，便于设备维护时人员进出。

进水管伸缩节（松套法兰式）：进水管伸缩节安装在工作温度为－10℃～65℃的液体管道上，在一定范围内可伸缩控制阀门与管道的连接，是管道安装过程中一种必需的设备。进水管伸缩器在一定的范围内可轴向伸缩，伸缩管的伸缩可得到最大或最小的结构尺寸（伸缩量为 30mm），不仅在一定范围内可补偿由于温度的变化而带来的管线伸缩，同时也能在一定的范围内克服因管道安装不同轴而产生的偏移，对于阀门的安装、维修、更换可带来很大的方便。按结构形式可分为钢制套筒式和金属波纹管式伸缩器。

旁通阀及旁通系统：由旁通弯管、旁通直管、旁通阀、旁通检修阀、密封件、紧固件等组成，布置在上游连接管与下游连接管之间。在主阀开启前，打开旁通阀向蜗壳充水平压，（球阀开启必须在阀门两侧的压力差大于 1.0MPa 时进行）降低开阀力矩，减少开阀过程中阀轴与轴承之间的摩擦，延长阀门的使用寿命。旁通检修阀便于旁通管路和液压针阀的检修和安装。

旁通阀一般采用电（液）动蝶阀、电动球阀，水头较高时采用液动针型阀。旁通阀前串接一台检修阀，作为旁通阀检修用。检修阀一般采用手动蝶阀，也可采用球阀、闸阀等。针阀开关时间调整在 10s～20s，在调试过程中可以调整针阀进出油口的节流片进行扩孔处理，来达到实际需要的开关时间。

空气阀：也可以叫作自动进排气系统，由自动进排气阀（空气阀）、检修闸阀、管路等组成。安装在下游连接管顶部，在打开进水阀过程中，自动排除进水阀下游蜗壳内空气；在关闭进水阀过程中，由于蜗壳排空，管内出现真空自动补气。检修阀工作过程中处于常开状态，只有自动进排气阀需要维修时才关闭检修阀。在机组正常运行时，空气阀闸阀处于全开位置。口径较大球阀在开阀过程中，人工打开球阀壳体顶部排气阀以排除壳体内空气。

蜗壳放空阀：安装在球阀与蜗壳的连接部位，其实为一个闸阀，主要作用是排泄流体。在检修期间或日常维护中，对进入蜗壳内的工作都需要将放空阀门打开，将蜗壳内的流体与尾水管相连通后再利用检修排水泵将其排至尾水，以保证工作人员进入蜗壳工作的安全。

（3）进水球阀运行程序

进水球阀的运行程序如图 4－19 所示。

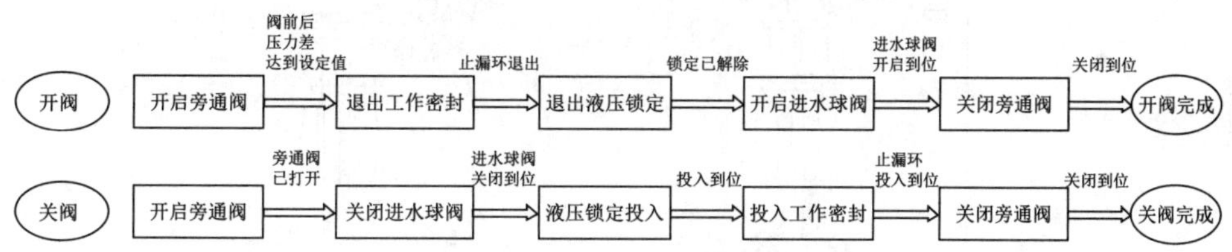

图 4－19　进水球阀运行程序

（4）水电球阀一般故障及排除方法

见表 4－1。

表 4-1　水电球阀的一般故障及排除方法

故障情况	原　因	排除方法
工作（或检修）密封面泄漏	1. 工作（或检修）密封副间夹杂污垢、泥沙或其他异物； 2. 工作（或检修）密封圈磨损或损坏； 3. 工作（或检修）密封面接触过盈量太小或紧定螺钉松动； 4. 水系统压力不够（对双密封进水阀）	1. 清洗工作（或检修）密封副； 2. 修整或更换工作（或检修）密封圈； 3. 均匀拧紧螺钉； 4. 适当加大水系统压力（对双密封进水阀）
阀轴两端密封渗漏	1. 填料压盖螺栓松动； 2. 填料或 O 型密封圈磨损或损坏	1. 拧紧填料压盖螺栓； 2. 修整或更换填料、O 型密封圈

4.2.2.3　闸阀

对于水头较高的中小型水轮机，其主阀一般应采用闸阀。闸阀由阀体、阀盖、闸板、操作机构及其附属装置构成。闸阀关闭时，闸板的四周与阀体接触，封闭水流通路。开启时，闸板沿阀体中的闸槽上升，直到完全让出水流通道。全开时闸阀的水力损失较小。

（1）闸阀的型式

按照阀杆螺纹和螺母是否与水流接触分为明杆式闸阀和暗杆式闸阀两种型式。

1）明杆式闸阀如图 4-20 所示。阀杆螺纹和螺母在阀盖外，不与水接触。阀门启闭时，操作机构驱动螺母旋转，从而使阀杆向上或向下移动，与阀杆连接在一起的闸板也就随着开启或关闭。

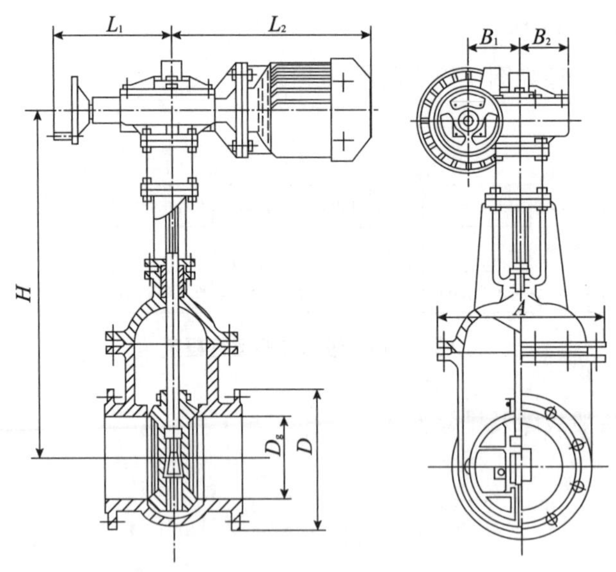

图 4-20　明杆式闸阀

明杆式闸阀的螺纹与螺母工作条件比较好，但由于阀杆为上、下移动，因此阀门全开时总高度大，使闸阀的外形尺寸大。

2）暗杆式闸阀如图 4－21 所示。阀杆螺纹和螺母在阀盖内与水接触。阀门启闭时，操作机构驱动阀杆选择，使螺母向上或向下移动，从而使与螺母连接在一起的闸板也就随着开启或关闭。

暗杆式闸阀全开时的总高度不变，外形尺寸要比明杆式闸阀小一些。但阀杆螺纹和螺母与水接触，工作条件较差。

（2）闸阀的结构

闸阀主要由阀体、阀盖、闸板和转动机构组成。

1）阀体：阀体是闸阀的承重部件与过流部件，呈圆筒形。阀体上部开有供闸板启、闭的孔口，内壁上有使闸板与阀体密封的闸槽。阀体应有足够的强度和刚度，一般为铸造结构。

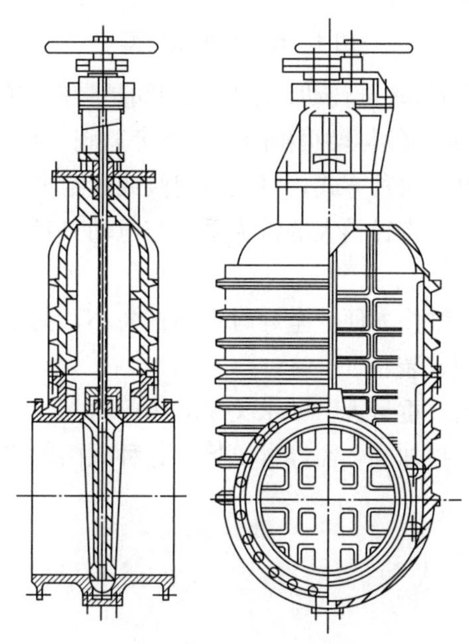

图 4－21　暗杆式闸阀

2）阀盖：阀盖位于阀体上部，阀盖与阀体连接共同形成闸阀全开时容纳闸板的空腔。阀盖顶部装有阀杆密封装置，常为石墨填料密封。

3）闸板：闸板按结构不同分为楔式和平行式两类，如图 4－22 所示。

楔式闸板呈上厚下薄的楔形，闸槽也加工成相同的形状。关闭时靠操作力压紧而密封。楔式单闸板结构简单，尺寸小，但配合精度要求较高。楔式双闸板楔角精度要求低，易密封，但结构复杂。

平行式双闸板位于阀体中平行闸槽内，即闸槽上下宽度一致。在操作力作用下由中心顶锥使两块闸板向两侧压紧密封。这种结构的密封面之间相对移动量小，不容易擦伤，制造、维修方便，但结构较复杂。

闸阀密封圈材料一般采用铜合金。

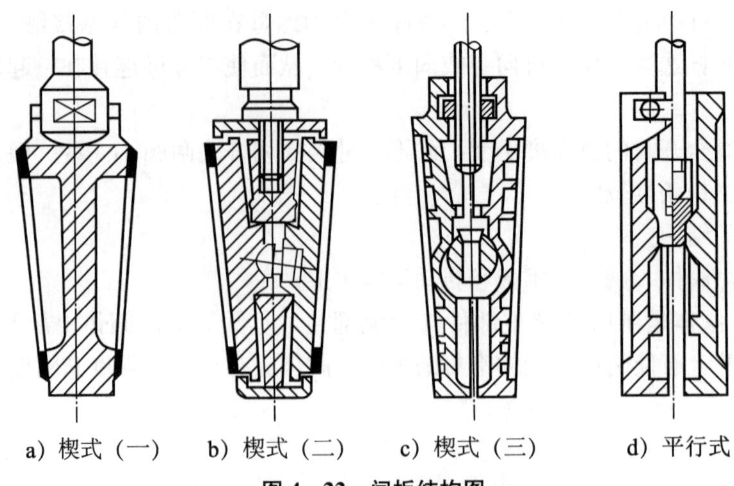

图 4-22　闸板结构图

4）转动机构：明杆式闸阀螺母转动，暗杆式闸阀是带螺纹的阀杆转动。

5）闸阀附属部件：附属部件与蝶阀相同，即有旁通阀、空气阀和伸缩管。

闸阀的操作分手动和电动两种方式，对大型闸阀或远距离操作时还可以有液压操作方式。小型闸阀一般均为手动，直径稍大的常为手动与电动二者兼有。

（3）闸阀的优缺点

优点：闸阀结构简单，维修方便。全开时水力损失小，漏水量少。不会由于水流冲击而自行关闭或开启，无需锁定装置。

缺点：闸阀外形尺寸大，重量大。动水关闭时闭门力大，当止水表面磨损后，闭门力将随之增大，致使密封面磨损加剧，需经常更换。这种阀门的启闭时间长，多数只能作截断水流用。

4.3　主阀的选择

闸阀及球阀的有效过水面积不减少，全开阻力系数为 0，主阀直径与蜗壳进口断面一致即可。蝶阀由于蝶板的存在，使阀门的有效过水面积减少，在选择蝶阀时应考虑不同水头的蝶阀有效过水面积减少的影响。设 α 为有效过水面积系数，即：

$$\alpha = \frac{4F_0}{\pi D^2}$$

式中：F_0——阀门有效过水面积，m^2；D——阀门直径，m。

在选择蝶阀时，应使它的有效断面积大于或等于蜗壳进口（指流过总流量处的蜗壳进口断面）的断面积。设蜗壳进口直径为 d，阀门直径为 D，则

$$D = \beta d$$

式中：$\beta = \frac{1}{\sqrt{\alpha}}$。

β 与 α 均与阀门相对厚度 b/D 和水头的大小有关，见表 4-2。根据蜗壳进口的管道直

径，即可选定蝶阀的直径 D 。

表 4-2 蝶阀蝶板相对厚度 b/D 和系数 α、β 同水头 H 的关系

水头 H /m	相对厚度 b/D	系数	
		α	β
25	0.158	0.800	1.118
50	0.199	0.748	1.156
100	0.251	0.681	1.210
150	0.287	0.640	1.250
200	0.316	0.605	1.286
250	0.340	0.575	1.318

第5章　核电站及其阀门

5.1　核电站简介

从能源的发展来看，核能的发现是人类的一大进步。核电是一种清洁高效、优质的现代能源，发展核电对优化能源结构、保障国家能源安全具有重要意义。核燃料可以不断提高利用率和实现增值，因而是十分丰富的燃料资源。我国自主知识产权的三代核电技术（华龙一号）和CAP1400的研发，为核电创新驱动发展奠定了基础。在今后较长一段时间内，我国核电仍将保持在建和投运的高峰。截至2021年底，全球有436台可运行核电机组，美国动力堆达到92座，为全球最高；法国总共56座，位居第二；我国共有54座，位居世界第三。2021年全球在建核电机组总数为53台，其中亚洲36台、东欧7台、西欧和中欧共6台、北美和南美各2台。

有理由相信，中国未来的核电产业将会突飞猛进并走出国门。巨大的能源需求、先进的自主知识产权、政府强力支持下的海外市场开拓，无不预示着中国核电的广阔前景。

将原子核裂变释放的巨大核能转变为其他形式能量的装置，称为核动力装置，通常由核动力系统和核动力设备所组成。而将核能转变为电能的设施，则称为核电站。图5-1为核能转变为电能过程的工作原理图。核电站工艺流程及主要阀门布置如彩图4所示。

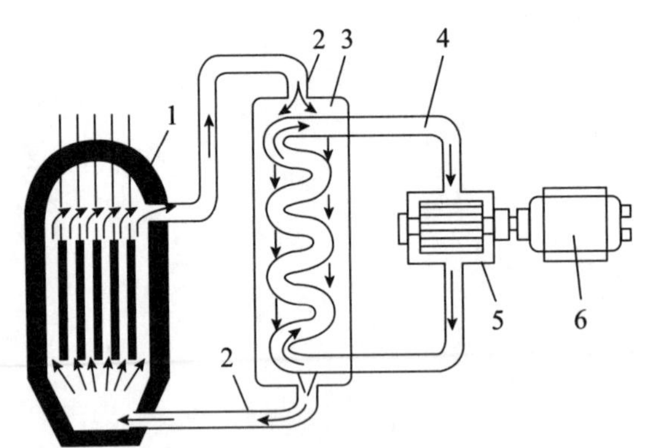

1——反应堆；2——回路；3——蒸汽发生器；4——二回路；5——汽轮机；6——发电机

图5-1　核能转变为电能过程的工作原理

一回路冷却剂将反应堆中铀棒内发出的热量传入蒸汽发生器，并在这里将热量传给二回路的工作介质。用蒸汽发生器产生的饱和蒸汽推动汽轮机，带动发电机的转子转动而产生电能。

第一个回路是反应堆回路，第二个回路是蒸汽发生器和传输回路。原则上核电厂可以是一个回路，也可以是两个回路或三个回路。反应堆按慢化剂、燃料和冷却剂的不同而分为不同的类型。世界各国对各种类型的核电站动力反应堆进行了大量的试验研究工作，下面给出几种反应堆的类型，见表 5-1。

表 5-1　反应堆类型

反应堆类型	燃料	慢化剂	冷却剂
石墨一常压水冷堆	天然铀	石墨	水
石墨一压水堆 PWR	低浓缩铀	轻水	轻水
石墨一气冷堆	低浓缩铀	石墨	气体
石墨一铀冷堆	低浓缩铀	石墨	钠
水一水反应堆	低浓缩铀	水	水
重水堆	天然铀	氧化氘	水或重水
快中子非均匀堆	高浓缩铀、钍或钚	无	液态金属
快中子均匀堆	铀或钚	无	蒸汽或气体

压水堆核电站占全世界已建造和正在建造的核电站发电总量的50%以上。目前这个比例还在增加，为了便于说明，我们以压水堆核电站为例来介绍核电站系统、设备和工作原理。

一回路系统由核反应堆、主循环泵、稳压器、蒸汽发生器和相应的管道、阀门及其他辅助设备所组成。高温高压的冷却水由循环泵送入反应堆，吸收核燃料裂变放出的热能后，流进蒸汽发生器，通过蒸汽发生器再将热量传递给在管外流动的二回路给水，使它变成蒸汽；此后，再由循环泵将冷水剂重新送至反应堆内。如此循环往复，构成一个密闭的循环回路。一回路系统的压力由稳压器来控制。现代大功率的压水堆核电站一回路系统，一般有 2～4 个回路对称地并联在反应堆压力壳接管上。每个回路由一台主循环泵、一台蒸汽发生器和管道等组成。

二回路系统是将蒸汽的热能转化为电能的装置。它由汽水分离器、汽轮机、冷凝器、凝结水泵、给水泵、给水加热器、除氧器等设备组成。二回路给水吸收了一回路的热量后成为蒸汽，然后进入汽轮机做功，带动发电机发电。做功后的乏汽排入冷凝器内，凝结成水，然后由凝结水泵送入加热器，加热后重新返回蒸汽发生器，构成二回路的密闭循环。从图 5-2 可知，核电站的二回路系统与普通火电站的动力回路相似。蒸汽发生器及一回路系统（通常称为“核蒸汽供应系统”）相当于火电站的锅炉系统。但是，由于核反应堆是强放射源，流经反应堆的冷却剂带有一定的放射性，特别是在燃料元件破损的情况下，回路的放射性剂量很高。因此，从反应堆流出来的冷却剂一般不宜直接送入汽轮机，否则将会造成汽轮发电机组操作维修上的困难。所以，压水堆核电站比普通电站多了一套动力回路。

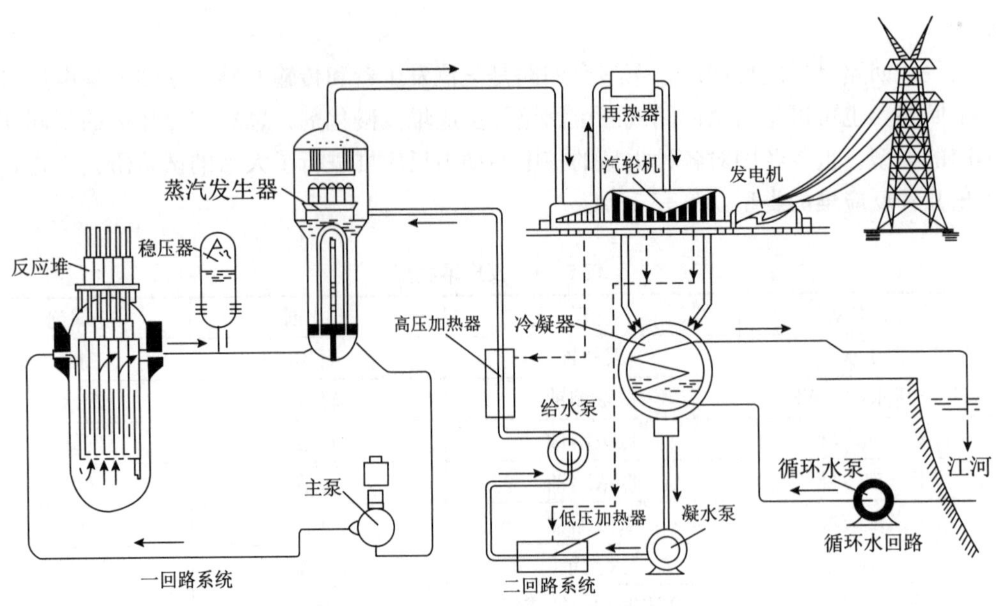

图 5-2　压水堆核电站流程原理图

5.2　核电阀门的特点、典型结构及驱动装置

核电站中用的阀门统称为核电阀门。因核电站是靠原子核的裂变反应来进行发电的，所以核电阀门必须确保核动力装置在运行工况和事故工况下能安全、可靠地工作。

5.2.1　核电阀门的特点

一回路使用的阀门按其结构分为截止阀、节流阀、闸阀、止回阀、球阀、隔膜阀、控制阀、安全阀、电磁阀、减压阀等，约有二百多个规格。这些阀门分别安装于安全壳内和安全壳外。

根据阀门对核电站安全的不同重要程度，按我国核安全法规共分成四个等级，即安全一级、安全二级、安全三级和安全四级。一、二、三级相当于 ASME 的 NB、NC、ND 级。安全四级常称非核级。

根据电站对阀门的抗震要求分类：抗震Ⅰ类阀和抗震Ⅱ类阀，安全一级和二级阀都属于抗震Ⅰ类阀，原则上安全三级也属于抗震Ⅰ类阀，其余阀门属于抗震Ⅱ类阀。

一回路辅助系统多数在安全壳外，它通过一根或数根管道穿过安全壳与壳内的辅助系统和主系统相连，在贯穿区的两侧一般装有两只阀门。这两只阀门就叫安全壳隔离阀。

一回路压力边界阀门，就其名称可知这种阀门的作用和重要性，这类阀门属于核Ⅰ级，抗震Ⅰ类阀。

由于一回路的介质、技术参数、环境条件对阀门的安全可靠性要求等均不同于常规电站，因此，除了一般要求外还有如下特殊要求。

5.2.1.1 抗辐照要求

核电站给阀门辐照累计量为1.2×10^{6}Gy，因此阀门选用的材料除了满足工作介质外，还应该耐辐照，即材料受辐照后其使用性能不改变、不活化，即材料的半衰期要短。半衰期长的材料如铜、钴等尽量少用，甚至不用。

(1) 中子辐照对材料机械性能的影响

材料经中子辐照后，其机械性能会显著改变：强度指标（$\sigma_{0.29}H_b$）增加，塑性指标（延展率δ、韧性α_k等）降低，脆性-塑性转变温度提高。也就是说，辐照能使材料变脆，这种现象叫做辐照硬化。

辐照还可使蠕变速率显著增加。表5-2表示中子辐照对材料机械性能的影响。

表5-2 中子辐照对材料机械性能的影响

材料	快中子积分通量/（中子/cm^2）	屈服强度/MPa		最大拉伸强度/MPa		延伸率/%	
		前	后	前	后	前	后
Mo	5×10^{19}	65.59	69.58	69.85	73.01	23.6	22
Cu	5×10^{19}	5.88	21.21	18.97	23.8	42.2	27.5
Ni	5×10^{19}	25.2	43.4	41.3	44.1	34	23
Hastelloy－x	2.5×10^{20}	34.58	74.41	78.4	91.7	52	42
Inconel－x	1.6×10^{20}	72.24	111.02	119.07	112.91	28	14

一般来说，燃耗（对燃料而言）越深或中子积分通量（对非裂变材料而言）越高，辐照温度越低，材料的硬化效应越显著。辐照后进行退火通常可以使材料的机械性能恢复到辐照前的水平。

(2) 中子辐照对材料尺寸稳定性的影响

作为反应堆材料，无论是燃料元件，还是其他的堆内部件，都要求在中子辐照作用下尺寸稳定，否则就会对反应堆安全运行带来极大的危害。辐照引起材料尺寸变化主要表现在以下两个方面：

1) 辐照生长。某些材料（例如α—铀、锆、镉、锌、钛等）在中子辐照作用下表现为定向的伸长和缩短，这种现象的特征是它们的密度基本保持不变。例如，斜方晶系的α—铀，其单晶体在辐照下，b轴方向伸长，a轴方向缩短，c轴方向不变。六方晶系的石墨，在辐照下，c轴膨胀，a轴收缩。

2) 辐照肿胀。肿胀是不同于辐照生长的另一种尺寸不稳定的形式。它表现为体积增大而密度降低。

例如，铀、二氧化铀、石墨、铍、氧化铍等这些常用的堆芯材料，在中子辐照下，在一定的温度以上都会发生肿胀。一般是低温辐照生长，高温辐照肿胀。

除上述中子对固定物质作用外，对处于同核燃料紧密接触的材料，还有裂变碎片对固定物质的作用问题。因为原子核裂变后所形成的碎片具有很高的能量，它能使大量点阵原子产生位移。由于裂变碎片在燃料元件内的射程只有几微米，所以只在很靠近产生裂变的部位附近形成位移峰。这种位移峰所产生的效应与快中子引起的效应相同。

裂变碎片的作用相当于杂质原子进入点阵。固体裂变产物进入点阵后就会导致燃料元件的体积肿胀。气体裂变产物主要是氙和氪，其体积要比原来生成它们的燃料原子所占的体积大许多倍。在某些燃料元件中，这种肿胀效应是引起其尺寸变化的主要原因。

5.2.1.2 密封要求

由于介质是带有放射性的含硼水，因此要求阀门的密封好，无外漏，中法兰密封应安全可靠，为了保证阀杆无外漏，结构上应采用波纹管和中间引漏。为了便于清洗，要求阀门内外表面有一定的光洁度，阀体内应尽量避免有死角，防止沉积放射性颗粒。

5.2.1.3 填料垫片要求

由于一回路的水质以及不锈钢设备的要求，特别是薄壁设备如燃料元件包壳、蒸发器管子、波纹管等，必须防止氯离子破坏水质，造成不锈钢设备的点腐蚀，因此要求阀门选用的填料、垫片的氯离子含量应小于 100ppm（10^{-6}），低硫离子含量应小于 500ppm（10^{-6}）。

5.2.1.4 禁用材料

由于事故而产生的安全壳内安全喷淋液中有 NaOH 和硼，因此阀门一般严禁使用铝和锌或镀锌材料，如果要用必须征得总体设计的同意。阀门不得选用低熔点材料如锡、铅等，与介质接触的表面禁止电镀和氮化。

5.2.1.5 LOCA（失水事故）要求

装于安全壳内的阀门应满足 LOCA 要求，即在失水事故状态下阀门仍能动作，这就要求阀门选用的电动装置、仪器、仪表及其他附件，均应通过 LOCA 试验。

5.2.1.6 结构要求

由于阀门的介质具有放射性，所处的环境又有一定的辐照剂量，因此要求装拆维修阀门的速度要快，故要求阀门具有结构简单、装拆维修容易等特点。阀体流道设计应流畅，尽量减少或避免产生死角。表面光洁平滑，便于清洗。

5.2.1.7 安全可靠性要求

阀门在核电站运行中，起着十分重要的作用，阀门性能的好坏会直接影响到核电站的安全，因此核电站要求阀门的性能必须安全可靠。为了达到这一目的，要求制造厂在为核电站正式提供产品前，必须选择典型的具有代表性的阀门做样机。样机必须经受一系列的型式试验。如冷态性能试验、热态模拟工况试验、寿命试验（机械磨损、热老化和辐射老化试验)、地震试验，电气设备还应做 LOCA 试验等，以验证阀门性能的安全可靠性。

5.2.1.8　抗震要求

核电站要求核级阀门，在电站遭受地震期间或地震后，阀门能继续保持阀门结构和承压边界的完整性，以及良好的工作特性。根据这一要求，对核级阀门提出以下具体要求：

(1) 要求阀门的自振频率应大于 33Hz，因为一般的地震频率在 0.2Hz～33Hz 范围内，如果阀门的自振频率在这个范围内，那么地震时就会引起共振，致使阀门和连接的管道容易受到地震破坏。

(2) 阀门必须做抗震计算，计算的目的是保证阀门在地震载荷下，仍能保持阀门结构的完整性和承压边界的完整性。

(3) 对于抗震Ⅰ类阀，必须选择具有典型代表的阀门做抗震试验，试验的目的，除了验证设计计算以外，更重要的是考核核级阀门在地震状况下是否能保持运行和动作安全可靠。一般试验的内容有 3 项：测自振频率、五次 OBE（运行基准）地震试验、一次 SSE（安全停堆）地震试验。

5.2.1.9　严格的技术条件

由于核电站对核级阀门有着许多不同的特殊要求，根据这些要求专门制定了一系列有关核电阀门的设计制造、试验和验收的技术条件，使生产厂能按照这些技术条件生产出符合要求的核级阀门。

5.2.1.10　质保要求

制造厂应根据要求编制相应的质保大纲、质保体系和质量控制等文件，以确保自己生产出的阀门符合核级要求，从而向核电厂提供高质量的具有安全可靠性的阀门。核级阀门的重要部件应具有可追溯性。

5.2.2　核电阀门的典型结构

前面已介绍了一回路有一个主系统和 20 个辅助系统。2500 多台阀门分别布置在这些系统中，起着截止、节流、分配流量、隔离和安全保护作用。下面将分别介绍部分重要阀门。

5.2.2.1　主系统（SO1）

主系统的功能：由于泵驱动主回路介质流动，进入核反应堆，把堆中由核反应所产生的热量送到蒸发器，通过蒸发器把热量传送给二回路去发电，通过蒸发器的冷却剂再回到主泵的入口，为了稳住主回路的运行压力，又布置了一只稳压器。下面介绍三只与稳压器有关的阀门。这三只阀门在主回路中起着三道压力保护的作用。

(1) 主安全阀

该阀的进口与稳压器相连，出口与卸压箱相连，当喷雾阀、卸压阀门仍不能降低稳压器的压力而其上升到某一定值时，作为主系统的第三道压力保护装置的主安全阀会自动打开，把稳压器的蒸汽排放至卸压箱，以降低稳压器、主系统压力，防止超压，对主系统起着安全保护作用。

主安全阀属于安全一级、抗震Ⅰ类，一回路压力边界阀门。安装在安全壳内，阀门的结构为弹簧式安全阀，用波纹管作为背压平衡装置以消除背压对安全阀动作的影响。为了更加安全可靠地降低主系统压力，阀门还带有强制开启的气动装置，用以远距离强制开启安全阀。

为了使安全阀真正达到安全可靠，阀门的出厂试验，不仅做冷态的性能试验，还应做安全阀的热态起跳试验等。

主安全阀的主要参数：开启压力　17.5（1±1%）MPa

全开压力　17.5×1.03MPa

回座压力　16.3（1±1%）MPa

背压　正常时 0 ～1MPa

排放时 max 3.5MPa

排量　80t/h

（2）卸压阀

卸压阀的进口与稳定器相连，出口与卸压箱相连，当喷雾阀全开达到最大流量还不能降低稳压器压力，稳压器压力上升到某一定值时，卸压阀接到信号自动打开，把稳压器内的蒸汽排放至卸压箱，以免稳压器、主系统超压，该阀作为主系统的第二道压力保护，它的动作特性的好坏对主系统是十分重要的。该阀的开启时间为 1s。

卸压阀安装于安全壳内，属于安全一级、抗震Ⅰ类，一回路压力边界阀门。某一期的卸压阀实际上是一只气动阀，其主要参数为：

DN　50mm

PN　20MPa

启闭压差　13MPa～16.4MPa

背压　0～1～max 3.5MPa

启闭时间　≤1s

连续排放时间 ＞3min

排量　50t/h

气原压力　0.5MPa～0.6MPa

执行器　气开

（3）喷雾阀

喷雾阀的进口与反应堆冷段相连，出口与稳压器相连，利用冷段与稳压器的压力差造成介质流，介质的流量用稳压器的压力来控制，当稳压器压力超过某一定值时，喷雾阀接到信号，开始动作，把冷段的介质引入稳压器中的喷雾头喷出。降低稳压器空间的温度，达到降压并把主回路的压力稳定在某一定值上。因为该控制阀主要用来调节稳压器喷雾量，故而得名为喷雾阀。

喷雾阀安装于安全壳内，属于安全一级、抗震Ⅰ类，一回路压力边界阀门。所以各方面的要求比较高，它作为主系统的第一道压力保护，动作频率高，阀杆经常上下动作，故阀杆密封要求高。喷雾阀实际上是气动控制阀，它的主要参如下：

DN　80mm

PN　300℃时　15.5MPa～15.7MPa

ΔP　0.05MPa～0.3MPa

Q_{max}　40t/h

全关→全开时间：≤5s

流量特性：等百分比

气原压力：0.5MPa～0.6MPa

执行器：气开

控制信号：4mA～20mA

5.2.2.2 化容系统（SO2）

该系统的主要功能是：保持反应堆主系统内合适的水容积，控制稳压器水位。调节反应堆冷却剂化学及物理特性，提供反应堆主泵的辅助水和对稳压器进行辅助喷淋等。

在这个系统里，主要介绍四只阀门，即：上充流量控制阀、背压控制阀、三通球阀、DN25 高压差电动节流阀。

（1）上充流量控制阀

它的进口与上充泵相连，出口与再生热交换器相连，最终与稳压器相连。用稳压器的液位来控制上充流量控制阀，与下泄系统一起使稳压器的液位保持在适当的位置，稳压器液位过高和过低，都会影响核电站的正常运行，甚至造成紧急停堆。可见，上充流量控制阀的好坏对电站安全可靠的运行起着十分重要的作用。

该阀属于安全二级、抗震Ⅰ类，在安全壳外，上充流量控制阀是气动控制阀，其主要参数为：DN　50mm

ΔP_{max}　5MPa

PN　200MPa

t　100℃

Q_{max}　22t/h（ΔP 2.55MPa）

流量特性：等百分比

执行器：气关

（2）背压控制阀、三通球阀

主要参数

背压控制阀：DN　50mm

PN　4MPa

t　100℃

全开到全关的时间：20s

流量特性：等百分比

动作寿命：10 万次（全行程）

三通球阀：DN 50mm

PN 1.6MPa

t 125℃

电站正常稳态功率运行时，约 11.2t/h 冷却剂从主系统引出，下泄流经两个下泄隔离阀，进入再生热交换器管侧减温。经三组下泄孔板中的一组减压到 2.5MPa，再通过下泄热交换器管侧冷却到约 45℃，经背压控制阀使压力达到约 1MPa。然后经过树脂床前的过滤器，除去胶体状态的悬浮物和颗粒杂质后进入净化床。当下泄热交换器出口的下泄流量温度高于 50℃时，净化床前三通球阀自动切换，使下泄流不经过树脂床而直接进入床后过滤器。

背压控制阀进口与下泄热交换器相连，出口与过滤器、净化床、容积控制箱相连，它的动作由阀门出口段的压力控制，使去净化床、容积控制箱的压力不超过 1MPa。

三通电动球阀在这里的作用是把高于 50℃的介质不送到净化床，而是直接送到容积控制箱，从而保护净化床、树脂床。

(3) DN25 高压差电动节流阀

用途：当主系统升温速度超过设计值时，可通过下泄管线向疏排水箱或容积控制箱排放过剩的冷却剂，DN25 节流阀的进口与过剩下泄热交换器相连，出口与轴封回流热交换器相连，它被用来控制调节过剩冷却剂的流量，达到主系统升温速率不超过设计值。

该阀属于安全二级、抗震Ⅰ类，在安全壳内，其主要参数：

PN 15.5MPa

t 150℃

ΔP 15.15MPa

由于该阀在高压差条件下工作，所以对调节件必须采用特殊设计。一般的柱塞形阀瓣作调节件，会产生汽化腐蚀，其结果，一方面会降低阀门使用寿命，另一方面会使阀门损坏，降低阀门的安全可靠性。

为了防止汽化腐蚀的产生，阀门调节件设计，必须采取多级降压，且保证每级降压都不会产生汽化腐蚀。

5.2.2.3 余热排除系统（停堆冷却系统）(SO8)

该系统的主要功能是反应堆启动时它代替化容系统部分功能保持主回路水质，反应堆停堆时冷却主系统内的冷却剂，把反应堆余热排除，在实现这种功能时有四只闸阀起着十分重要的作用。

四只闸阀，分两条管道安装，每条管道串联 2 只，它们的进口与主回路热端相连，出口与余热排出泵、热交换器、主回路冷端相连。起堆时，四只阀门打开，当主回路压力达到 3MPa，温度达到 180℃时阀门关闭；主回路继续升温升压，反应堆正常运行时，阀门处于关闭状态，起安全隔离作用；反应堆停堆时，主回路压力降到 3MPa，温度降到 180℃时阀门打开，余热排热系统投入运行（第一阶段停堆冷却由二回路冷却），当主系统压力小于 0.5MPa 时，四只电动闸阀迅速关闭。

四只电动闸阀属于安全一级、抗震Ⅰ类，在安全壳内，其中两只闸阀为安全壳隔离阀。

主要参数：DN200　　PN200

起堆时，主回路压力达到 3MPa、温度达到 180℃时阀门关闭，主回路继续升压升温至 15.5MPa、300℃，此时阀门内腔可能产生异常升压现象，所以阀门的结构设计要防止异常升压现象。

5.2.2.4　安全注射系统（SO9）

该系统功能：当一回路主系统发生失水事故或二回路主蒸汽管发生蒸汽大量流失事故时，安全注射系统迅速地向反应堆堆芯提供足够冷却水，以限制堆芯的损坏和燃料元件金属包壳与水的反应，从而使释放至安全壳内的放射性衰减至最少。

在高压安全注射系统中有 8 只止回阀和 8 只电动快开闸阀在系统中起着重要作用。16 只阀门分别安装于 8 根管线上，每根串联连接一只止回阀和一只电动快开闸阀，止回阀的出口与主系统冷段相连，电动快开闸阀进口与安全注射泵的出口相连，电站运行时，阀门处于关闭状态，出现事故时，要求阀门必须在 10s 内迅速达到全开。

当主系统压力下降至 5MPa 时，安全注射箱下面的闸阀和止回阀迅速打开，向主系统进行中压安全注射。

上述的所有止回阀属安全一级、抗震Ⅰ类，闸阀为安全二级、抗震Ⅰ类，高压安全注射系统中的 16 只闸门为安全壳隔离阀。

止回阀：PN200

　　　　DN250（安全注射箱下）　DN80（高压安全注射系统）

闸阀：PN200

　　　DN250（安全注射箱下，开启时间 10s）

　　　DN80（高压安全注射系统，开启时间 10s）

5.2.2.5　取样系统（SO5）

为了控制和检测一回路的水质，设置了取样系统，在这个系统里有两只较重要的阀门——电磁阀和减压阀，它们在取样过程中起着十分重要的作用，阀门位置如图 5-3 所示。

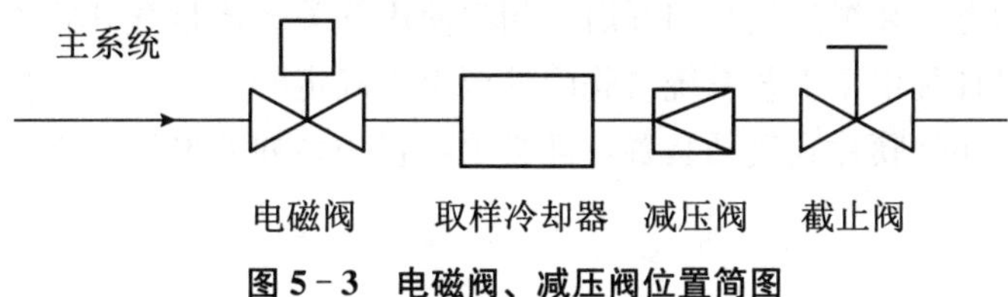

图 5-3　电磁阀、减压阀位置简图

取样时打开电磁阀，主系统的介质通过电磁阀，进入取样冷却器，冷却后的介质进入减压阀减压，再通过截止阀将样品取出进行化验。检查主系统的水质是否符合要求，这个系统经常要用，有的2h取样一次，有的4h或8h取样一次，因此要求阀门动作特性、密封性能要好，使用寿命长（可靠动作次数多）。

电磁阀为安全二级阀，主要参数：

DN　106mm

PN　15.5MPa

t　316℃

减压阀为安全二级阀，主要参数：

阀前工作压力：P_1　6.4MPa

调整范围：$80\%P_1 \sim 105\%P_1$

阀后工作压力：P_2　0.3MPa

调整误差：$\pm 5\%\ P_2$

工作温度：50℃

流量：$0.07\text{m}^3/\text{h}$

接管尺寸：$\phi 10\times 2.5$（外径×壁厚）

5.2.3　核电阀门的驱动装置

在核电厂一回路阀门中，使用的驱动装置，除了一般手动外，还使用了气动装置和电动装置，下面将分别介绍这两种装置。

5.2.3.1　气动装置

气动装置适用于截止阀、节流阀、球阀、隔膜阀、闸阀和控制阀等。

按气动装置的结构，一般分为两大类：活塞式气动装置和膜片式气动装置。活塞式即气缸式，一般阀门都使用，它的优点是使用的气压高，出轴力大，因此就特别适用于关闭力大的阀门。关闭和开启的速度快，因此也特别适用于有快开或快关要求的阀门。膜片式气动装置广泛使用于控制阀，但由于膜片一般都是由橡胶制成，因此接受的气压不太高，出轴力就受到限制，但和活塞式相比，气耗低。阀门采用活塞式气动装置还是膜片式气动装置主要由阀门设计者决定。

按气动装置的功能来分，也分两大类，即气关式气动装置和气开式气动装置。气关式气动装置即装置不进气阀门处全开状态，装置进气阀门关闭。气开式气动装置即装置不进气阀门处于关闭状态，装置进气阀门开启。阀门使用气关式还是气开式不是由阀门设计者确定的，而是由设计院根据工艺系统对阀门的要求来确定的。

无论是活塞式还是膜片式气动装置，都必须配置一系列的电气元件才能使气动装置实现对阀门的驱动。

5.2.3.2　电动装置

电动装置（Z型、Q型）一般适用于闸阀、截止阀、节流阀、隔膜阀、球阀和蝶阀等。

（1）电动装置类别

电动装置一共分为两个大类四个型号，即安全壳内电动装置 HN1、HN2，安全壳外电动装置 HY1、HY2。

HN1 型电动装置：安装于安全壳内失水事故后仍需进行操作。

HN2 型电动装置：安装于安全壳内，在最大主蒸汽管道破裂发生后仍需进行操作。

HY1 型电动装置：安装于安全壳外，在经受失水事故的蒸汽侵袭后仍需进行操作。

HY2 型电动装置：在失水事故情况下，不承受蒸汽侵袭和温度及辐照的突变。

（2）使用条件

正常使用条件，见表 5-3。

表 5-3　正常使用条件

环境条件	型号	
	HN1　HN2	HY1　HY2
压力/MPa	0～0.14	0
温度/℃	40～60	≤40
相对湿度/%	80～100	55～95
辐照累积计量/Gy	7×10^5	2×10^4
地震加速度 g	≤5	≤5
地震频率范围/Hz	0.2～33	0.2～33

（3）事故工况下的使用条件

HN1、HN2、HY1 型电动装置除满足正常使用条件外，还应在事故工况下正常工作。事故工况下的使用条件，见表 5-4。

表 5-4　事故工况下的使用条件

环境条件	型号		
	HN1	HN2	HY1
压力/MPa	0.53	0.78	0.034～0.1
温度/℃	185	256	108
相对湿度/%	100	100	100
辐照累积计量/Gy	1.2×10^6	6×10^5	2×10^4

（4）工作环境

HN1、HN2、HY1 含有空气和水蒸气的混合物，并进行化学喷淋。化学喷淋液的配比：w（B）为 0.24%、w（NaOH）为 0.75%，pH 为 9～10。

（5）型式试验

电动装置样机必须进行表 5-5 中的型式试验。

表 5-5　电动装置样机的型式试验

试验	电动装置型号			
	HN1	HN2	HY1	HY2
机械性能及电器性能型式试验	√	√	√	√
环境热态化	√	√	√	
环境机械态化	√	√	√	
承压试验	√	√		
辐照老化	√	√	√	
振动试验	√	√	√	√
地震试验	√	√	√	√
失水事故辐照试验	√	√		
失水事故其他环境试验 a、b、c	a	b	c	

5.3　核电阀门材料的选用

核级阀门所选用的材料必须满足核电站耐腐蚀、耐辐照、耐高温、耐湿热和耐疲劳等要求。

5.3.1　金属材料

5.3.1.1　质保证书和合格证书

承压材料必须具有符合要求的化学成分和机械性能的质保证书，无质保证书的材料应进行化学成分分析和机械性能检验。非承压材料应具有合格证书，无合格证书应进行化学成分分析。质保证书、合格证书及化学成分分析报告、机械性能检验报告的副本必须随材料一起提供。

5.3.1.2　材料的冲击韧性要求

承压材料和其焊接的材料必须进行V型缺口冲击试验。当满足某些条件后可不进行V型缺口冲击试验，对安全一级有七条规定（见 ASME NB－2300 中的规定），对安全二级、安全三级阀门分别有九条规定（见 ASME NC－2300、ASME ND－2300 中的规定）。

5.3.1.3　材料的检验

承压材料与其焊接的材料必须进行无损检验，但 ASME NB－2500 规定进口接管不超过 NPS2（50mm）的阀门可不按本节的要求进行无损检验。RCC－MB3513 规定：内径＜25mm 的阀门只要满足最小壁厚的要求，就可以通过验收。我国核工业标准 EJ405－1989

的规定与 ASME 及 RCC－M 基本相符。

EJ405－1989 规定的核级阀门各种零部件材料的无损检验项目及检查范围如表 5－6、表 5-7 所示。

表 5－6 各种零部件材料无损检验的项目

铸件	射线、液体渗透
锻件、棒材和板材	超声波、液体渗透（大锻件粗晶区用射线代替超声波）
焊缝、补焊	射线、液体渗透
堆焊层、机加工部位、中法兰螺栓螺母	液体渗透（磁性材料可用磁粉检验）
阀门接管端焊接坡口	液体渗透（特殊情况加射线）

表 5－7 不同安全级零部件材料的检查范围

检验项目	等级	阀门的公称通径 DN/mm	检查范围
射线检验（RT）	安全一级 安全二级	DN≤25	不检查
		100≥DN>25	焊接坡口及承压焊缝、热节部位
		DN>100	最大可能容积
	安全三级	DN≤50	不检查
		100≥DN>50	焊接坡口及承压焊缝
		DN>100	焊接坡口及承压焊缝、热节部位
	安全四级	全部尺寸	不检查
超声波检测 （UT）	安全一级	DN≤25	不检查
	安全二级	DN>25	最大可能容积
	安全三级	DN≤50	不检查
		DN>50	最大可能容积
	安全四级	全部尺寸	不检查
液体渗透检查 （PT） 或 磁粉检验（MT）	安全一二三级	DN≤25	不检查
		DN>25	全部外表面及内表面 （不能接触到的除外）
	安全四级	DN≤50	不检查
		DN>50	焊接坡口及承压焊缝
射线、液体渗透 （焊缝、补焊）	安全一二三级	全部尺寸	全部焊区
	安全四级	全部尺寸	全部焊区（只做液体渗透检查）

注：1. 凡不做液体渗透检查的应目视检查，当检查有疑问时可用≥5 倍的放大镜判别。

2. 凡补焊的缺陷深度达到壁厚的 10%或 9.5mm 二者中较小值时，补焊区及热影响区均应做射线照相及液体渗透检查。

3. 无损检验人员（包括评判人员）均应有相应等级的资格证书。

对于螺栓、螺母的检验，相关标准规定：所有的螺栓、螺钉连接材料应进行目视检查，直径大于 25mm 的材料应进行磁粉检验或液体渗透检验；直径大于 50mm 的材料，除用磁粉检验或液体渗透检验外，还应进行超声波检验。

以上要求基本与 ASME NB－2580 及 RCC－M 第Ⅱ卷 M 册中的 M5140 的要求相符。

5.3.2 非金属材料

填料、垫片应选用满足核电站使用条件的低氯离子、低硫离子的柔性石墨制成。

橡胶密封圈及电动装置中用的润滑油、润滑脂必须满足耐辐照、耐高温的要求。

5.3.3 禁用和限用材料

EJ/T 1022.9—1996 规定：

(1) 在反应堆安全壳内禁止使用汞和汞化合物。因为在室温下汞容易与各种金属合金生成汞剂，导致快速腐蚀和可能的破裂；汞蒸气（特别在高温下）对人体健康有危害；汞在中子流中会被活化。

(2) 在反应堆安全壳内应避免使用铝及含铝的涂层，因为铝会受碱性喷淋液的强烈腐蚀，腐蚀产物是氢。对于由于工艺原因不能用其他材料代替的铝，必须有确定的数量，由此可以估算出设计基准事故后的氢。

(3) 在反应堆安全壳内应避免使用锌及镀锌零件，因为硼酸喷淋液对锌腐蚀较大，释放氢气。

(4) 在反应堆安全壳内还应避免使用其他低熔点金属。

5.3.4 核电阀门的制造要求

EJ/T 1022.9—1996 规定：

(1) 质保大纲和质保手册

阀门制造厂应有质保大纲和质保手册，并提交用户认可后方可进行制造。为了保证产品质量，制造厂应编制制造顺序和质量控制网络图。

(2) 质量跟踪卡

零部件在制造过程中应有质量跟踪卡。对承压及重要零部件应为一件一卡。

(3) 焊工资格证

堆焊及焊接安全级设备的焊工必须具有相应的焊工资格证书。

(4) 表面粗糙度

对铸件，除图纸规定外，与介质接触的表面粗糙度应不低于 $Ra6.3\mu m$，非加工表面和焊缝需打磨光，直至显露金属光泽，其表面粗糙度应相当于 $Ra25\mu m$。对锻件，除图纸规定外与介质接触的表面粗糙度应不低于 $Ra6.3\mu m$，其他表面（包括焊缝）粗糙度应不低于 $Ra25\mu m$。

(5) 清洗零部件组装和总装前均应进行清洗

清洗方法：先用汽油、酒精或丙酮等刷洗除油，然后用清洁自来水（C 级水）刷洗清洁，再用 A 级水（去离子水）冲洗清洁，最后用热风吹干或烘干。

清洗完毕后以及包装前的零部件应由目视和白布擦拭检查，确认达到清洁度要求才能进行下道工序。清洁度检查合格后的零部件应采用覆盖、堵塞开孔或整体包装的方法加以保持。

（6）装配

所有零部件在清洗合格后方可交付装配。装配必须在能保持阀门清洁度的装配间内进行。

装配不锈钢阀门所用的工具应为镀铬或不锈钢制造的，而且应保持清洁。凡在装配过程中需进行切削加工的零件，在加工后应重新进行清洗并在清洁合格后再交付装配。装配过程中应注意保持产品清洁度，严禁裸手直接接触待装配零部件及用于装配的工具。

中法兰螺栓、填料压盖螺栓应按规定的力矩拧紧。螺纹连接部分如果采用润滑剂或化合物润滑时，选用的润滑剂或化合物应能满足核电站的使用条件，并且不与零部件的材料起不利的反应。

5.4　核电阀门的出厂试验及新产品的开发试验

阀门产品的常规出厂检查和验收应按 EJ/T 1022.9 的规定逐台进行。

5.4.1　核级阀门出厂试验（压力试验）要求

5.4.1.1　压力试验内容

已装配好的阀门，每台均应按表 5-8 规定的顺序及内容进行压力试验。

表 5-8　试验内容表

试验名称	阀门类别						
	闸阀	截止阀	节流阀	止回阀	球阀	隔膜阀	蝶阀
壳体耐压试验	必须	必须	必须	必须	必须	必须	必须
阀瓣耐压试验	必须	必须	必须	必须	必须	必须	必须
阀座密封试验	必须	必须	按要求	必须	必须	必须	必须
上密封试验	必须	必须	按要求	不适用	不适用	不适用	不适用
阀杆填料密封试验	必须	必须	必须	按要求	必须	不适用	必须
低压气密封试验	按要求	按要求	按要求	按要求	按要求	按要求	按要求
阀门动作性能试验	必须	必须	必须	必须	必须	必须	必须

注：1. 无关闭要求的节流阀可不做阀座密封试验。

2. 有上密封要求的阀门都必须进行上密封试验。但是即使上密封试验合格，仍不允许在阀门受压情况下拆装填料。

3. 对波纹管截止阀和波纹管节流阀，可不做阀杆填料密封试验和上密封试验。

4. 对于安全壳隔离阀，必须进行低压气密封试验。

5.4.1.2 试验水质

核电站设备水压试验的水质应符合 EJ/T 1022.18 的规定，见表 5-9。

表 5-9 核电站设备水压试验的水质要求

项目	A级	B级	C级
氯离子最大含量/（$\times10^{-6}$）	0.15	1.0	25
氟离子最大含量/（$\times10^{-6}$）	0.15	0.15	2.0
电导率/（μs/cm）	2.0	2.0	400
悬浮物/（$\times10^{-6}$）最大	0.1		
SiO_2/（$\times10^{-6}$）最大	0.1	0.1	
pH	6.0～8.0	6.0～8.0	6.0～8.0
透明度	无浑浊，无沉淀，无油		

注：1. 除盐水（去离子水）一般能满足 A 级水的要求。
2. 电厂凝水和蒸馏水一般能满足 B 级水的要求。
3. 清洁自来水能满足 C 级水的要求。

5.4.1.3 气体介质的要求

气压试验用的气体应采用纯度在 99%以上的氮气（N_2）。

5.4.1.4 试验温度

耐压试验时，试验介质温度应足够高，以避免阀门和试验回路受到低温的影响。对于不锈钢阀门应在不低于 5℃的室温下进行试验。对于铁素体钢阀门，试验过程中的介质温度应不低于阀门壳体材料的 T_{NDT} 再加上 30℃的温度。

用液体做试验介质时，应将受试腔室内的空气排净。

5.4.1.5 试验应具有的文件资料

包括：

（1）阀门技术规格书；

（2）经认可的试验规程；

（3）经认可的阀门总图；

（4）试验装置和试验介质的检验合格报告；

（5）待试阀门的检验合格报告。

5.4.1.6 具体试验要求

（1）壳体耐压试验

试验压力为在38℃下的最大许用压力的1.5倍。试验时阀瓣处于半开启状态，持续保压时间为每毫米阀体最小壁厚0.6min，但最短不能少于10min。合格要求：在整个持续保压时间内，除阀杆填料处允许有微漏外，其他任何部位都不允许出现渗漏、破裂和变形。

（2）阀瓣耐压试验

在壳体耐压试验之后，用规定的操作力矩（动力操作阀门用动力操作装置操作）使阀瓣处于全关位置。在规定的温度下对阀瓣进行耐压试验。

试验压力为在38℃下的最大许用压力的1.1倍。对于阀瓣两侧的最大压差低于38℃的最大许用压力的阀门，试验压力可降至关闭位置时阀瓣两侧最大压差的1.1倍，但这种情况必须在阀门技术规格书中有明确的规定，同时应在阀门铭牌上标出规定的最大压差值。

试验保压时间应不少于5min。在试验中不允许阀瓣有磨损、永久变形等发生。对于不同类型的阀门，应按下列规定进行阀瓣耐压试验：

1）闸阀和闸板两侧应分别受压，即分别从一个管嘴施加压力，另一个管嘴通大气；除闸板外，其他闸阀也可使闸板两侧同时受压，即在阀体中腔内充压，两个管嘴都通大气。

2）对于截止阀、蝶阀和有隔离作用要求的节流阀，由进口管嘴把压力施加于阀瓣上，出口管嘴通大气。

3）对于止回阀，由出口管嘴把压力施加于阀瓣上，进口管嘴通大气。

4）隔膜阀、球阀和旋塞阀的阀瓣两侧应分别受压，即分别由一个管嘴施加压力，另一个管嘴通大气。对于隔膜阀还应将膜片上方腔体的检漏孔通大气，以检查膜片是否破损。

对于无隔离作用要求的节流阀，可不按本条的规定进行阀瓣耐压试验。

（3）阀座密封试验

试验前应清洗阀座和阀瓣密封面，不允许有任何油渍存在。

用规定的操作力矩（动力操作阀门用动力操作装置操作）使阀门关闭。在室温下进行阀座密封试验。

对于闸阀、球阀和旋塞阀，必须在阀盖与密封面的腔室内充满试验介质，并逐渐加压到试验压力后开始试验，以避免在试验过程中由于逐渐向上述部位充注介质和压力而使密封面的泄漏未被察觉。

试验压力为38℃下的最大许用压力。对于闸阀、止回阀和球阀等依靠压差密封的阀门，还应在阀门技术规格书中规定的最低密封压差下进行阀座密封试验。

试压保压时间应不少于15min。对于不同类型的阀门，应按下列规定进行阀座密封试验：

1）闸阀、隔膜阀、球阀和旋塞阀等允许介质双向流动的阀门，应先后由阀瓣的每一侧施加压力，在非受压的一侧进行检漏。

2）截止阀、蝶阀和有隔离要求的节流阀等只允许介质单向流动的阀门，应由进口侧把压力施加于阀瓣上，在出口侧进行检漏。

3）止回阀应由出口侧把压力施加于阀瓣上，在进口侧进行检漏。对于无隔离要求的节流阀，可不进行阀座密封试验。

如果在以上这些试验中，每一次检漏的阀座泄漏量都不超过表 5-10 的规定，则试验合格。

表 5-10　阀座最大允许泄漏量

公称通径 DN/mm	每毫米公称通径允许泄露量/（cm^3/h）	
	规范 1 级	规范 2 级和 3 级
DN≤25	0	0
25<DN≤50	0	0.05
50<DN≤200	0.05	0.1
DN>200	0.08	0.1

注：1. 对于软密封阀门允许的泄漏量均为 0。
2. 如果本表与阀门技术规格书的规定有矛盾时，按阀门技术规格书的规定。
3. 泄漏量为 0，是指在规定的保压期间内，测不出泄漏量。
4. 对止回阀允许泄漏量为每毫米公称通径 0.1。

（4）上密封试验

对于闸阀、截止阀和节流阀等有上密封要求的阀门都应进行上密封试验。试验时阀门应完全开启，使上密封起作用，松开填料压盖螺栓。在室温下进行上密封试验。试验压力至少等于设计压力，试验保压时间不少于 10min。在保压期间内，上密封处的泄漏量不超过每毫米阀杆直径 0.04cm^3/h。

（5）阀杆填料密封试验

对于阀杆主要由填料来密封的阀门，都应进行阀杆填料密封试验。在上密封试验结束后，以认可图纸上规定的填料压盖螺栓预紧力矩拧紧填料压盖。使阀瓣处于中间开启位置，在室温下进行阀杆填料密封试验。试验压力至少等于设计压力，试验持续保压时间按表 5-11 的规定。

表 5-11　阀杆填料密封试验持续保压时间

公称通径/mm	持续保压时间/min
≤100	≥5
>100	≥15

如果在保压期间内，在填料压盖的周围没有任何泄漏，在中间引漏装置处的泄漏量不超过每毫米阀杆直径 0.04cm^3/h，则试验合格。

（6）低压气密封试验

阀门技术规格书中规定要做低压气密封试验的阀门，除进行上述各项密封试验外，还应按本条的规定进行低压气密封试验。

试验压力及允许泄漏量按阀门技术规格书中的规定。其他要求同阀座密封试验。

（7）动作性能试验

在耐压试验和密封试验结束后，阀门还必须按规定进行动作性能试验。动作性能试验也可与阀座密封试验结合起来进行。

手动阀门至少应进行三次完整的带载运行循环，以检查阀门开和关的操作是否正常，动作是否灵活，开和关的位置指示是否正确等。一次完整的带载运行循环：操作阀门至全开，阀腔内充压到试验压力，用规定的操作关闭阀门至全关位置，在阀瓣的一侧减压，即在开启阀门最不利的方向建立最大工作压差。然后用规定的操作力矩操作阀门开启至全开位置。

电动阀门应按 EJ/T 396—1989 的规定进行动作性能试验：

1）电动装置的绝缘电阻检查。通电进行动作试验前应先检查电动装置的绝缘电阻，其值应大于或等于 5MΩ。

2）空载动作试验。阀腔内不充压，在额定电压下从全开到全关、从全关到全开动作三次，记录启动时的最大电流、运行电流及全行程的启闭动作时间。

3）负载动作试验。

a）阀门分别处于半开启和全关闭状态下各进行手—电动切换动作三次。

b）分别在额定电压、最高电压（105％额定电压）及最低电压（90％额定电压）下各电动操作阀门从全开到全关、从全关到全开动作三次。记录启动时的最大电流、运行电流及全行程的启闭动作时间。符合要求：最大电流应小于或等于电动机的启动电流，运行电流应小于或等于电动机的额定电流，启闭时间应小于或等于技术规格书规定的要求。

c）开启压差试验。从阀门入口端施加最大工作压力（截止阀从出口端），出口端压力为 0（截止阀入口端），即阀瓣前后承受最大压差，以最低电压（90％额定电压）电动开启阀门，记录启动时的最大电流，此电流应小于或等于电动机的启动电流。

气动阀门应按阀门技术规格书的规定进行动作性能试验。阀门技术规格书无明确规定时，则按下列规定进行试验：

1）以额定气原压力操作阀门完成三次完整带载运行循环；

2）以最低气原压力操作阀门完成三次完整带载运行循环；

3）每次试验都应记录阀门开启和关闭的运行时间，阀门的开启和关闭运行时间必须符合阀门技术规格书的规定；在整个试验中，阀门必须运行灵活、平稳，阀门开、关必须到位，位置指示必须正确，其指示误差不超过全行程的±5％。

液动阀门应按阀门技术规格书的规定进行试验。阀门全部试验结束后，应将试验介质排除干净，并进行干燥处理。对于非不锈钢阀门还应进行防锈处理，对非涂漆表面应涂易去除的防锈剂。

5.4.2 新产品开发试验要求

新研制的核级阀门样机除进行以上出厂试验外，还应进行下述各项试验：

(1) 模拟运行工况下的动作性能试验（热态试验）。

(2) 模拟运行工况下的寿命试验。

(3) 电气性能试验（包括电气线路及电器附件的试验）。

(4) 流阻系数测定（安全阀应提供排量系数）。

(5) 流量测定（控制阀应测定流量特性）。

(6) 地震试验。

第6章　安全阀

安全阀作为超压保护装置用在受压设备、容器或管路上。当设备压力升高超过允许值时，阀门开启，继而全量排出，以防止设备压力继续升高，从而保护设备。当压力降低到规定值时，阀门应自行关闭阻止介质继续流出。

6.1　安全阀的基本要求

(1) 在整定压力允许的偏差内准确开启是安全阀的最基本要求。

当系统内压力达到最高允许压力时，即安全阀进口压力达到预先设置的整定压力值时，安全阀应准确地开启泄压。

安全阀整定压力（开启压力）的偏差，在相关标准和规范中有明确规定（见表6-1）。安全阀进行整定压力调试时，其偏差应严格控制在规定的范围内。

(2) 能安全有效地将超压介质可靠地排出，适时全开。

随着安全阀进口压力的升高，安全阀的开启高度也是逐渐增加的，当安全阀进口压力继续升高到超过整定压力一个规定的数值时，安全阀应达到设计的开启高度。从开启到全开，是一个压力积聚的过程，任何场合所安装的安全阀都要求它安全有效地将超压介质可靠地排出，保护受压设备的安全运行。

(3) 安全阀随着进口压力的升高而开启并达到预定的开启高度后，稳定地保持在排放状态，排出额定的排量，并无频跳、颤振、卡阻等现象。此时，排放压力应小于或等于标准的数值。

安全阀应有合理的结构形式以保持稳定排放，安全阀的结构及其流道尺寸应满足设计参数要求。如果流道截面积过小，安全阀开启后，不能及时将超压部分的介质排放，系统压力继续上升，是十分危险的；相反，流道截面积过分大于计算所需值，安全阀开启后，压力将急剧下降到回座压力以下，阀门将随着阀瓣对阀座的剧烈撞击而关闭。此时，由于系统压力升高的因素并未消除，阀瓣再次开启形成频跳，结果会造成阀座与阀瓣密封面的损坏。当安全阀用于不可压缩的液体时，还会引起系统中的水锤现象。同时，安全阀的颤振或频跳也大大降低了安全阀的排放能力，可能造成系统压力超过标准规定值而导致受压设备出现危险。

安全阀在规定压力下可靠地达到预定的开启高度，并达到规定的排放能力，这一要求是重要的。对同样参数的介质，同样口径的安全阀，结构形式不同时排放能力会有很大差别。

（4）在回座压力允许偏差内及时关闭。

防止系统压力降低太多，减少介质的过多损失。当安全阀排放一定时间后，介质压力下降至一定值，阀瓣下落与阀座密封面接触，重新达到关闭状态。安全阀能及时有效地回座关闭，是性能良好的一个重要标志。安全阀发生动作，不一定要求设备或系统停止运转和进行维修。有时，安全阀发生动作是由于系统中的误操作等偶然因素所引起的，在这种情况下，不希望安全阀回座压力低于工作压力太多。回座压力过低意味着能量和介质的过多损失，并给设备与系统恢复正常运行带来困难。相反，回座压力也不宜过高，当回座压力高到接近整定压力时，容易导致安全阀重新开启，造成安全阀频跳或颤振，不利于关闭后重新建立密封。

安全阀的结构设计应当保证能快速有效地关闭，迅速有力的回座比逐渐、缓慢的回座更有利于密封的建立。

安全阀的回座性能是以整定压力值来相对衡量的，一般以启闭压差来确定，用于不同介质的安全阀，其启闭压差值是有所区别的。

（5）可靠密封。

安全阀的可靠密封可防止介质泄漏、污染环境、危及安全，可保护密封面。当锅炉、压力容器和压力管道处于正常运行压力时，关闭状态的安全阀应具有良好、可靠的密封性能。因为安全阀产生泄漏，损耗了工作介质（有时是很贵重或很危险的介质），增加了能量消耗，并使周围环境和大气受到工作介质的污染，过多的泄漏甚至会影响到设备或系统的正常工作，迫使装置停止运行，持续的泄漏还会使安全阀密封面遭受侵蚀，从而导致安全阀完全失效。

安全阀开启动作后重新建立密封，比维持原有密封状态更加困难，因为安全阀在关闭过程中，工作介质压力作用在阀瓣的较大面积上，而在开启前，只作用在受密封面限制的较小面积上。所以，安全阀容易在动作之后降低以致失去密封性。

安全阀保持密封性要比一般截止用的阀门困难得多，由于密封作用力较小，在结构上不仅要考虑安全阀的密封比压，也要考虑安全阀的泄漏通道。

对安全阀密封性的要求依其使用场合不同而有所区别，而使用场合的不同也决定着安全阀密封结构要求的不同。一般来说，对于金属-金属密封面的安全阀，要达到无泄漏是很难实现的，对于金属-非金属的软密封结构的安全阀，其密封性能会好得多。

在上述安全阀性能的基本要求中，准确开启及适时、稳定排放是首要的要求，因为安全阀防超压的功能正是通过其排放过程来实现的。回座和密封要求虽然也很重要，但相比之下还是第二位的。

另外，除安全阀性能的基本要求外，不同的标准或规范对安全阀结构、选型等方面也有些基本要求：

1）整定压力大于3.0MPa的蒸汽用安全阀或介质温度大于235℃的空气或其他气体用安全阀，应能防止排出的介质直接冲蚀弹簧。

2）蒸汽用安全阀必须带有扳手，当介质压力达到整定压力75%以上时，能利用扳手将阀瓣提升，该扳手对阀的动作不应造成阻碍。

3）为防止调整弹簧压缩量的机构松动，以及随意改变已调整好的整定压力，必须设有防松装置并加铅封。

4）阀座应固定在阀体上，不得松动，全启式安全阀应设有限制开启高度的机构。

5）安全阀即使有部分损坏，仍应能达到额定排量，当弹簧破损时，阀瓣等零件不会飞出阀体外。带动力辅助装置的安全阀必须有可靠的动力源和电源接口。

6）安全阀阀体设计应当减少介质沉积污垢的影响，蒸汽和液体使用的安全阀需在低于阀座密封面的集液最低部位设置排泄孔。

7）在附加背压高于先导式安全阀进口压力时，应采取措施保证主阀不能开启。

8）当主阀具有限开高装置时，限开高装置只限制主阀的开高，而不应影响主阀的动作。如果限开高装置设计成可调节的，应进行机械固定和铅封。主阀的开启高度不能限制到小于 1mm。

9）用于可燃性流体的先导式安全阀，导阀的出口应排放到一个安全的地方。

对有附加背压力的安全阀，应根据其压力的大小和变动情况，设置背压平衡机构。对于平衡式安全阀的阀盖上应当设置一个泄出孔，以保证阀盖内腔与大气相通，对于可燃的或者腐蚀性介质，该泄出孔需用管子连接到安全场地。

6.2　安全阀的选用

选用安全阀涉及两个方面的问题：一方面是被保护设备或系统的工作条件，例如工作压力、允许超压限度，防止超压所必需的排放量，工作介质的特性、工作温度，等等；另一方面则是安全阀本身的动作特性和参数指标。

6.2.1　公称压力的确定

GB/T 12224《钢制阀门　一般要求》规定了阀门的公称压力、试验压力和各级工作温度下的最大工作压力（见表 6－1、表 6－2 和表 6－3）。在同一公称压力下，当工作温度提高时，其最大工作压力即相应下降。在选定安全阀时，应根据阀门材料、工作温度和最大工作压力，按上述压力—温度额定值表来确定阀门的公称压力。

第 1C1 组材料：铸件 WCB，锻件 A105，使用温度不大于 425℃。

表 6－1　阀门标准压力级压力—温度额定值 1

温度/℃	公称压力							
	PN2.5	PN6	PN10	PN16	PN25	PN40	PN63	PN100
	工作压力/MPa							
－10～5	0.252	0.605	1.008	1.61	2.52	4.03	6.35	10.08
50	0.247	0.593	0.988	1.58	2.47	3.95	6.22	9.88
100	0.229	0.549	0.915	1.46	2.29	3.66	5.77	9.15
150	0.223	0.535	0.892	1.43	2.23	3.57	5.62	8.92

表 6-1（续）

温度/℃	公称压力							
	PN2.5	PN6	PN10	PN16	PN25	PN40	PN63	PN100
	工作压力/MPa							
200	0.216	0.519	0.865	1.38	2.16	3.46	5.45	8.65
250	0.206	0.494	0.823	1.32	2.06	3.29	5.19	8.23
300	0.191	0.459	0.764	1.22	1.91	3.06	4.81	7.64
350	0.182	0.438	0.729	1.17	1.82	2.92	4.59	7.29
375	0.180	0.432	0.720	1.15	1.80	2.88	4.53	7.20
400	0.170	0.408	0.681	1.09	1.70	2.72	4.29	6.81
425	0.142	0.340	0.567	0.91	1.42	2.27	3.57	5.67
450	0.099	0.237	0.395	0.63	0.99	1.58	2.49	3.95
475	0.067	0.160	0.267	0.43	0.67	1.07	1.68	2.68
500	0.043	0.104	0.174	0.28	0.43	0.69	1.09	1.74
525	0.026	0.061	0.102	0.16	0.26	0.41	0.64	1.02
540	0.016	0.039	0.064	0.10	0.16	0.26	0.41	0.64

第 1C9 组材料：铸件 WC6，锻件 F11 C12、F12 C12，使用温度不大于 595℃。

表 6-2　阀门标准压力级压力—温度额定值 2

温度/℃	公称压力							
	PN2.5	PN6	PN10	PN16	PN25	PN40	PN63	PN100
	工作压力/MPa							
−10～5	0.255	0.612	1.021	1.63	2.55	4.08	6.43	10.21
50	0.255	0.612	1.021	1.63	2.55	4.08	6.43	10.21
100	0.254	0.610	1.016	1.63	2.54	4.06	6.40	10.16
150	0.245	0.589	0.982	1.57	2.45	3.93	6.19	9.82
200	0.237	0.568	0.947	1.51	2.37	3.79	5.96	9.47
250	0.228	0.547	0.911	1.46	2.28	3.64	5.74	9.11
300	0.211	0.507	0.846	1.35	2.11	3.38	5.33	8.46
350	0.198	0.476	0.794	1.27	1.98	3.18	5.00	7.94
375	0.191	0.459	0.766	1.23	1.91	3.06	4.82	7.66
400	0.180	0.433	0.722	1.15	1.80	2.89	4.55	7.22
425	0.173	0.415	0.692	1.11	1.73	2.77	4.36	6.92
450	0.167	0.400	0.667	1.07	1.67	2.67	4.20	6.67
475	0.156	0.375	0.625	1.00	1.56	2.50	3.94	6.25

表 6-2（续）

温度/℃	公称压力							
	PN2.5	PN6	PN10	PN16	PN25	PN40	PN63	PN100
	工作压力/MPa							
500	0.124	0.299	0.498	0.80	1.24	1.99	3.14	4.98
525	0.090	0.215	0.358	0.57	0.90	1.43	2.26	3.58
550	0.063	0.150	0.251	0.40	0.63	1.00	1.58	2.51
575	0.043	0.104	0.174	0.28	0.43	0.69	1.09	1.74
600	0.030	0.072	0.119	0.19	0.30	0.48	0.75	1.19

第1C10组材料：铸件WC9，锻件F22 C12，使用温度不大于595℃。

表 6-3 阀门标准压力级压力—温度额定值3

温度/℃	公称压力							
	PN2.5	PN6	PN10	PN16	PN25	PN40	PN63	PN100
	工作压力/MPa							
−10～5	0.255	0.612	1.021	1.63	2.55	4.08	6.43	10.21
50	0.255	0.612	1.021	1.63	2.55	4.08	6.43	10.21
100	0.254	0.610	1.017	1.63	2.54	4.07	6.41	10.17
150	0.248	0.584	0.990	1.58	2.48	3.96	6.24	9.90
200	0.241	0.578	0.963	1.54	2.41	3.85	6.06	9.63
250	0.229	0.549	0.914	1.46	2.29	3.66	5.76	9.14
300	0.211	0.507	0.846	1.35	2.11	3.38	5.33	8.46
350	0.198	0.476	0.794	1.27	1.98	3.18	5.00	7.94
375	0.191	0.459	0.766	1.23	1.91	3.06	4.82	7.66
400	0.180	0.433	0.722	1.15	1.80	2.89	4.55	7.22
425	0.173	0.415	0.692	1.11	1.73	2.77	4.36	6.92
450	0.167	0.400	0.667	1.07	1.67	2.67	4.20	6.67
475	0.156	0.375	0.625	1.00	1.56	2.50	3.94	6.25
500	0.137	0.329	0.549	0.88	1.37	2.19	3.46	5.49
525	0.107	0.257	0.428	0.68	1.07	1.71	2.69	4.28
550	0.076	0.182	0.303	0.49	0.76	1.21	1.91	3.03
575	0.052	0.125	0.208	0.33	0.52	0.83	1.31	2.08
600	0.034	0.082	0.136	0.22	0.34	0.54	0.86	1.36

6.2.2 整定压力的确定

电站安全阀的整定压力可按表 6－8 的规定确定。安全阀的整定压力（即开启压力）可以通过改变弹簧预紧压缩量来进行调节。但每一根弹簧都只能在一定的整定压力范围内工作，超出了该范围就要另换弹簧。这样，同一公称压力的阀门就按弹簧设计的整定压力调整范围划分为不同的工作压力级（见表 6－4）。

选用安全阀时，应根据所需整定压力值确定阀门工作压力级。

表 6－4 国内安全阀弹簧压力级分级

公称压力 PN	工作压力/MPa							
16	>0.10～0.13	>0.13～0.16	>0.16～0.20	>0.20～0.25	>0.25～0.30	>0.3～0.4	>0.4～0.5	>0.5～0.6
	>0.6～0.7	>0.7～0.8	>0.8～1.0	>1.0～1.3	>1.3～1.6			
25	>1.3～1.6	>1.6～2.0	>2.0～2.5					
40		>1.6～2.0	>2.0～2.5	>2.5～3.2	>3.2～4.0			
	>1.3～1.6	>1.6～2.0	>2.0～2.5	>2.5～3.2	>3.2～4.0			
63	>2.5～3.2	>3.2～4.0	>4.0～5.0	>5.0～6.4				
100	>4.0～5.0	>5.0～6.4	>6.4～8.0	>8.0～10.0				
160	>10.0～13.0	>13.0～16.0						
320	>16.0～19.0	>19.0～22.0	>22.0～25.0	>25.0～29.0	>29.0～32.0			

6.2.3 通径的选取

安全阀通径应根据必需排放量来确定。就是使所选用安全阀的额定排量大于并尽可能接近必需排量。当发生异常超压时，防止过分超压的必需排放量，由系统或设备的工作条件以及引起超压的原因等因素决定。而安全阀的额定排量按下列公式计算。

当介质为液体：

$$W_r = 5.09A \cdot K_{dr} \cdot \sqrt{\Delta P \cdot \rho}$$

式中：

W_r——额定排量，kg/h；

A——阀座喉部截面积（mm^2）；

ΔP——阀门前后压差（MPa）；

K_{dr}——额定排量系数，安全阀制造厂提供；

ρ——介质密度（kg/m^3）。

当介质为气体：

$$W_r = \frac{A \cdot C \cdot K_{dr} \cdot P_{dr} \cdot K_b \cdot K_c}{13.160\sqrt{\frac{Z \cdot T}{M}}}$$

注：按 API std 520 part I 和 GB/T 24920 提供的公式计算安全阀的额定排量。

式中：

W_r——额定排量，kg/h；

A ——阀座喉部截面积，mm^2；

P_{dr}——额定排放压力（绝对压力），MPa；

K_{dr}——额定排量系数，安全阀制造厂提供；

M ——气体相对分子质量，kg/kmol；

T ——入口气体的排放温度，K；

K_b——背压修正系数，如背压小于整定压力的30%时，$K_b = 1$；

Z ——压缩系数；

K_c——爆破片修正系数，安全阀进口装有爆破片时，$K_c = 0.9$，否则，$K_c = 1$；

C ——绝热指数 K 的系数。按下式计算：

$$C = 520\sqrt{K\left(\frac{2}{K+1}\right)^{\left(\frac{K+1}{K-1}\right)}}$$

当介质为水蒸气：

$$W_r = 5.25A \cdot P_{dr} \cdot K_{dr} \cdot K_n \cdot K_{sh}$$

式中：

W_r——额定排量 ，kg/h；

A ——阀座喉部截面积，mm^2；

P_{dr}——额定排放压力（绝对压力），MPa；

K_{dr}——额定排量系数，安全阀制造厂提供；

K_n——压力修正系数，当 $P_{dr} \leqslant 11$MPa 时，$K_n = 1$；当 11MPa$< P_{dr} \leqslant 22$MPa 时，$K_n = \frac{33.242P_{dr} - 1061}{27.644P_{dr} - 1000}$；

K_{sh}——过热修正系数，可从表 6-5 查得。对于任何压力下的饱和蒸汽，$K_{sh} = 1.0$。

表 6-5 过热修正系数

整定压力(绝对压力)/MPa	进口温度/℃									
	150	200	260	320	370	420	490	540	590	640
0.2	1.00	0.99	0.93	0.88	0.84	0.81	0.77	0.74	0.72	0.70
0.3	1.00	0.99	0.93	0.88	0.84	0.81	0.77	0.74	0.72	0.70
0.4	1.00	0.99	0.93	0.88	0.84	0.81	0.77	0.74	0.72	0.70
0.5	1.00	0.99	0.93	0.88	0.84	0.81	0.77	0.74	0.72	0.70

表 6-5（续）

整定压力（绝对压力）/MPa	进口温度/℃									
	150	200	260	320	370	420	490	540	590	640
0.6		0.99	0.93	0.88	0.84	0.81	0.77	0.74	0.72	0.70
0.7		0.99	0.94	0.88	0.84	0.81	0.77	0.74	0.72	0.70
0.8		1.00	0.94	0.88	0.85	0.81	0.77	0.75	0.72	0.70
0.9		1.00	0.94	0.88	0.85	0.81	0.77	0.75	0.72	0.70
1.0		1.00	0.94	0.88	0.85	0.81	0.77	0.75	0.72	0.70
1.2		1.00	0.94	0.89	0.85	0.81	0.77	0.75	0.72	0.70
1.3		1.00	0.94	0.89	0.85	0.81	0.77	0.75	0.72	0.70
1.4		1.00	0.95	0.89	0.85	0.81	0.77	0.75	0.72	0.70
1.6		1.00	0.95	0.89	0.85	0.82	0.77	0.75	0.72	0.70
1.8			0.95	0.89	0.85	0.82	0.77	0.75	0.72	0.70
2.0			0.95	0.89	0.85	0.82	0.77	0.75	0.72	0.70
2.2			0.96	0.90	0.85	0.82	0.77	0.75	0.72	0.70
2.5			0.96	0.90	0.86	0.82	0.77	0.75	0.72	0.70
2.8			0.97	0.90	0.86	0.82	0.77	0.75	0.72	0.70
3.4			0.98	0.91	0.86	0.82	0.78	0.75	0.73	0.70
4.2			0.98	0.92	0.87	0.83	0.78	0.75	0.73	0.71
5.6				0.94	0.88	0.84	0.79	0.76	0.73	0.71
7.0				0.95	0.90	0.84	0.79	0.76	0.73	0.71
8.5				0.97	0.91	0.85	0.80	0.77	0.74	0.71
10.0				0.99	0.92	0.88	0.80	0.77	0.75	0.71
12.0					0.94	0.87	0.81	0.77	0.74	0.72
13.5					0.95	0.87	0.80	0.76	0.74	0.70
17.5					0.95	0.88	0.78	0.74	0.71	0.68
20.5						0.85	0.76	0.71	0.68	0.64

上述关于气体或蒸汽的排量计算公式仅当排放时阀出口与进口绝对压力之比小于临界压力比，即在临界流动状态时才适用（安全阀的排放在绝大多数场合属于这种情况）。如果处于亚临界流动状态，则需要对排量系数进行修正。阀座喉部截面积 A 按喉部直径 d_0 计算，如表 6-6 所示。

安全阀的额定排量系数 K_{dr} 对于全启式安全阀为 0.75～0.87，由安全阀制造厂根据试验取得；对于微启式安全阀为 0.08（当开启高度为 $h \geqslant 1/40d_0$）或 0.16（当开启高度为

$h \geqslant 1/20d_0$)；对于用于液体的全启式安全阀为 0.50～0.60（当开启高度为 $h \geqslant 1/4d_0$)。

安全阀的额定排放压力 P_{dr}，按 GB/T 12243《弹簧直接载荷式安全阀》的规定，对用于蒸汽锅炉的安全阀为整定压力（即开启压力）的 1.03 倍（即超过压力为 3%)；对用于空气或其他气体的安全阀为整定压力的 1.10 倍（即超过压力为 10%)；对于水或其他液体用安全阀，为整定压力的 1.20 倍（即超过压力为 20%)。

表 6-6 阀座喉部截面积

公称通径 DN/mm			25	32	40	50	80	100	150	200	250	300
全启式	PN16	阀座喉径 d_0	10	20	25	32	50	65	100	150	180	230
	40	喉部截面积 A/mm^2	79	314	491	804	1964	3318	7854	17672	25447	41548
	64	开启高度 h	$\geqslant 1/4\ d_0$									
	PN	阀座喉径 d_0		20	25	32	40	50	80			
	100	喉部截面积 A/mm^2		314	491	804	1257	1964	5027			
		开启高度 h	$\geqslant 1/4\ d_0$									
	PN	阀座喉径 d_0		15	20							
	160	喉部截面积 A/mm^2		177	314							
	320	开启高度 h	$\geqslant 1/4\ d_0$									
微启式	PN16	阀座喉径 d_0	20	25	32	40	65	80				
	25，40	喉部截面积 A/mm^2	314	491	804	1257	3318	5027				
	64	开启高度 h	$\geqslant 1/4\ d_0$			$\geqslant 1/20\ d_0$						
	PN	阀座喉径 d_0		12								
	160	喉部截面积 A/mm^2		113								
	320	开启高度 h	$\geqslant 1/20\ d_0$									

6.2.4 安全阀的结构选择

安全阀的结构选择需要考虑到温度、介质、工作压力、背压力等诸多方面因素的影响。

(1) 安全阀结构选择的一般原则

1) 全启式安全阀适用于排放气体、蒸汽或者液体介质；

2) 微启式安全阀一般适用于排放液体介质；

3) 当要求安全阀的阀瓣一阀座密封性能好的场合，可以选用软密封的结构类型；

4) 在石油、石化生产装置中，一般选用弹簧式安全阀或先导式安全阀。

(2) 工况因素对安全阀选择的影响

1) 温度对安全阀选择的影响

一般先导式安全阀内部存在非金属材料的零件，故其使用温度范围限制在－29℃～

260℃，然而，若在结构上采取措施和选取合适的零件材料，则先导式安全阀也可以用在低温和高温工况（−196～427℃）的条件。

当温度范围在−196～29℃或者300℃以上时，可以采用带有冷却腔或者散热片的弹簧载荷式安全阀。

2）介质对安全阀选择的影响

如果介质黏稠或在排放过程中容易出现结晶、凝结现象时，应当选用保温夹套平衡波纹管式安全阀；如果介质的腐蚀性较强，为保护弹簧不受侵蚀或降低材料成本，可以选用平衡波纹管式安全阀；如果介质允许排放到周围环境空间，则可以选用常规式安全阀；空气、水蒸气、水介质可选用带扳手的弹簧载荷式安全阀；排放有毒或者可燃性介质时，为保护环境，必须选用封闭式安全阀或含非流动型导阀的先导式安全阀。

3）工作压力对安全阀选用的影响

对于工作压力值不大于90%整定压力时，可以选用弹簧载荷式安全阀；对于工作压力值大于90%整定压力，而不大于95%整定压力时，通常可以选用先导式安全阀，若选用弹簧载荷式安全阀时应采用弹性密封或软密封结构，同时提高密封试验压力以检验在工作压力下的密封性能。

（3）其他建议

封闭式安全阀的阀盖和保护罩等是封闭的。其作用是保护内部零件，防止灰尘等外界杂物侵入，防止有毒、易燃等介质溢出或为了回收介质而采用的。选用封闭式安全阀且阀门被设计为向封闭系统排放时，要求作出口侧气密性试验，气密试验压力至少为0.2MPa。开放式安全阀由于阀盖是敞开的，因而有利于降低弹簧腔室温度，主要用于蒸汽等介质的场合。

热水锅炉通常选用敞开（不封闭）式带扳手微启式安全阀。蒸汽锅炉或蒸汽管道一般用敞开（不封闭）式带扳手全启式安全阀。若要求对安全阀做定期开启试验时，应选用带提升扳手的安全阀。当介质压力达到整定压力的75%以上时，可利用提升扳手将阀瓣从阀座上稍微提起，以检查阀门开启的灵活性。

一般当封闭式安全阀使用温度超过300℃时，以及开放式安全阀使用温度超过350℃时，应选用带散热器的安全阀。

运送液化气的火车槽车、汽车槽车、储罐等一般用内装式安全阀。

若安全阀的外界环境存在昆虫等侵扰时，应在安全阀与外界的敞开口处加装防昆虫网。

闪蒸和两相流工况会导致背压的增加，如果增加值过高或无法准确预测，则必须选用平衡式或先导式安全阀。许多制造商建议，如果在阀门进口处两相混合的质量百分比是气体占50%或者更低时，应选用液体或液气混合介质用阀门。另外，如果介质流中液体与气体的比例不确定，应选用专门为液体介质或气液混合介质设计的阀门。

在有些场合中，阀门有可能需要泄放液体或是气体，这要取决于导致超压的条件（例如换热器管破裂），在这种情况下，推荐选用液体介质或是气液共用阀门。为了减少水合物的生成（结冰）或在装载流体中的固体颗粒影响导阀性能的可能性出现，通常建议大多数场合使用非流动型导阀。

需要大的排放面积或者高的整定压力时，可以选择先导式安全阀，因为先导式安全阀最高整定压力通常能达到进口法兰的额定压力级。工艺情况需要在一处感受压力而在另一处泄放流体时，或者进口管线流阻损失高时，可以选择先导式安全阀，因为先导式安全阀适应远程感受压力。需要在线确认整定压力时，可以选择先导式安全阀。

6.2.5 背压工况下的安全阀

常规式安全阀通常用于附加背压力是恒定的或排放背压力不大于整定压力的10%的场合。在恒定背压的工况时，其冷态试验差压力等于要求的整定压力减去恒定背压。当排放背压力较大（大于整定压力的10%）或相当于整定压力的附加背压力变化较大时，通常选用平衡式安全阀。

波纹管平衡式安全阀主要用于下列两种情形：

用于背压平衡。背压平衡式波纹管安全阀的波纹管有效直径等于阀门密封面平均直径。因而在阀门开启前背压对阀瓣的作用力处于平衡状态，背压变化不会影响开启压力。当背压是变动的，其变化量超过整定压力的10%时，应选用波纹管背压平衡式安全阀（见图6-1和图6-2）。

用于腐蚀性介质的场合。利用波纹管把弹簧及导向机构等与介质隔离，从而防止这些重要部位因受介质腐蚀而失效。

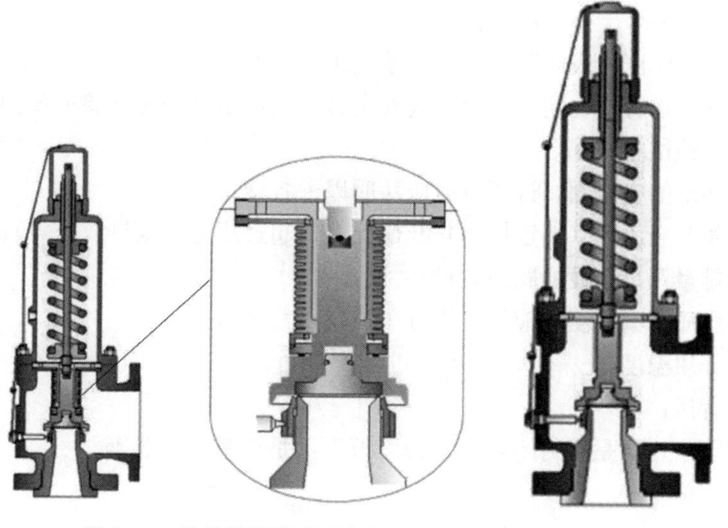

图6-1 波纹管平衡式安全阀　　图6-2 常规式安全阀

6.2.6 安全阀的选型程序

安全阀的选型程序为：

(1) 明确安全阀所处的工况（工艺参数）：

——法兰连接标准及密封面形式；

——进出口压力级；

——介质名称、状态（气或液）、分子质量或密度、黏度；

——介质的压缩系数、绝热指数；

——工作温度和排放温度；

——操作压力；

——整定压力；

——允许超压；

——背压力（附加背压、排放背压）；

——泄放量；

——安全阀的安装位置（工位号）；

——所需配件（配对法兰、螺栓、螺母、垫片等）。

（2）安全阀的定径计算。

（3）确定流道面积。

（4）安全阀材料的选取。

（5）确定安全阀的类型。

（6）确定阀帽类型。

（7）确定规格、型号，表6－7是国内一家安全阀制造商的安全阀参数及计算书表格。

（8）订购安全阀应注明下列各项：

——安全阀的型号、公称通径；

——安全阀工作压力级或开启压力（整定压力）值；

——有下列要求者应加注明：封闭式安全阀要求作出口密封试验的压力；不锈钢安全阀要求作晶间腐蚀试验。

（9）特殊要求的安全阀，订货时另应注明以下各项：

——安全阀开启压力（整定压力）及最大允许超过压力（或排放压力）；

——必需排量及拟装设的阀门数量；

——使用介质及其密度（液体）或分子质量（气体）；

——进口介质温度；

——阀门背压；

——其他要求，如是否封闭式，是否带扳手，是否带散热器等。

表 6－7　安全阀参数及计算书

安全阀参数及计算书							
项目 Pro.		××总公司					
一般事项　GENERAL							
1	工位号 Tag No.	SV001		6	阀盖形式 Bonnet Type	封闭式	
2	安置位置 Location	空压机		7	密封面形式 Seat Type	金属对金属 Metal to metal	
3	台数 Quantity	1		8	保温夹套 With Jacked	无 No	
4	制造标准 Code	ASME Ⅷ		9	爆破片 Rupture Disk	否 No	
5	结构形式 Design Type	平衡波纹管式		10	三通切换 Crossover Valve	否 No	
工艺条件 Process Conditons							
11	介质 Fluid	空气		20	工作压力 Oper. Pressure	1.17　MPa (g)	
12	介质状态 State	Gas		21	整定压力 Set Pressure	P_S	1.30MPa (g)
13	摩尔质量 Mol. Weight	M	29.00kg/kmol	22	超过压力 Overpressure	ΔP_o	10%
14	密度 Density	ρ		23	背压 Back Pressure		
15	绝热指数 Spe. Heat Ration	k	1.400	24	附加恒定 Super. Const		MPa (g)
16	压缩系数 Compress. Factor	Z	1.000	25	附加变动 Super. Min/Max		0.05MPa (g)
17	黏度 Viscosity	μ		26	排放背压 Bulit－Up		0.10MPa (g)
18	工作温度 Oper. Temp.		45℃	27	总背压 Total	P_b	0.15MPa (g)
19	排放温度 Reliev. Temp.	T	89℃	28	所需排量 Required Cap.	W	19356 kg/h
计算和选择 Calculation and Selection							
29	计算面积 Calculated Area	A	1893.6mm^2	35	流道直径 Throat Diameter	51.5mm	
30	选择面积 Selected Area	A_s	2083.1mm^2	36	冷态试验差压力 CDTP	1.300MPa (g)	
31	面积代号 Orifice Design.		L	37	启闭压差 Blowdown	7%	
32	提供排量 Relieving Cap.	W_r	21293.2 kg/h	38	排放反力 Reactive Force	3237 in open system	
33	型号 Model No.	3LAHTBGM0210B－C		39	噪声 Noise Level		
34	切换阀型号 Crossower Valve			40			
材料 Material							
41	阀体/阀盖 Body/Bonnet	WCB		44	波纹管 Bellows	316L	
42	阀座/阀瓣 Nozzle/Disk	304＋Ste		45			
43	弹簧 Spring	50CrVA		46			

表 6-7（续）

安全阀参数及计算书			
附件 Accessories			
47	扳手 Lifting Lever 试验杆 Test Gag		无 No
48	试验杆 Test Gag		无 No
连接 Connection			
49	连接标准 Connection Code		ASME B16.5
50	进口 Inlet		3" 300LB
51	出口 Outlet		4" 150LB
52	面心距 Center to Face	E/P	156.0mm
53		X	165.0mm
54	高度 Approach Height	H	675mm
55	约重 Approach Weight		63kg
56	特殊技术要求 Requirments		
57	选型说明 Notes		
58	计算公式 Calculation Formula		
	$A=\dfrac{13.16W}{CK_{dr}P_{dr}K_bK_c}\sqrt{\dfrac{TZ}{M}}$ $W_r=\dfrac{CK_{dr}P_{dr}K_bK_c}{13.16}\sqrt{\dfrac{M}{TZ}}\times A_s$		P_{dr}：额定排放压力 Rated Relieving Pressure 1.5310MPa（a）
			K_{dr}：额定排量系数 Rated Coefficient of Disharge 0.872
			K_b：背压修正系数 Back Press Correction Factor 1.000
			K_c：爆破片修正系数 Rupture Disk Correction Factor 1.00
			C：气体特征系数 Coefficient Determined by k 356
			T：排放温度 Relieving Temperature 362.00 K
设计		校对	批准

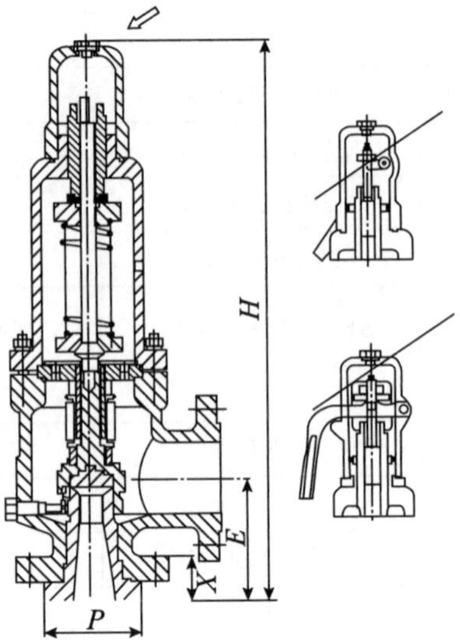

6.3 电站锅炉安全阀的特殊要求

主蒸汽和再热蒸汽来自大容量的电站锅炉，电站锅炉配用弹簧直接作用全启式安全阀。对于按 ASME 规范设计的电站锅炉，不应采用重锤或杠杆式安全阀，应采用弹簧直接作用全启式安全阀（全启式安全阀：阀瓣开启高度大于或等于 1/4 阀座喉径的安全阀）。以 A48Y 型为代表。

（1）安全阀的安装数量

1）每台锅炉至少应安装两台安全阀。过热器出口、再热器进口和出口以及直流锅炉启动分离器都必须装安全阀。直流锅炉一次汽水系统中如装有截断阀，截断阀前一般应装设安全阀，其数量和规格由锅炉设计部门确定。

2）锅炉汽包和过热器上所有安全阀的排放量总和应大于锅炉最大连续蒸发量，当所有安全阀开启后，锅炉的超压幅度在任何情况下不得大于锅炉设计压力的6%。强制循环锅炉按锅炉出口处受压元件的计算压力计算。

再热器进、出口安全阀的总排放量应大于再热器的最大设计流量；直流锅炉外置式启动分离器安全阀的总排放量应大于锅炉启动时的产汽量。

过热器、再热器出口安全阀的排放量在总排放量中所占的比例应保证安全阀开启时，过热器、再热器能得到足够的冷却。

3）电站锅炉安全阀的配置应由锅炉制造厂或设计部门提出。

（2）安全阀工作性能

1）安全阀整定压力及偏差

安全阀的设计整定压力除制造厂有特殊规定外，一般应按表6-8（摘自DL/T 959—2005）的规定调整与校验。

表6-8　安全阀整定压力

<table>
<tr><th colspan="2">安装位置</th><th colspan="2">整定压力</th></tr>
<tr><td rowspan="4">汽包锅炉的汽包或过热器出口</td><td rowspan="2">额定蒸汽压力 $P<5.88$MPa</td><td>控制安全阀</td><td>1.04倍工作压力</td></tr>
<tr><td>工作安全阀</td><td>1.06倍工作压力</td></tr>
<tr><td rowspan="2">额定蒸汽压力 $P\geqslant5.88$MPa</td><td>控制安全阀</td><td>1.05倍工作压力</td></tr>
<tr><td>工作安全阀</td><td>1.08倍工作压力</td></tr>
<tr><td colspan="2" rowspan="2">直流锅炉的过热器出口</td><td>控制安全阀</td><td>1.08倍工作压力</td></tr>
<tr><td>工作安全阀</td><td>1.10倍工作压力</td></tr>
<tr><td colspan="2">再热器</td><td></td><td>1.10倍工作压力</td></tr>
<tr><td colspan="2">启动分离器</td><td></td><td>1.10倍工作压力</td></tr>
<tr><td colspan="4">注：1. 各部件的工作压力指安全阀安装地点的工作压力（脉冲式安全阀为冲量接出地点的工作压力）。
2. 过热器出口安全阀的整定压力，应保证在该锅炉一次汽水系统所有的安全阀中，此安全阀最先动作。</td></tr>
</table>

整定压力偏差见表6-9（摘自DL/T 959—2005）。

表 6-9 整定压力偏差

<table>
<tr><th>设备名称</th><th>整定压力 P_s
MPa</th><th>极限偏差
MPa</th></tr>
<tr><td rowspan="2">压力容器
（包括高压加热器、除氧器、连排扩容器）</td><td>$P_s \leqslant 0.7$</td><td>±0.02</td></tr>
<tr><td>$P_s > 0.7$</td><td rowspan="2">±3%的整定压力</td></tr>
<tr><td rowspan="3">锅炉本体
（包括汽包、过热器、再热器）</td><td>$0.5 < P_s \leqslant 2.07$</td></tr>
<tr><td>$2.07 < P_s \leqslant 7.0$</td><td>±0.07</td></tr>
<tr><td>$7.0 < P_s$</td><td>±1%的整定压力</td></tr>
</table>

现场调试时，允许将安全阀或安全泄放阀的整定压力重新调整，但重新整定的压力不得超出阀门铭牌上标记的整定压力范围的5% 。

2）安全阀的回座压力（摘自 DL/T 959—2005）

对可压缩介质，在压力低于整定压力10%的范围内，安全阀应关闭（不可压缩介质可为20%）。

3）启闭压差

一般应为整定压力的4%～7%（摘自 DL/T 959—2005），最大不得超过整定压力的10%。用于水侧安全阀不超过整定压力的20% 。

GB/T 12243 对启闭压差的规定见表 6-10。

表 6-10 GB/T 12243 规定的启闭压差

整定压力	启闭压差/MPa	
	蒸汽动力锅炉用	直流锅炉、再热器和其他蒸汽设备用
≤0.4	≤0.03	≤0.04
>0.4	≤7%整定压力	≤10%整定压力

6.4 安全阀的安装

6.4.1 进口管的装设

安全阀必须垂直安装，并且最好直接安装在容器或管道的接头上，尽可能不另设进口管。当必须装设进口管时，进口管的内径应不小于安全阀的进口通径。管的长度应尽可能小，以减少管道阻力和安全阀排放反作用力对于容器接头的力矩。

通常要求安全阀排放时，进口管道中的压力降不超过阀门启闭压差（开启压力与回座压力之差）的50%。一般不大于开启压力的2%～3%。进口管阻力过大时，会导致阀门震荡（频繁启闭）和排量不足。

进口管道是否需加支撑，可以根据安全阀排气反作用力对于管道的力矩大小来决定。安全阀的排气反作用力可按下式计算：

$$F=\frac{129}{3600}W_{r}\sqrt{\frac{KT}{(K+1)M}}$$

式中：

F ——安全阀排气反作用力，N；

W_r ——安全阀额定排放量，kg/h；

K ——绝热指数；

M ——气体相对分子质量；

T ——排放时阀进口绝对温度，K。

6.4.2 排放管的设计

为了尽可能减小对安全阀动作和性能的影响，装设排放管时应注意：

(1) 排放管的内径应不小于安全阀排出口通径。排放管的阻力应尽可能小。在排放时，排放管道中的阻力压降应小于阀门开启压力值的10%，以避免造成过大背压，影响阀门动作。

(2) 管道应加以适当的支撑，以防止管道应力（包括热应力）附加到安全阀上。

(3) 原则上一个安全阀单独使用一根排放管较好。当两个以上安全阀共用一根集合管时，集合管要有足够的排放面积，在排放管道入合管处，流向的转折应尽可能小。

(4) 应设置适当的排泄孔，防止雨、雪、冷凝液积聚在排放管中。

(5) 安全阀与进口管和排放管的连接螺栓应均匀拧紧，以防止对阀门产生附加应力。

6.5 安全阀的调整

6.5.1 整定压力（开启压力）的调整

在规定的工作压力范围内，可以通过旋转调整螺杆，改变弹簧预紧压缩量来对开启压力进行调整。拆去阀门保护罩，将锁紧螺母拧松后，即可对调整螺杆进行调整：对进口压力升高，使阀门起跳一次，若开启压力偏低，则按顺时针方向旋紧调整螺杆；若开启压力偏高，则按逆时针方向将其旋松。当调整到所需要的开启压力后，将锁紧螺母拧紧，装上保护罩。

若所要求的开启压力超出了弹簧工作压力范围，则需要调换原厂生产的另一根工作压力范围适合的弹簧，然后进行调整。在调换弹簧后，应改变铭牌上的相应数据。

在调节开启压力时，下列几点应加以注意：

(1) 当介质压力接近开启压力（达到开启压力的90%以上）时，不应旋转调整螺杆，以免阀瓣跟着旋转，而损伤密封面。

(2) 为保证开启压力值准确，调整时用的介质条件如：介质种类、介质温度，应尽可能接近实际工作条件。介质种类改变，特别是从液相变为气相时，开启压力常有所变化。工作温度提高时，开启压力则有所降低。故在常温下调整而用于高温时，常温下的整定压力值应略大于要求的开启压力值。

6.5.2 排放压力和回座压力的调整

开启压力调整好以后，若排放压力或者回座压力不符合要求，则可以利用阀座上的调节圈来进行调整，拧下调节圈固定螺钉，从露出的螺孔中插入一根细铁棍之类的工具，即可拨动调节圈上的齿轮，使调节圈左右转动。当调节圈向右逆时针旋转时，其位置升高，排放压力和回座压力都有所降低。反之，当调节圈向左顺时针旋转时，其位置降低，排放压力和回座压力都将有所提高。每一次调整时，调节圈转动的幅度不宜过大（一般在5齿以内）。每一次调整后，都应将固定螺钉拧紧，使螺钉端部位于调节圈两齿之间的凹槽内，以防止调节圈转动，但不得对调节圈产生侧向压力。然后进行动作试验。为了安全起见，应使安全阀进口压力适当降低（一般应低于开启压力的90%），以防止在调整时突然开启，发生事故。

必须注意，进行安全阀排放压力和回座压力试验，只有当气原的流量达到足够使阀门全开启时（即达到安全阀的额定排量时）才有可能。而通常用来校验安全阀开启压力的试验台容量都很小，这时安全阀不可能达到全开启，其回座压力也是虚假的。在这样的台架上校验开启压力时，为了使起跳动作明显，通常把调节圈调在比较高的位置，但在阀门的实际操作条件下这是不合适的，必须重新调整调节圈的位置。

6.5.3 铅封

安全阀全部调整完毕时，应进行铅封，以防止随意改变已调整好的状况。安全阀出厂时，除特别指定的情形外，通常是用常温空气按工作压力级的上限（即高压）值进行调整的。故用户一般需要根据实际工作条件重新加以调整，然后重新加以铅封。

6.6 安全阀常见故障及其消除方法

安全阀选择或使用不当，会造成阀门故障。这些故障如不及时消除，则会影响阀门的功效和寿命，甚至不能起到安全保护作用。常见的故障有：

（1）阀门泄漏。即在设备正常工作压力下，阀瓣与阀座密封面间发生超过允许程度的泄漏。其原因可能是：

1）脏物落到密封面上。可使用提升扳手将阀门开启几次，把脏物冲去。

2）密封面损伤。应根据损伤程度，采用研磨或车削后研磨的方法加以修复。修复后应保证密封面的平整度，其粗糙度应不低于0.8。

3）由于装配不当或管道载荷等原因，使零件的同心度遭到破坏。应重新装配或配除管道附加载荷。

4）阀门开启压力与设备正常工作压力太接近，以至密封面比压力过低。当阀门受震动或介质压力波动时更容易发生泄漏。应根据设备强度条件对开启压力进行适当的调整。

5）弹簧松弛从而使整定压力降低并引起阀门泄漏。可能是由于高温或腐蚀等原因造成的，应根据原因采取更换弹簧，甚至调换阀门（如果属于选用不适当的话）等措施。如果仅仅是由于调整不当所引起，则只需要把调整螺杆适当拧紧。

（2）阀门启闭部灵活清脆。其主要原因可能是：

1）调节圈调整失当，致使阀门开启过程拖长或回座迟缓。应重新加以调整。

2）内部运动零件有卡阻现象，这可能是由于装配不当，脏物混入或零件腐蚀等原因所造成。应查明原因并消除。

3）排放管道阻力过大，排放时建立起较大背压，使阀门开度不足。应减小排放管道阻力。

（3）开启压力值变化：

安全阀调整好以后，其实际开启压力相对于整定值允许有一定的偏差。按照 GB/T 12243《弹簧直接载荷式安全阀》的规定，这个允许偏差值当整定压力≤0.5MPa 时，为±0.015MPa，当整定压力>0.5MPa 时为整定压力的±3%，见表 6-11。超出上述允差范围则认为是不正常的。造成开启压力值变化的原因可能有：

1）由于工作温度变化引起。例如当阀门在常温下调整而用于高温下时，开启压力常常有所降低。这可以通过适当旋紧螺杆来加以调节。但如果是属于选型不当使弹簧腔室温度过高时，则应调换适当型号的（例如带散热器的）阀门。

2）由于弹簧腐蚀引起。应调换弹簧。在介质具有强腐蚀性的场合，应当选用表面包覆氟塑料的弹簧或选用带波纹管隔离机构的安全阀。

3）由于背压变动引起。当背压变化量较大时，应选用背压平衡式波纹管安全阀。

4）由于内部运动零件有卡阻现象。应检查并消除。

表 6-11 压力容器和管道用安全阀的整定压力极限偏差 单位：MPa

整定压力	整定压力极限偏差
≤0.5	±0.015
>0.5	±3%整定压力

（4）阀门振荡，即阀瓣频繁启闭。可能原因如下：

1）阀门排放能力过大（相对于必需排量而言）。应当使选用阀门的排放尽可能接近设备的必需排放量。

2）进口管道口径太小或阻力太大。应使进口管内径不小于阀门进口通径或者减小进口管道阻力。

3）排放管道阻力过大，造成排放时过大的背压。应降低排放管道阻力。

4）弹簧刚度过大。应改用刚度较小的弹簧。

5）调节圈调整不当，使回座压力过高。应重新调整调节圈位置。

第 7 章　控制阀的选用

随着大型火力发电厂自动化程度的日益提高，电站热力系统设计中越来越多地采用控制阀。按照国际电工委员会（IEC）定义：控制阀由执行机构和阀体两部分组成，其中执行机构是控制阀的控制装置，它按信号的大小产生相应的推力，使推杆产生相应的位移，从而带动阀芯动作；阀体部件是控制阀的调节部分，介质直接与它接触，由于阀芯的动作，改变控制阀的节流面积，达到调节的目的。

控制阀不仅具有调节性能，而且与执行机构组成整体，具有连锁和保护功能。

控制阀具有严格的流量特性和控制条件，与其他通用阀门有很大的区别，它要求做详尽的参数计算，并严格按照计算参数、不同运行工况条件、环境条件和控制连锁保护要求进行选择。

控制阀选择不当，严重时将导致设备损坏，自动化系统失灵并影响电厂负荷，使机组在较低效率下运行。选型正确且维护良好的控制阀有助于提高效率、安全性和生态保护能力。

7.1　控制阀的分类及结构

控制阀的基本分类，按用途分为开关型和调节型，按行程分为直行程和角行程，按结构分为直通单座阀、直通双座阀、套筒阀、角形阀、三通阀、隔膜阀、蝶阀、球阀、V 形球阀、偏心旋转阀和自力式控制阀等。不同类型的控制阀，其结构也有很大不同，下面分别介绍。

7.1.1　阀体部分

阀体是阀门的主要部分，用于连接管道和实现流体通路，并可安置阀内件，以及接触各种介质，承受流体压力。它应符合设计压力、温度、冲蚀、腐蚀条件等各方面要求，并根据工况实践、安装要求等，决定其形状和连接方式。

（1）直通单座阀

如图 7－1 所示，直通单座控制阀有一个阀芯和一个阀座。图中，阀杆与阀芯连接，当执行机构作直线位移时，通过阀杆带动阀芯移动。阀芯移动时，改变流体的流通面积，实现调节流量的功能。图 7－1 中的阀芯采用顶部导向方式，并且有调节流量的功能。也有一些直通单座阀采用底部导向方式，以提高导向精确度，还有一些小流量直通控制阀采用阀座导向方式。

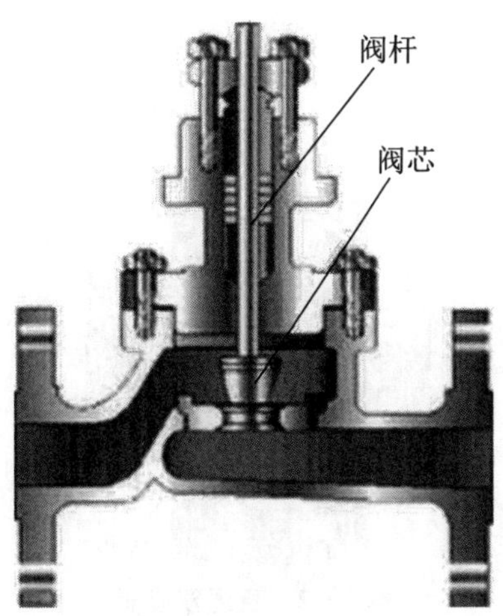

图7-1 直通单座阀

总之，直通单座控制阀是一种最常见的控制阀，其特点如下：

1）泄漏量小，容易实现严格的密封和切断。如可采用金属与金属的硬密封，或金属与聚四氟乙烯或其他复合材料的软密封。硬密封时泄漏量可达Ⅳ级，为0.01%C_v（C_v是额定流量系数）；当金属阀座研磨精度高时，泄漏量可达Ⅴ级，为0.001%C_v；软密封时泄漏量可达0.00001%C_v。

2）结构简单，适用于两位式控制阀（ON/OFF）和要求高密封性的场合，如常闭控制阀。

3）不平衡力大，适用于压差小，口径小的场合。

4）由于流体介质对阀芯的推力大，即不平衡力大，因此，在高压差、大口径的应用场合，不宜采用这类控制阀。

（2）直通双座阀

如图7-2所示，直通双座控制阀有两个阀芯和两个阀座。流体从图示的左侧流入，经两个阀芯和阀座后，汇合到右侧流出。由于上阀芯所受向上推力和下阀芯所受向下推力基本平衡，因此，整个阀芯所受不平衡力小。直通双座阀的特点如下：

1）所受不平衡力小，允许的压降大。

2）流通能力大，与相同口径的其他控制阀相比，双座阀可流过更多流体，同口径双座阀流通能力比单座阀流通能力约大20%～50%。因此，为获得相同的流通能力，双座阀可选用较小推力的执行机构。

3）正体阀和反体阀的改装方便。双座阀采用顶底双导向，因此，只需将阀芯和阀座反坐过来安装就能将正体阀改为反体阀，而不需要改选执行机构的正作用或反作用类型。图7-2所示的双座阀结构只需将阀体反装，并与阀杆连接即可完成。

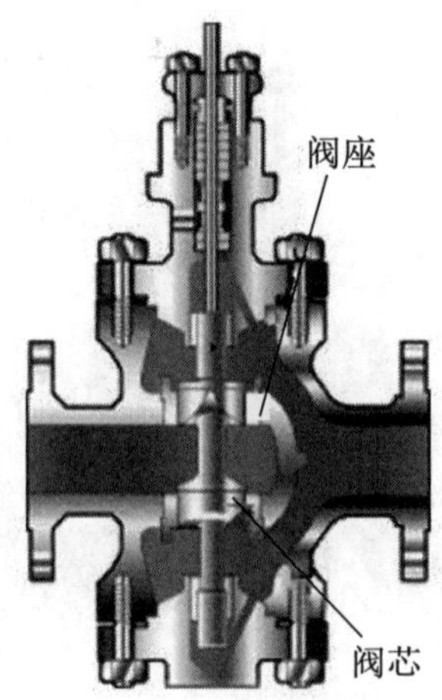

图 7-2　直通双座阀

4）泄漏量大。双座阀的上、下阀芯不能同时保证关闭。因此，双座阀的泄漏量较大，标准泄漏量为 0.1%C_v。双座阀的阀芯和阀座采用不同材料或者用于低温或高温场合时，由于材料线膨胀量不同，造成的泄漏量会更大。

5）抗冲刷能力差。阀内流路复杂，在高压差应用场合，受到高压流体的冲刷较严重，并在高压差时造成流体的闪蒸和空化，加重了对阀体的冲刷。因此，双座阀不适用于高压差的应用场合。由于流路复杂，它也不适用于含纤维介质和高黏度流体的控制。

由于带平衡的套筒阀能够消除大部分静态不平衡力，双座阀的优点已不明显，而它泄漏量大的缺点更为显现，因此，在工业生产过程中，原来采用双座阀的场合，可用带平衡结构的套筒阀代替。

（3）套筒阀

套筒阀又称笼式阀，它是阀内件采用阀芯和阀笼（套筒）的控制阀。套筒阀可以是直通单座阀，也可以是双座阀或角形阀等。套筒阀用阀笼内表面导向，用阀笼节流开孔满足所需流量特性。套筒阀的特点如下：

1）安装维护方便。阀座通过阀盖紧压在阀体上，不采用螺纹连接，安装和维修方便。

2）流量特性更改方便。套筒阀中流体从套筒向外流出，称为中心向外流向，反之，称为外部向中心流向。图 7-3 是外部向中心流向的直通套筒阀结构图。在套筒上对称分布若干个节流开孔，节流开孔形状与所需流量特性有关。因此，可方便地更换套筒（节流开孔的形状）来改变控制阀的流量特性。

3）降噪和降低空化影响。为降低控制阀噪声，套筒和阀芯也可开多个小孔，利用小孔来增加阻力，将速度头转换为动能，使噪声降低。通常，套筒阀可降低噪声 10dB 以上，因此，在需降噪场合被广泛应用。为降低控制阀噪声，也可采用多级降压方法。由于控制阀两端的总压降被分配到各级，使各级都不会造成流体发生闪蒸和空化，从而使控制阀的噪声降低，并能够削弱和防止闪蒸和空化造成的冲刷和磨损。套筒阀阀芯底部为平面，如发生气蚀，气泡破裂产生的冲击不作用到阀芯，而被介质自身吸收，因此，套筒阀的气蚀影响小，使用寿命长。

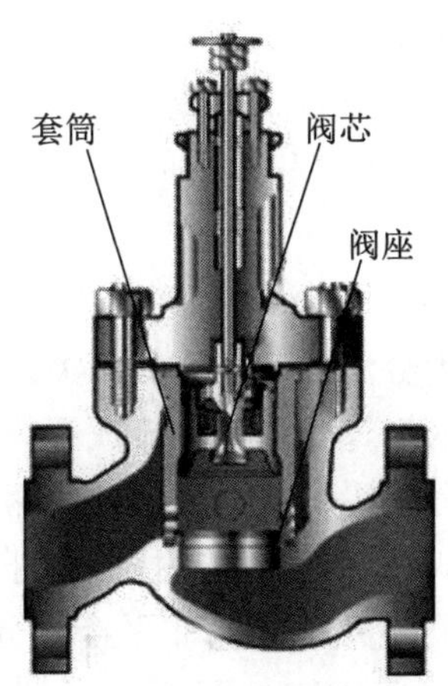

图7-3 套筒阀

4）泄漏量较单座阀大。由于套筒与阀芯之间有石墨活塞环密封，长期运行后，密封环的磨损使套筒阀的泄漏量比单座阀大。

5）互换性和通用性强。更换不同套筒，可获得不同流量系数和不同流量特性。

6）减少不平衡力影响。通常，套筒阀阀芯上开有平衡孔，使阀芯上所受不平衡力大为减小，同时，它具有阻尼作用，对控制阀稳定运行有利。因此，这类控制阀常用于压差大、要求低噪声的应用场合。

（4）角形阀

角形阀适用于要求直角连接的应用场合，可节省一个直角弯管和安装空间。由于流路比直通阀简单，因此，适用于高黏度、含悬浮物和颗粒物的流体控制。

与直通阀的另一区别是角形阀只能单导向，因此，不能通过反装阀芯实现气开或气关作用方式的转换，只能选用正作用或反作用执行机构来实现作用方式的转换。

图7-4是角形阀的结构图。角形阀的流体一般从底部流入，从阀侧面流出。因此，流体中的悬浮物或颗粒不易在阀内沉积，可避免结焦和堵塞，具有自净能力，便于维护和清洗，但对阀芯的冲刷较大。

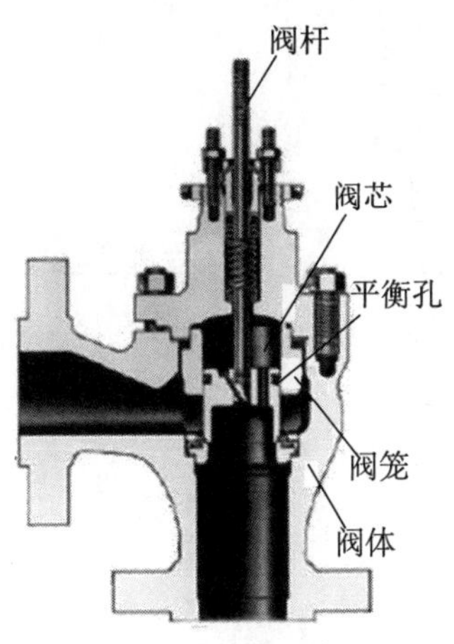

图7-4 角形阀

采用侧进底出的流向，可改善对阀芯的冲刷损伤，但在小开度时，由于是流关流向，容易发生根切（阀门小开度时，由于介质流动造成不平衡力的方向变化，产生阀芯振荡的不稳定现象称为根切）。为降低不平衡力和改善阀芯冲刷，可采用图示带平衡孔的套筒式结构。

（5）三通阀

三通阀按介质的流通方式分为合流阀和分流阀两类。合流阀有两个入口，介质合流后从一个出口流出。分流阀有一个入口，介质经分流成两股从两个出口流出。合流阀、分流阀按照阀芯结构形式的不同均可分为平衡式与非平衡式两类。

一般来说，非平衡式三通阀阀芯结构形式是按照流开状态设计的，阀芯处于阀座内部的为非平衡式合流阀，阀芯处于阀座外部的为非平衡式分流阀。图 7-5 为非平衡式分流三通阀结构图。非平衡式合流三通阀结构见图 7-6。图 7-7 为平衡式三通阀（标准型）结构图。图 7-8 为平衡式三通阀（散热型）结构图。

平衡式三通阀采用套筒导向结构，阀中有上下两个圆柱形套筒，根据流通能力的大小，在套筒上开节流孔，利用套筒导向，阀芯在套筒中上下移动，由于这种移动改变了套筒节流孔的流通面积，从而实现了流量调节。不仅如此，当改变套筒节流孔形状，则可得到不同的流量特性（线性、快关）。表 7-1 为三通阀的流体流动方向。

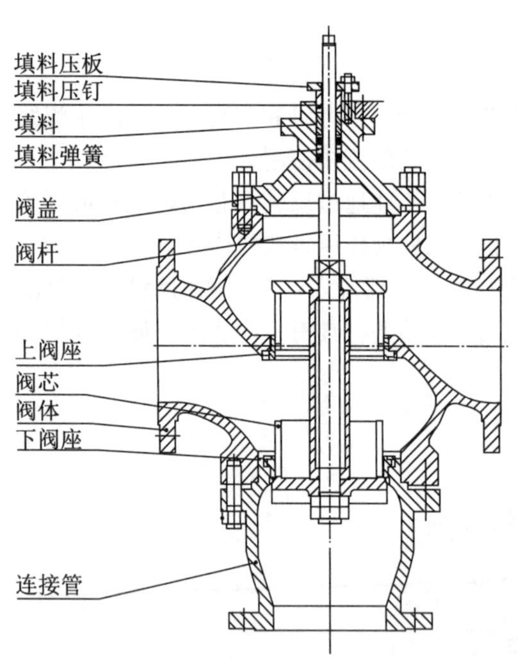

图 7-5　非平衡式分流三通阀

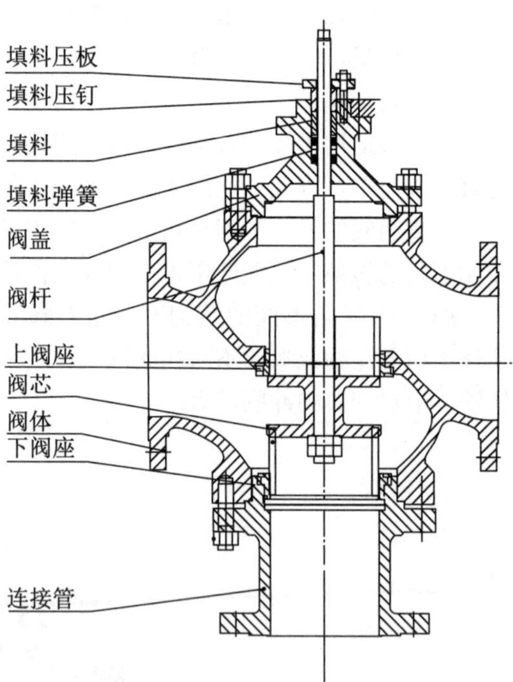

图 7-6　非平衡式合流三通阀

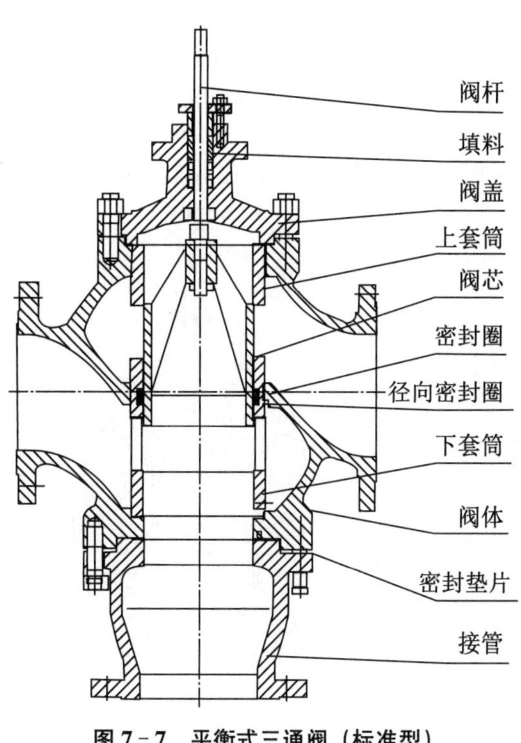

图 7-7　平衡式三通阀（标准型）

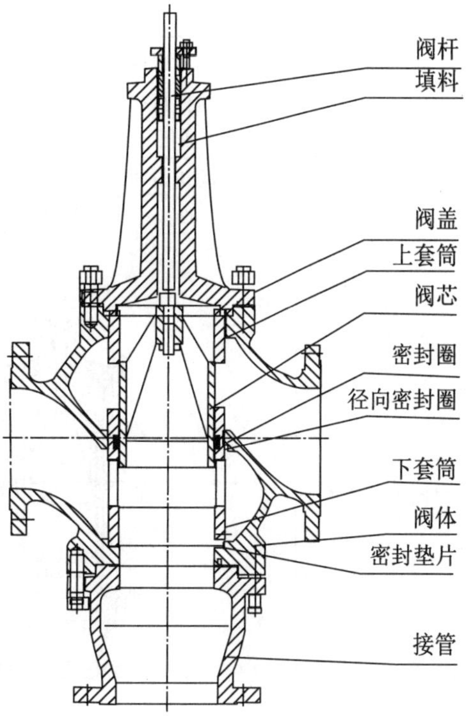

图 7-8　平衡式三通阀（散热型）

表 7-1　三通阀的流体流动方向

三通阀类型	非平衡式合流阀（流量特性：线性）	非平衡式分流阀（流量特性：线性）
流体的流动方向	气动执行机构作用形式为正作用时 通气：*B*→*A*/断气：*C*→*A*	气动执行机构作用形式为正作用时 通气：*A*→*C*/断气：*A*→*B*
	气动执行机构作用形式为反作用时 通气：*C*→*A*/断气：*B*→*A*	气动执行机构作用形式为反作用时 通气：*A*→*B*/断气：*A*→*C*
三通阀流体流动方向示意图	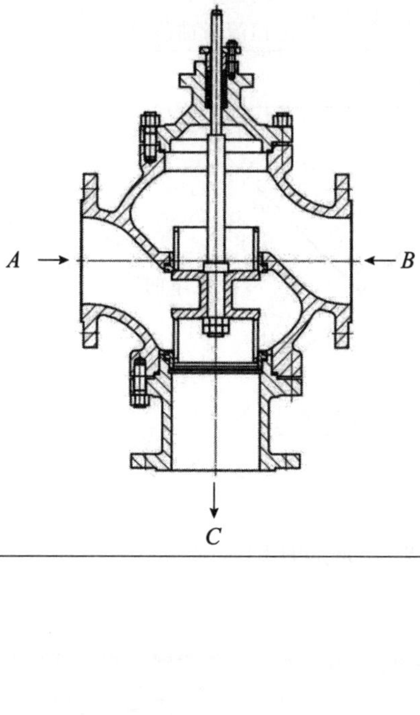	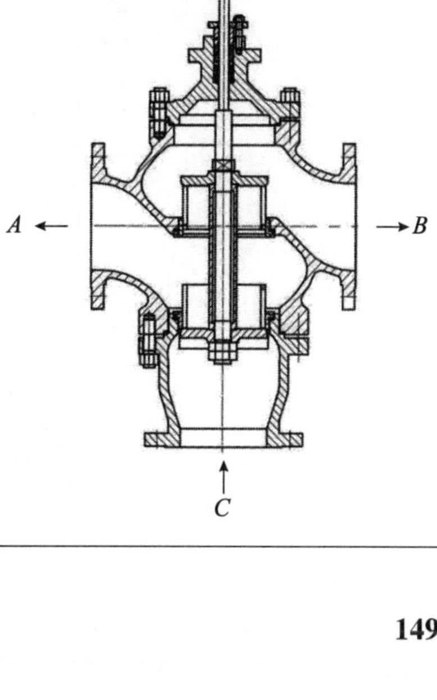

表 7-1（续）

三通阀类型	平衡式合流阀（流量特性：线性/快关）	平衡式分流阀（流量特性：线性/快关）
流体的流动方向	气动执行机构作用形式为正作用时 通气：B→C/断气：A→C	气动执行机构作用形式为正作用时 通气：C→B/断气：C→A
	气动执行机构作用形式为反作用时 通气：A→C/断气：B→C	气动执行机构作用形式为反作用时 通气：C→A/断气：C→B
三通阀示意图	A → ← B ↓ C	A ← → B ↑ C

在电厂的润滑油冷却系统中，常用合流三通阀控制润滑油冷却器的出口温度，它的流量特性曲线比较特别，见图 7-9。从图中可以看出两个进油口分别是热源和冷源的润滑油，其流量特性都是线性的，而出口流量曲线为一条水平直线，表示在不同的开度时其出口流量是恒定的，只是其中的热源和冷源的流量不同，利用这个原理，可调节冷油器的出口温度。

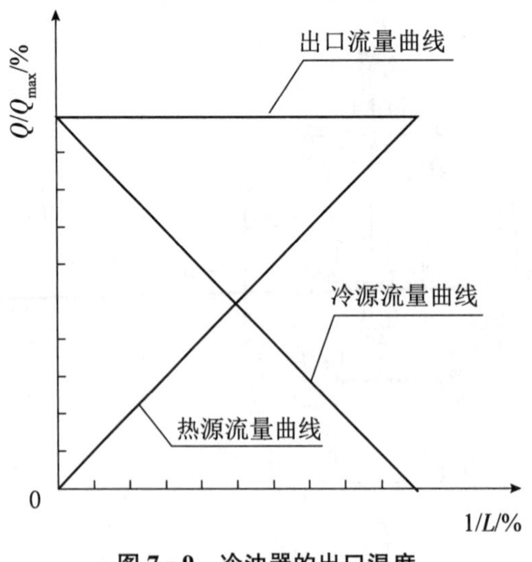

图 7-9　冷油器的出口温度

除此之外，三通阀还具有以下优点：

1）非平衡式三通阀有两个阀芯和阀座，结构与双座阀类似。三通阀中，一个阀芯与阀座间的流通面积增加时，另一个阀芯与阀座间的流通面积减少。而双座阀中，两个阀芯与阀座间的流通面积是同时增加或减少的。平衡式三通阀采用的是套筒导向结构，它使阀的容量增大，不平衡力减小，可以稳定地节流，并且减少了侧向的推力和摩擦力，使流体对阀座与阀体结合面造成冲刷和磨损的次数减少，增加了使用寿命，适用于流量大、压差高的工况。

2）三通阀的气开和气关只能通过执行机构的正作用和反作用来实现。双座阀的气开和气关的改变，可直接将阀体或阀芯与阀座反装来实现。

3）三通阀用于对流体进行配比的控制系统时，它代替一个气开控制阀和一个气关控制阀，因此，可降低成本并减少安装空间。

4）三通阀也用于旁路控制的场所，例如，一路流体通过换热器换热，另一路流体不进行换热。当三通阀安装在换热器前时，采用分流三通阀；当三通阀安装在换热器后时，采用合流三通阀。由于安装在换热器前的三通阀内流过的流体有相同温度，因此，泄漏量较小；安装在换热器后的三通阀内流过的流体有不同的温度，对阀芯和阀座的膨胀程度不同，因此，泄漏量较大。通常，两股流体的温度差不宜超过 150℃。

由于三通阀的泄漏量较大，在需要泄漏量小的应用场合，可采用两个控制阀（和三通接管）进行流体的分流或合流，或进行流体的配比控制。

（6）隔膜阀

隔膜阀由耐腐蚀的隔膜和内衬（或不衬）耐腐蚀材质的阀体组成，适用于强酸、强碱、强腐蚀性流体的切断控制或节流控制。隔膜阀的流路有堰式和直通式两种，堰式隔膜阀的阀体流路中有个堰，当隔膜压紧到堰时，流体被阻断。直通式隔膜阀的阀体内是直通的，通过隔膜阀下移压紧阀体内壁来阻断流体，由于阀体直通，因此阻断流体和密封能力不如堰式隔膜阀。图 7－10 是隔膜阀结构图。

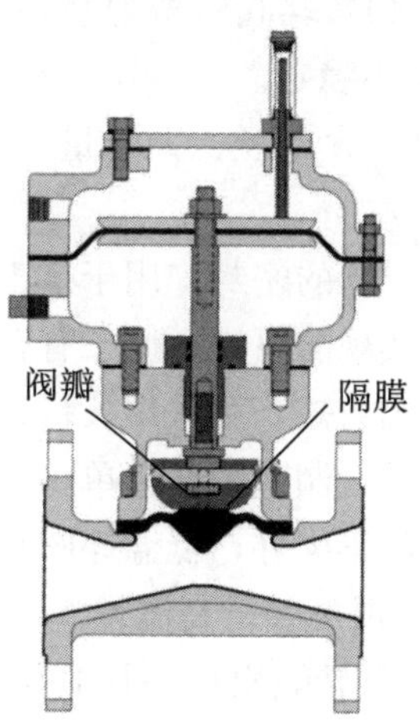

图 7－10　隔膜阀

受隔膜和内衬材质的影响，隔膜阀不能用于高温和高压等工况。一般工作压力不大于1.6MPa，工作温度不大于150℃。隔膜阀用隔膜将流体密封，因此，不需要填料，降低了死区限，避免了泄漏。但因隔膜的材质特性，复现性不高，有较大回差。它的流量特性近似为快开特性，即在60%行程内呈现线性特性，超过60%行程后，流量变化很小。

由于隔膜阀的流量特性（近似快开）差，控制精度低，可调范围小，国外已较少采用。隔膜阀的流动阻力小，结构简单，被控介质不会外泄，流通能力约是同样直通控制阀的1.5倍，价格比耐腐蚀材料制造的控制阀要低，因此，国内仍有一定市场。

（7）蝶阀

蝶阀由阀体、蝶板、阀轴和密封填料、轴承等部分组成。按使用介质的工作温度和压力，蝶阀分为常温蝶阀（－20℃～200℃）、低温蝶阀（－200℃～－40℃）、高温蝶阀（200℃～600℃和760℃～850℃）、高压蝶阀（PN32MPa）等几类。按作用方式，蝶阀可分为调节型、切断型三类。

图7-11　蝶阀

结构形式可分为中线、双偏心和三偏心三种。如图7-11所示。蝶阀的特点如下：

1）流通能力大，可调比大，压降小。蝶阀流阻小，可制造大口径蝶阀。其流通能力大，约为同通径其他控制阀的1.5～2倍。

2）流量特性在转角0°～70°（通常蝶阀转角为0°～60°）范围内近似为等百分比特性。超过规定转角后，控制阀的运行会不稳定。

3）流路简单，流阻小，可用于大口径、大流量、低压差的应用场合，适用于浆料、含悬浮物和颗粒介质的流体控制。

4）可采用软密封方法，实现严密的密封，用于核工业的有关应用。

5）可采用涂覆或衬里的方法实现防腐蚀，用于有腐蚀性介质流体的控制。

6）大口径蝶阀，为获得大输出力矩，可采用长行程执行机构或活塞式执行机构。

7）体积小，重量轻，结构紧凑，制造工艺简单。

8）除了阀体和蝶板所用的材料不同外，低温蝶阀和高温蝶阀的结构与常温蝶阀相同。低温蝶阀的执行机构与阀体间有长颈接管，高温蝶阀的执行机构与阀体间可安装散热片。高温蝶阀的材质采用锻钢，并采用低转矩蝶板，其他与常温蝶阀类似。

（8）球阀

球阀是一类旋转阀，它将输入信号转换为角位移，并带动球状阀芯旋转。球阀阀芯是一个带孔的球，当阀芯旋转时，节流面积变化。根据孔的形状，分为O形球阀和V形球阀两类。根据结构可分为浮动球阀和固定球阀；根据使用温度可分为高温硬密封球阀和软密封球阀。球阀流通能力大，流动阻力小，既可用于流体的节流调节（连续控制），也可用于流体的切断控制（开关控制）。通常，球阀的可调比大，约为同通径控制阀的几倍。球阀具有旋转阀的切断功能，因此，适用于含纤维、浆料和黏度大的流体控制。

O形球阀的孔是一个贯通全球的直孔，见图7－12，当阀芯旋转时，节流孔的面积变化，其特点如下：

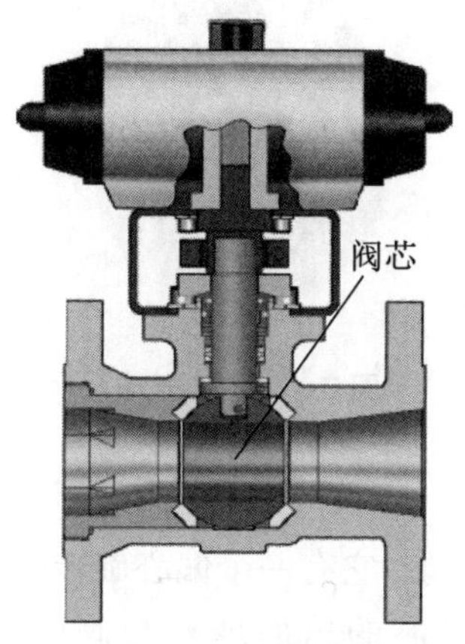

图7－12 球阀

1）流量特性近似为快开特性。因此，O形球阀常被用于作为含纤维、浆料或黏性流体的切断控制阀，其工作温度不大于200℃时，用软密封球阀，大于200℃～500℃时用硬密封球阀。

2）阀体对称，流体流向可任意，阀芯旋转角度为0°～90°，可单向旋转，也可双向旋转。

3）结构简单，维护方便，因密封可靠，泄漏量很小，软密封O形球阀（聚四氟乙烯阀座）可达气泡级密封。

4）可调比高。通常与活塞式执行机构或全电子式执行机构配合使用，可调比可达100：1～500：1。

V形球阀是在球形阀芯上有V形切口的球阀，切口的形状与控制阀的流量特性有关。图7－13是V形球阀的结构图。其特点如下：

1）V形球阀的切口，可使控制阀流量特性近似为等百分比流量特性。

2）随阀轴旋转，V形切口旋入阀体，球体与阀体中密封圈紧密接触，因此可达到良好的密封。

3）流阻小，具有剪切功能，常被用于作为含纤维、浆料或黏性流体的节流控制阀。

4）流体能力大，流通能力可达同通径其他控制阀的2倍。

5）可调比大，可达200∶1～300∶1。

6）适用于工作温度−40℃～500℃。

图7-13　V形球阀

（9）偏心旋转阀

偏心旋转阀又称为挠曲凸轮阀。它有一个偏心旋转的阀芯，当控制阀接近关闭时，阀芯的弯曲臂产生挠曲变形，使阀芯的球面球塞与阀座紧密接触，因此密封性能很好。图7-14是偏心旋转阀的结构图。偏心旋转阀的特点如下：

1）抗冲刷性强。阀体和阀盖整体铸造，工作温度为−40℃～500℃。

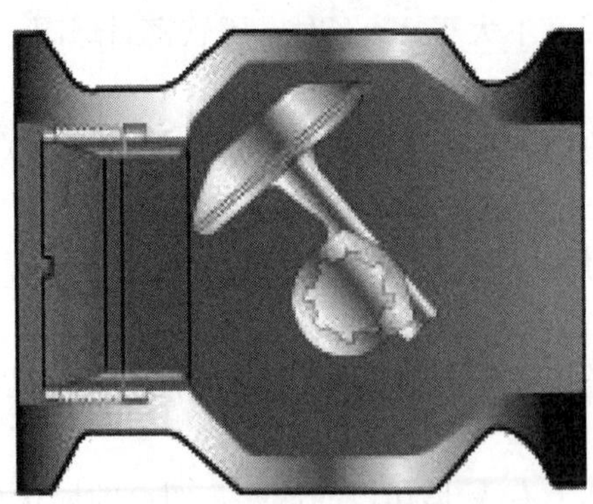

图7-14　偏心旋转阀

2）磨损小，使用寿命长。由于偏心球塞在打开时，其与阀座环的接触可减到最小，因此，因旋转造成的磨损很小，它也降低了摩擦力，改善了控制阀动态特性，延长了控制阀使用寿命。

3）可调比大。全腔型可达100∶1，60%缩腔型可达60∶1，40%缩腔型可达40∶1。

4）密封性好。阀芯弯曲臂的挠曲变形使阀芯能紧压阀座密封环，保证良好密封，标准泄漏量小于0.01%C_v。

5）流通能力大。流通能力可达同通径双座阀的1.2倍。

6）流量特性接近修正抛物线特性，在流体流向改变时不改变流量特性。

7）动态稳定性好。只需要较小力矩就能够严密关闭。流向改变时，流体对阀芯的作用力矩相互抵消，也没有柱塞阀的根切现象。因此，动态稳定性比柱塞阀和蝶阀好。

8）可在阀体衬各种耐腐蚀或耐磨损的衬里材料，以适应各种工作温度和工作压力条件下的运行，也适用于腐蚀性和含颗粒物等流体的控制。

9）重量轻，体积小，安装灵活，通用性强。

（10）自力式控制阀

自力式控制阀又称直接作用控制阀，是一种不需要额外能源驱动的控制阀。它是一类把测量、控制和执行功能合为一体，利用被控制对象本身能量带动其动作的控制阀。分为直接作用式和带指挥器作用式两大类。

1）直接作用的自力式控制阀利用过程本身的压力或压差来驱动控制阀动作，也可用温包式检测元件将温度转换为压力，然后驱动控制阀动作。其特点是结构简单，操作方便，但是会引起压降，造成出口压力的非线性。通常，稳压精度为10%～20%。带指挥器作用的自力式控制阀可适用于小压降和大流量的自力式控制场合，出口压力变化范围可小于设定压力的10%。

由于自力式控制阀具有节能功能，因此，在一些控制要求不高的场合被广泛应用。自力式控制阀执行机构膜头的输入信号是控制阀前或阀后的压力或阀两端的压差，或经温包转换后的压力信号。执行机构的结构类似气动薄膜执行机构。

自力式控制阀对被控介质有一定要求，例如，自力式压力控制阀的被控介质温度应低于某一规定值，介质应干净。当介质温度较高时，例如，用于蒸汽或150℃以上的液体时，应设置冷凝器，使进入执行机构比较器内的介质温度低于规定值。

自力式压力、压差和流量控制阀，根据取压点位置分阀前和阀后两类。取压点在阀前时，用于控制阀前压力恒定；取压点在阀后时，用于控制阀后压力恒定。对蒸汽介质，可采用冷凝器将介质蒸汽冷凝，保护进入膜头的介质温度在现场环境温度，避免使膜片损坏。对气体介质，可直接将被控气体送入膜头。图7-15是自力式压力控制阀示意图。

当将阀前和阀后压力同时引入执行机构的气室两侧时，自力式压差控制阀可以实现控制阀两端的压差恒定；也可将安装在管道上孔板两端的压差引入气动薄膜执行机构的气室两侧，组成自力式流量控制，或用其他方式检测流量后用自力式压差控制阀实现流量控制。

图7－16是自力式压差控制阀。图中，流量设定调整螺钉用于调节流阻。流量设定调整螺钉用于改变弹簧的初始预紧力，调节压差的设定值。图中的压差是用两个薄膜执行机构输出推力的比较来实现的，也可只用一个薄膜执行机构。当取压点的信号来自同一管道上安装孔板两侧时，可用于控制流量。

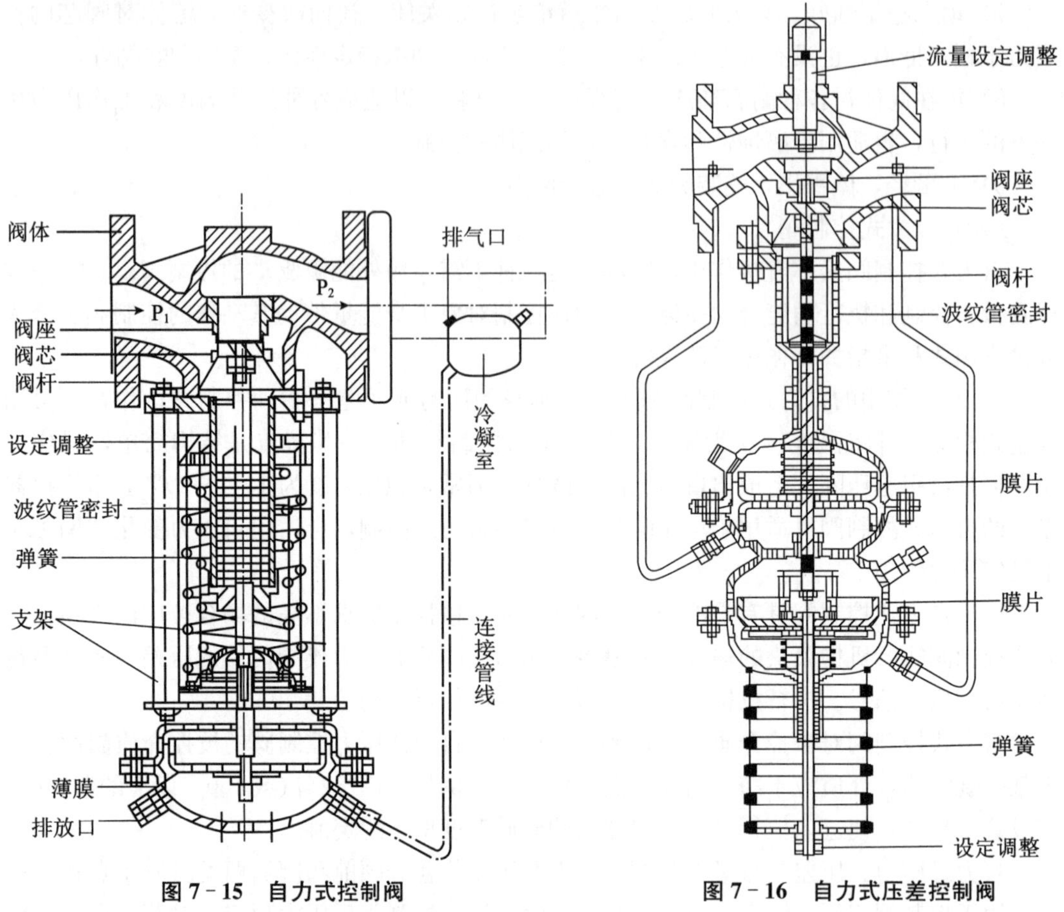

图7－15　自力式控制阀

图7－16　自力式压差控制阀

2）带指挥器的自力式控制阀与直接作用自力式控制阀类似，其设定信号由指挥器的设定弹簧设置。图7－17是带指挥器的自力式控制阀原理图。图示连接用于阀后压力控制。如果阀后压力升高，表示膜头1下面的压力高于上面压力，阀芯3上移，控制阀的流通面积减小，使阀后压力下降。同时，作用在指挥器膜片4的压力也升高，其作用力大于由设定弹簧5提供的作用力，使指挥器组件6移动，挡板7靠近喷嘴8，指挥器输出压力随之减小，即在膜头1上面压力减小，使阀芯3上移，直到阀后压力与设定弹簧的作用力平衡位置。针阀2用于调节放大系数，过滤器9用于过滤介质中的颗粒杂质，防止喷嘴被堵塞。

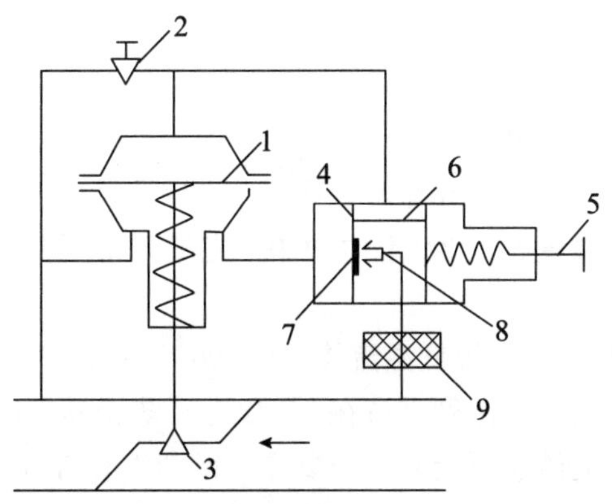

图 7-17　带指挥器的自力式控制阀原理图

3）自力式温度控制阀。自力式温度控制阀的温度信号来自温包，当温度变化时，温包内的气体介质膨胀，使压力变化，该压力信号被用于作为控制信号，使自力式温度控制阀动作。图 7-18 是自力式温度控制阀的示意图。

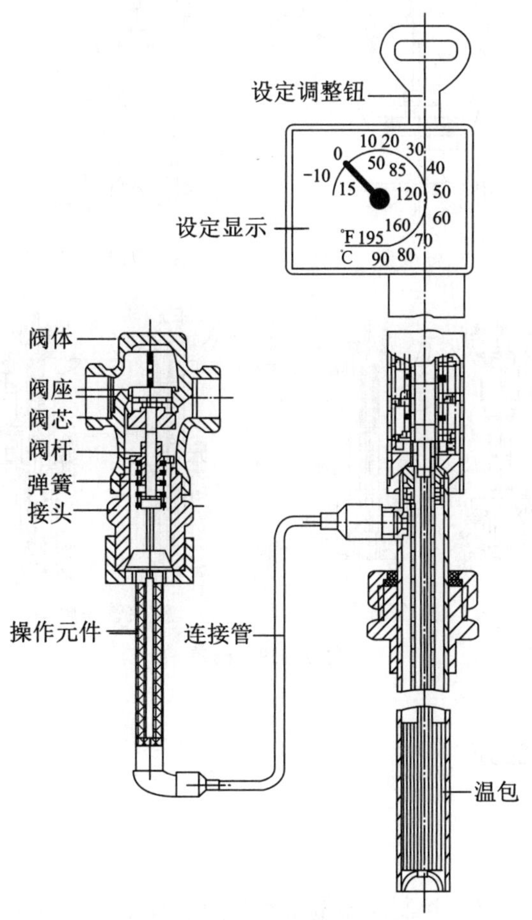

图 7-18　自力式温度控制阀

7.1.2 阀盖部分

如图 7－19 所示，阀盖可分为：

（1）标准型（平面型）。流体温度大于或等于－17℃且小于或等于 230℃时使用。

（2）散热片型。流体温度超过 230℃时使用，它通过降低热片型阀盖填料函的温度达到保护填料的目的。

（3）加长型。供液氧、LNG 等低温流体（－196℃～21℃）使用。加长型结构将填料部分与阀体隔开，确保填料函的温度维持在 0℃以上，防止其受低温影响产生冻结现象。

（4）波纹管密封型。流体有可能燃烧、爆炸，或产生有毒气体、放射泄漏时使用。由于采用了填料与波纹管的双重结构，因此，能有效防止危险流体泄漏至外部。波纹管采用不锈钢制成，能确保良好的耐压、耐热及耐久性。

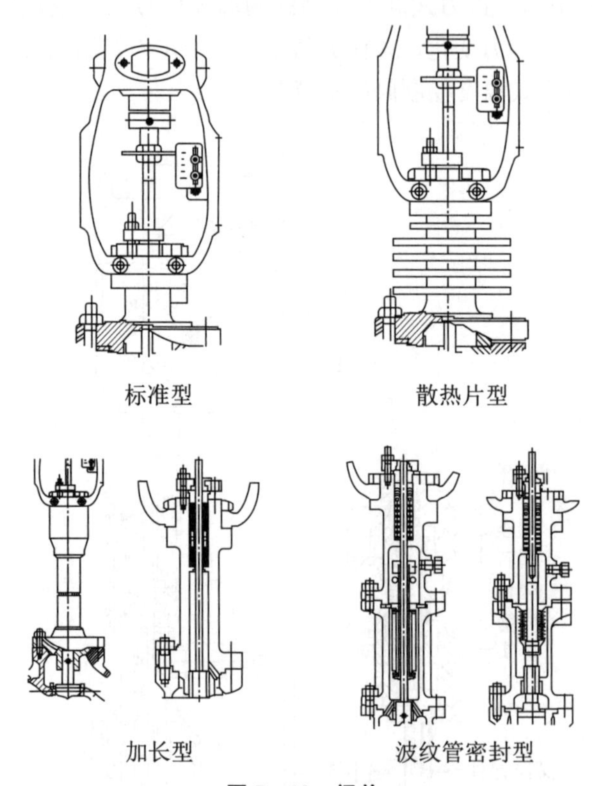

图 7－19 阀盖

7.1.3 阀芯及阀笼部分

7.1.3.1 流量特性

根据控制阀两端的压降，控制阀流量特性分为固有流量特性和工作流量特性。固有流量特性是控制阀两端压降恒定时的流量特性，亦称为理想流量特性。工作流量特性是在工作状况下（两端压降变化）控制阀的流量特性。控制阀出厂时所提供的流量特性是指固有流量特性。

控制阀的结构特性是阀芯的位移与流体通过的截面积之间的关系，它不考虑两端的压降。因此，只与阀芯的形状、大小等几何因素有关。控制阀流量特性与控制阀两端的压降有关，当两端压降恒定时，获得固有流量特性；工作状况下，阀两端压降变化，获得工作流量特性。

常用的固有流量特性（见图7－20）有等百分比、线性和快开三种。流量特性的选择若采用理论计算方法计算是非常复杂的，有时往往是不可能的，在设计中大多根据经验结合控制阀工作条件来选择。各种阀门都有自己的流量特性，如图7－20所示，隔膜阀接近于快开特性，所以它的工作段应在行程的60%以下。

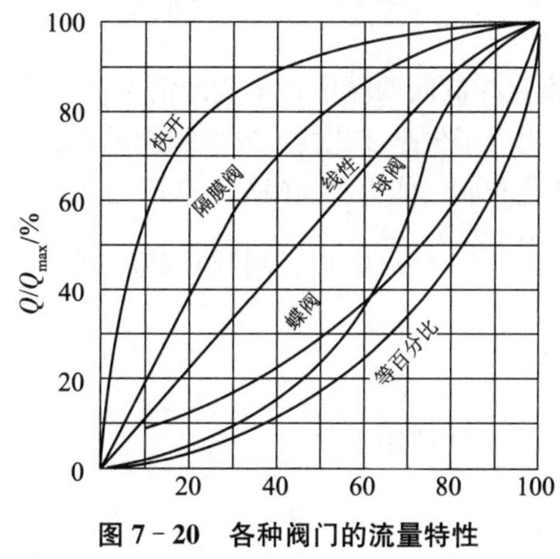

图7－20 各种阀门的流量特性

蝶阀和球阀接近于等百分比。这三种阀门，不可能用改变阀芯的曲面形状来改变其特性。因此，要改善流量特性，只能通过改变阀门的定位器反馈凸轮的外形来实现。

控制阀可按调节品质分为流量控制阀（FCV）、压力控制阀（PCV）、液位控制阀（LCV）、温度控制阀（TCV）和两位（ON/OFF）阀5种。各种控制阀的调节品质不同，根据控制阀所在系统的工作条件和静态特性确定控制阀的流量特性。

流量控制阀（FCV）——系统中测量信号为流量信号，该信号通过调节器输入执行机构，执行机构根据所整定的流量值改变阀的开度（即改变阀门的阻力系数），从而达到控制流量的目的。

压力控制阀（PCV）——系统中测量信号为压力信号，该信号通过调节器输入执行机构，执行机构根据压力信号大小，随系统运行实际参数改变阀门开度，使通过阀门的流量发生变化，从而达到控制压力的目的。

液位控制阀（LCV）——系统中测量信号为容器的液位信号，该信号通过调节器输入执行机构，执行机构根据所整定的液位值使控制阀打开、关闭或调节，从而达到控制液位的目的。

温度控制阀（TCV）——系统中测量信号为温度信号，该信号通过调节器输入执行机构，执行机构根据所整定的温度值改变阀门的流量，所控温度可随流量大小而变化，这样可达到控制温度的目的。

两位（ON/OFF）阀——多用于无需进行调节，但需要快速开、关（执行机构动作时间不大于 3s)，并有联锁保护动作的系统，如主要管道的疏水阀、汽机与锅炉本体的疏水阀及其他重要的疏水阀，均应采用此种型式的阀门。

压降与流量特性的关系，如表 7－2 所示。

表 7－2　压降与流量关系

系统配管状态	阀门能力 S				
	$0.6<S\leqslant1$		$0.3<S\leqslant0.6$		$S\leqslant0.3$
实际工作流量特性	L（线性）	等百分比%	L（线性）	等百分比%	不易控制
固有流量特性	L（线性）	等百分比%	等百分比%	等百分比%	

理想的流量特性，是指在控制阀两端压差不变的情况下，流量与相对开度的关系，但在实际系统中的压力和管道阻力损失是变化的，故控制阀的固有流量特性与实际工作流量特性有时是有区别的，这个变化与阀门能力（阀门全开压降与系统总压降的比值）S 有关。

当 $S=\dfrac{\text{控制阀全开时的压降}}{\text{系统总压降}}>0.3$ 时，控制阀调整平衡、可靠、灵敏。

7.1.3.2　阀芯和阀笼的形状

（1）顶部导向型，如图 7－21 所示。

图 7－21　顶部向导型

（2）典型单座阀柱塞型阀芯，如图 7－22 所示。

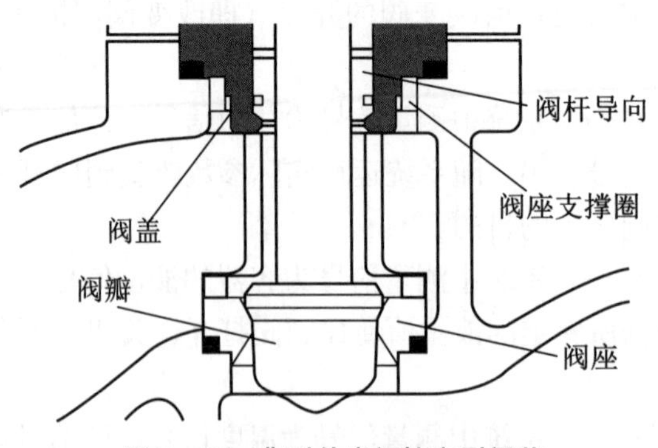

图 7－22　典型单座阀柱塞型阀芯

(3) 顶部与底部导向型，如图 7-23 所示。

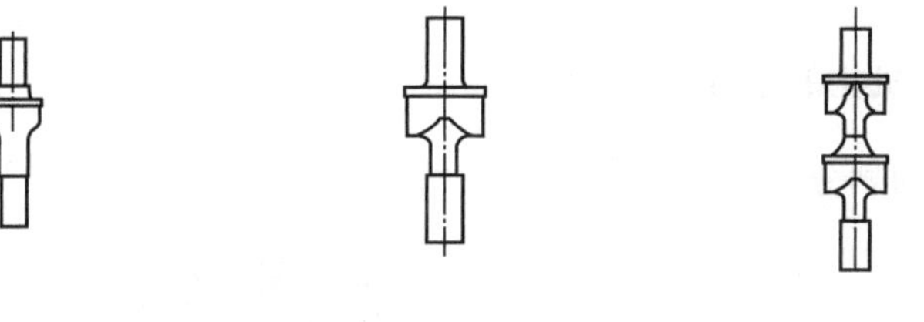

等百分比、线性　　等百分比、线性　　等百分比、线性

图 7-23 顶部与底部导向型

(4) 套筒导向型，如图 7-24 所示。

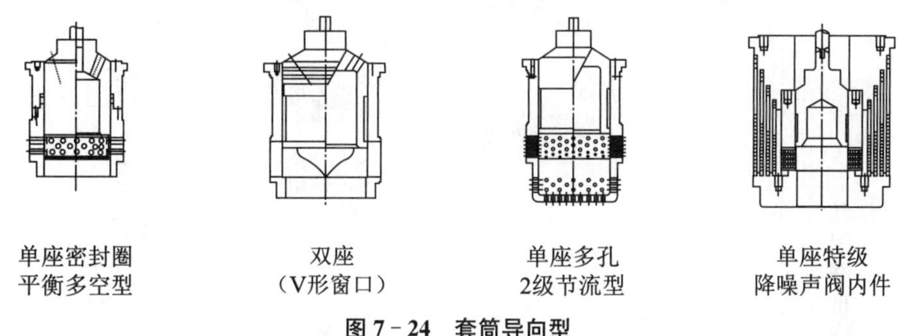

单座密封圈平衡多空型　　双座（V形窗口）　　单座多孔2级节流型　　单座特级降噪声阀内件

图 7-24 套筒导向型

(5) 阀笼部分，如图 7-25 所示。

在配备阀笼导向的阀体里，阀笼缸壁上的开口或窗口的形状决定了流量特性。当阀芯从阀座上移开时，阀笼的窗口打开以允许流体通过阀门。标准的阀笼已经经过设计以提供快开、线性和等百分比的固有流量特性。

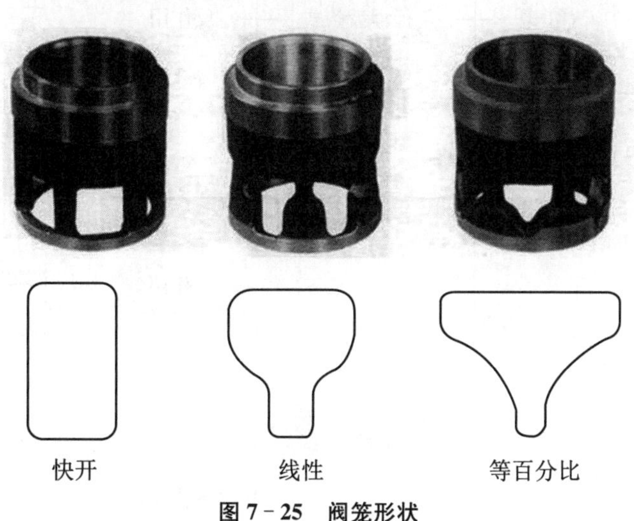

快开　　线性　　等百分比

图 7-25 阀笼形状

7.1.4 执行机构

7.1.4.1 各种执行机构的划分

各种执行机构的划分见图 7-26、表 7-3。

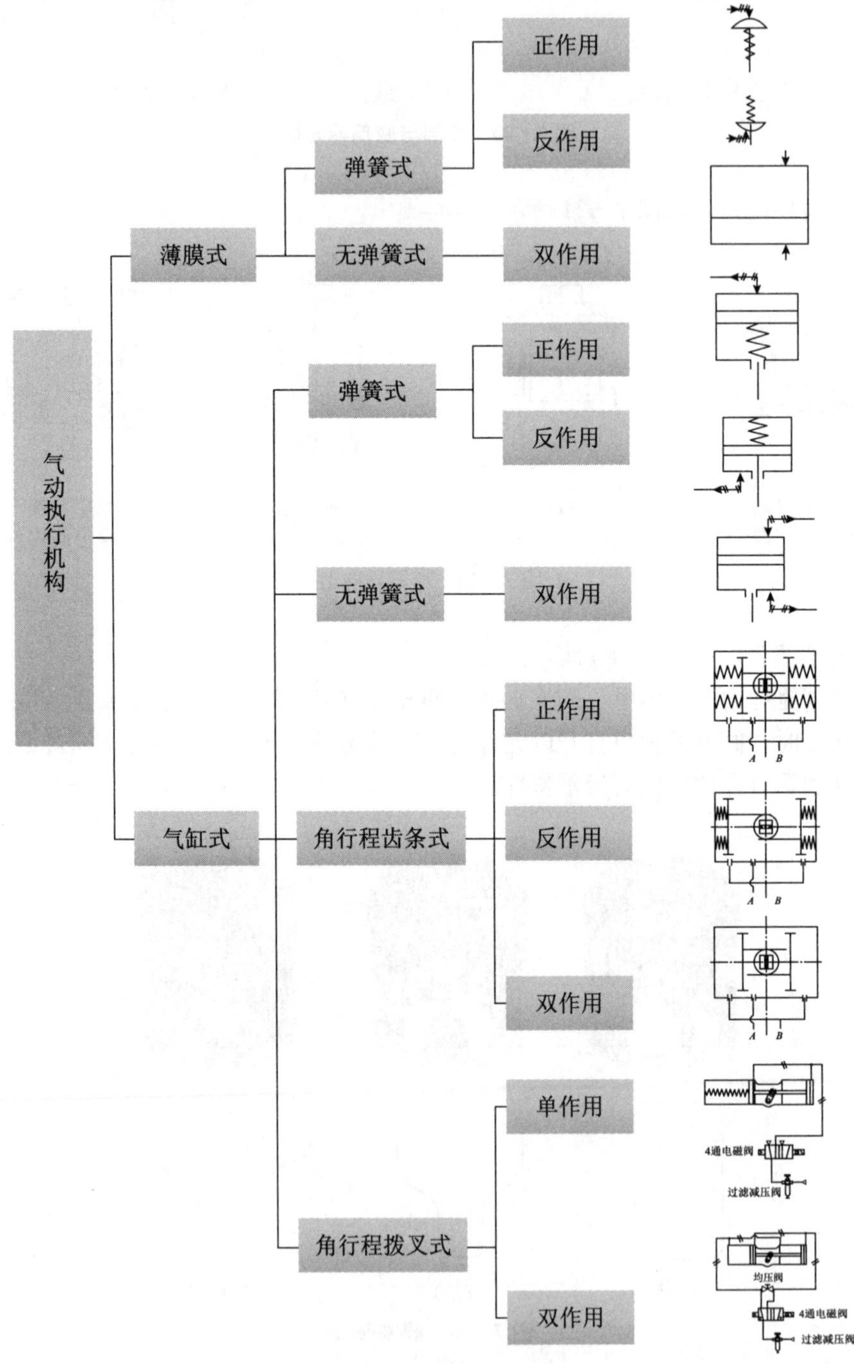

图 7-26 执行机构划分

表 7-3　各种执行机构的划分

执行机构	单作用薄膜式	单作用气缸式	双作用气缸式
输出推力	小～中	中～大	大
外形尺寸/重量	小～大/轻	中/中～重	中/中～重
耐久性	优	良	良
气原消失时	靠弹簧反力移动至安全位置		无固定位置
行程	小	小	大

7.1.4.2　正作用

气原消失时阀全开。当气压降至零时，靠弹簧的推力，使阀处于全开的状态。

7.1.4.3　反作用

气原消失时阀全关。当气压降至零时，靠弹簧的推力，使阀处于全关的状态。

7.1.4.4　各种动力源的特点

见表 7-4。

表 7-4　各种动力源的特点

动力源	气动式	电动式	电子式
特征	重量轻、外形紧凑； 耐久性好； 可在防爆区域使用； 安装定位器后可实现高精度控制； 动作速度快； 价廉	可提供大的输出推力（重量大）； 在防爆区域使用，必须采用特殊结构的产品； 动作速度慢； 价格昂贵	因内部设有定位器，可实现高精度的控制； 可提供小～中的输出推力，外形紧凑； 缺少相应的防爆结构； 动作速度介于气动和电动之间
动力源出现故障时的动作	能够移动到安全位置（可指定开或关的方向）	在停电的位置上停止工作	在停电的位置上停止工作
动力源的危险性	安全，即使气管出现泄漏也无危险性	漏电时有较大的危险性	漏电时有较大的危险性

7.1.4.5　带手轮的执行机构

手动执行机构仅在自动操作存在困难时才操作。例如，自动控制的输入信号故障或执行机构膜头漏气等，有时在工艺生产过程的开、停车阶段，由于控制系统还未切入自动操作，这时也需要手动执行机构对控制阀进行操作。

手动执行机构的主要用途如下：

1）与自动执行机构配合，用于自动控制失效时的降级操作，提高控制系统可靠性。

2）作为控制阀的限位装置，限制阀的开度，防止事故发生。例如，制造浆料制备过程中有些阀要求正常时有一定开度，用于排放粗渣。

3）节省控制阀的旁路阀。在不重要的控制系统中，当管路直径较大时，可采用手动执行机构替代旁路阀的功能，降低投资成本，缩小安装空间。

4）用于开、停车时对过程的手动操作。手动执行机构由手轮、传动装置和连接装置等组成。按安装位置可分为顶装式和侧装式两类，图 7－27a）是顶装式手动执行机构的示意图，图 7－27b）是侧装式手动执行机构的示意图。

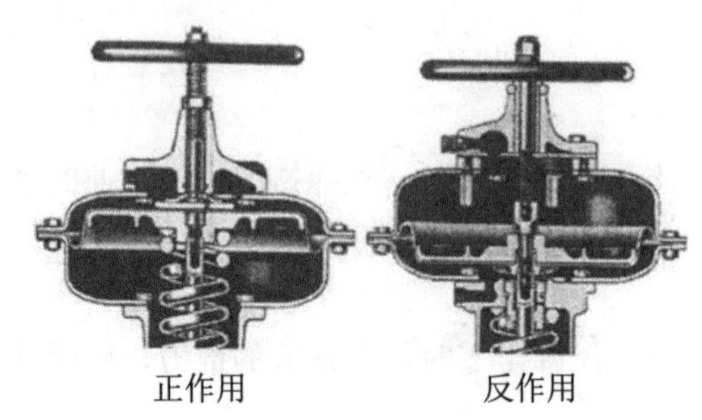

a）顶装式手动执行机构

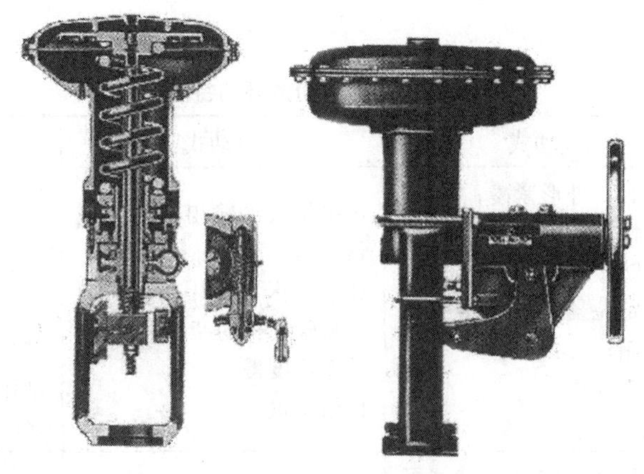

b）侧装式手动执行机构

图 7－27　手动执行机构示意图

顶装式手动执行机构的手轮安装在自动执行机构的顶部，通过螺杆传动装置，与自动执行机构的推杆（或膜头板）连接。正常运行时，手轮退出，用紧固螺母锁定，可作为阀位最高位的限制装置。当需手动操作时，松开紧固螺母，转动手轮，使之与自动执行机构的推杆连接，从而可移动推杆，改变阀门开度。正作用和反作用的自动执行机构与手动执行机构的连接方式相同，但正作用执行机构需要考虑手动执行机构传动杆的密封。

侧装式手动执行机构的手轮安装在自动执行机构的侧面，可采用蜗轮蜗杆传动方式，也可采用杠杆传动方式。

选用顶装或侧装式手轮执行机构时，应从方便操作角度考虑。当控制阀安装位置较低，或阀侧没有空间时，可选用顶装式手轮执行机构，其他场合可选用侧装式手动执行机构。

为防止手轮被误操作而转动，可设置安全锁紧装置，例如，销轴固定手轮进行限位，或用小锁紧轮顶紧手轮轴等。

为提供阀门位置的信息，手轮执行机构设置了刻度显示装置，用于提高阀门位置的显示等信息。

为方便进行手动操作和自动操作的切换，通常设置离合和切换装置。在手动位置时，手轮与自动执行机构的阀杆连接；在自动位置时，手轮与自动执行机构的阀杆脱钩，不影响自动执行机构的动作。

其他执行机构还有齿条齿轮执行机构，它常用于旋转控制阀，由于齿隙造成回差，因此用于位式控制和控制要求不高的场合。

7.1.5 附件

控制阀可配用各种附件来实现多种控制功能。附件能满足控制系统对控制阀提出的各种要求，附件的作用就在于使控制阀的功能更完善、合理、齐全。

7.1.5.1 定位器

阀门定位器是控制阀的主要附件。它将阀杆位移信号作为输入的反馈测量信号，以控制器输出信号作为设定信号，进行比较，当两者有偏差时，改变其到执行机构的输出信号，使执行机构动作，从而建立了阀杆位移信号与控制器输出信号之间的一一对应关系。因此，阀门定位器组成以阀杆位移为测量信号，以控制器输出为设定信号的反馈控制系统。该控制系统的操纵变量是阀门定位器去执行机构的输出信号。

(1) 定位器的分类

定位器按输入信号分为气动阀门定位器和电气阀门定位器。气动阀门定位器的输入信号是标准气信号，例如，20kPa～100kPa气信号，其输出信号也是标准气信号。电气阀门定位器的输入信号是标准电流或电压信号，例如，4mA～20mA电流信号或1V～5V电压信号等，在电气阀门定位器内部将电信号转换为电磁力，然后输出气信号到气动控制阀。

按动作的方向可分为单向阀门定位器和双向阀门定位器。单向阀门定位器用于活塞式执行机构时，阀门定位器只有一个方向起作用；双向阀门定位器作用在活塞式执行机构气缸的两侧，在两个方向起作用。

按阀门定位器输出和输入信号的增益符号分为正作用阀门定位器和反作用阀门定位器。正作用阀门定位器的输入信号增加时，输出信号也增加，因此，增益为正。反作用阀门定位器的输入信号增加时，输出信号减小，因此，增益为负。

按阀门定位器输入信号是模拟信号或数字信号，可分为普通阀门定位器和现场总线电气阀门定位器。普通阀门定位器的输入信号是模拟气压或电流、电压信号，现场总线电气阀门定位器的输入信号是现场总线的数字信号。

按阀门定位器是否带CPU，可分为普通电气阀门定位器和智能电气阀门定位器。普通电气阀门定位器没有CPU，因此，不能处理有关的智能运算。智能电气阀门定位器带CPU，可处理有关智能运算，例如，可进行前向通道的非线性补偿等，现场总线电气阀门定位器还可带 PID 等功能模块，实现相应的运算。

按反馈信号的检测方法也可进行分类。例如，用机械连杆方式检测阀位信号的阀门定位器；用霍尔效应检测位移的方法检测阀杆位移的阀门定位器；用电磁感应方法检测阀杆位移的阀门定位器等。

(2) 定位器的功能

定位器的功能包括：

1) 提高控制阀线性精度（高温、高压、黏性、固体颗粒介质）。

2) 克服摩擦，提高动作速度。

3) 克服压差，提高关闭阀门性能。

4) 分程控制。

5) 接受电信号。

6) 改变正反作用，改变流量特性。

7) 实现总线控制。

(3) 气动阀门定位器

图 7-28 说明了气动薄膜执行机构配合使用的气动阀门定位器工作原理。图中，通入波纹管 1 的信号是控制器的输出信号，当该信号压力 P_1 增加时，主杠杆 2 绕支点 15 转动，挡板 13 靠近喷嘴 14，喷嘴背压经放大器 16 放大后，使进入气动薄膜执行机构膜头气室 8 的压力升高，并使阀杆向下移动，带动反馈杆 9 绕支点 4 转动，安装在同一支点的凸轮 5 转动，经滚轮 10 传动，使副杠杆 6 绕支点 7 转动，并使反馈弹簧 11 拉伸，弹簧 11 对主杠杆 2 的力矩与信号压力对主杠杆的力矩平衡时，信号压力与阀位有一一对应关系。图中，弹簧 12 用于调整阀门定位器的零位。阀门定位器的量程范围是通过滚轮的位置和反馈支点的位置调整的。

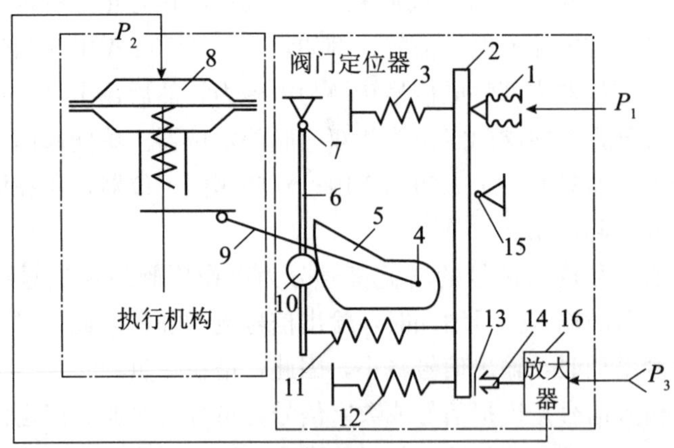

1——输入波纹管；2——主杠杆；3——迁移弹簧；4——反馈凸轮转动支点；5——反馈凸轮；6——副杠杆；7——副杠杆支点；8——薄膜执行机构膜头气室；9——反馈杆；10——滚轮；11——反馈弹簧；12——调零弹簧；13——挡板；14——喷嘴；15——主杠杆支点；16——气动单向放大器

图 7-28 气动阀门定位器工作原理

(4) 电气阀门定位器

图 7-29 显示用于角行程控制阀的电气阀门定位器工作原理。与气动阀门定位器比较，它们的工作原理和结构基本相同。

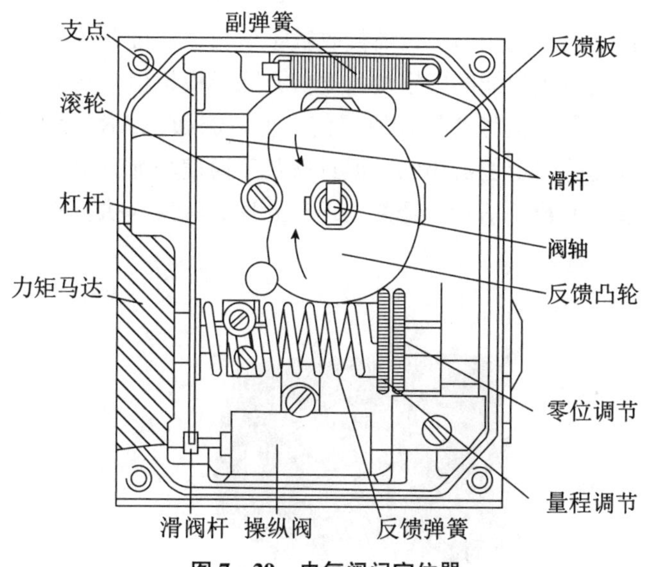

图 7-29　电气阀门定位器

如果流过力矩马达线圈的标准输入电流信号增加，在永久磁钢磁场作用下产生电磁力增加，在该推力作用下，杠杆逆时针转动，带动滑阀杆，改变操纵阀开度，输出信号送气动执行机构，使阀轴也逆时针转动。

阀轴转动带动反馈凸轮，并使滚轮沿凸轮转移，滚轮移动使反馈板沿滑杆右移，使反馈弹簧受压，其反馈力增大，杠杆带动滑阀杆右移，直到输入的电磁推力矩与反馈力矩平衡。这时，输入电流与阀位建立一一对应关系，实现了阀门的定位功能。

图 7-29 中，零位调节螺丝用于改变初始杠杆位置，因此，可改变操纵阀初始开度。量程调节用于改变反馈弹簧刚度，即弹簧的圈数。副弹簧用于使滚轮压紧反馈凸轮，并与反馈弹簧平衡，使反馈弹簧能够平滑地沿滑杆滑动。

电气阀定位器与气动阀门定位器的区别如下：

1) 将气动阀门定位器的波纹管组件改为力矩马达。

2) 实现正反作用方式不同，电气阀门定位器改变正反作用方式只需要将输入电流的方向改变，不需要像气动阀门定位器那样，要将波纹管安装在相反方向。

3) 为实现力矩平衡，电气阀门定位器杠杆上各受力点的位置有所改变，例如，图 7-29 中电磁力矩与反馈力矩有相等的力臂。

4) 由于采用电流输入，因此带来防爆问题。在一些场合，电气阀门定位器采用防爆措施。而气动阀门定位器是本质安全型仪表。

（5）智能阀门定位器

智能阀门定位器是带微处理器的阀门定位器，见图 7-30，通常是智能电气阀门定位器。按输入信号的不同，分为模拟式和数字式两类。模拟式智能阀门定位器接收标准模拟电流或电压信号，将模拟信号转换为数字信号后，作为微处理器的输入，这类定位器不具有数字通信功能。数字式智能阀门定位器接收数字信号，可细分为两种类型。第一类数字式智能阀门定位器与模拟式智能阀门定位器类似，除了模拟信号转换为数字信号作为微处理器输入信号外，还有数字信号叠加在模拟信号上，例如 HART 信号，因此，其传输信号的电缆与模拟式智能阀门定位器相同，但具有数字通信功能。第二类数字式智能阀门定位器直接接收现场总线的数字信号，经微处理器处理后转换为执行机构可工作的信号。

图 7-30　智能阀门定位器

按阀位反馈信号的检测方法可将智能阀门定位器分为机械反馈式、霍尔应变式、电感应式。应变式智能阀门定位器采用霍尔效应检测阀位，直接将霍尔电势转换为数字电平信号作为反馈信号。电感应式智能阀门定位器采用电感线圈检测阀杆位移，电感线圈的输出信号经转换后送微处理器。

7.1.5.2　空气过滤器减压阀

净化来自空气压缩机的气原，并能把压力调整到所需的压力值，具有自动稳压功能。如图 7-31 所示。

7.1.5.3　阀位变送器

将控制阀的位移变化转换成相应的气压或电流信号送往控制室，使操作人员在控制室就能了解控制阀的实际位置情况。如图 7-32 所示。

目前大部分定位器和电动执行机构都包含此功能，一般无需单独配置阀位变送器了。

图7-31 空气过滤器减压阀　　图7-32 阀位变送器

7.1.5.4 电磁阀

用于切断或接通气路，如图7-33所示。其工作原理如图7-34所示。

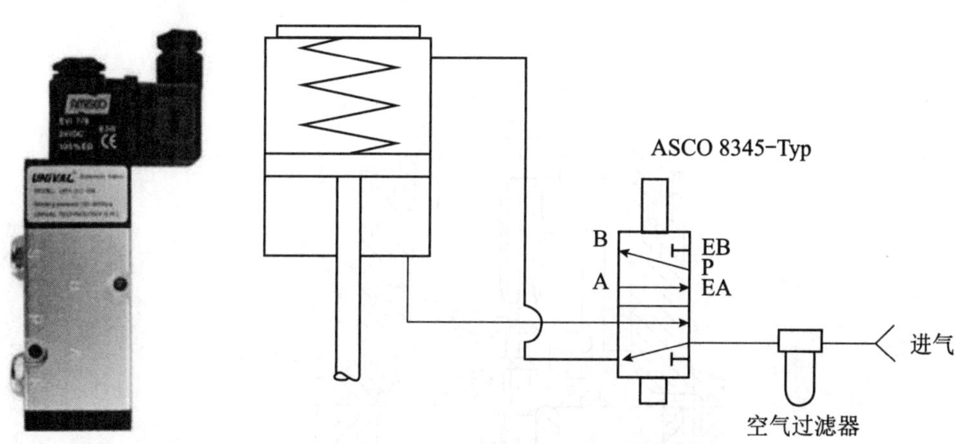

图7-33 电磁阀　　图7-34 电磁阀工作原理

7.1.5.5 保位阀

一种控制阀保护装置，当仪表压力气原中断时能自动切断定位器的输出与执行机构之间的通道，使阀门位置保持在断气前的控制位置。图7-35为单作用和双作用的气动原理图，图7-36为气动保位阀结构图。

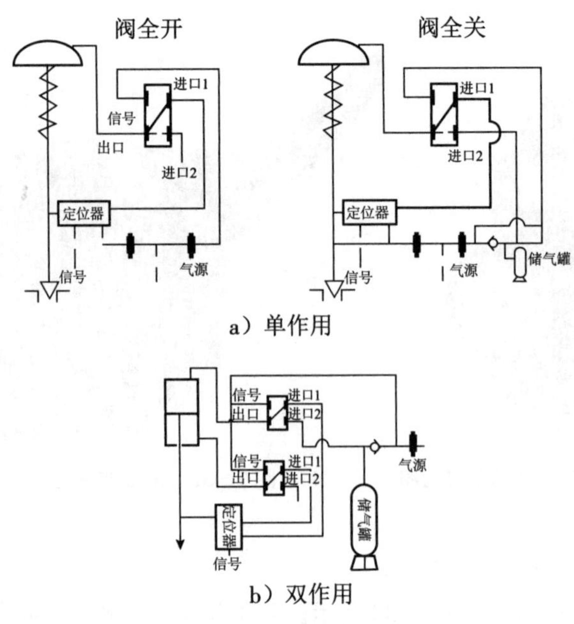

a）单作用

b）双作用

图 7-35　气动原理图

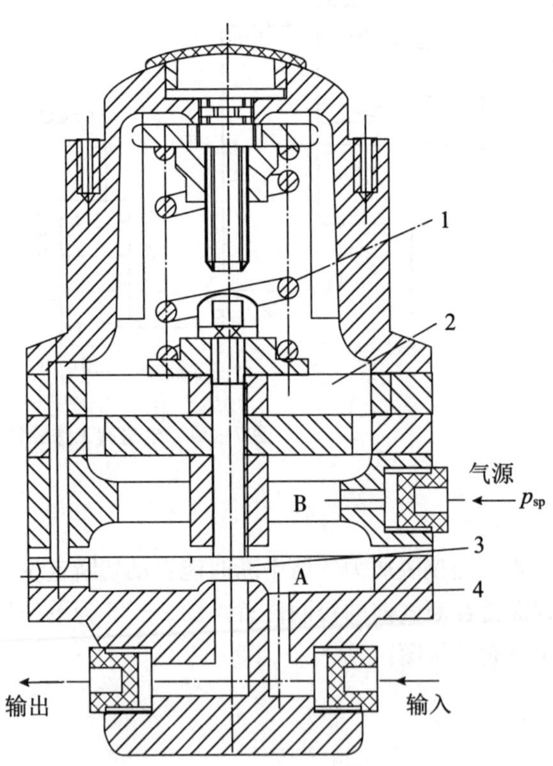

1——弹簧；2——比较部件；3——平板阀芯；4——喷嘴；A、B——气室

图 7-36　气动保位阀结构

7.1.5.6　气动继动器

气动继动器是一种功率放大器。它能将气压信号送到较远的地方，消除由于信号管线加长带来的滞后，主要用于现场变送器与中央控制室的调节仪表之间，或在调节器与现场控制阀之间，还有一种作用就是放大或缩小信号。图 7－37 为其工作原理图，图 7－38 为其结构图。

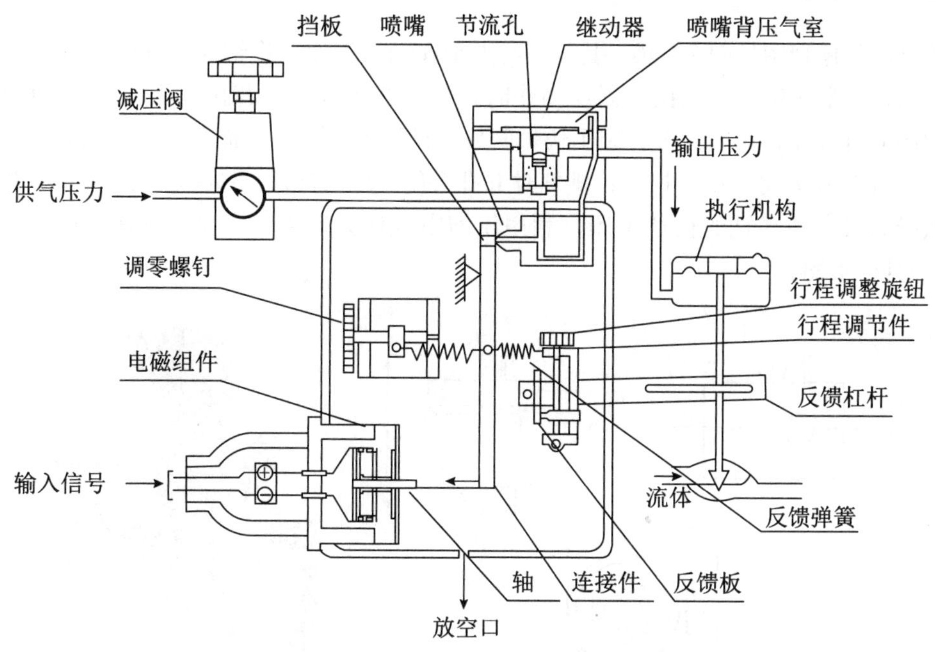

图 7－37　气动继动器工作原理图

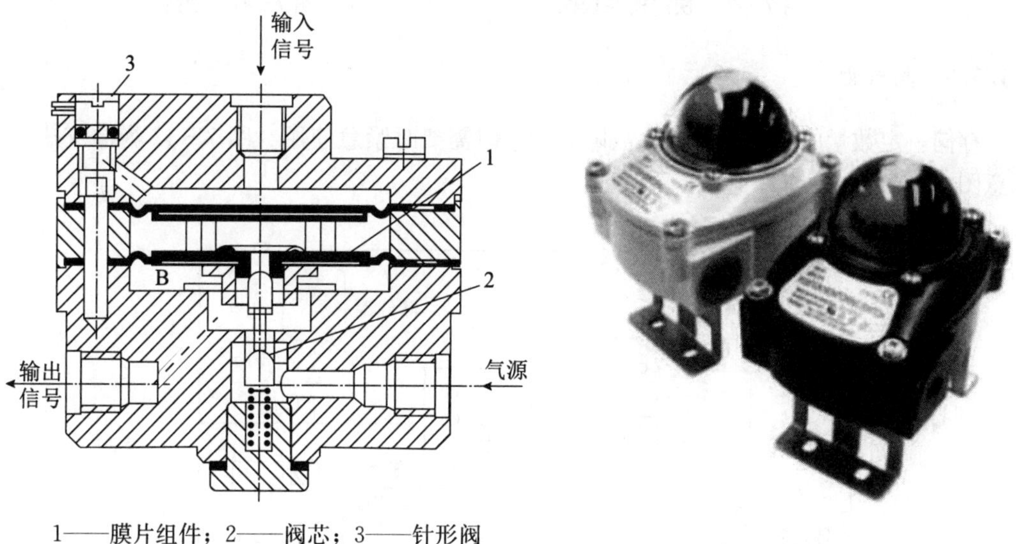

1——膜片组件；2——阀芯；3——针形阀

图 7－38　气动继动器结构图

图 7－39　限位开关

7.1.5.7 限位开关

用于对阀门的行程限位，位置信号的发送，目前大部分定位器和电动执行机构都包含此功能，一般无须单独配置限位开关。如图 7-39 所示。

7.1.5.8 快排阀

快排阀的原理图见图 7-40，其使用特点是在动力气原，经快速排气阀的 P 孔进入 A 孔再进去执行器正动作，当执行器反动作时，进气变成排气，若排气由 A 孔走回 P 孔再走换向阀的排气孔，速度太慢。装了快排阀后，排气不走 P 孔，而是走 B 孔直接排到大气中。进气时 B 孔关闭，A 孔打开；排气时 P 孔关闭，B 孔打开。这样就大大加快了排气速度。快排阀可实现气缸的快速关闭，利用压缩空气作为动力，安全，无爆炸的危险。图 7-41为其外形图。

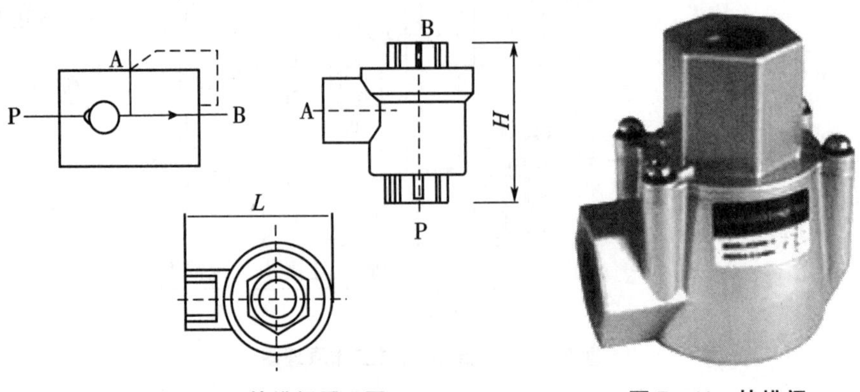

图 7-40 快排阀原理图　　图 7-41 快排阀

7.1.5.9 储气罐

存储一定数量的空气以备发生故障时和临时需要时紧急使用。图 7-42 为储气罐工作示意图。

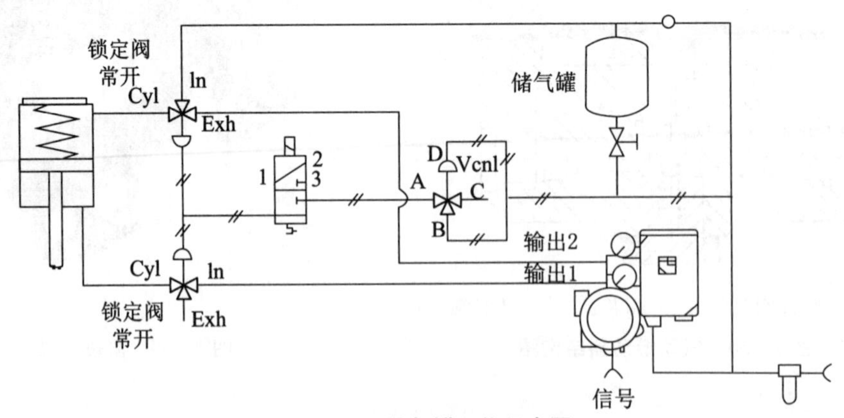

图 7-42 储气罐工作示意图

7.1.6 控制阀的防爆

爆炸是由于氧化或其他放热反应引起温度、压力突然升高的化学现象。控制阀是安装在现场的仪表设备，当现场环境存在危险物质时，要考虑采用防爆措施。采用电动控制阀、电液控制执行机构、电气转换器、电气阀门定位器等带电设备时更需考虑防爆问题。

7.1.6.1 危险场所的分类

根据 GB 50058—2014《爆炸危险环境电力装置设计规范》和 GB 3836.1—2021《爆炸性环境 第 1 部分：设备 通用要求》规定爆炸性混合物出现的或预期可能出现的数量达到足以要求对仪表的结构、安装和使用采取预防措施的场所称为爆炸危险场所。根据国家标准规定，电气设备分为两大类，Ⅰ类设备是用于煤矿井下的电气设备，Ⅱ类设备是工厂使用的电气设备等其他电气设备。

Ⅰ类：Ⅰ类（Class）设备工作在含甲烷或其他同等危险性气体或蒸汽的场所。

Ⅱ类：根据爆炸性气体的最小点燃电流比，将Ⅱ类防爆设备分为 A、B 和 C 三个子组别。最小点燃电流比（MICR）指在规定试验条件下，能点燃最易点燃混合物的最小电流。

ⅡA 类：ⅡA 类设备的最小点燃电流比大于 0.8，这类设备可工作在含丙烷或其他同等危险性气体或蒸汽的场所。

ⅡB 类：ⅡB 类设备的最小点燃电流比为 0.45～0.8，这类设备可工作在含乙烯或其他同等危险性气体或蒸汽的场所。

ⅡC 类：ⅡC 类设备的最小点燃电流比小于 0.45，这类设备可工作在含乙炔、氢气或其他同等危险性气体或蒸汽的场所。

危险场所可分为气体爆炸危险场所、粉尘爆炸危险场所和火灾危险场所等。

气体爆炸危险场所分 0 区、1 区和 2 区三个区域等级。粉尘爆炸危险场所分为 10 区和 11 区两个区域等级。火灾危险场所分为 21 区、22 区和 23 区三个区域等级。表 7-5 是危险区域的划分。

表 7-5 危险区域划分

类 别	区 别	说 明
爆炸性气体环境	0 区	正常情况下，爆炸性气体混合物连续地、短时间频繁地出现或长时间存在场所是可燃混合物存在的可能性最高的场所
	1 区	正常情况下，爆炸性气体混合物预计有可能周期（或偶然）出现的场所是防爆电气设备典型应用的场所
	2 区	正常情况下，爆炸性气体混合物不能出现，仅在不正常情况下偶尔发生或短时间出现的场所（短时间指持续时间不大于 2h）

表 7-5（续）

类 别	区 别	说　　明
爆炸性粉尘环境	20 区	正常情况下，空气中的可燃性粉尘云持续地或长期地或频繁地出现于爆炸环境中的区域
	21 区	正常情况下，空气中的可燃性粉尘云很可能偶尔短时间出现的场所
	22 区	正常运行时，空气中的可燃粉尘云一般不可能出现于爆炸性粉尘环境中的区域，即使出现持续时间也是短暂的堆积状可燃粉尘或纤维，虽不形成爆炸混合物，但在数量和配置上能引起火灾的危险场所

危险性气体和空气的混合物接触一个热表面会引起燃烧，热表面引起气体混合物燃烧的条件包括热表面的表面面积、表面温度和混合气体的浓度等。最高表面温度是仪表在允许范围内的不利条件下运行时，暴露于爆炸性混合物的任何表面的任何部分，不可能引起仪表周围爆炸性混合物爆炸的最高温度。用温度代码（Temeperature code）表示为 T1、T2 等几类。它们与最高表面温度的关系见表7-6。

表 7-6　最高表面温度和温度代码的对应表

温度代码	**T1**	**T2**	T2A	T2B	T2C	T2D	**T3**	T3A	T3B	T3C	**T4**	T4A	**T5**	**T6**
表面温度/℃	450	300	280	260	230	215	200	180	165	160	135	120	100	80

表中的温度代码是美国标准的温度代码，其中粗体为国家标准的温度代码。

表面温度<100℃的任何设备，不需要标温度代码，因此，某设备没有认证的温度标记，就表示温度代码是 T5。表 7-7、表 7-8 是爆炸性气体、粉尘的分类分组分级示例表。

表 7-7　爆炸性气体分类分组分级示例表

类和级	最大试验安全间隙 MESG/mm	最小点燃电流比 MICR	引燃温度/℃					
			T1	T2	T3	T4	T5	T6
			>450	>300～450	>200～300	>135～200	>100～135	85～100
ⅡA	>0.9	>0.8	甲烷、乙烷、丙烷、苯乙烯、氯乙烯、氨苯、甲苯、苯、氨、甲醇、一氧化碳、乙酸乙酯、乙酸、丙烯腈	丁烷、乙醇、丙烯、丁醇、乙酸丁酯、乙酸戊酯、乙酸酐	戊烷、己烷、庚烷、癸烷、辛烷、汽油、硫化氢、环己烷	乙醚、乙醛		亚硝酸乙酯

表7-7（续）

类和级	最大试验安全间隙MESG/mm	最小点燃电流比MICR	引燃温度/℃					
			T1	T2	T3	T4	T5	T6
			>450	>300～450	>200～300	>135～200	>100～135	85～100
ⅡB	0.5<MESG≤0.9	0.45<MICR≤0.8	二甲醚、民用煤气、环丙烷	环氧乙烷、环氧丙烷、丁二烯、乙烯	异戊二烯			
ⅡC	MESG≤0.5	MICR≤0.45	水煤气、氢、焦炉煤气	乙炔			二氧化碳	硝酸乙酯

注：1. 最大试验安全间隙与最小点燃电流比在分级上的关系只是近似相等。
2. 表中未列入的爆炸性气体可见《中华人民共和国爆炸性危险场所电气安全规程》。
3. 引燃温度指按照标准试验方法试验时，引燃爆炸性混合物的最低温度。

表7-8 粉尘的分级分组示例表

类和级	粉尘物质	引燃温度/℃		
		T11	T12	T13
		$t>270$	$200<t\leqslant270$	$140<t\leqslant200$
ⅢA	非导电可燃纤维	木棉纤维、烟草纤维、纸纤维、亚硫酸盐纤维、人造毛短纤维、亚麻纤维	木质纤维	
	非导电性爆炸性纤维	小麦、玉米、砂糖、橡胶、染料、聚乙烯、苯酚树脂	可可、米糖	
ⅢB	导电性爆炸性粉尘	镁、铝、铝青铜、锌、钛、焦炭、炭黑	铝（含油）、铁、煤	
			黑火药 TNT	硝化棉、吸收药、黑索金、特屈尔、泰安

产生爆炸的条件：①存在爆炸性物质；②爆炸性物质与空气混合，混合物的浓度在爆炸范围内；③存在足以点燃爆炸性混合物的火花、电弧或过热。

防爆的措施是尽可能减少产生爆炸的三个条件同时出现的概率，具体措施如下。

（1）工艺设计中消除或减少爆炸性物质的产生和积累。例如，选用较低压力和温度；将爆炸性物质尽可能限制在密闭容器内，防止泄露；工艺设备布置应限制和缩小危险区域范围；将不同等级危险场所与非危险场所分隔在不同区域，防止事故蔓延；有危险性物质的储罐采用充氮密封，使其与空气隔绝；采用合适的安全事故连锁系统；采用仪表安全系统等。

（2）防止爆炸性物质积累，减小其到达爆炸限的可能性。例如，采用露天或敞开式设备布置，利于空气扩散和对流；定期清除沉积粉尘，防止形成爆炸混合物；设置机械通风装置；吸入惰性气体，使设备内部为正压；设置可燃气体检测报警系统和相应的连锁系统等。

（3）消除或控制由仪表、电气设备产生的火花、电弧或过热的可能性。例如，采用本安型仪表，采用具有本质安全性的气动仪表，采用隔离措施，降低表面温度等。

7.1.6.2 仪表防爆等级和外壳等级

在生产现场，确定爆炸危险场所的工作是由工艺人员根据有关规定完成的，完成后告知自控设计人员。自控设计人员根据不同危险场所的要求选择自控仪表。防爆型电气设备的标准是 Ex。危险场所安装的仪表和电气设备有多种类别。

（1）隔爆型。隔爆型电气设备是一类外壳保护型仪表和电气设备。这种外壳具有把气体或蒸汽的爆炸控制在其内部，即能够承受内部气体或蒸汽的爆炸压力，防止爆炸向外壳周围的爆炸性气体或蒸汽环境转移，它在使其周围爆炸性气体或蒸汽不会被点燃的外部温度下工作。

（2）增安型。增安型电气设备是一类保护型仪表和电气设备。它采用各种措施，使在正常工作条件下，能够降低电气设备内部或外部的超高温度、电弧发生或火花。增安型仪表可与隔爆技术一起使用。

（3）本安型。本质安全型电气设备是一类保护性仪表和电气设备。在正常或非正常条件下，这类仪表和电气设备中的电气设备无法释放足够的电能或热能，引起特定的危险大气混合物达到其最容易点燃浓度时的燃点。按本质安全电路使用环境和安全程度分为 ia 和 ib 两个等级：ia 级设备是正常工作条件下，一个和两个故障时均不能点燃爆炸性混合物的电气设备；ib 级设备是一个故障时不能点燃爆炸性混合物的电气设备。

（4）无火花型。无火花型电气设备也称为非易燃型仪表和电气设备。它是一类保护型仪表和电气设备。在正常或非正常条件下，这类仪表中的电气设备不具有由于电弧或热量引起特定易燃性气体或蒸汽与空气的混合物使其爆炸的能力。

（5）正压型。正压型电气设备在外壳内部充入正压的洁净空气、惰性气体，或连续通入洁净空气或不燃性气体，使壳内部保护性气体压力大于周围环境大气压力，从而阻止外部爆炸性混合物进入仪表内部，实现危险源与爆炸性混合物的隔离。

（6）充油型。充油型电气设备的全部或部分浸在油内，使可能产生的电弧、火花或危险温度的部件不能点燃油面上的爆炸性混合物。

（7）充砂型。充砂型电气设备的背部充填砂粒材料，使可能产生的电弧、火花或危险温度的部件不能点燃砂层以外的爆炸性混合物。

（8）特殊型。上述各种防爆形式的组合，或未包括在上述各种形式的防爆形式。

防爆仪表和电气设备的选型见表 7－9。防爆标志按防爆形式、类别、级别和温度组别依次表示。例如，Ex d Ⅱ BT3 表示隔爆型电气设备，它可用于Ⅱ类 B 组，温度代码为 T3，即 200℃以下温度的环境。Ex ia Ⅱ CT2 表示该设备是 ia 级的本质安全型电气设备，可用于Ⅱ类 C 组，表面温度小于 300℃的环境。

表 7-9 防爆仪表和电气设备的选型

爆炸危险区域	适用的防护形式	
	电气设备类型	标 志
0 区	本质安全型（ia 级）	ia
	其他特别为 0 区设计的电气设备（特殊型）	s
1 区	适用于 0 区的防护类别	
	隔爆型	d
	增安型	e
	本安型（ib 级）	ib
	充油型	o
	正压型	p
	充砂型	q
	其他特别为 1 区设计的电气设备（特殊型）	s
2 区	适用于 0 区或 1 区的防护类别	
	无火花型	n

电气设备除有防爆等级标志外，还有外壳防护等级的标志。用 IP××表示。IP 是外壳防护等级标志。后面的两个×表示防护等级，用数字 0～6 和 0～9 表示。

第一位数字表示防止固体进入的防护等级，包括人员接触或接近活动部件或外壳内的移动部件的防护。第二位数字表示防止水进入的防护等级。其含义见表 7-10 和表 7-11。

表 7-10 防护标志中第一位数字表示的防护等级

数字	说 明	含 义
0	无防护	没有专门的防护
1	防止>50mm 固体异物	能防止>50mm 的固体异物进入壳内，防止人体某大面积部分（如手）偶然或意外触及壳内带电部分或运行部件，不能防止有意识地接近
2	防止>12mm 固体异物	能防止>12mm，长度不大于 80mm 固体异物进入壳内，防止手指触及壳内带电部分或运行部件
3	防止>2.5mm 固体异物	能防止直径或厚度>2.5mm 固体异物、工具、金属线等触及壳内带电部分或运行部件
4	防止>1mm 固体异物	能防止直径或厚度>1mm 固体异物、工具、金属线等触及壳内带电部分或运行部件
5	防尘	不能完全防止尘埃进入，但进入量不能达到妨碍设备正常安全运行的程度
6	防尘密	无尘埃进入，防金属线接近危险部件

表 7-11 防护标志中第二位数字表示的防护等级

数字	说 明	含 义
0	无防护	没有专门的防护
1	防滴水	垂直滴水时无有害影响
2	15°防滴水	外壳正常位置倾斜 15°以内时，垂直滴水无有害影响（水温 75℃～90℃）
3	防淋水	与垂直成 60°范围内的淋水无有害影响
4	防溅水	任何方向的溅水无有害影响
5	防喷水	任何方向的喷水无有害影响
6	防强烈喷水	猛烈海浪或强烈喷水时，进入壳体水量不致达到有害的程度
7	防短时间浸水	浸入规定压力的水中，在规定的短时间后进入壳体水量不致达到有害的程度
8	防连续浸水	按制造商规定的条件长期潜水，进入壳体水量不致达到有害的程度
9	防高温/高压喷水	向外壳各方向喷射高温/高压水无有害影响

例如，IP67 表示外壳能够防止尘埃进入，防短时间浸水。

在自控工程设计中，也常常使用美国电气制造商协会（NEMA）的外壳防护(NEMA 250—2018)，其常用的等级和含义说明如下。

（1）3 型：室外用外壳等级，提供一定程度的防护功能。具有防止飞扬的粉尘、雨水和积雪浸入的功能，具有阻止外部结冰造成设备损坏的功能。

（2）3R 型：室外用外壳等级，提供一定程度的防护功能。具有防止雨水、积雪的浸入和防止因外部结冰造成的设备损坏的功能。

（3）3S 型：室外用外壳等级，提供一定程度的防护功能。具有防止飞扬的粉尘、雨水和积雪浸入的功能。

（4）4 型：室内和室外用外壳，提供一定程度的防护功能。具有防止飞扬的粉尘、雨水、溅水、软管引出水及外部结冰造成的破坏。

（5）4X 型：室内和室外用外壳，提供一定程度的防护功能。防止腐蚀、飞扬的粉尘、雨水、溅水、软管引出水及外部结冰造成的破坏。

（6）7 型：用于 NEC 标准定义的Ⅰ级 1 区的 A、B、C 和 D 组的室内危险场所。应有标记标明级别、分区和组别。能承受指定气体内部爆炸所产生的压力，并包容这样一种不足以引起存在于外部周围大气环境的爆炸性气体和空气混合物点燃的爆炸。

（7）9 型：用于 NEC 标准定义的Ⅱ级 1 区的 E、F 和 G 组的室内危险场所。应有标记标明级别、分区和组别。能够防止粉尘的进入。

NEMA 外壳防护标准与 GB/T 4208—2017 的对应关系如表 7-12。

表7-12 外壳防护标准的对应关系

NEMA	1	2	3	3R	3S	4和4X	5	6和6P	12和12K	13
IP	IP30	IP31	IP54	IP14	IP54	IP56	IP52	IP67	IP65	IP54

7.2 控制阀主要零件材料的选用

7.2.1 阀体

阀体材料通常是以流动介质的压力、温度、腐蚀性和冲刷性为依据的。在满足各种要求的状态下能长时间使用的控制阀，必须在充分理解和掌握控制阀使用目的与条件的基础上，正确选用阀体及阀内件的材料。为此，下面列举选用时应该考虑的基本事项：

(1) 有无法规方面的制约或特定的基准；

(2) 流体的压力、温度；

(3) 流体的化学性质（耐腐蚀）；

(4) 流体的物理性质（冲刷、气蚀等）；

(5) 充分考虑适应性、安全性后，考虑经济型（市场性、加工性）；

(6) 维护方面（互换性、易购性）；

(7) 周围环境（腐蚀性气体、盐碱化、严寒冻土等）；

(8) 从阀的结构来看，材料的组合方面有无问题等。

7.2.1.1 高温用材料

控制阀被安装在管道上以后，必须承受来自管道的复杂压力，并能承担流体的温度与压力所造成的负荷。如在高温介质中对普通的碳钢长期施加应力，将会降低其机械性能，产生所谓的蠕变现象。

因此，当需要附加高温的苛刻条件时，包括蠕变断裂强度在内的材料强度、耐腐蚀性能、金相组织的稳定性等就成为首先应予考虑的问题。作为能解决高温工况诸多问题的材料，通常是使用添加有Cr、Mo、Ni等元素的合金钢。Cr可以提高高温工况的耐酸性与耐蚀性；Mo可以增加蠕变断裂强度；Ni具有提高耐冲击性的效果。

阀体所使用的高温高压铸钢件的最高使用温度：碳钢铸钢件WCB为425℃；0.5% Mo钢WC1为470℃；Cr-Mo钢WC6为550℃；而增加含Cr量的WC9、C5则可使用至600℃。当介质处于更高温度时，由于奥氏体不锈钢克服高温蠕变或石墨化现象具有非常明显的效果，通常都使用CF8M（Cr21%、Ni12%、Mo2.5%，使用温度的极限为700℃）。近年来，F91或C12A、F92等高温压力容器用合金钢铸、锻件也广泛用作高温阀体材料。

7.2.1.2 低温用材料

低温用材料最大的问题就是低温脆性。一般来说，金属材料处于低温时，硬度、拉伸强度会有所增加，但同时会失去韧性，冲击值也将下降。特别是铁素体金属，这种现象尤为明显。而奥氏体金属却不会出现低温脆性。因此，目前有效对付这种低温脆性的措施，仍像奥氏体不锈钢那样，添加 Ni、Mo、Cr 等元素。

CF8 的 MS 点（上马氏点，即部分金相组织马氏体化的温度）为－114℃，CF8M 则为－202℃。为了避免低温使用时发生的变形现象，推荐 CF8 的最低使用温度应大于－100℃，CF8M 的最低使用温度范围为－100℃～－196℃。

7.2.1.3 耐腐蚀材料

腐蚀现象往往是由于流体的种类、性质、压力、温度、浓度、流速、使用环境等诸多因素重合起来引起的，要进行有实用价值的试验比较困难，只能根据耐腐蚀表等资料予以深入研究。用于耐腐蚀的材质中，除不锈钢、哈氏合金、钛等金属材料外，还有能发挥耐腐蚀特长的非金属，其中有塑料、玻璃、精密陶瓷、橡胶、PTFE（聚四氟乙烯）等。实际利用时，通常将这些非金属材料作为衬里或涂层贴附到金属性质的阀体内壁，以便达到耐腐蚀的目的。

7.2.1.4 耐气蚀与闪蒸材料

对发电厂等用户来说，通常问题较多的就是侵蚀。当控制阀在高温水质或高压差工况下使用时，由气蚀或闪蒸引起的侵蚀尤为严重，极易产生所谓的冲刷现象。

用于耐气蚀与闪蒸的材料中，通常是添加 Cr、Mo、Ni 元素的 Cr－Mo 钢以及 18－8 奥氏体不锈钢。特别是不锈钢，具有比碳钢大 10 倍的耐磨性，属于耐冲刷、耐侵蚀极佳的材料。

另外应该注意：与阀体相比，气蚀（冲刷）对阀内件的损伤尤为常见。表 7－13 是通过气蚀损伤试验测得的金属减量值。

表 7－13 通过气蚀损伤试验测得的金属减量值

金属种类	相应钢种	热处理	拉伸强度/（kgf/cm^2）	硬度/HB	减量/mm^3	减量比
铸钢（0.29%C）	WCB	退货、回火	5027	133	57.8	15.6
Cr・Mo（0.51% C、0.50%Mo）	35CrMo 或 A137－B7	淬火、回火	17580	640	4.7	1.27
不锈钢（18－8）	CF8	—	8600	182	3.7	1
司太立合金	No. 12	—	—	486	0.9	0.24

7.2.2 阀内件材料

控制阀的阀内件是指阀芯、套筒、阀座、阀杆，它们都在阀的心脏部位。阀内件在直接与流体接触的同时，还要承受流体能的变化，因此也是气蚀或闪蒸影响最为严重的部位。显然，相对阀体来说，阀内件应该选用更高档次的材料。

目前作为标准材料使用的有 CF8、CF8M 不锈钢。

当流体的压差/温度很高，或在有可能发生气蚀、闪蒸的部位以及用于泥浆流体等场合，阀内件的表面应进行硬化处理。

7.2.2.1 热处理硬化

沉淀硬化钢 17-4PH 不锈钢：耐腐蚀性能与 CF8 程度相当，使用温度的极限为 −20℃～400℃。

9Cr18 不锈钢：使用温度的极限为−20℃～400℃。

固溶或淬火：1010℃～1070℃油冷；回火：100℃～180℃空冷。

7.2.2.2 堆焊（熔敷）硬化处理

司太立合金：系 Co、Cr、W 合金。其特点是：即使处于高温状态下，仍能保持极高的硬度与强度，不易被氧化，磨损系数较小；最适合用作高温高压差工况所需的堆焊（熔敷）硬化处理材料。

7.2.2.3 化学硬化

（表面）硬化处理，即在高温状态下，将 W、Mo、Cr、Co、V、Ti 等元素扩散浸透到金属表面，使之形成超硬合金层。此时，金属的内部层仍保持母材原来的物理性能（韧性等），而表面层却提高了硬度、耐磨性、耐烧结性。

不过，由于表层的合金层含有碳化物，强酸、强碱介质不能使用。

7.2.2.4 喷涂硬化

陶瓷喷涂：在阀体的内壁喷涂陶瓷（AL_2O_3）形成陶瓷层，以便显著提高耐磨性。

热喷涂 Ni60（球阀的球体）或 Ni55（球阀的阀座）。

超音速火焰喷涂各种不同成分的 WC 等。表 7-14 为各种材料的硬度比较。

表 7-14 各种材料的硬度比较

材料名称	硬度	
	HV（维氏硬度）	HRC（洛氏硬度）
CF8M	≤200	(≤11)
CF8M+硬化处理	550～620	(52～56)
镀硬铬	(800)	68
17-4PH（阀芯）	(392～434)	40～44
17-4PH（套筒）	(310～354)	31～36
9Cr18（阀芯）	(580～690)	54～60
9Cr18（套筒）	(400～440)	40～45

表 7-14（续）

材料名称		硬　度	
		HV（维氏硬度）	HRC（洛氏硬度）
司太立合金	No. 12	（510～540）	47～49
	No. 6	（410～440）	41～43
超硬合金 碳化钨	D_1	（≥1100）	≥72（HRA 89）
	D_2	（≥1050）	≥72（HRA 88）
	D_3	（≥1050）	≥72（HRA 88）
钛渗氮，堆焊		（350）	32～42
氧化铝陶瓷		1700	—

7.2.2.5　司太立合金堆焊（熔敷）硬化处理

阀内件的阀座密封面要求具有良好的耐腐蚀性能和耐磨损性能。为了满足这种苛刻的条件，常用的方法是在阀座密封面堆焊不同的金属进行表面硬化处理，其中最具有代表性的金属就是司太立合金（Co-Cr 合金）。司太立合金的硬度非常高，耐腐蚀性能和耐磨损性能优越，即使在炽热状态下硬度也不会降低。因此，在实现高温、高压化的发电厂、化工厂中，对现场使用的阀门阀座进行堆焊（熔敷）硬化时都离不开这种合金，见表 7-15。

表 7-15　司太立合金使用部位

		堆焊司太立	导柱 衬套 阀芯 阀座
司太立密封面	司太立表面	司太立表面	司太立表面＋司太立衬套/导柱
仅在阀芯与阀座的密封部位堆焊司太立合金	在阀芯的密封部位与特性曲线部分、阀座密封部位与流路堆焊司太立合金	适用堆焊阀座内径小于$^3/_8$″的阀芯	除原有的司太立表面外，另在阀芯滑动部分的表面（导性）与衬套堆焊司太立合金

7.2.3 垫片与填料的选用

7.2.3.1 垫片

垫片在阀体与阀盖之间起密封作用。

图 7-43 为根据一般流体的温度、压力值选用垫片的基准。表 7-16 则表示各种垫片的结构及其特征。

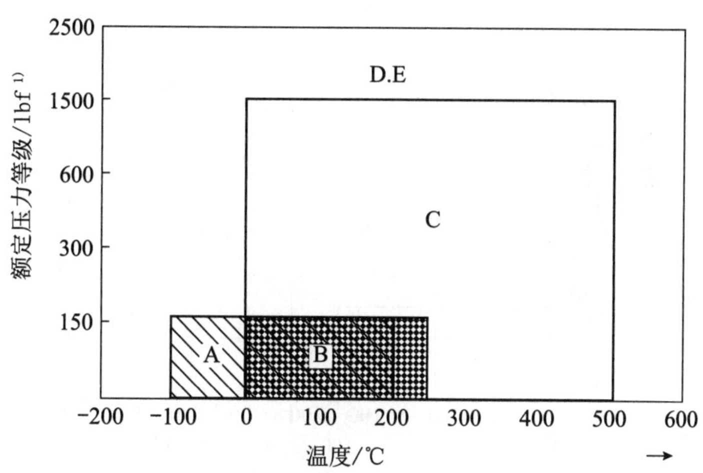

图 7-43 根据一般流体的温度、压力值选用垫片的基准

表 7-16 各种垫片的结构及其特征

垫片序号	结构与特征	备　注
A	低蠕变 PTFE（聚四氟乙烯）垫片，内部混有特殊的耐腐蚀、耐热的无机质充填剂，适用于含有各种酸碱的化学药品、溶剂和受污染的流体	阀体的额定压力≤150lbf 时使用
B	系通用型垫片，是一种耐热橡胶混合而成的填密垫片	同上
C	系将金属环与石墨填充物卷成螺旋形的垫片（缠绕式垫片），适用于各种高温高压流体。金属环的材料为 CF8 或 CF8M	阀体的额定压力≥300lbf 时使用
D	与 C 结构相同，其填充物采用石墨，适用于极低温至高温范围的流体	同上
E	锯齿形金属垫片（齿形垫片），适用于各种高温高压流体。材料为 CF8 或 CF8M，并能按所应用的流体采用其他特殊的材料	同上

1） 1lbf≈4.45N。

7.2.3.2 填料

填料在阀杆部位起密封作用。图 7－44 为根据一般流体的温度、压力值选用填料的基准，表 7－17 则表示各种填料的结构及其特征。对于特殊的流体，应按其他基准选用。

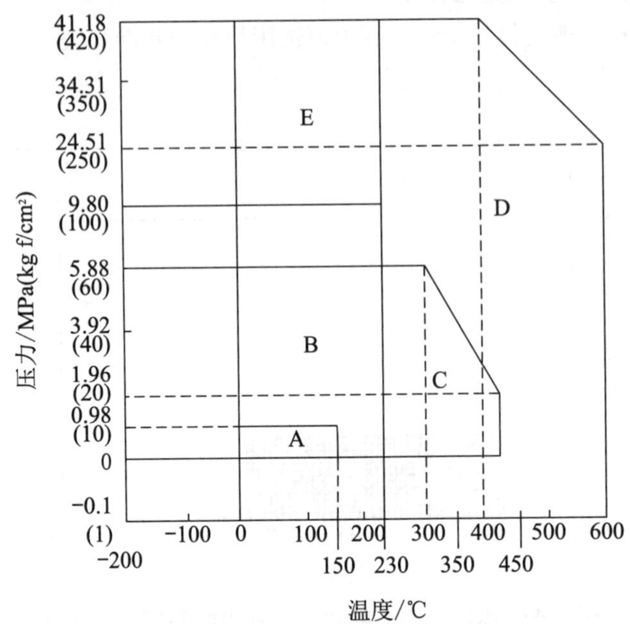

图 7－44　根据一般流体的温度、压力值选用填料的基准

表 7－17　各种填料的结构及其特征

填料序号	结构与特征	备注
A	将单体 PTFE 加工成 V 形的填料，适用于所有的流体，温度≤100℃	阀体的额定压力等级为≤600lbf 时使用
E	将充填玻璃纤维的 PTFE 加工成 V 形的填料，适用的压力范围比 A 宽，温度≤200℃	阀体的额定压力等级为≥900lbf 时使用
B	PTFE 编织成的填料	
B	绞接 PTFE 纤维，并浸渗 PTFE 溶液后编织成的填料，适用于大部分流体，温度≤200℃	
G	PTFE 表面用特殊润滑油处理的填料。因采用非燃性、非活性油进行处理，适用于厌氧的禁油和低温场合，温度≤200℃	
D	缠有镍合金线的石墨丝编织，并经石墨烧结处理的填料，适用于高温高压的流体	
D	用金属模将石墨压制成环状，耐热性、耐蚀性俱佳的填料。适用于除浓硫酸、氧气、油类以外几乎所有流体	

7.2.3.3　填料函的结构

填料函的结构见图 7－45。

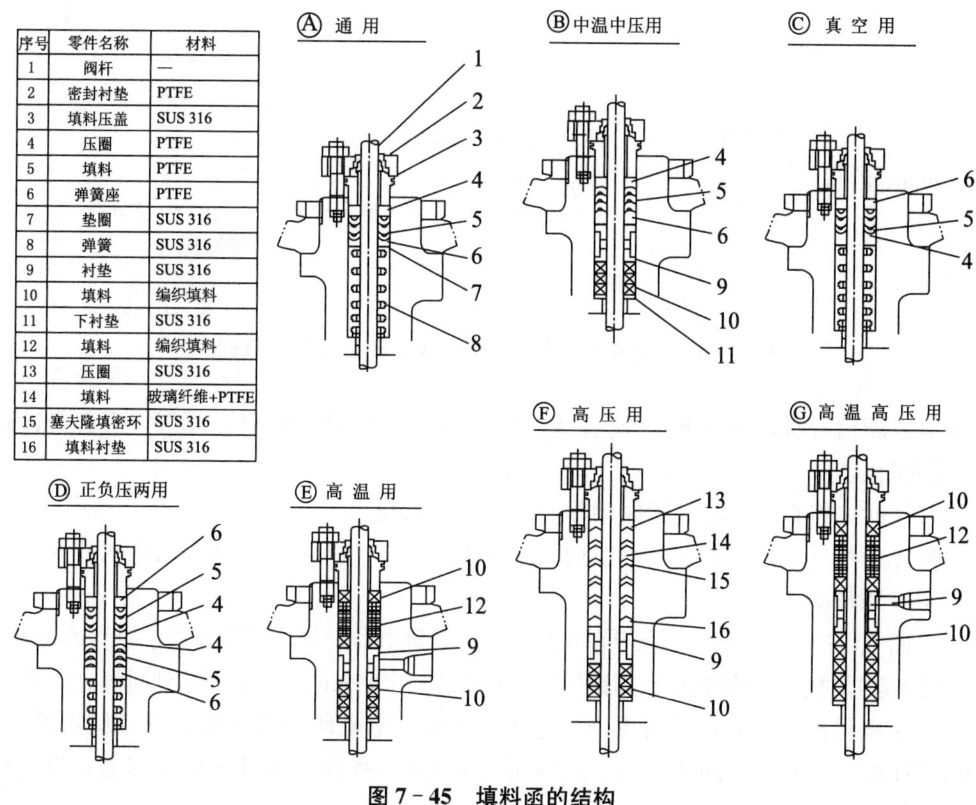

序号	零件名称	材料
1	阀杆	—
2	密封衬垫	PTFE
3	填料压盖	SUS 316
4	压圈	PTFE
5	填料	PTFE
6	弹簧座	PTFE
7	垫圈	SUS 316
8	弹簧	SUS 316
9	衬垫	SUS 316
10	填料	编织填料
11	下衬垫	SUS 316
12	填料	编织填料
13	压圈	SUS 316
14	填料	玻璃纤维+PTFE
15	塞夫隆填密环	SUS 316
16	填料衬垫	SUS 316

图 7－45　填料函的结构

7.3　控制阀的三断保护

电厂的控制阀，在不同工艺系统中的控制需求，决定了执行机构不同的失效安全工作模式。失效安全模式的选择原则首先是安全生产，其次是连续性。当遇到自控系统的气原、电源及输出信号故障时，不同的场合对控制阀的状态有不同的要求。这些要求往往是出于安全和尽量减少损失方面考虑的。另外，尽量保持系统运行的连续性也是需要考虑的一个重要方面。这就要求控制阀的控制系统本身要采取一些必要的安全保护措施。三断保护装置就是这种保护措施。它的目的是保证控制阀发生断气、断电和断信号时，能保持故障控制阀在故障前的位置。图 7－46 是通过电子开关实现三断保护装置的气动原理图。

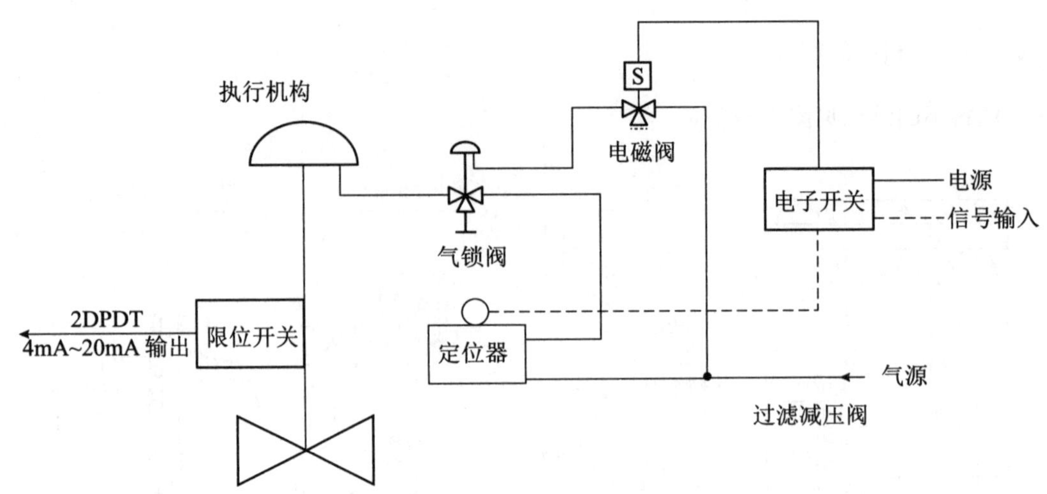

图 7－46　通过电子开关实现三段保护装置的系统原理图

断电或断信号时，通过电子开关，输出断电信号，电磁阀断电，放气，引起气锁阀动作，阀门保位。

失气原时，将直接引起气锁阀动作，实现失气保位。

另外，通过气动继电器也可以实现三断保护。图 7－47 就是通过气动继电器实现三断保护的系统原理图。

（1）断气保护：当气原压力低于整定值时，气动继电器动作，切换气路，使闭锁阀的控制气压通过继动器排空，闭锁阀动作闭锁气路，使阀芯处于原来的位置，以达到断气自锁保护。

（2）断电保护：由电磁阀实现，当电源消失时，电磁阀切换气路，气动继电器动作，控制气压排空，使继动器随之切换，闭锁阀控制气压，使闭锁阀处于锁紧状态，以达到断电自锁保护。

（3）断信号保护：由电子开关实现，使控制电流信号通过可控交流开关控制电磁阀的电源，再通过气动继电器、闭锁阀实现自锁保位，以达到断信号自锁保护。

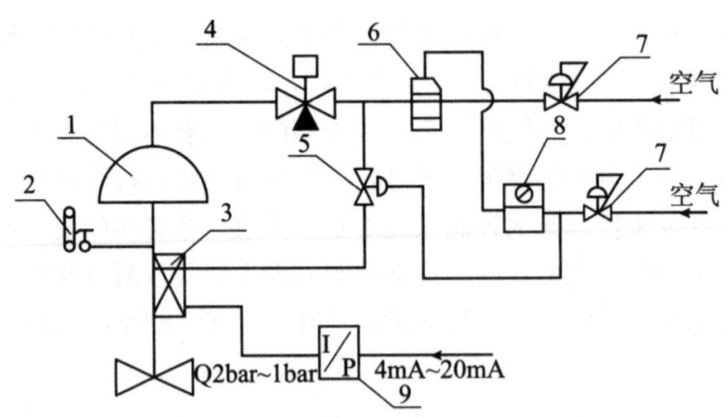

1——控制阀（气动）；2——手轮；3——阀门定位器；4——电磁阀；5——保位阀（锁定阀）；6——继动器；7——空气过滤减压器；8——调节器；9——电气转换器

图 7－47　通过气动继电器实现三断保护的系统原理图

7.4 控制阀的泄漏等级

控制阀的泄漏等级选择与其所在系统及运行方式有关。正常运行时连续调节的阀门，泄漏等级要求不严格，一般Ⅱ、Ⅲ即可。正常运行时处于关闭状态的阀门，只是在启动、停机或偶尔动作的阀门，则要求较高的泄漏等级，特别是与凝汽器（或其他真空压力容器）相连接的常闭阀，泄漏等级一定要求严格，一般用Ⅳ级或Ⅴ级。表7-18为泄漏等级的分类，表7-19为Ⅵ级的泄漏量。

表7-18 泄漏等级分类表

泄漏等级	最大允许泄漏量	试验介质	试验压力
Ⅰ		无须试验	根据GB/T 4213 ASME B16.104的规定
Ⅱ	0.5%的额定容量	在10℃～51℃时的空气或水	
Ⅲ	0.1%的额定容量	同上	
Ⅳ	0.01%的额定容量	同上	
Ⅴ	在孔径为25mm、压差为0.07bar时，0.0005mL/min	在10℃～51℃时的水	
Ⅵ	不超过表7-19中的数值	在10℃～51℃时的空气或氮	

表7-19 等级Ⅵ的泄漏量

阀座直径/mm	泄漏系数	
	泄漏量mL/min	每分钟气泡数
25	0.15	1
40	0.30	2
50	0.45	3
65	0.60	4
80	0.90	6
100	1.70	11
150	4.00	27
200	6.75	45
250	11.1	—
300	16.0	—
350	21.6	—
400	28.4	—

7.5 控制阀的气蚀和闪蒸

7.5.1 气蚀

如图 7-48 所示，当 $P_2>P_v$时，则发生气蚀。P_2为控制阀出口侧压力，P_v为汽化压力。

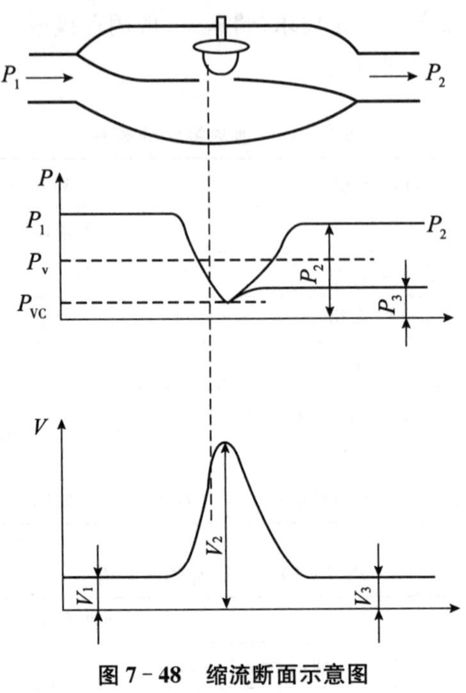

图 7-48 缩流断面示意图

气蚀的产生是液体在阀门节流孔内急剧加速时，该点的压力急剧下降，当压力降到汽化压力以下时，一部分液体转换成了蒸汽，形成气泡。如果下游压力恢复足以使得阀门出口压力高于液体的汽化压力 P_v时，气泡会破裂或向内爆炸，从而产生气蚀。蒸汽气泡破裂释放出能量造成的局部压力高达 6700bar。此时，会产生一种类似于我们可以想象的沙石流过阀门的噪声和振动。这种瞬时释放的能量会撕裂金属材料，迅速损坏阀芯、阀座和阀体，如图 7-49 所示的类似于煤渣的粗糙表面的阀芯，会使控制阀失效。

7.5.2 闪蒸

如图 7-48 所示，当 $P_2<P_v$时，将发生闪蒸。闪蒸破坏的特点是受冲刷表面有平滑抛光的外形，如图 7-50 所示。闪蒸的变量不是由阀门直接控制的。这意味着闪蒸不能靠阀门来避免，最好的办法是选择采用合适的几何形状和材料的阀门来避免或减少破坏。

图 7－49　气蚀破坏的典型外形

图 7－50　闪蒸破坏的典型外形

7.5.3　避免气蚀的措施

根据气蚀形成的原理，当控制阀发生气蚀时，控制阀的临界压降小于实际压降，而控制阀出口压力又大于流体的汽化压力，故避免气蚀的措施如下：

（1）选择压力恢复能力低的控制阀。

（2）提高控制阀进口压力或出口压力，防止最小截面段的压力（P_{VC}）低于汽化压力 P_v。具体可以采用控制阀低位布置，增加静压以提高进口压力 P_1。

（3）采用两个控制阀串联的方法，提高 C_f（临界流量系数）值。

两阀串联的 $C_{f总值}$＝单个阀的 $\sqrt{C_f}$ 。

（4）若控制阀压差极大，则可采用多级降压的控制阀。

（5）选用角式控制阀，如饱和水（汽）介质的控制阀，尽量选用角式阀体。

7.6　控制阀噪声计算

由于噪声对人体的健康有害，因此，需要设法限制工业装置所产生的噪声的强度。1970 年，美国《职业保护和健康条例》规定了工作场所的最大允许声级：每天工作 8h 的地方，声级不允许超过 90dB（A）；每天工作 6h 的地方，声级不允许超过 92dB（A）等。

要设法限制噪声，要预先估计出可能产生的噪声强度。控制阀是电力、炼油、化工等工业装置中一个重要的噪声源。因此，在设计中选用控制阀时，应预先估算出它可能产生的噪声强度，以便采取相应的措施。

7.6.1　噪声计算中的几个名词术语

（1）有效声压

有效声压是声场中一点上的瞬时声压在一个周期内的均方根值，故又称为均方根声压，简称声压，单位是 μbar（微巴）。

（2）一个声压级（SPL）

一个声音的声压级等于这个声音的声压和基准声压之比的常用对数值再乘以 20，即 SPL＝20lg（P/P_0。）

式中：

P —— 有效声压，μbar；

P_0 —— 基准声压，在听觉量度或空气中声级量度中，取 $P_0=2\times10^{-4}$ μbar；

SPL—— 声压级，dB。

(3) 声级

声级是指位于声场中的某一点上，在整个可以听得见的频率范围内和在一个时间间隔内，频率加权的声压级。声级是用来衡量噪声大小的一个基本量。

为了能用仪器直接反映人的主观响度感觉的评价量，人们在噪声测量仪器——声级计中设计了一种特殊滤波器，叫计权网络（即慢响应）。

通过计权网络测得的声压级，已不再是客观物理量的声压级，而叫计权声压级或计权声级，简称声级。通用的有 A、B、C、D 四种计权声级。

A 计权声级是模拟人耳对 55dB 以下低强度噪声的频率特性，人们发现 A 声级用来作噪声度量标准，能较好地反映出人们对噪声吵闹的主观感觉。

因此，A 声级几乎成为一切噪声的基本值。对于稳定噪声可直接用 A 声级评价，见图 7-51。

A 声级的单位是 dB（A），称为分贝。

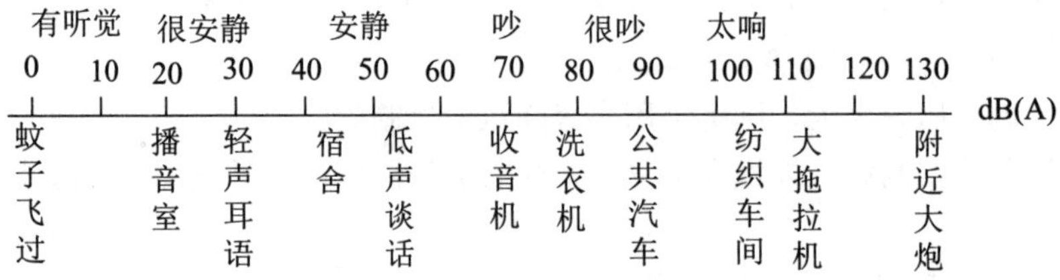

图 7-51 常见的环境噪声

7.6.2 噪声估算公式

(1) 适用于液体控制阀噪声的估算公式

当介质为液体时，在控制阀前后的差压（$\Delta P=P_1-P_2$）增大到某一数值的时候，便会由于出现闪蒸、气蚀现象，而使噪声的声级急剧上升。开始出现气蚀的点即称为临界点，它所对应的差压即称为临界差压。以此为界，可以把工作状态分成临界差压和亚临界差压两种，二者的噪声估算公式也不同。因此，必须先判断是否发生气蚀。

1) 判断是否发生气蚀根据下面公式可以得出：

无气蚀的情况 $X_P\leqslant Z_Y$

有气蚀的情况 $X_P>Z_Y$

式中：

X_P—— 液体的压力比，$X_P=\Delta P/(P_1-P_v)=(P_1-P_2)/(P_1-P_v)$；

ΔP——控制阀前后的压差，bar；

P_1 —— 阀前绝压，bar；

P_2 —— 阀后绝对压力，bar；

P_v —— 液体的汽化压力，绝对压力，bar。水的汽化压力见图 7-52。

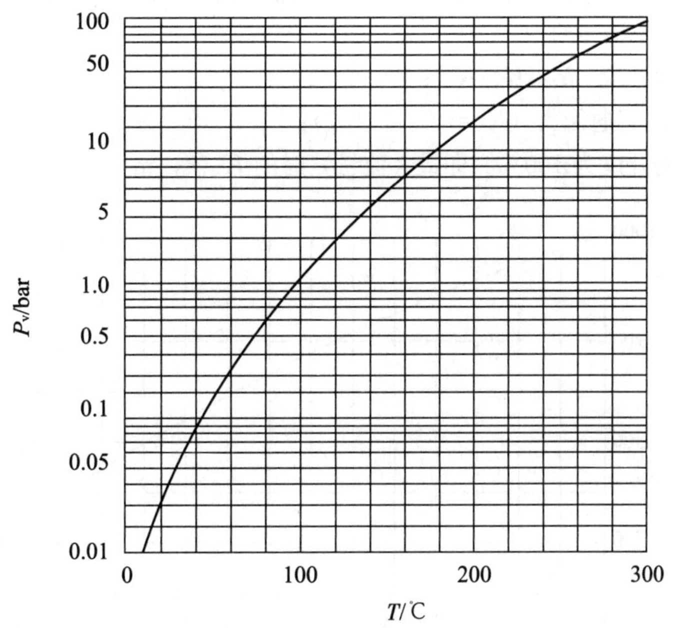

图 7-52　水的汽化压力

Z_Y——控制阀开度为 Y 时的 Z 值（见图 7-53），它是用来说明是否发生气蚀的一个参数。

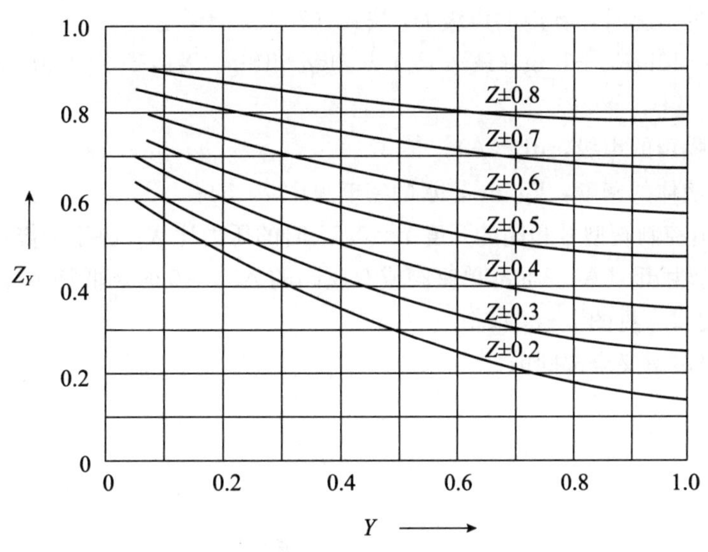

图 7-53　阀门开度 Y 对应的 Z 值

当 $\Delta P \leqslant Z_Y$（$P_1 - P_v$）时无气蚀现象发生；

当 $\Delta P > Z_Y$（$P_1 - P_v$）时有气蚀现象发生；

当 $\Delta P = Z_Y(P_1 - P_v)$ 时开始产生气蚀现象，此差压称为临界差压，记为 ΔP_k。

Z—— 由控制阀型号决定的阀门参数，其数值由阀门制造厂用图线或表格的形式提供；常用控制阀的 Z 值如下：球阀 0.1～0.2，蝶阀 0.15～0.25，标准单座阀或双阀0.3～0.5，低噪声阀 0.6～0.9。

Y ——阀的开度，$Y = K_v / K_{vS}$；

K_v —— 阀的流通能力（$K_v = C_v / 1.167$）；

K_{vS} ——阀的开度为 100%（即最大流量）时的 K_v 值，m^3/h；

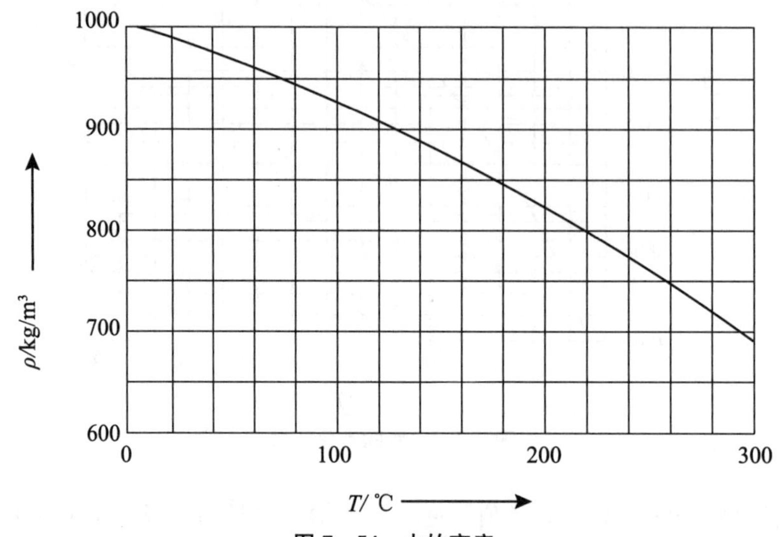

图 7－54　水的密度

2）无气蚀的情况时，噪声的声级 L_A 按式（7－1）计算：

$$L_A = 10\lg K_v + 18\lg(P_1 - P_v) - 5\lg\rho + 18\lg(X_P / Z_Y) + 40 + \Delta L_F \qquad (7-1)$$

式中：

L_A —— 噪声的声级，dB（A）；

ρ —— 液体的密度，kg/m^3，水的密度见图 7－54；

ΔL_F ——由控制阀型号和阀的开度 $Y = 0.75$ 时的压力比 X_P 决定的修正量。它反映了控制阀的声学特性 dB（A）。标准单座阀或双座阀的 $\Delta L_F = 0$ 时，低噪声控制阀的 ΔL_F 曲线，由制造厂提供（见图 7－55）。

其余各符号的意义全部同前。

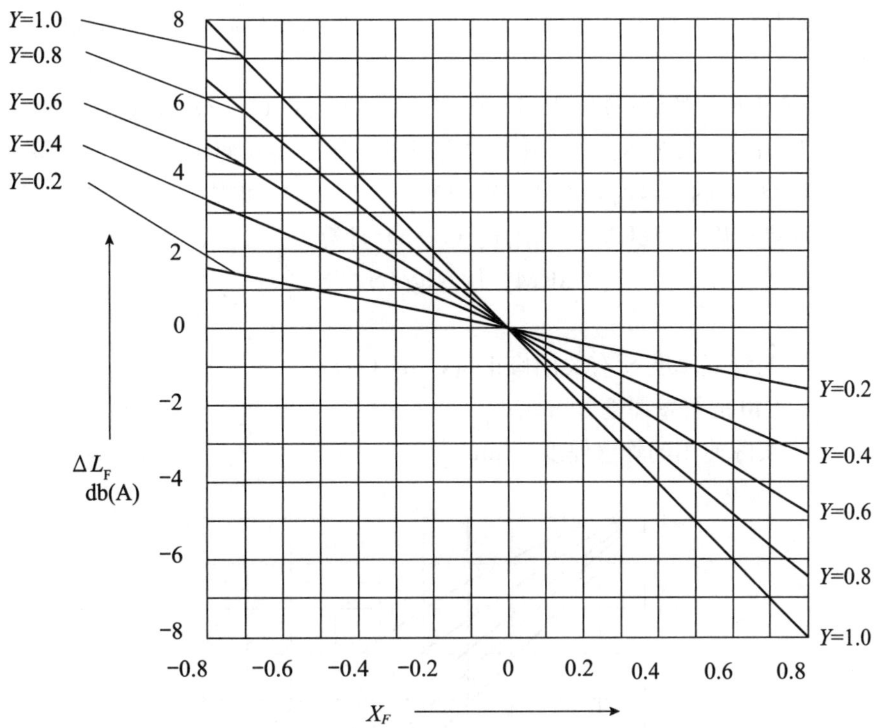

图 7－55　低噪声控制阀的声级修正量 ΔL_F

3）有气蚀的情况时，噪声的声级 L_A 按式（7－2）计算：

$$L_A = 10\lg K_v + 18\lg(P_1 - P_v) - 5\lg\rho + 29\lg(X_P - Z_Y)0.75 - (268 + 38Z_Y) \times (X_P - Z_Y)0.935 + 40 + \Delta L_F \quad (7-2)$$

式中各符号的意义全部同前。

对应于最大声级的差压比记为 XPM，当 XPM≤1.0 其值可按式（7－3）计算：

$$XPM = 0.48 + 0.72\,Z_Y \quad (7-3)$$

若以 XPM 取代式（7－1）、式（7－2）的 X_P，则即可取最大声级 L_{AM}。

（2）适用于气体和蒸汽控制阀噪声的公式

$$L_A = 14\lg K_v + 18\lg P_1 + 5\lg T_1 - 5\lg\rho + 20\lg(P_1/P_2) + 52 + \Delta L_G \quad (7-4)$$

式中：

L_A —— 噪声的声级，dB（A）；

K_v —— 阀的流通能力；

P_1 —— 阀前绝对压力，bar；

P_2 —— 阀后绝对压力，bar；

T_1 —— 阀前流体的温度，K；

ρ —— 流体的密度（气体取标准状态下的密度 ρ_N，水蒸气取 $\rho \approx 0.8$），kg/m^3；

ΔL_G —— 由控制阀型号和阀的开度 $Y = 0.75$ 时的压力比 $X = (P_1 - P_2)/P_1$ 决定的修正量 dB（A）；

标准单座阀和双座阀的 ΔL_G 小到可以忽略不计，低噪声控制阀 ΔL_G 曲线由制造厂提供（见图 7－56）。

与管壁厚度 S 有关的修正量 ΔRM。在式（7－1）、式（7－2）和式（7－4）中，实际上包含着一个压力额定值为 S_{40} 的管道平均衰减量，如果实际使用的管道压力额定值不是 S_{40}，那么在计算噪声的声级时，在式（7－1）、式（7－2）和式（7－4）中就应再加上修正量 ΔRM 一项进行修正。ΔRM 可以用式（7－5）计算：

$$\Delta RM = 10 \times \lg (S_{40}/S) \tag{7-5}$$

式中：

ΔRM —— 与管壁厚度 S 有关的修正量，dB（A）；

S_{40} —— S40 的管壁厚度，mm；

S —— 实际使用的管壁厚度，mm。

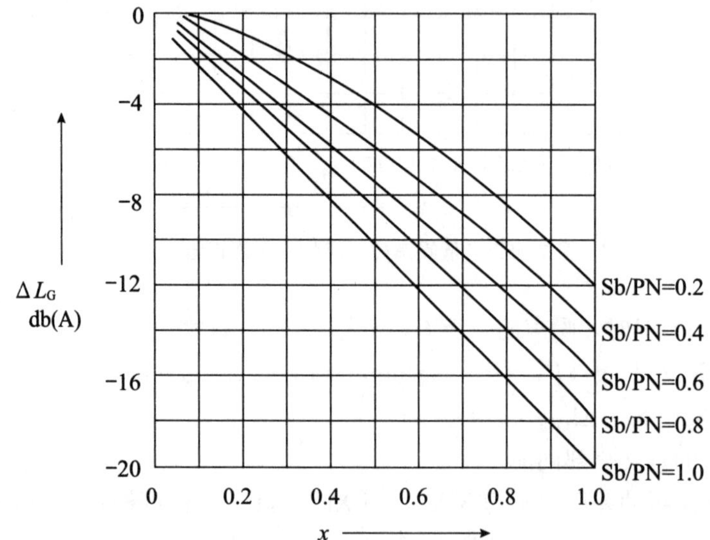

图 7－56　低噪声控制阀的声级修正量 ΔL_G

7.6.3　估算方法的使用范围及结果的精确度

（1）该估算方法只考虑了在封闭管道系统中的流体动力学噪声，而并不包括控制阀内部可动部件产生的响声，以及在固体材料中传播的声音，或由于某种原因反射和共振造成的声音放大效应。

（2）当测试条件与标准化试验方案有差别时，应按 DIN 458635 BLatt 1 进行修正。

（3）控制阀出口处以及管道中的流速不应超过下列极限值：

液体　$\omega \leqslant 10$，蒸汽　$\omega \leqslant 0.3\omega_s$；

式中：

ω ——流速，m/s；

ω_s ——音速。

（4）估算方法的使用范围

$1<K_v<6000$；

$0.01<X$ 或 $X_F<1.0$（X 为气体或蒸汽的压力比；X_F 为液体的压力比）；

$L_A>20$dB（A）

（5）声级的计算结果存在一个 10dB（A）的偏差带。

7.6.4 计算举例

【例题 1】已知 流体：水

流量 $Q=90\text{m}^3/\text{h}$，工作温度 $t=120$℃，要求的 $K_v=50\ \text{m}^3/\text{h}$，入口压力（绝对压力）$P_1=7$bar，出口压力（绝对压力）$P_2=4$ bar。管道壁厚 S40 采用单座控制阀，口径为 DN80，从工厂提供数据表中查得$K_{vS}=80\ \text{m}^3/\text{h}$，$Z=0.25$。

（1）求出阀的开度$Y=K_v/K_{vS}=50/80=0.625$；由$Y=0.625$及$Z=0.25$，从图 7-52 中查得 $ZY=0.28$；

（2）由 $t=120$℃，从图 7-52 中查得水的蒸汽压 $P_v=2$ bar；

（3）求出压力比；

（4）由 $t=120$℃，从图 7-54 中查出水的密度 $\rho=940\text{kg/m}^3$；

（5）对于标准的单座控制阀 $\Delta L_F=0$；

（6）∵$X_P=0.6$，$Z_Y=0.28$，即 $X_P>Z_Y$，∴该控制阀噪声的声级 L_A 应采用式（7-2)计算：

$L_A=10\lg K_v+18\lg(P_1-P_v)-5\lg\rho+29\lg(X_P-Z_Y)0.75-(268+38Z_Y)\times(X_P-Z_Y)0.935+40+\Delta L_F=10\lg 50+18\lg(7-2)-5\lg 940+292\times(0.6-28)0.75-(268+38\times0.28)\times(0.6-28)0.935+40+0=17+12.6-14.9+124-97+40=81.7$

【例题 2】已知流体：合成气

流量 $Q=40000\ \text{m}^3/\text{h}$，入口压力（绝压）$P_1=12.5$bar，出口压力（绝对压力）$P_2=2.5$ bar，入口温度 $T_1=393$K，标准状态下密度 $\rho_N=0.7\ \text{kg/m}^3$，要求的 K_v值 $K_v=200\text{m}^3/\text{h}$。管道壁厚 S40 采用单座控制阀，口径为 DN150，从工厂提供的数据表中查出 $K_{vS}=360\text{m}^3/\text{h}$；标准单座阀的校正量 ΔL_G 可以忽略不计，即 $\Delta L_G\approx0$；则该项控制阀噪声的声级 L_A 用式（7-4）计算如下：

$$
\begin{aligned}
L_A&=14\lg K_v+18\lg P_1+5\lg T_1-5\lg\rho+20\lg(P_1/P_2)+52+\Delta L_G\\
&=14\lg 200+18\lg 12.5+5\lg 393-5\lg 0.7+20\lg(12.5/2.5)+52+0\\
&=32.2+19.8+13+0.775-3.12+52\approx 114.7\text{dB (A)}
\end{aligned}
$$

7.7 控制阀选型的计算

7.7.1 工艺系统控制阀的设置范围

电站工艺系统大量采用了气动控制阀，即快开（ON/OFF）控制阀、压力控制阀、温度控制阀、水位控制阀等，几乎每个系统中均设有控制阀。

（1）在主蒸汽、旁路、再热冷段、再热热段、各段抽汽、辅助蒸汽等管道上的疏水，都采用了快开（ON/OFF）阀。该阀门在气动执行器的作用下能快速打开或关闭，但无调节作用，密封性能要求高。

（2）高压加热器和低压加热器的疏水阀采用了气动控制阀。

（3）锅炉连续排污阀和定期排污阀采用气动或电动的角式控制阀。

（4）冷却水系统中的冷却器、氢密封油冷却器、汽轮机润滑油冷却器、电液冷却器、闭式循环冷却水热交换器、小汽轮机润滑油冷却器、电动给水泵润滑油冷却器、发电机氢冷却器等冷却水出口管道上均设有温度控制阀。

（5）燃油系统（重油和轻油）中蒸汽管道和油管道上均采用气动控制阀。

7.7.2 电站用控制阀的特点

电站用控制阀的特点如下：

（1）所有控制阀均为配备气动执行机构。大部分为气动薄膜式，小部分为气动活塞式。气动控制阀信号灵敏，动作速度快，调节性能稳定，气动执行机构结构简单、体积小、重量轻、价格适宜。

（2）主要管道（主汽、旁路、再热冷段、再热热段、各级抽汽）疏水阀（包括不要求连续调节、只作关断，且快关速度要求快的阀门，如连续排污阀扩容器向空排气阀）均采用快开/快关阀，该阀在气动薄膜式执行机构作用下能快速动作，阀芯为单座阀，密封性能好，体积很小，其中主蒸汽管道疏水阀压差大，故采用了角式气动阀，它可承受很大的压差，抗气蚀能力强。阀体材料为合金钢，阀芯材料为不锈钢，其他阀门均为球型阀，使用寿命长。

（3）高低压加热器正常疏水控制阀和锅炉定期排污及连续排污控制阀，由于其流体介质为饱和水，压差比较大，容易汽化，故这些阀门均采用了角式控制阀（下进平出），该种控制阀允许压力高，且抗气蚀能力强。压力恢复能力低，密封性能好，低噪声，阀体材料为铬镍合金钢。

（4）主汽轮机润滑油冷却器出口控制阀、闭式循环冷却水热交换器控制阀、压缩空气母管上控制阀、末级加热器事故疏水控制阀等，这些阀均为高流量、低压差，故选用对夹式蝶阀，该阀结构简单，压损低，通流能力大，重量轻，阀体短，价格尤为便宜，流量特性稳定，密封性能较好。

（5）除氧器溢流阀要求泄漏量极小，故采用高性能蝶阀，此阀力矩相对低，双向可靠密封通流能力大，泄漏量极小，可达Ⅵ级（ANS1　B16.104）；气动执行机构动作灵敏，速度快，体积小，重量轻，均为法兰连接。

（6）发电机氢冷却器出口控制阀和循环水管道上的控制阀因高流量、大直径、泄漏要求不太严格，故采用双座套筒式控制阀。此种阀门阀芯稳定性好（因设有套筒导向）且产生较小的不平衡力，可配置较小的执行机构，压力恢复能力低，抗气蚀性能强，泄漏等级一般为Ⅱ级或Ⅲ级。

(7) 大部分阀门均为单座阀门。单座阀较为普遍，结构简单，密封性能好，泄漏量小，容易保证关闭，若采用套筒导向，阀杆运动稳定。

(8) 对于要求经常连续调节和要求调节性能比较严格的控制阀，如除氧器水位控制阀，主给水控制阀，除氧器备用气原控制阀，高、低压加热器正常疏水控制阀均采用套筒导向单座控制阀。

(9) 给水泵最小流量再循环控制阀采用修正型、线性流量特性。控制阀出口不设孔板，若控制阀出口设有节流孔板（如电动给水泵最小流量再循环控制阀旁路阀），则选用ON/OFF流量特性。

(10) 吹灰系统控制阀由于压差比较大，介质为蒸汽，故噪声比较大，而且此阀要求快速动作（5s～10s），因此应选用低噪声阀，而且执行机构要配备升压继动器（BOSSTER RELAY）。

7.7.3 控制阀的选型参数

控制阀的选型是一个非常重要的环节，控制阀选择的好坏直接影响电厂自动化系统调节特性的可靠性和安全性，控制阀选择不当，将导致自动化系统失灵。而选择合适的控制阀的关键，是提供的控制阀的参数要准确无误，这样才能进行正确计算，选择比较满意的控制阀。

(1) 控制阀的流量

控制阀的流量是一个重要参数，流量提供以控制阀正常运行及在运行中所有可能出现的极端工况为最好，即最大工况、最小工况、正常工况，且提供的流量数值按该工况下的实际流量提供，不加任何余量。

(2) 控制阀进出口压力

控制阀进出口压力需要认真计算，且同样以提供最大工况、最小工况、正常工况为最好，一般按下式计算：

控制阀进口压力＝系统中起始端压力－（管道沿程阻力＋局部阻力）±阀前静压；

当控制阀位于起始端下方时用“＋”，当控制阀位于起始端上方时用“－”。

控制阀出口压力＝系统终端压力＋（管道沿程阻力＋局部阻力）±阀后静压；

当控制阀位于终端下方时用“－”，当控制阀位于终端上方时用“＋”。

阀前静压：控制阀前后的静压仅介质为液体时考虑，对蒸汽或气体管道可忽略不计。

(3) 最大压力

控制阀的另一个重要参数是最大压力，此参数主要用于选择阀体的压力等级，若系统中设有泵，则最大压力为泵的关断压头（SHUTOFF PRESS），若系统中没有泵，则最大压力按系统中最大可能出现的压力再乘以115％的系数。

(4) 流体温度

流体温度大小与选择控制阀的阀体及其附件材料有关，一般提供设计温度和运行温度两种。设计温度即为系统中可能出现的最大温度。

（5）管道尺寸

管道外径和壁厚要提供准确，它与控制阀口径选择有关。当进出口管径不一致时，要分别注明。

（6）阀体形式

一般在系统设计时已确定，即管道布置是直通的还是角式的。

（7）连接方式

通常在设计压力大于10MPa或设计温度高于540℃时采用焊接，而低于该值时采用法兰连接。不管何种连接方式，都必须注明所执行的标准，以便安装。

（8）最大允许噪声

一般情况下≤80dB（A）。

（9）允许泄漏等级

视阀门所在系统和阀门工作时，是连续工作还是不连续工作而决定。不连续工作的控制阀（常闭阀）一般为Ⅳ、Ⅴ、Ⅵ级，而连续工作（常开阀）一般为Ⅱ、Ⅲ级。

（10）执行机构的动作方式、附件、故障时的位置

根据阀门控制连锁保护要求决定。

7.7.4　控制阀的选型计算

7.7.4.1　基本概念

（1）流量系数

流量系数C_v（亦称C_v值）表示控制阀的通流能力的大小。它就是15.6℃（60℉）的水在阀门处于全开状态时阀两端压降为1psi（6.895kPa）条件下，每分钟通过的加仑数（美）。

（2）临界流量系数C_f

临界流量系数C_f是表明控制阀的压力恢复比的一个无量纲数。

（3）流量

流量是指通过控制阀的最大流量、最小流量和正常流量，选择计算流量应基于实际工况，不计任何其他因素和系数。

（4）可调范围R

控制阀的可调范围值为控制阀所能控制的最大流量和最小流量的比值。

$$R=\frac{\text{控制阀流经的最大流量}}{\text{控制阀流经的最小流量}}=\frac{Q_{max}}{Q_{min}}$$

（5）流量特性

控制阀的流量特性是在阀两端压差保持不变的情况下，介质流经控制阀的相对流量与它相对开度之间的关系，分为三种：等百分比、线性、快开式。如图7-57所示。

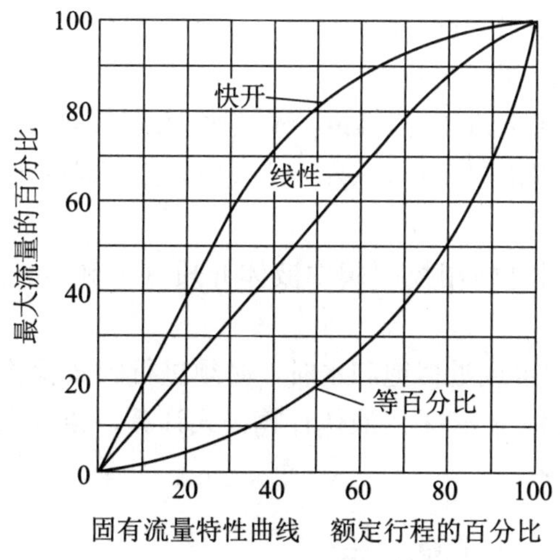

图 7－57 固有流量特性曲线

1）等百分比流量特性是指在行程的每一点上，单位行程变化所引起的流量变化与此点的流量值成正比，流量变化的百分比相等。

2）线性流量特性是指相对行程和相对流量成直线关系。

3）快开式流量特性是指控制阀的行程最小时，流量变化最大，随行程的增大流量逐渐减小，当接近全开位置时，流量变化趋近于零。

（6）允许压差

允许压差是指控制阀进出口压差的允许范围，一般不能超过其阀门的规定值，以保证执行机构的输出力足以克服不平衡力，从而实现输入信号与阀芯位移的正确定位。

（7）压力恢复能力

它是控制阀内部结构的一种功能，即控制阀越趋流线型，压力恢复能力越大，意味着发生气蚀的可能性就越大。

（8）控制阀的不平衡力

控制阀工作时，阀芯由于受到流体静压和动压的作用，使阀芯产生上下移动的轴向力和旋转运动的切向力。这些力的合力不为零，使阀芯处于不平衡状态，产生了不平衡力和不平衡力矩。不平衡力越大，需配备的执行机构越大，反之亦然。

7.7.4.2 流量系数（通流能力）C_v 值计算

控制阀通流能力 C_v 值计算方法，各个制造厂家和不同的使用行业是不尽相同的。目前，国内通用行业使用的控制阀 C_v 值的计算方法基本相同，而大型电站工程配套控制阀选型计算与其不同。为了满足不同行业工程的需要，现分别介绍三种计算方法。

7.7.4.2.1 通用行业控制阀计算方法

（1）液体计算公式

$$C_v = 1.17Q\sqrt{\frac{G}{P_1 - P_2}} \tag{7-6}$$

式中：Q ——流体体积流量，m^3/h；

G ——相对密度（水 $G=1$）；

P_1 ——控制阀进口压力，kgf/cm^2（最大流量时的绝对压力）；

P_2 ——控制阀出口压力，kgf/cm^2（最大流量时的绝对压力）。

值得指出的是：

①关于黏度修正，因电站用控制阀中液体介质（水和轻、重油）大多为低黏度流体，可不考虑黏度修正。

②当介质流体为饱和水或近似饱和水时，必须进行闪蒸验算，因有闪蒸现象时，由于阀内流体为汽、水两相，若仍采用液体计算公式计算，会造成通流能力不够，故应采用式（7－7)的方法计算：

当 $\Delta P_c < \Delta P$ 时，$C_v = 1.17Q\sqrt{\dfrac{G}{\Delta P_c}}$ （7－7）

当 $\Delta P_c > \Delta P$ 时，按式（7－6）计算，不发生闪蒸现象。

式中：ΔP_c——控制阀最大流量时的临界压差，kgf/cm^2；

ΔP_c——$P_1 - P_2$，kgf/cm^2。

当 $\Delta t < 2.8$℃时，$\Delta P_c = 0.06\ P_1$； （7－8）

当 $\Delta t > 2.8$℃时，$\Delta P_c = 0.9\ (P_1 - P_s)$。 （7－9）

式中：Δt ——$t_s - t_f$；

t_s ——进口压力（P_1）下的饱和温度，℃；

t_f ——进口温度，℃；

P_s ——进口温度下水的饱和压力，kgf/cm^2。

对水以外的其他液体介质可按下列方法计算：

$$C_v = C_{vl} + C_{vg} = (1 - x)C_{v(液)} + xC_{v(气)} \quad (7-10)$$

式中：C_{vl}——两相流中液体份额的通流能力 C_v 值按液体公式（7－6）式计算。

C_{vg}——两相流中气体份额的通流能力 C_v值按液体公式（7－12）或（7－13）式计算。

这种计算方法需先将闪蒸比率求出，然后求 C_v值。

$$X = \frac{i_1 - i_2}{r_2} = \frac{C_p(T_1 - T_2)}{r_2} \quad (7-11)$$

式中：X ——闪蒸比率；

i_1 ——进口温度（t_1）小的焓，kJ/kg；

i_2 ——出口压力（P_2）下饱和温度下的焓，kJ/kg；

r_2 ——出口压力（P_2）下饱和温度下的潜热，kJ/kg；

C_p —— 平均温度$\left(\dfrac{T_1 + T_2}{2}\right)$下的液体比热，kJ/kg；

T_1 ——进口温度，K；

T_2 ——出口温度，K。

（2）气体计算公式

$$当\ \Delta P < \frac{P_1}{2}\ 时，C_v = \frac{Q}{287}\sqrt{\frac{G(273+t_f)}{\Delta P(P_1+P_2)}} \tag{7-12}$$

$$当\ \Delta P \geqslant \frac{P_1}{2}\ 时，C_v = \frac{Q\sqrt{G(273+t_f)}}{249P_1} \tag{7-13}$$

式中：Q ——流量（在760mmHg，15.6℃条件下），m^3/h；

G ——相对密度（空气 $G=1$）；

t_f ——流体温度，℃；

P_1 ——进口压力，kgf/cm^2（最大流量时的绝对压力）；

P_2 ——出口压力，kgf/cm^2 （最大流量时的绝对压力）；

ΔP—— P_1-P_2［压差，kgf/cm^2］。

说明：因流量 Q 是标准大气压下的气体流量，故实际大气压下的流量计算时，需换算成标准大气压下的流量，可按下式换算：

$$q_{VN} = \frac{q_{V1}\times\rho_1}{\rho_N} \tag{7-14}$$

$$\rho_N = \rho_1\frac{标准大气压\times(273+t_f)}{P_1\times 273} \tag{7-15}$$

式中：q_{VN}——标准大气压下的流量，m^3/h；

q_{V1}——实际压力下的气体流量，m^3/h；

ρ_1 ——实际压力下气体密度，kg/m^3；

ρ_N ——标准大气压下气体密度，kg/m^3；

t_f ——气体实际状态下的温度，℃。

标准大气压力＝1。

（3）水蒸气计算公式

$$当\ \Delta P < \frac{P_1}{2}\ 时，C_v = \frac{WK}{13.67\sqrt{\Delta P(P_1+P_2)}} \tag{7-16}$$

$$当\ \Delta P \geqslant \frac{P_1}{2}\ 时，C_v = \frac{WK}{11.9P_1} \tag{7-17}$$

式中：W ——最大流量，kg/h；

P_1 ——进口压力，kgf/cm^2（最大流量时的绝对压力）；

P_2 ——出口压力，kgf/cm^2（最大流量时的绝对压力）；

K ——1＋（0.0013×过热度），℃；

ΔP ——P_1-P_2，kgf/cm^2。

【例题1】有一控制阀被调介质为水，进口压力为9 kgf/cm^2，出口压力为5 kgf/cm^2，介质温度为177℃，介质流量为10m^3/h，试求该控制阀的通流能力 C_v 值。

解：首先判断是否有闪蒸现象，求临界压差 ΔP_c。

查蒸汽表，在 $P_1=9kgf/cm^2$ 下的饱和度 $t_s=174.53$℃，则

$\Delta t = t_s - t_f = 174.53 - 177 = -2.47$℃

$\Delta t = -2.47$℃< 2.8℃

故，$\Delta P_c = 0.06 \times P_1$［根据式（7-8）］$= 0.06 \times 9 = 0.54\text{kgf/cm}^2$

因 $\Delta P_c < \Delta P = P_1 - P_2 = 4\text{kgf/cm}^2$

则计算证明该控制阀有闪蒸现象。

求 C_v值

因有闪蒸现象，根据式（7-7）计算：

$$C_v = 1.17Q\sqrt{\frac{G}{\Delta P_c}} = 1.17 \times 10 \times \sqrt{\frac{1}{0.54}}\ (\text{水}\ G=1) \approx 16$$

【例题 2】已知流体介质为水，流量 $Q = 318\text{m}^3/\text{h}$，进口绝对压力 $P_1 = 50\text{kgf/cm}^2$，出口绝对压力 $P_2 = 7\text{kgf/cm}^2$，进口温度 $t_f = 120$℃，试求控制阀的 C_v值。

解：首先判断是否有闪蒸现象，求临界压差 ΔP_c

查蒸汽表，在 $P_1 = 50\text{kgf/cm}^2$下的饱和度 $t_s = 262.7$℃

$\Delta t = t_s - t_f = 262.7 - 120 = 142.7$℃

$\Delta t > 2.8$℃

查蒸汽表，120℃下的饱和压力 $P_s = 2.02\text{kgf/cm}^2$

根据式（7-9），$\Delta P_c = 0.9(P_1 - P_s) = 0.9 \times (50 - 2.02) = 47.18\text{kgf/cm}^2$

因 $\Delta P_c > \Delta P = P_1 - P_2 = 50 - 7 = 43\text{kgf/cm}^2$

则计算证明无闪蒸现象发生。

计算 C_v值

因该控制阀无闪蒸现象，故根据式（7-6）计算

$$C_v = 1.17Q\sqrt{\frac{G}{P_1 - P_2}}\ (\text{水}\ G=1) = 1.17 \times 318\sqrt{\frac{1}{43}} \approx 56.74$$

【例题 3】已知介质性质为蒸汽，流量 $W = 50\text{t/h}$，进口绝对压力 $P_1 = 25\text{kgf/cm}^2$，出口绝对压力 $P_2 = 13\text{kgf/cm}^2$，进口温度 $t_0 = 222.9$℃，求 ΔP 和 C_v值。

解：a. $\Delta P = P_1 - P_2 = 25 - 13 = 12\text{kgf/cm}^2$

$\frac{P_1}{2} = \frac{25}{2} = 12.5\text{kgf/cm}^2$

故 $\Delta P < \frac{P_1}{2}$

b. 因 $\Delta P < \frac{P_1}{2}$，故根据式（7-16）计算

查蒸汽表，P_1压力下的饱和温度 $t_s = 222.9$℃

过热度$= t_0 - t_s = 222.9 - 222.9 = 0$

$K = 1 + (0.0013 \times \text{过热度}) = 1 + (0.0013 \times 0) = 1$

$$C_v = \frac{WK}{13.67\sqrt{\Delta P(P_1 + P_2)}} = \frac{50000 \times 1}{13.67\sqrt{12(25 + 13)}} = 171$$

【例题4】已知流体介质为空气，在实际状态下的空气流量 $Q_1=400m^3/h$，进口绝对压力 $P_1=11kgf/cm^2$，出口绝对压力 $P_2=5kgf/cm^2$，空气温度 $t_f=30℃$，介质密度 $\rho_1=15kg/m^3$，试求控制阀的 C_v 值

解：a. 求 ΔP

$\Delta P=P_1-P_2=11-5=6kgf/cm^2$

$\dfrac{P_1}{2}=\dfrac{11}{2}=5.5kgf/cm^2$

故 $\Delta P>\dfrac{P_1}{2}$

b. 求 C_v 值

因已知流量实际状态下的空气流量，故应根据式（7-15）和式（7-14）将实际状态下的空气流量换算为标准状态下的空气流量。

$$\rho_N=\rho_1\frac{\text{标准大气压}\times(273+t_f)}{P_1\times 273}=15\times\frac{1\times(273+30)}{11\times 273}\approx 1.51kg/m^3$$

$$Q_N=\frac{Q_1\times\rho_1}{\rho_N}=\frac{400\times 15}{1.51}=3973m^3/h$$

根据式（7-13）得

$$C_v=\frac{Q_N\sqrt{G(273+t_f)}}{249P_1}=\frac{3973\sqrt{1\times(273+30)}}{249\times 11}\approx 25.5$$

【例题5】某控制阀介质为过热蒸汽，入口压力 $75kgf/cm^2$，出口压力 $30kgf/cm^2$；设计温度550℃，最大流量18t/h，确定阀门的流量系数 C_v。

解：首先求临界压差 ΔP

$$\Delta P=45kg/cm^2>\frac{P_1}{2}$$

$$C_v=\frac{WK}{11.9P_1}=\frac{180000kg/h\times[1+0.0013\times(550℃-290.75℃)]}{11.9\times 75kgf/cm^2}\approx 26.965$$

式中：

C_v ——控制阀流量系数；

W ——蒸汽最大流量，kg/h；

P_1 ——进口压力，kgf/cm^2（最大流量时的压力）；

$K=1+0.0013\times$ 过热度（℃）。

7.7.4.2.2 大型电站用控制阀的计算方法

（1）液体计算公式

1）一般液体，即不发生气蚀（阀门两端压差 $\Delta P<\Delta P_c$），液体为紊流状态，按式（7-18）计算：

$$C_v=1.16Q\sqrt{\frac{\gamma}{\Delta P}} \tag{7-18}$$

式中：

C_v ——控制阀流量系数；
γ ——气体相对于空气的重度，t/m³；
Q ——液体体积流量，m³/h；
ΔP ——阀前后压差，bar；
ΔP_c——初始闪蒸压差，bar，$\Delta P_c = K_c(P_1 - P_v)$；
P_1 ——控制阀入口压力；
P_v ——控制阀入口液体的饱和蒸汽压力；
K_c ——初始闪蒸系数（阀门厂通过试验获得，见表 7-20）。

表 7-20　压力恢复系数 F_L 和初始闪蒸系数 K_c

系数	阀型							
	单座阀	双座阀	套筒阀	角型阀	蝶式阀	偏心旋转阀	多级高压阀	迷宫阀
F_L	0.9	0.85	0.9	0.9	0.68	0.85	0.9	1
K_c	0.65	0.7	0.65	0.64	0.32	0.6	0.64	0.9

注：F_L 值在阀全开时测得。F_L 与阀的阀芯形状、阀体结构、阀内液流流向有关。F_L 值越大的阀，允许承受的压差越大，抗闪蒸、气蚀的能力也越强。

2）液体出现阻塞流时，即当控制阀两端压差 $\Delta P \geqslant \Delta P_s$ 时，按式（7-19）计算：

$$C_v = 1.16Q\sqrt{\frac{\gamma}{\Delta P_s}} \qquad (7-19)$$

式中：
C_v ——控制阀流量系数；
γ ——气体相对于空气的重度（t/m³）；
Q ——液体体积流量（m³/h）；
ΔP_s ——阻塞流压差（bar），$\Delta P_s = F_L{}^2(P_1 - F_F P_v)$；
F_F ——临界压力比系数，$F_F = 0.96 - 0.28\sqrt{\frac{P_v}{P_c}}$；
P_1 ——控制阀入口压力；
P_v ——控制阀入口液体温度下的饱和蒸汽压力；
P_c ——热力学临界压力（对于水 P_c=225bar）；
F_L ——液体压力恢复系数（阀门厂通过试验获得）。

3）高黏度液体，应分别计算紊流 C_v 值和层流 $C_{v层}$ 值，并取其中较大的数值作为所需控制阀的 C_v 值，层流 $C_{v层}$ 值按式（7-20）计算：

$$C_{v层} \approx 0.032\left(\frac{Q\mu}{\Delta P}\right)^{\frac{2}{3}} \qquad (7-20)$$

式中：
$C_{v层}$ ——法内液体层流时的流量系数；

μ ——阀内液体的动力黏度（cp，10^{-3}Pa・s）；

Q ——液体体积流量，m^3/h；

ΔP ——阀前后压差，bar。

（2）气体计算公式

1）亚临界流，即当 $\Delta P < 0.5F_L^2P_1$ 时

$$C_v = \frac{1.16Q}{342}\sqrt{\frac{\gamma T}{\Delta P(P_1 + P_2)}} \tag{7-21}$$

式中：

Q ——绝对压力为 1.013bar，温度为 0℃时的气体流量（m^3/h）；

γ ——气体相对于空气的重度（t/m^3）（空气 $\gamma = 1.0$）；

P_1 ——上游气体绝对压力（bar）；

P_2 ——下游气体绝对压力（bar）；

ΔP ——阀前后压差（bar）；

F_L ——液体压力恢复系数（阀门厂通过试验获得）；

T ——流体流动时的温度，K（开式温度）。

2）临界流，即当 $\Delta P \geqslant 0.5{F_L}^2P_1$ 时

$$C_v = \frac{1.16Q\sqrt{\gamma T}}{298F_LP_1} \tag{7-22}$$

式中：

Q ——绝对压力为 1.013bar，温度为 0℃时的气体流量，m^3/h；

γ ——气体相对于空气的重度，（空气 $\gamma = 1.0$）t/m^3；

P_1 ——上游气体绝对压力，bar；

P_2 ——下游气体绝对压力，bar；

F_L ——液体压力恢复系数（阀门厂通过试验获得）；

T ——流体流动时的温度，K（开式温度）。

（3）蒸汽计算公式

1）饱和蒸汽流量系数：

①亚临界流，即当 $\Delta P < 0.5F_L^2P_1$ 时则

$$C_v = \frac{72.4G}{\sqrt{\Delta P(P_1 + P_2)}} \tag{7-23}$$

式中：

C_v ——控制阀流量系数；

G ——蒸汽流量，t/h；

P_1 ——上游气体绝对压力，bar；

P_2 ——下游气体绝对压力，bar；

ΔP ——阀前后压差，bar。

②临界流，即当 $\Delta P \geqslant 0.5F_L^2P_1$ 时

$$C_v=\frac{83.75G}{F_L\cdot P_1} \tag{7-24}$$

式中：

C_v——控制阀流量系数；

G——蒸汽流量，t/h；

P_1——上游气体绝对压力，bar；

F_L——液体压力恢复系数（阀门厂通过试验获得）。

2）过热蒸汽流量系数

①亚临界流，即当 $\Delta P<0.5F_L^2P_1$ 时

$$C_v=\frac{72.4(1+0.0126t_{sh})G}{\sqrt{\Delta P(P_1+P_2)}} \tag{7-25}$$

式中：

C_v——控制阀流量系数；

G——蒸汽流量，t/h；

P_1——上游气体绝对压力，bar；

P_2——下游气体绝对压力，bar；

ΔP——阀前后压差，bar；

t_{sh}——蒸汽过热温度,℃。

②临界流，即当 $\Delta P\geqslant 0.5F_L^2P_1$ 时则

$$C_v=\frac{83.64(1+0.00126t_{sh})G}{F_L\cdot P_1} \tag{7-26}$$

式中：

C_v——控制阀流量系数；

G——蒸汽流量，t/h；

P_1——上游气体绝对压力，bar；

F_L——液体压力恢复系数（阀门厂通过试验获得）；

t_{sh}——蒸汽过热温度,℃。

（4）两相流计算公式

1）液体和非凝气体进入控制阀，如果没有发生液体汽化，而且流速能保持一种紊流的均匀混合流，则：

$$C_v=\frac{51.85G}{\sqrt{\Delta P(\rho_1+\rho_2)}} \tag{7-27}$$

$$\rho_1=\frac{1}{V_1}=\frac{1}{X_gV_{g1}+(1+X_g)V_f} \tag{7-28}$$

$$\rho_2=\frac{1}{V_2}=\frac{1}{X_gV_{g2}+(1+X_g)V_f} \tag{7-29}$$

式中：

C_v——控制阀流量系数；

G ——蒸汽流量，t/h；
ΔP——阀前后压差，bar；
ρ_1 ——上游密度，kg/m^3；
ρ_2 ——下游密度，kg/m^3；
V_1 ——上游压力下的比容，m^3/kg；
V_2 ——下游压力下的比容，m^3/kg；
X_g——气体在流体中所占的质量分数；
V_f ——液体的比容，m^3/kg；
V_{g1}——上游压力下气体的比容，m^3/kg；
V_{g2}——下游压力下气体的比容，m^3/kg。

2）液体及其蒸汽进入控制阀，发生更多的液体汽化，而且流速能保持一种紊流的均匀混合流，则：

$$C_v = \frac{36.66G}{\sqrt{\Delta P \rho_1}} \tag{7-30}$$

$$\rho_1 = \frac{1}{V_1} = \frac{1}{X_{g1}V_{g1} + (1 + X_{g1})V_f} \tag{7-31}$$

式中：
C_v ——控制阀流量系数；
G ——蒸汽流量，t/h；
ΔP ——阀前后压差，bar；
ρ_1 ——上游密度，kg/m^3；
V_1 ——上游压力下的比容，m^3/kg；
X_{g1}——上游气体在空气中所占的质量分数；
V_{g1} ——上游压力下蒸汽的比容，m^3/kg；
V_f——液体的比容，m^3/kg。

3）假使液体和蒸汽均匀混合以等速运动，若进入控制阀的蒸汽分量过小，且控制阀两端压差 $\Delta P \geqslant \Delta P_s$（阻塞流压差）时，采用液体阻塞流时的公式计算。

【例题 6】某控制阀介质为过热蒸汽，入口压力 75bar，出口压力 30bar；设计温度 550℃，最大流量 18t/h，管道尺寸 100mm，确定阀门的流量系数 C_v。

解：根据已知参数，介质为过热蒸汽，$F_L = 0.9$；

$\Delta P = P_1 - P_2 = 75\,\text{bar} - 30\,\text{bar} = 45\,\text{bar}$

$0.5F_L^2P_1 = 0.5 \times 0.9^2 \times 75\,\text{bar} = 30.375\,\text{bar} \leqslant \Delta P$

应按照下式计算：

$$C_v = \frac{83.64(1 + 0.00126t_{sh})G}{F_L P_1}$$

查表得 $t_{sh} = 259.25$℃；

$$C_v = \frac{83.64(1 + 0.00126t_{sh})G}{F_L P_1} = \frac{83.64 \times (1 + 0.00126 \times 259.25℃) \times 18\text{t/h}}{0.9 \times 75\,\text{bar}} \approx 29.59$$

式中：

C_v——控制阀流量系数；

G——蒸汽流量，t/h；

P_1——上游气体绝对压力，bar；

F_L——压力恢复系数（阀门厂通过试验获得）；

t_{sh}——蒸汽过热温度，℃。

7.7.4.2.3 GB/T 17213.2/IEC 60534 中 C_v 值的计算方法

（1）不可压缩液体的计算公式

以下所列公式可确定控制阀不可压缩流体的流量、流量系数、相关安装系数和相应工作条件的关系，流量系数可以在下列公式中选择一个合适的公式来计算。

1）紊流

控制阀在非阻塞流条件下工作时，计算流经控制阀的牛顿流体流量的公式由GB/T 17213.1的基本公式导出。

①非阻塞流紊流

无附接管件的非阻塞紊流应用条件：$\Delta P < F_L^2(P_1 - F_F P_v)$

流量系数应由下式确定：

$$C_v = \frac{Q}{N_1}\sqrt{\frac{\rho_1/\rho_0}{\Delta P}} \tag{7-32}$$

注：数字常数 N_1 取决于一般计算公式中使用的单位和流量系数的类型 K_v 或 C_v。

带附接管件的非阻塞紊流应用条件：$\Delta P < (F_L/F_p)^2(P_1 - F_F P_y)$

则流量系数应由下式确定：

$$C_v = \frac{Q}{N_1 F_p}\sqrt{\frac{\rho_1/\rho_0}{\Delta P}} \tag{7-33}$$

注：F_F 为管道几何形状系数。

②阻塞紊流

在阻塞流条件下，流体流经控制阀的最大流量应按式（7-34）或式（7-35）计算。

无附接管件的阻塞紊流应用条件：$\Delta P \geqslant F_L^2(P_1 - F_F P_v)$

则流量系数应由下式确定：

$$C_v = \frac{Q}{N_1 F_{LP}}\sqrt{\frac{\rho_1/\rho_0}{p_1 - F_F P_v}} \tag{7-34}$$

带附接管件的阻塞紊流应用条件：$\Delta P \geqslant (F_L/F_p)^2(P_1 - F_F P_v)$

则流量系数应由下式确定：

$$C_v = \frac{Q}{N_1 F_{LP}}\sqrt{\frac{\rho_1/\rho_0}{P_1 - F_F P_v}} \tag{7-35}$$

2）非紊流（层流和过渡流）

当在非紊流条件下工作时，通过控制阀的牛顿流体流量计算公式由 GB/T 17213.1

中的基本公式导出。这个公式适用于 $Re_v < 10000$ 的条件。

①无附接管件的非紊流，流量系数应由下式确定：

$$C_v = \frac{Q}{N_1 F_R}\sqrt{\frac{\rho_1/\rho_0}{\Delta P}} \tag{7-36}$$

②带附接管件的非紊流

对于非紊流，近连式渐缩管或其他管件的影响是未知的。尽管没有安装在渐缩管之间的控制阀内的层流或过渡流状态的信息，还是要建议使用这些控制阀的用户与管道同口径控制阀的适当计算公式来计算 F_R。这样，可以得到一个保守的流量系数，这是由于渐缩管和扩降管产生的涡流，推迟了层流的产生。因此它将提高给定控制阀雷诺系数 F_R。

（2）可压缩流体的计算公式

以下所列公式可确定控制阀可压缩流体的流量、流量系数、相关安装系数和相关工作条件的关系。可压缩流体的流量可分为质量流量和体积流量两种单位，因此公式必须能处理这两种情况。流量系数可在下列公式中选择合适的公式来计算。

1）紊流

①非阻塞紊流

无附接管件的非阻塞紊流应用条件：$x < F_\gamma x_T$

则流量系数应：

$$C_v = \frac{W}{N_6 Y \sqrt{x P_1 \rho_1}} \tag{7-37}$$

$$C_v = \frac{W}{N_8 P_1 Y}\sqrt{\frac{T_1 Z}{x M}} \tag{7-38}$$

$$C_v = \frac{Q}{N_9 P_1 Y}\sqrt{\frac{M T_1 Z}{x}} \tag{7-39}$$

注1：Y 为膨胀系数。

注2：流体分子量 M 值见表7-21。

表7-21 物理常数①

气体和蒸汽	符号	M	γ	F_γ	P_C②	T_C③
乙炔	C_2H_2	26.04	1.30	0.929	6140	309
空气	—	28.97	1.4	1.000	3771	133
氨	NH_3	17.03	1.32	0.943	11400	406
氩	A	39.948	1.67	1.191	4870	151
苯	C_6H_6	78.11	1.12	0.800	4924	562
异丁烷	C_4H_9	58.12	1.10	0.784	3638	408

表 7-21（续）

气体和蒸汽	符号	M	γ	F_γ	P_c②	T_c③
丁烷	C_4H_{10}	58.12	1.11	0.793	3800	425
异丁烯	C_4H_8	56.11	1.11	0.790	4000	418
二氧化碳	CO_2	44.01	1.30	0.929	7387	304
一氧化碳	CO	28.01	1.40	1.000	3496	133
氯气	CL_2	70.906	1.31	0.934	7980	417
乙烷	C_2H_6	30.07	1.22	0.871	4884	305
乙烯	C_2H_4	28.05	1.22	0.871	5040	283
氟	F_2	18.998	1.36	0.970	5215	144
氟利昂 11（三氯一氟化甲烷）	CCL_3F	137.37	1.14	0.811	4409	471
氟利昂 12（二氯二氟甲烷）	CCL_2F_2	120.91	1.13	0.807	4114	385
氟利昂 13（一氯三氟代甲烷）	CCLF	104.46	1.14	0.814	3869	302
氟利昂 22（一氯二氟代甲烷）	$CHCLF_2$	80.47	1.18	0.846	4977	369
氦	He	4.003	1.66	1.186	229	5.25
庚烷	C_7H_{16}	100.20	1.05	0.750	2736	540
氢	H_2	2.016	1.41	1.007	1297	33.25
氯化氢	HCL	36.46	1.41	1.007	8319	325
氟化氢	HF	20.01	0.97	0.691	6485	461
甲烷	CH_4	16.04	1.32	0.943	4600	191
一氯甲烷	CH_3CL	50.49	1.24	0.889	6677	417
天然气	—	17.74	1.27	0.907	4634	203
氖	Ne	20.179	1.64	1.171	2726	44.45
一氧化氮	NO	63.01	1.40	1.000	6485	180
氮	N_2	28.013	1.40	1.000	3394	126
辛烷	C_8H_{18}	114.23	1.66	1.186	2513	569
氧	O_2	32.000	1.40	1.000	5040	155
戊烷	C_5H_{12}	72.15	1.06	0.757	3374	470
丙烷	C_3H_8	44.10	1.15	0.821	4256	370
丙二醇	C_3H_6	42.08	1.14	0.814	4600	365
饱和蒸汽	—	18.016	1.25—1.32④	0.893—0.943④	22119	647
二氧化硫	SO_2	64.06	1.26	0.900	7822	430
过热蒸汽	—	18.016	1.315	0.939	22119	647

①环境温度和大气压力下的流体常数（不包括蒸汽）。

②压力单位为 kPa（绝对压力）。

③温度单位为 K。

④代表性值，准确的特性需要了解确切的组成部分。

带附接管件的非阻塞紊流应用条件：$x < F_\gamma x_{TP}$

则流量系数应：

$$C_v = \frac{W}{N_6 F_P Y \sqrt{x P_1 \rho_1}} \tag{7-40}$$

$$C_v = \frac{W}{N_8 F_P P_1 Y}\sqrt{\frac{T_1 Z}{x M}} \tag{7-41}$$

$$C_v = \frac{Q}{N_9 F_P P_1 Y}\sqrt{\frac{M T_1 Z}{x}} \tag{7-42}$$

注：管道几何形状系数 F_P 。

②阻塞紊流

在阻塞流条件下，通过控制阀的最大流量应按下列公式计算。

无附接管件的阻塞紊流应用条件：$x \geqslant F_\gamma x_T$

则流量系数应：

$$C_v = \frac{W}{0.667 N_6 \sqrt{F_\gamma x_T P_1 \rho_1}} \tag{7-43}$$

$$C_v = \frac{W}{0.667 N_8 P_1}\sqrt{\frac{T_1 Z}{F_\gamma x_T M}} \tag{7-44}$$

$$C_v = \frac{Q}{0.667 N_9 P_1}\sqrt{\frac{M T_1 Z}{F_\gamma x_T}} \tag{7-45}$$

带附接管件的阻塞紊流应用条件：$x \geqslant F_\gamma x_{TP}$

则流量系数应：

$$C_v = \frac{W}{0.667 N_6 F_P \sqrt{F_\gamma x_{TP} P_1 \rho_1}} \tag{7-46}$$

$$C_v = \frac{W}{0.667 N_8 F_P P_1}\sqrt{\frac{T_1 Z}{F_\gamma x_{TP} M}} \tag{7-47}$$

$$C_v = \frac{Q}{0.667 N_9 F_P P_1}\sqrt{\frac{M T_1 Z}{F_\gamma x_{TP}}} \tag{7-48}$$

2）非紊流（层流和过渡流）

当在非紊流条件下操作时，通过控制阀的牛顿流体流量公式由 GB/T 17213.1 中的基本公式导出。这些公式适用于 $Re_v < 10000$ 的条件。在下列条款中，由于是不等熵膨胀，所以用 $(P_1 + P_2)/2$ 对气体的密度进行修正。

①无附接管件的非紊流，流量系数应按下式计算：

$$C_v = \frac{W}{N_{27} F_R}\sqrt{\frac{T_1}{\Delta P (P_1 + P_2) M}} \tag{7-49}$$

$$C_v = \frac{Q}{N_{27} F_R}\sqrt{\frac{M T_1}{\Delta P (P_1 + P_2)}} \tag{7-50}$$

②带附接管件的非紊流

对于非紊流，近连式渐缩管或其他管件的影响是未知的。尽管没有安装在渐缩管之间的控制阀内的层流或过渡流状态的信息，还是要建议使用这些控制阀的用户与管道同口径控制阀的适当计算公式来计算 F_R。这样，可以得到一个保守的流量系数，这是由于渐缩管和扩降管产生的涡流，推迟了层流的产生。因此它将提高给定控制阀雷诺系数 F_R。

（3）修正系数的确认

1）管道几何系数 F_P

控制阀阀体上、下游装有附接管件时，必须考虑管道几何形状系数 F_P。F_P 是流经带有附接管件控制阀的流量与无附接管件的流量之比。两种安装情况（见图 7-58）的流量均在不产生阻塞流的同一试验条件下测得。为满足系数 F_P 的精确度为±5%的要求，系数 F_P 应按 GB/T 17213.9 规定的试验确定。

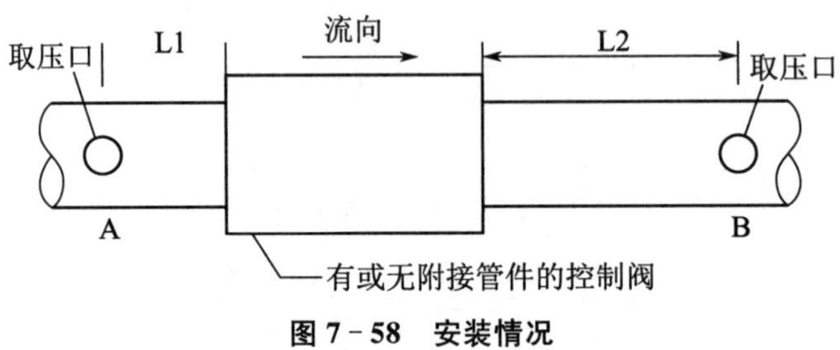

图 7-58　安装情况

在允许估算时，应采用下式计算：

$$F_P = \frac{1}{\sqrt{1 + \frac{\sum\zeta}{N_2}\left(\frac{C_i}{d^2}\right)^2}} \tag{7-51}$$

在此式中 $\sum\zeta$ 是控制阀在附接管件的全部有效速度损失系数的代数和。控制阀自身的速度头损失系数不包括在内。

$$\sum\zeta = \zeta_1 + \zeta_2 + \zeta_{B1} + \zeta_{B2} \tag{7-52}$$

当控制阀的出入口处管道直径不同时，系数 ζ_B 以下式计算：

$$\zeta_B = 1 - \left(\frac{d}{D}\right)^4 \tag{7-53}$$

如果入口与出口的管件是市场上供应的较短的同轴渐缩管，系数 ζ_1 和 ζ_2 用下式计算：

$$\text{入口渐缩管：}\zeta_1 = 0.5\left[1 - \left(\frac{d}{D_1}\right)^2\right]^2 \tag{7-54}$$

$$\text{出口渐缩管（渐扩管）：}\zeta_2 = 1.0\left[1 - \left(\frac{d}{D_2}\right)^2\right]^2 \tag{7-55}$$

$$\text{入口和出口尺寸相同的渐缩管：}\zeta_1 + \zeta_2 = 1.5\left[1 - \left(\frac{d}{D}\right)^2\right]^2 \tag{7-56}$$

用上述 ζ 系数计算出的 F_P 值，一般将导致选出的控制阀容量比所需要的稍大一些，这一计算需要迭代，并通过计算非阻塞流的流量系数 C 来进行计算。

注：阻塞流公式和包含 F_P 的公式都不适用。

下一步按照下式确定 C_i ：

$$C_i = 1.3C \tag{7-57}$$

由式（7－57）得出 C_i ，由式（7－51）确定 F_P 。如果控制阀两端的尺寸相同，则 F_P 可用式（7－57）确定的结果来替代，然后确定是否有：

$$\frac{C}{F_P} \leqslant C_i \tag{7-58}$$

如果满足式（7－58）的条件，那么，式（7－57）估算的 C_i 可用。如果不能满足式（7－58)的条件，那么，将 C_i 再增加 30%，重复上述计算步骤，这样就可能需要多次重复，直至能够满足式（7－58）要求的条件。F_P 的近似值可查阅图 7－59 和图 7－60。

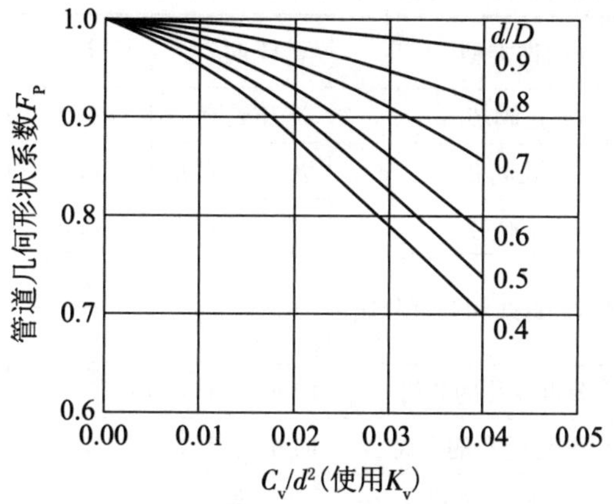

图 7－59　K_v 下的 F_P 关系曲线

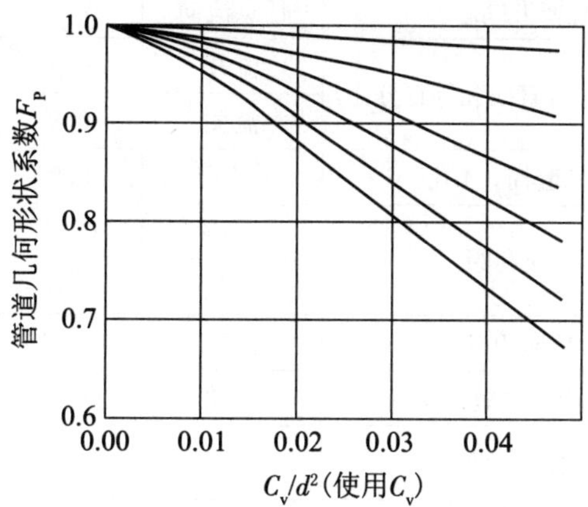

图 7－60　C_v 下的 F_P 关系曲线

2）雷诺数系数 F_R

当通过控制阀的介质压差低、黏度高、流量系数小或者是这几个条件的组合，形成非紊流状态时，就需要雷诺数系数 F_R。雷诺数系数 F_R 可以用非紊流状态下的流量除以同一安装条件在紊流状态下测得的流量来确定。试验表明 F_R 可用下式计算的控制阀雷诺数通过图 7－59 中的曲线确定。

$$Re_v = \frac{N_4 F_d Q}{V\sqrt{C_i F_L}}\left(\frac{F_L{}^2 C_i{}^2}{N_4 D^4}+1\right)^{\frac{1}{4}} \tag{7-59}$$

这一计算需要迭代，并通过计算紊流的流量系数 C 来进行计算。控制阀类型修正系数 F_d 把节流孔的几何形状转换成等效圆形的单流路。其典型值见表 7－22。为满足 F_d 的偏差为±5％的要求，F_d 应由 GB/T 17213.9 规定的试验来确定。

注：含有 F_P 的公式不适用。

表 7－22　控制阀类型修正系数 F_d、液体压力恢复系数 F_L 和额定行程下的压差比系数 X_T 的典型值[①]

控制阀类型	阀内件类型	流向[②]	F_L	X_T	F_d
球形阀，单孔	3V 孔阀芯	流开或流关	0.9	0.70	0.48
	4 V 孔阀芯	流开或流关	0.9	0.70	0.41
	6V 孔阀芯	流开或流关	0.9	0.70	0.30
	柱塞型阀芯（直线和等百分比）	流开	0.9	0.72	0.46
		流关	0.8	0.55	1.00
	60 个等直径孔的套筒	向外或向内[③]	0.9	0.68	0.13
	120 个等直径孔的套筒	向外或向内[③]	0.9	0.68	0.09
	特殊套筒，4 孔	向外[③]	0.9	0.75	0.41
		向内[③]	0.85	0.70	0.41
球形阀，双孔	开口阀芯	阀座间流入	0.9	0.75	0.28
	柱塞形阀芯	任意流向	0.85	0.70	0.32
球形阀，角阀	柱塞形阀芯（直线和等百分比）	流开	0.9	0.72	0.46
		流关	0.8	0.65	1.00
	特殊套筒，4 孔	向外[③]	0.9	0.65	0.41
	文丘利阀	向内[③]	0.85	0.60	0.41
		流关	0.5	0.20	1.00
球形阀，小流量阀内件	V 形切口	流开	0.98	0.84	0.70
	平面阀座（短行程）	流关	0.85	0.70	0.30
	锥形针状	流开	0.95	0.84	$\frac{N_{19}\sqrt{C\times F_L}}{D_0}$

表 7-22（续）

控制阀类型	阀内件类型	流向[②]	F_L	X_T	F_d
角行程阀	偏心球形阀芯	流开	0.85	0.60	0.42
		流关	0.68	0.40	0.42
	偏心锥形阀芯	流开	0.77	0.54	0.44
		流关	0.79	0.55	0.44
蝶阀（中心轴式）	70°转角	任意	0.62	0.35	0.57
	60°转角	任意	0.70	0.42	0.50
	带凹槽蝶板（70°）	任意	0.67	0.38	0.30
蝶阀（偏心轴式）	偏心阀座（70°）	任意	0.67	0.35	0.57
球阀	全球体（70°）	任意	0.74	0.42	0.99
	部分球体	任意	0.60	0.30	0.98

[①] 这些值仅为典型值，实际值应由制造商规定。
[②] 趋于阀开或阀关的流体流向，即将截流件推离或推向阀座。
[③] 向外的意思是流体从套筒中央向外流，向内的意思是流体从套筒外向中央流。

下一步按式（7-57）确定 C_i，并且通过式（7-61）和式（7-53）确定全口径型阀内件的 F_R。或用式（7-52）和式（7-56）确定缩颈型阀内件的 F_R。在两种情况下都采用两个 F_R 值较小的值确定是否：

$$\frac{C}{F_R} \leqslant C_i \tag{7-60}$$

如果满足式（7-60）的条件，那么使用由式（7-58）确定的 C_i。如果不能满足式（7-60)的条件，那么，将 C_i 再增加 30%，重复上述计算步骤，这样就可能需要多次重复，直至能够满足式(7-60）要求的条件。

对于 $C_i/d^2 \geqslant 0.016N_{18}$，且 $Re_v \geqslant 10$ 的全口径型阀内件，计算 F_R：

对于过渡流状态，则

$$F_R = 1 + \left(\frac{0.33F_L^{1/2}}{n_1^{1/4}}\right)\lg\left(\frac{Re_v}{10000}\right) \tag{7-61}$$

式中：

$$n_1 = \frac{N_2}{\left(\frac{C_i}{d^2}\right)^2} \tag{7-62}$$

对于层流状态，则

$$F_R = \frac{0.026}{F_L}\sqrt{n_1 Re_v}\ (F_R\ \text{不能超过}\ 1) \tag{7-63}$$

注 1：用式（7-61）或式（7-63）中数值较小的 F_R，如果 $Re_v<10$，只使用式（7-64）。

注 2：式（7-63）适用于完全的层流（见图 7-61 中的直线），式（7-61）和式（7-63）表示的关系基于控制阀额定行程内的试验数据。但在控制阀行程下限值时可能不完全准确。

注 3：对于式（7-62）和式（7-63）中，当使用 K_v 时 C_i/d^2 必须小于 0.04，使用 C_v 时 C_i/d^2 必须小于 0.047。

曲线 1　用于 $C_i/d^2=0.016N_{18}$

曲线 2　用于 $C_i/d^2=0.023N_{18}$

曲线 3　用于 $C_i/d^2=0.033N_{18}$

曲线 4　用于 $C_i/d^2=0.047N_{18}$

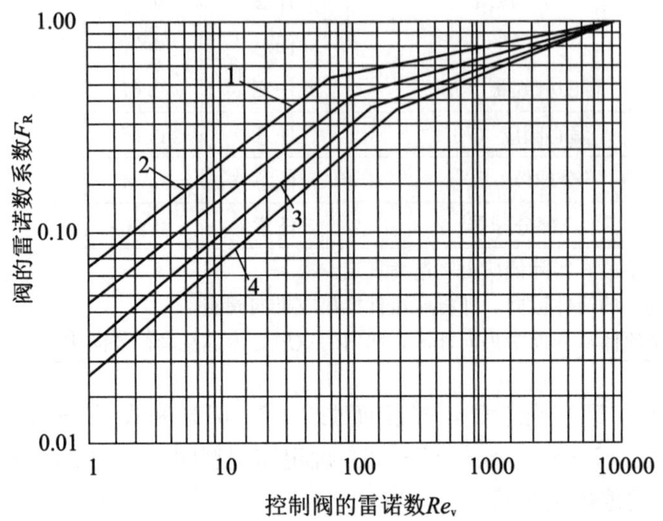

图 7-61　控制阀的雷诺数 Re_v

对于额定行程下 $C_i/d^2<0.016N_{18}$ 且 $Re_v\geqslant 10$ 的缩颈型阀内件，由下列公式计算 F_R。

对于过渡流状态：

$$F_R=1+\left(\frac{0.33F_L^{1/2}}{n_1{}^{1/4}}\right)\lg\left(\frac{Re_v}{10000}\right) \tag{7-64}$$

式中：

$$n_2=1+N_{32}\left(\frac{C_i}{d^2}\right)^{2/3} \tag{7-65}$$

对于层流状态，则

$$F_R=\frac{0.026}{F_L}\sqrt{n_2\,Re_v}\qquad（F_R\text{ 不能超过 }1） \tag{7-66}$$

注 1：用式（7-64）或式（7-66）中数值较小者，如果 $Re_v<10$，只使用式（7-66）。

注 2：式（7-67）适用于完全的层流（见图 7-61 中的直线）。

3）液体压力恢复系数 F_L 或 F_{LP}

①无附接管件的液体压力恢复系数 F_L

F_L 是无附接管件的液体压力恢复系数。该系数表示阻塞流条件下阀体内几何形状对阀容量的影响。它定义为阻塞流条件下的实际最大流量与理论上非阻塞流条件下的流量之比。如果压差是阻塞流条件下的阀入口压力与明显的“缩流断面”压力之差，就要算出理论非阻塞流条件下的流量。系数 F_L 可以由符合 GB/T 17213.9 的试验来确定。F_L 的典型值与流量系数百分比的关系曲线如图 7-62 所示。

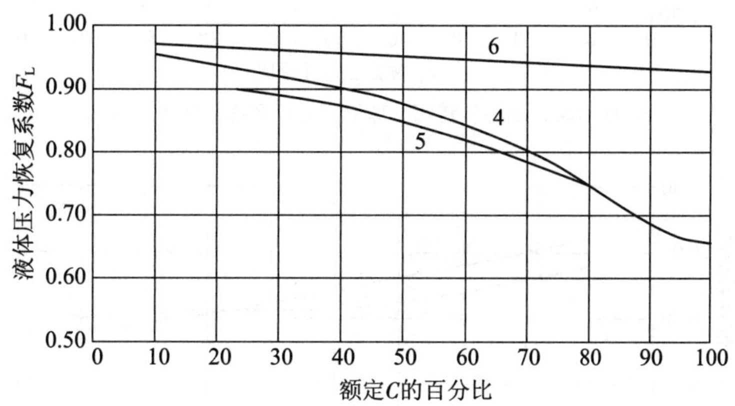

a）双座球形阀和套筒球形阀

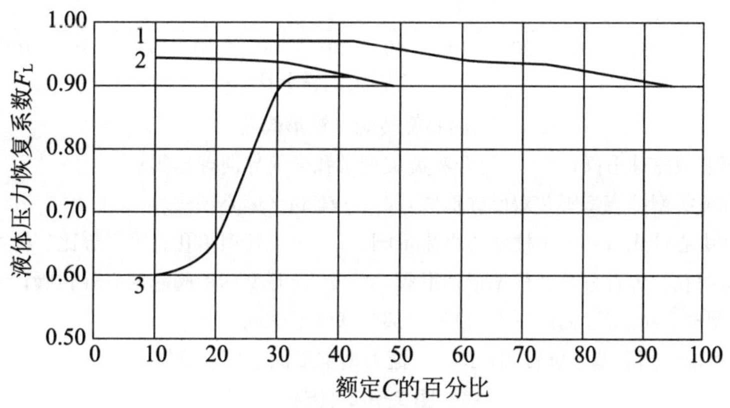

b）蝶阀和柱塞形小流量阀

图 7-62　F_L 的典型值与流量系数百分比的关系曲线

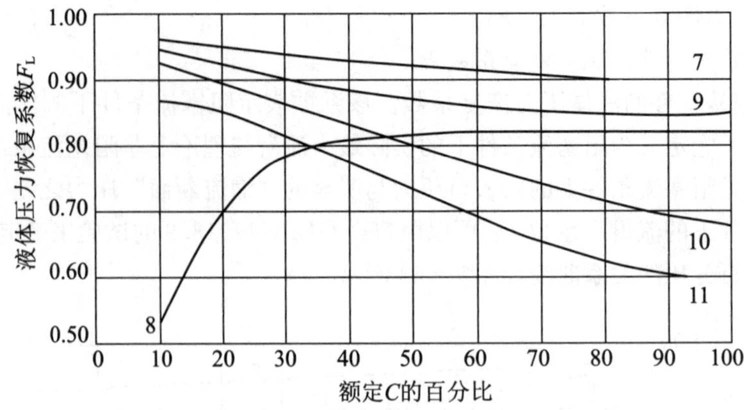

c）球形阀、偏心旋转阀（球形阀芯）和部分球体形球阀

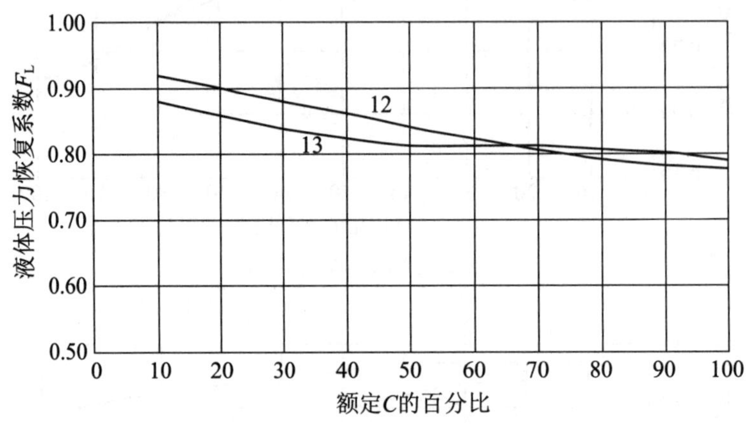

d）偏心旋转阀（锥形阀芯）

1——V形阀芯双座球形阀；2——流开和流关型带孔套筒导向球形阀；
3——流开和流关型柱塞型阀芯双座球形阀：4——蝶阀（偏心轴式）；
5——蝶阀（中心轴式）；6——柱塞形小流量阀；7——流开型单孔、等百分比、柱塞形球形阀；
8——流关型单孔、等百分比、柱塞形球形阀；9——流开型球形阀芯偏心旋转阀；
10——流关型球形阀芯偏心旋转阀；11——部分球体形球阀；
12——流开型锥形阀芯偏心旋转阀；13——流关型锥形阀芯偏心旋转阀

图7－62（续）

②带附接管件的液体压力恢复系数与管道几何形状系数的复合系数F_{LP}

F_{LP}是带附接管件的控制阀的液体压力恢复系数和管道几何形状系数的复合系数。它可以用与F_L相同的方式获得。

为满足F_{LP}的偏差为±5%的要求，F_{LP}应由GB/T 17213.9规定的试验来确定。在允许估算时，应使用式（7－67），得：

$$F_{LP}=\frac{F_L}{\sqrt{1+\frac{F_L^2}{N_2}\left(\sum\zeta_1\right)\left(\frac{C}{d^2}\right)^2}} \tag{7-67}$$

式中：$\sum\zeta_1$ 是上游取压口与控制阀阀体入口之间测得的控制阀上游附接管件的速度头损失系数 $\zeta_1+\zeta_{B1}$ 。

(4) 液体临界压力比系数 F_F

F_F 是液体临界压力比系数。该系数是阻塞流条件下明显的“缩流断面”压力与入口温度下液体的蒸汽压力之比。蒸汽压力接近零时这个系数为 0.96。

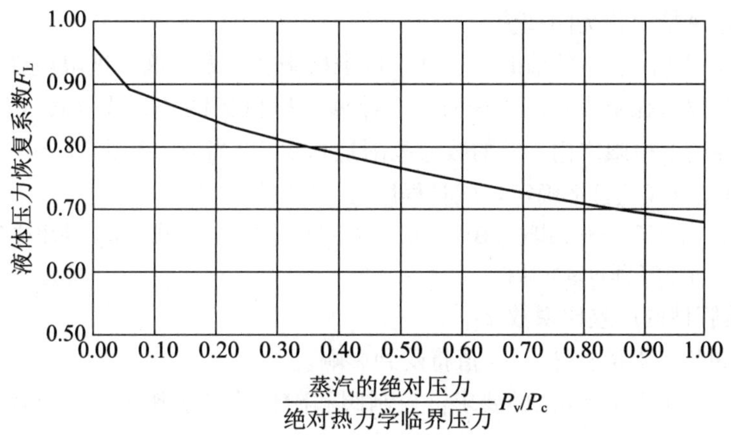

图 7-63　压力比与 F_L 的关系曲线

可用图 7-63 所示曲线确定或由下式确定 F_F 近似值。

$$F_F = 0.96 - 0.28\sqrt{\frac{P_v}{P_c}} \tag{7-68}$$

(5) 膨胀系数 Y

膨胀系数 Y 表示流体从阀入口流到“缩流断面”（其位置就在节流孔的下游，该处的射流面积最小）处时的密度变化。它还表示压差变化时“缩流断面”面积的变化。

理论上，Y 受以下几个因素的影响：

1) 阀孔面积与阀体入口面积之比；

2) 流路的形状；

3) 压差比 x；

4) 雷诺数；

5) 比热容比 γ。

1)、2)、3) 和 5) 项的影响可用压差比系数 x_T 表示。x_T 通过空气试验确定，将在下面论述。

雷诺数是控制阀节流孔处惯性力与黏结力之比。在可压缩流体情况下，由于紊流几乎始终存在，因此此值不受影响。流体比热容比会影响压差比系数 x_T。

Y 可用式 (7-69) 计算：

$$Y = 1 - \frac{x}{3F_\gamma x_T} \tag{7-69}$$

带入上式的 x 值不可超过 F_γ 和 x_T 的积，如果 $x > F_\gamma x_T$，则流体变成阻塞流并且 $Y=0.667$。x、x_T 和 F_γ 的介绍见（6）和（7）。

(6) 压差比 x_T 和 x_{TP}

1）无附接管件的压差比 x_T

x_T 是无渐缩管或其他管件的控制阀的压差比系数，如果入口压力 P_1 保持恒定并且出口压力 P_2 逐渐降低，则流经控制阀的质量流量就会增大至最大极限值，进一步降低 P_2 流量不再增加，这种情况称为阻塞流。

当压差比 x 达到 $F_\gamma x_T$ 的值时就达到了这个极限值。x 的这个极限值就定义为临界压差比。即使实际压差比更大，用于任何一个计算方程和 Y 的关系式（式（7-69））中的 x 值也应保持在这个极限之内。Y 的数值范围是 0.667（当 $x=F_\gamma x_T$）~1（更低压差）。

x_T 值可通过空气试验来确定，试验程序见 GB/T 17213.9。

注：表 7-22 给出了几种控制阀装有全口径阀内件和全开时的 x_T 代表值，使用这个资料时应慎重，要求精确值时，x_T 的值应通过试验获得。

2）带附接管件的压差比系数 x_{TP}

如果控制阀装有附接管件，x_T 值将受到影响。

为满足 x_{TP} 的偏差为±5%的要求，控制阀和附件管件应作为一个整体进行试验。当采用估算时，可采用式（7-70）：

$$x_{TP}=\frac{\frac{x_T}{F_P^2}}{1+\frac{x_T\zeta_i}{N_5}\left(\frac{C_i}{d^2}\right)^2} \tag{7-70}$$

注：N_5 的值见表 7-23。

表 7-23 数字常数 N

常数	流量系数 C		公式的单位						
	K_v	C_v	W	Q	P，ΔP	ρ	T	d，D	ν
N_1	1×10^{-1} 1	8.65×10^{-2} 8.65×10^{-1}	— —	m^3/h m^3/h	kPa bar	kg/m^3 kg/m^3	— —	— —	— —
N_2	1.6×10^{-3}	2.14×10^{-3}	—	—	—	—	—	mm	—
N_4	7.07×10^{-2}	7.60×10^{-3}	—	m^3/h	—	—	—	—	m^2/s
N_5	1.80×10^{3}	2.41×10^{-3}	—		—	—	—	mm	—
N_6	3.16 3.16×10^{1}	2.73 2.73×10^{1}	kg/h kg/h	— —	kPa bar	kg/m^3 kg/m^3	— —	— —	— —
N_8	1.10 1.1×10^{2}	9.48×10^{-1} 9.48×10^{1}	kg/h kg/h	— —	kPa bar	— —	K K	— —	— —
N_9 ($t_R=0$℃)	2.46×10^{1} 2.46×10^{3}	2.12×10^{1} 2.12×10^{3}	— —	m^3/h m^3/h	kPa bar	— —	K K	— —	— —

表 7－23（续）

常数	流量系数 C		公式的单位						
	K_v	C_v	W	Q	P，ΔP	ρ	T	d，D	ν
N_9 ($t_R=15$℃)	2.60×10^1 2.60×10^3	2.25×10^1 2.25×10^3	— —	m^3/h m^3/h	kPa bar	— —	K K	— —	— —
N_{17}	1.05×10^{-3}	1.21×10^3	—	—	—	—	—	mm	—
N_{18}	8.65×10^{-1}	1.00	—	—	—	—	—	mm	—
N_{19}	2.5	2.3	—	—	—	—	—	mm	—
N_{22} ($t_R=0$℃)	1.73×101 1.73×103	1.50×101 1.50×103	— —	m^3/h m^3/h	kPa bar	— —	K K	— —	— —
N_{22} ($t_R=15$℃)	1.84×10^1 1.84×10^3	1.59×10^1 1.59×10^3	— —	m^3/h m^3/h	kPa bar	— —	K K	— —	— —
N_{27}	7.75×10^{-1} 7.75×10^1	6.70×10^1 6.70×10^1	kg/h kg/h	— —	kPa bar	— —	K K	— —	— —
N_{32}	1.40×10^2	1.27×10^2	—	—	—	—	—	mm	—
注：使用表中提供的数字常数和表中规定的实际公制单位就能得出规定单位的流量系数。									

在上述关系中，x_T 为无附接管件控制阀的压差比系数。ζ_i 是附接在控制阀入口面上的渐缩管或其他管件的控制阀的入口的速度头损失系数（$\zeta_1+\zeta_{B1}$）之和。

如果入口管件是市场上供应的短尺寸同心渐缩管，则 ζ 的值可用式（7－54）～（7－56）估算。

（7）比热比系数 F_γ

系数 x_T 是以接近大气压，比热比为 1.40 的空气流体为基础的。如果流体比热比不是 1.40，可用系数 F_γ 调整 x_T。比热比系数用下式计算：

$$F_\gamma=\frac{\gamma}{1.40} \tag{7-71}$$

注：γ 和 F_γ 的值见表 7－21。

（8）压缩系数 Z

许多计算公式都不包含上游条件下流体的实际密度这一项，而密度则是根据理想气体定律由入口压力和温度导出的，在某些条件下，真实气体性质与理想气体偏差很大。在这些情况下，就应引入压缩系数 Z 来补偿这个偏差。Z 是对比压力和对比温度两者的函数（参考合适的资料来确定 Z）。对比压力 P_r 定义为实际入口绝对压力与所述流体的绝对热力临界压力之比。对比温度 T_r 的定义与此类似，即：

$$P_r=\frac{P_1}{P_c} \tag{7-72}$$

$$T_r=\frac{T_1}{T_c} \tag{7-73}$$

注：P_c 和 T_c 的值见表 7－21。

【例题】某控制阀介质为过热蒸汽，入口压力 75bar，出口压力 30bar；设计温度 550℃，最大流量 18t/h，管道尺寸 100mm，确定阀门的流量系数 C_v。

解：

①确定阀门口径计算必需的变量：

a）阀门形式为笼式结构：确定阀门口径为 80mm；

b）过程流体——过热蒸汽

c）工况条件：

$W = 180000\text{t/h}$

$P_1 = 75\text{bar}$

$P_2 = 30\text{bar}$

$\Delta P = 45\text{bar}$

$$x = \frac{\Delta P}{P_1} = \frac{45\text{bar}}{75\text{bar}} = 0.6$$

$T_1 = 550℃$

$\gamma = 1.28$

②查表确定公式常数

$N_6 = 27.3$

③确定管道几何系数 F_P

$$F_P = \frac{1}{\sqrt{1 + \frac{\sum\zeta}{N_2}\left(\frac{C_i}{d^2}\right)^2}} = \frac{1}{\sqrt{1 + \frac{0.1944}{0.00214} \times \left(\frac{192.4}{80^2}\right)^2}} = 0.96\text{，其中} \frac{C}{F_P} \leqslant C_i\text{；}$$

式中：

$C = 148$，$N_2 = 0.00214$，$d = 80\text{mm}$，$D = 100\text{mm}$；

$$\zeta_i = \zeta_1 + \zeta_2 = 1.5\left(1 - \frac{d^2}{D^2}\right)^2 = 0.1944;$$

$C_i = 1.3C = 1.3 \times 148 = 192.48$；

④确定膨胀系数 Y

$$Y = 1 - \frac{x}{3F_\gamma x_{TP}} = 1 - \frac{0.6}{3 \times 0.91 \times 0.76} = 0.71$$

$$x_{TP} = \frac{\frac{x_T}{F_P{}^2}}{1 + \frac{x_T\zeta_i}{N_5}\left(\frac{C_i}{d^2}\right)^2} = \frac{\frac{0.74}{0.96^2}}{1 + \frac{0.74 \times 0.1944}{0.00241} \times \left(\frac{192.4}{80^2}\right)^2} = 0.76$$

$$F_\gamma = \frac{\gamma}{1.4} = \frac{1.28}{1.4} = 0.91$$

$x_T = 0.74$

$N_5 = 0.00241$

⑤确定 C_v 值

$$C_v = \frac{W}{N_6 F_P Y \sqrt{x p_1 \rho_1}} = \frac{18000\text{kg/h}}{27.3 \times 0.96 \times 0.71 \times \sqrt{0.6 \times 75\text{bar} \times 20.612\text{kg/m}^3}} \approx 31.76$$

$\rho_1 = 20.612\text{kg/m}^3$

综上，用相同的参数采用以上三种不同方法进行 C_v 计算，得出的结果也有差异。其中通用行业控制阀计算结果：$C_v = 26.965$；大型电站用控制阀的计算结果：$C_v = 29.59$；依据 GB/T 17213.2 计算结果：$C_v = 31.76$。造成结果差异的主要原因为三种计算方法的影响因数不同。第一种计算方法影响 C_v 的因数为过热温度；第二种计算方法影响 C_v 的因数为压力恢复系数、过热温度；第三种计算方法主要影响 C_v 的因数为管道系数、膨胀系数、比热容比系数、压差比系数及阀门尺寸等。综合以上三种计算方法，编者认为，在估算时可采用第一种 C_v 计算方法，方便快捷；后两种 C_v 计算方法由于需要的系数较多，适合于在比较确定的情况下的计算，较第一种 C_v 计算方法精确，但部分系数的取值不当可能会导致 C_v 值偏差较大，也可以采用不同的计算方法进行核算，尽量减小计算误差。

7.7.5 流速计算

（1）控制阀进口流速计算见表 7－24。

表 7－24 控制阀进口流速计算

介质项目	体积流量	重量流量
液体	$V = 2.78\frac{q}{A}$	$V = 2.78\frac{W}{A \cdot r}$
蒸汽和气体	$V = 2.78\frac{F}{A}$ $F = Q \times \frac{1}{P_1} \times \frac{T}{273}$	$V = 2.78\frac{W \cdot \nu}{A}$

（2）控制阀出口流速计算见表 7－25。

表 7－25 控制阀出口流速计算

蒸汽	$D_s = 37.5\sqrt{\frac{W(1+0.00126T_{sh})}{P_2}}$	
气体	体积流量	$D_s = 0.26\sqrt{\frac{Q\sqrt{GT}}{P_2}}$
	质量流量	$D_s = 7.2\sqrt{\frac{W}{P_2}}\sqrt{\frac{I}{G}}$

式中：V ——流体速度，m/s

W ——质量流量，kg/h

q ——体积流量，m^3/h

F ——气体流量，m^3/h

Q ——气体标准流量（0℃和 1.0332ata），m^3/h

A ——横断面积，cm^2

r ——密度，kg/m^3

ν ——比容，m^3/kg

P_1 ——进口绝对压力，kgf/cm^2

T ——介质温度，K

D_s ——亚音速最小直径，mm

d ——阀门出口直径，mm

G ——气体比重$=\dfrac{M \cdot W}{28.96}$（空气$G=1$）

T_{sh}——蒸汽过热度，℃

P_2 ——出口绝对压力，kgf/cm^2

说明：因阀门出口流速要求不太严格，它允许流速比接管道流速高得多，故只需计算出亚音速最小直径，在选择阀门口径时，保证阀门出口直径大于亚音速最小直径D_s即可。

（3）控制阀流速限制见表7－26。

表7－26　控制阀流速限制

水	阀门尺寸　2" 及以下	9m/s
	3"～4"	7m/s
	6"～8"	6m/s
	10" 及以上	5m/s
闪蒸流体	4" 及以下	4m/s
	6" 及以上	3m/s
蒸汽	出口小于1马赫	
	进口小于100m/s	

说明：对于被调介质为水时的笼式控制阀和多级控制阀的允许流速为表7－26所列数值的1.5倍。

7.8　控制阀的选择

7.8.1　控制阀流量特性的选择

流量特性的选择可依据下列原则：

（1）等百分比——适用于控制范围大、外界干扰变动大、系统配管压力损失大、控制阀压降小的场合，具有阀门开度大、压差变化大、适应性强的特点。故当阀门经常在小开度工作时，应选用等百分比流量特性。

（2）线性——适用于控制阀压降（ΔP）波动小（几乎不变）、外界干扰变化小、控制阀压降与系统配管压降比大的场合，具有阀门开度的变动压差相对变化小的特点。

（3）快开式——适用于在最大流量下的压差远远大于最小流量下的压差的系统，它具有阀门开度小、流量变动大，阀门接近全开位置时，流量几乎不变的特点。

无论是等百分比流量特性，还是线性流量特性均指控制阀本身固有流量特性，实际上因系统压损变化，控制阀压降也在变化。根据经验，控制阀的压降变化可根据所在系统画出曲线。为方便起见，下面介绍几种电站管道系统中常见的曲线，供参考。

如图 7 - 64 所示，该图为控制阀所在系统中设有定速泵的情况，即控制阀进口压力 P_1随机组负荷增加而降低，控制阀出口压力 P_2则是随机组负荷增加而增加，阀前压力 P_1（凝结水泵压力）随机组负荷增加而降低，而阀出口压力 P_2为除氧器压力，除氧器为滑压运行，随机组负荷增加而增加，其压差变化为 $\Delta P_1 > \Delta P_2$。

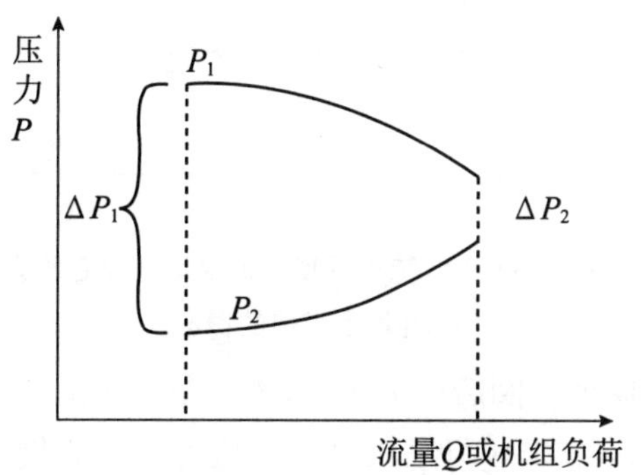

图 7 - 64　控制阀所在系统中设有定速泵的情况

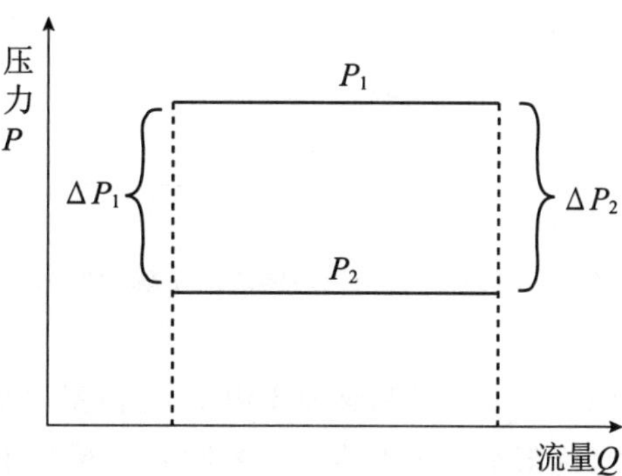

图 7 - 65　控制阀前后压力 P_1、P_2不变的情况

如图 7 - 65 所示，该图为控制阀前后压力 P_1、P_2不变的情况，如除氧器备用气原控制阀，阀进口压力 P_1为辅助蒸汽母管压力（基本恒定由控制阀控制），阀出口压力 P_2为除氧器要求的定压（最小除氧压力）。其压差变化为 $\Delta P_1 = \Delta P_2$。

图 7 - 66 为控制阀进口压力 P_1随流量增加而增加，而阀出口压力基本不变的情况，如事故疏水控制阀，阀前压力 P_1（各级抽汽压力）随机组负荷增加而增加，阀后压力 P_2为凝汽器压力（国产机组系统的定排扩容器压力）基本不变，其压差变化为 $\Delta P_2 > \Delta P_1$。

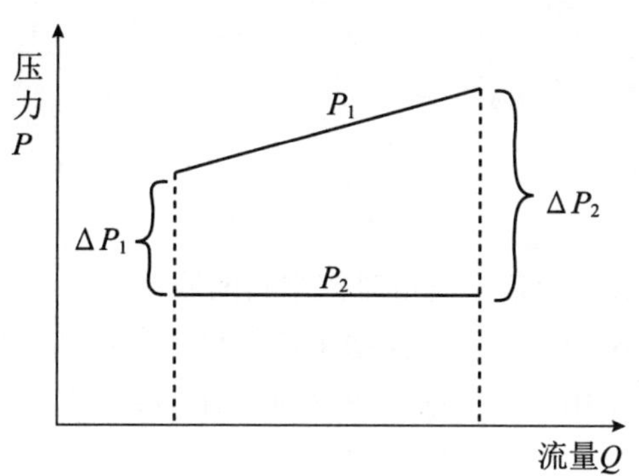

图 7 - 66　P_1随流量增加而增加，

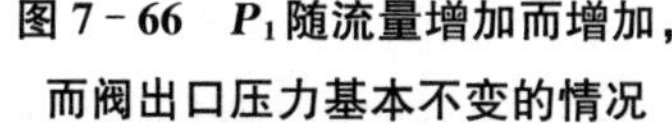
而阀出口压力基本不变的情况

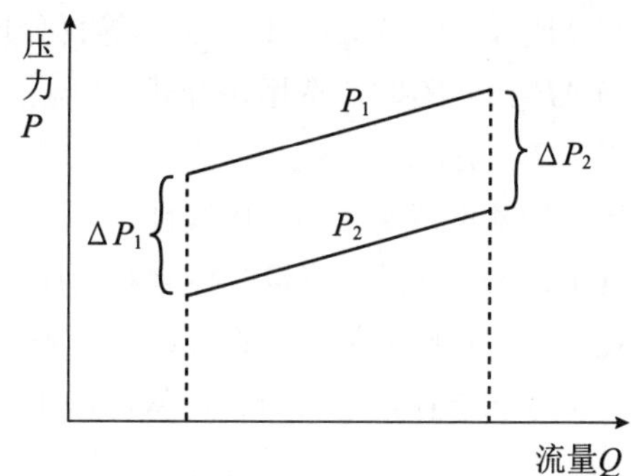

图 7 - 67　P_1、P_2皆随流量增加而增加的情况

图 7 - 67 为控制阀前后压力 P_1、P_2皆随流量增加而增加的情况，如正常疏水控制阀，因各加热器为逐级疏水至下一级加热器，而各级抽汽压力（各加热器运行压力）随机组负荷增加而增加，其压差变化为 $\Delta P_1 \approx \Delta P_2$。

图 7-68 为控制阀所在系统为调速泵系统，如主给水操作台控制阀（选择调速泵系统时）阀前压力随机组负荷增加而增加（由调速泵转速实现），而阀后压力 P_2（主汽压力）则也随机组负荷增加而增加，其压差变化为 $\Delta P_1 \approx \Delta P_2$。

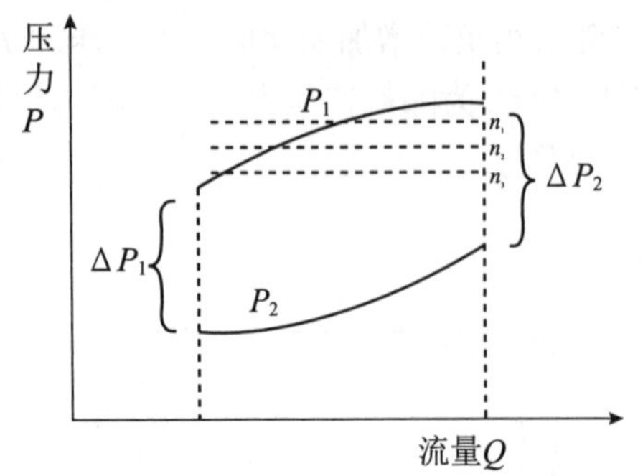

图 7-68　控制阀所在系统为调速泵系统的情况

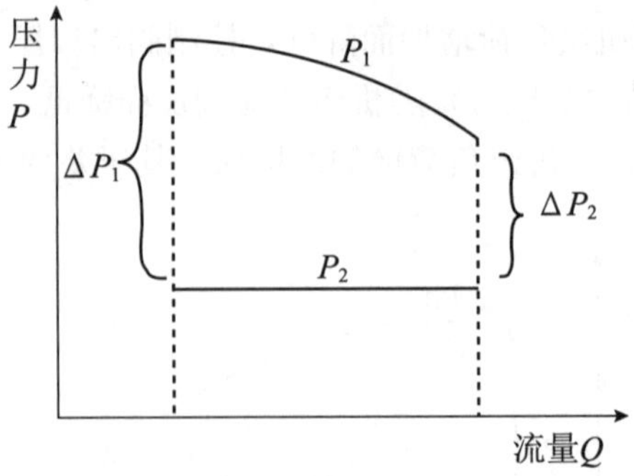

图 7-69　P_1 随流量增加而降低，阀后压力 P_2 基本不变的情况

图 7-69 为控制阀前压力 P_1 随流量增加而降低，阀后压力 P_2 基本不变的情况。如闭式循环冷却水稳压水箱水位控制阀，阀前压力 P_1（定速凝结水泵出口压力）随流量增加而降低，而阀后压力 P_2（水箱压力）为大气压力基本不变，其压差变化为 $\Delta P_1 > \Delta P_2$。

上述几种曲线可在进行控制阀流量特性选择时参考，这只是定性的分析。对每一控制阀都应提出不同工况（最大、正常、最小）的流量，以及所对应的阀门进、出口压力，这样对各控制阀就可做出定量分析。对有些无法明确不同工况参数时，可根据上述曲线作定性分析。总之，控制阀流量特性的选择是非常重要的。

如果所提供的控制阀参数齐全，就可根据数据作定性判断，即比较阀门压差变化来确定流量特性。其判断方法如下：

当 $\Delta P_2 > \Delta P_1$ 的 20%时，选用线性；

当 $\Delta P_2 < \Delta P_1$ 的 20%时，选用等百分比；

当 $\Delta P_2 \gg \Delta P_1$ 时，选用快开式；

当 $\Delta P_2 \ll \Delta P_1$ 时，选用线性；

当 ΔP 基本不变时，选用线性。

其中，ΔP_2＝最大流量时控制阀的压差；ΔP_1＝最小流量时控制阀的压差。

在进行控制阀流量特性选择时，一般由控制阀制造厂家根据用户提供的参数和工作条件进行推荐和选择，最后由客户认可，作为业主用户方根据上述原则校对选择是否正确。

7.8.2　控制阀公称通径的选择

控制阀公称通径的选择是由最大 C_v 值、最小 C_v 值、正常 C_v 值、阀门固有额定 C_v 值，可调范围及控制阀应具有足够的调节余量等几个因素决定。

一般控制阀阀体口径要小于所连接的管道直径，但不能小于管道直径的一半。阀体口径最大与管道直径相同（这种情况很少），若出现阀体口径大于管道直径，则应校对管道尺寸是否太小，因控制阀要求的出口流速比管道要求的流速高得多。

7.8.2.1　C_v值的选择

（1）最大 C_v值的选择

最大 C_v值是相对于最大流量和压降条件下计算得出的 C_v值。

由于控制阀固有额定 C_v值有+20%和-20%的调节误差，故最大 C_v值选择应遵守下列各项：

等百分比流量特性：C_{vmax}=90%～95%的额定 C_v值（即阀门最大开度为 90%～95%）

线性流量特性：C_{vmax}=80%～90%的额定 C_v值（即阀门最大开度为 80%～90%）

（2）正常 C_v值的选择

正常 C_v值是相对于正常流量和压降条件下计算得出的。正常 C_v值的选择比较重要，因控制阀在此工况运行时间最长，阀门在此条件下应具有良好的调节状态。

C_{VNOR}=50%～80%的额定 C_v值

因为控制阀经常处于低开度时，阀芯容易磨损，使流量特性变坏、控制性能不好，严重者使控制阀失灵，故控制阀正常运行时在 50%～80%开度范围内工作为最佳工作状态。

（3）最小 C_v值的选择

最小 C_v值是相对于最大流量和压降条件下计算得出的 C_v值。控制阀的最小 C_v值应在固有可调范围之内，因为控制阀所在系统的压降变化引起阀门的压降变化，致使阀门的固有流量特性变成实际工作流量特性，这样实际工作可调范围也变小了，故最小 C_v值选择应考虑一定的余度；一般阀门最小开度为 10%～20%工作时，调节效果最佳：

C_{vmin}=10%～20%的额定 C_v值

对于要求可调范围比较大的控制阀，要求调节的最大流量和最小流量相差很多，为了使阀门能在较好的调节性能上工作，可选用两点控制阀并联，例如配备定速给水泵的主给水操作台控制阀，在机组启动和低负荷时，阀门压差大、流量小；在正常负荷时，流量大、压差较启动和低负荷时低得多。这样的工作条件，若只选用一只控制阀，有时不能满足控制条件的要求，阀门的调节性能亦不满意。推荐方案是在这种情况下，应尽可能选用两只主、副控制阀（大阀、小阀）并联。在机组启动和低负荷时，主控制阀（大阀）关闭、副控制阀（小阀）进行调节；当机组负荷升至一定负荷时，副阀（小阀）关闭，由主阀（大阀）进行调节。这样的系统选择控制阀调节性能良好，同时系统也可以达到令人满意的调节效果。

7.8.2.2　可调比和阀门开度验算

（1）可调比验算

理想的可调比 R=30，但由于控制阀和所在系统的压降是变化的，控制阀的实际工作流量特性与理想的流量特性有区别，使阀门最大开度和最小开度受到限制，再加上控制阀选择时的圆整，使可调比 R 减小，一般只能达到 R=10 左右，故控制阀的可调比验算应按 R=10 进行计算，可调比验算公式：

$$R_s = R\sqrt{S} = 10\sqrt{S}$$

式中：R_s——阀门实际可调比；

R ——阀门可调比，$R=10$；

S ——阀门能力（$S=\frac{\text{控制阀全开时压降}}{\text{系统总压降}}$）。

所以，当 $R_s \geqslant \frac{Q_{max}}{Q_{min}}$ 时，阀门满足要求。当 $S \geqslant 0.3$ 时，$R_s \geqslant 5.5$，控制阀的实际可调最大流量等于或大于最小流量的 5.5 倍。经验算得知，一般当 $S \geqslant 0.3$ 时，控制阀的可调比可不做验算。

（2）阀门开度的验算

控制阀的开度一般为 30%～70%为最好，最大开度为 70%～80%，即计算所需的 C_v 值为额定 C_v 值的 30%～70%，开度一定要求制造方注明。

因阀门开度直接影响可调比和流量特性，故在控制阀选择时应进行阀门开度验算，否则会造成较大的误差。阀门的开度验算公式：

线性流量特性的控制阀：

$$K=\left[1.03\sqrt{\frac{S}{S+\left(\frac{C_v^2\Delta P/\rho}{Q_i^2}-1\right)}}-0.03\right]\times 100\%$$

等百分比流量特性的控制阀：

$$K=\left[\frac{1}{1.48}\lg\sqrt{\frac{S}{S+\left(\frac{C_v^2\Delta P/\rho}{Q_i^2}-1\right)}}+1\right]\times 100\%$$

式中：K ——流量 Q_i 处的开度；

C_v ——所选控制阀的通流能力（额定 C_v 值）；

ΔP——阀门全开时用的压差（对有闪蒸现象应用临界压差 ΔP_c），kgf/cm^2；

ρ ——介质密度，kg/m^3；

Q_i ——被验算开度处阀门的流量（实际工作流量），m^3/h；

S ——阀门能力（$S=\Delta P_{阀门}/\Delta P_{系统}$）。

当最小开度 $K_{min}>10\%$时，满足要求；

当 80%>正常开度（K_{nor}）>50%时，满足要求；

当最大开度 $K_{max}<90\%$时，满足要求。

（3）控制阀选择其他注意事项

1）一般控制阀阀体口径可小于所连接的管道直径，但不能小于管道直径的一半。

$$(D_{阀门} \geqslant \frac{1}{2} D_{管道})$$

2）控制阀的压力等级按阀门所在系统的最大压力（泵系统按泵的关断压头）和最高温度根据不同的阀体材料确定。

3）与凝汽器（或其他真空容器）相连接的控制阀（尤其是常闭阀）一定选用流开式（不平衡阀芯），这样密封性好。

7.8.3　控制阀的泄漏等级的选择

控制阀的泄漏等级与其所在系统及运行方式有关，即正常运行做连续调节的控制阀，泄漏等级要求不太严格。一般Ⅲ级即可，而正常运行关闭，只是在启动、停机或偶尔动作的阀门则要求较高的泄漏等级，特别是与凝汽器相连接的常闭阀，泄漏等级一定要求严格，一般用Ⅴ级或Ⅳ级。

7.8.4　执行机构的选择

(1) 执行机构及其附件的选择

执行机构的选择是非常重要的，执行机构的形式、尺寸选择是否恰当直接影响整个控制阀的质量，即使控制阀选择再好，一旦执行机构不合适，则该控制阀也不能称为高质量控制阀，而且对电厂运行带来很大的影响。

选择执行机构必须考虑以下几个因素：

1) 气原（电源）的可靠性；

2)“故障-安全”保护要求；

3) 扭矩或推力要求；

4) 控制功能。

一般执行机构由制造厂家按用户提供的要求选择，并由用户认可，而执行机构附件则由制造厂和用户根据控制阀所在系统的故障-保护要求及控制功能要求进行选择。

(2) 气开、气关的选择

控制阀和气动执行机构都有正作用式和反作用式，故控制阀和执行机构就有四种组合方式来实现气开或气关，如图 7-70 所示。实际上只有双座控制阀阀芯才能采用正装、反装阀芯来改变阀门的正、反作用，除双座阀外，其他阀门均是通过执行机构的正、反作用实现控制阀的正作用和反作用。在实际使用中，气开和气关的选择主要从生产工艺上的安全要求出发，使阀门向安全方向动作，视控制阀在事故时开启或关闭位置对工艺生产造成的危害性大小决定，如阀门在故障时处于开启位置时危害性小，则选用气关式，反之选用气开式。

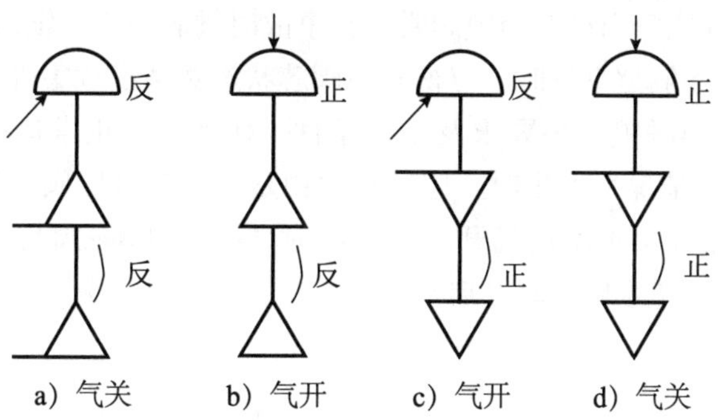

图 7-70　控制阀和执行机构的正作用式和反作用

(3) 流开和流关的选择

控制阀可分为流开式和流关式。流开式指流向为流体使阀芯打开，流关式指流向为流体使阀芯关闭。

阀芯处于流开或流关两种不同的流向时，所受的不平衡力是不同的，一般不平衡阀芯多采用流开控制阀，流开式阀门泄漏等级可达Ⅴ级，同时流开式阀门要求执行机构出力大，平衡阀芯多采用流关式，适用于高压差、大口径控制阀，但泄漏等级最高只能达到Ⅳ级。

图 7－71 所示就是流开式控制阀，反之则是流关式控制阀。

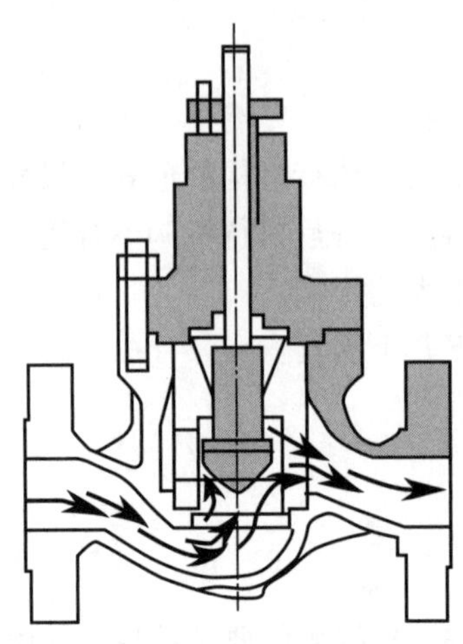

图 7－71 流开式控制阀

(4) 事故保护状态选择

对气动薄膜执行机构进行选择时，要特别注意事故保护（断气、断信号）及联锁要求，应根据阀门所在系统和调节要求决定当“二断”中的任一故障发生时，阀门阀芯所处位置（即开、关或锁定）。阀芯在事故时所处状态选择原则如下：

1) 气开式，在事故时阀芯处于“关”状态［若气开式执行机构要求阀芯在事故状态“开”则需反装阀芯（双座阀）］；

2) 气关式，在事故时阀芯处于“开”状态；

3) 气关式、气开式，当设有闭锁阀时，在事故时阀芯处于“锁定”状态。

阀芯状态的选择一般是事故时，应视阀门阀芯状态对系统危害性最小为宜，同时应详细了解控制阀在系统的联锁保护要求及工作条件。例如，对正常运行作连续调节的控制阀，在“二断”（任一情况）发生时，应选择“锁定”状态（即阀芯处于正常工作时的状态）。又如加热器正常疏水阀应选气开式，事故时“关”，因该阀与加热器事故疏水阀联锁，该阀事故时，事故疏水阀自动开启。

7.8.5 选型实例

(1) 控制阀选择计算步骤

第一步：对于水，求 ΔP_c，判断临界状态或亚临界状态。

对蒸汽，求 ΔP，$\frac{P_1}{2}$，判断 ΔP 与$\frac{P_1}{2}$的关系（国内计算方法）。

对气体，求 ΔP，$\frac{P_1}{2}$，判断 ΔP 与$\frac{P_1}{2}$的关系（国内计算方法）。

第二步：求阀门通流能力 C_v值。

第三步：流量特性选择。

第四步：控制阀口径选择。

第五步：阀门开度验算。

第六步：可调比验算。

第七步：流速计算（介质为水时，此步不计算）。

第八步：噪声计算（介质为水时，此步不计算）。

第九步：材料选择。

第十步：泄漏等级选择。

第十一步：压力等级选择。

第十二步：执行机构选择。

第十三步：执行机构附件选择。

（2）例题

某控制阀被调介质为水，最大流量 $Q_{max}=196m^3/h$，正常流量 $Q_{nor}=166m^3/h$，最小流量 $Q_{min}=36m^3/h$，最小流量时进口绝对压力 $P_1=7kgf/cm^2$，正常流量时进口绝对压力 $P_1=18kgf/cm^2$，最大流量时进口绝对压力 $P_1=19kgf/cm^2$，在各流量下出口绝对压力 $P_2=0.055kgf/cm^2$，介质进口温度$t=205$℃，系统最高绝对压力 $P_{max}=21kgf/cm^2$，所连接管道尺寸为 $\varphi 273\times 7$，阀门能力 $S=0.7$，常闭阀门要求密封性能好，试选择控制阀并进行验算。

解：第一步：求临界压差 ΔP_c，判断是否有闪蒸现象

查蒸汽表，最大流量时进口压力 P_1下的饱和温度 $t_s=208.8$℃

$\Delta T=t_s-t=208.8-205=3.8$℃；

故 $\Delta T>2.8$℃，$\Delta P_c=0.9\ (P_1-P_s)$；

查蒸汽表：在进口温度（$t=205$℃）下的汽化绝对压力，$P_s=17.66kgf/cm^2$；

$\Delta P_c=0.9\ (P_1-P_s)\ =0.9\ (19-17.66)\ =1.21kgf/cm^2$；

$\Delta P=P_1-P_2=19.055=18.98kgf/cm^2$；

因此，$\Delta P_c<\Delta P$　有闪蒸现象（甚至有气蚀现象）。

第二步：求 C_v值

在控制阀给定参数为三个工况时，则 C_v值计算应按最大工况时的参数计算，正常和最小工况进行核算。

因该阀有闪蒸现象，计算

$$C_{vmax}=1.17Q_{max}\sqrt{\frac{G}{\Delta P_c}}\,(G=1)=1.17\times 196\sqrt{\frac{1}{1.21}}=208。$$

第三步：流量特性选择

因本例题给出了三个工况参数，故可作定性判断选择

ΔP_2（最大流量时压差）$=19-0.055=18.945\text{kgf/cm}^2$。

ΔP_1（最小流量时压差）$=7-0.055=6.945\text{kgf/cm}^2$。

因 $\Delta P_2 \gg \Delta P_1$，故应选用快开式或线性流量特性，因快开式的实际工作特性为近似于直线流量特性，故本阀选用线性流量特性。

第四步：控制阀口径选择

根据 $C_{vamx}=208$，查样本可得 47 - 21000 系列单座阀。

当 D_g 为 150 时，阀门额定 C_v 值为 208（最接近）。

$D_{g阀} > \frac{1}{2} D_{g管道}$ （$D_{g管道}=273\text{mm}$）

故选用该种阀门合适。但该阀有气蚀现象，应选用防气蚀阀门。

第五步：阀门开度验算

根据线性流量特性验算公式：

计算最大流量时阀门开度，因该阀门有闪蒸现象，故 ΔP 取 ΔP_c 值：

$$K_{max}=\left[1.03\sqrt{\frac{S}{S+\left(\frac{C_v^2\Delta P/\rho}{Q_i^2}-1\right)}}-0.03\right]\times 100\%$$

$$=\left[1.03\sqrt{\frac{0.7}{0.7+\left(\frac{208^2\times 1.21/1}{196^2}-1\right)}}-0.03\right]\times 100\%=80.5\%$$

$K_{max}<90\%$，满足要求。

最小流量时阀门开度，$K_{min}=\left[1.03\sqrt{\frac{S}{S+\left(\frac{C_v^2\Delta P/\rho}{Q_i^2}-1\right)}}-0.03\right]\times 100\%$

$$=\left[1.03\sqrt{\frac{0.7}{0.7+\left(\frac{208^2\times 1.21/1}{36^2}-1\right)}}-0.03\right]\times 100\%=10.6\%$$

$K_{min}>10\%$，满足要求。

正常流量时阀门开度，$K_{nor}=\left[1.03\sqrt{\frac{S}{S+\left(\frac{C_c^2\Delta P/\rho}{Q_i^2}-1\right)}}-0.03\right]\times 100\%$

$$=\left[1.03\sqrt{\frac{0.7}{0.7+\left(\frac{208^2\times 1.21/1}{166^2}-1\right)}}-0.03\right]\times 100\%=65.1\%$$

$80\%>K_{nor}>50\%$，满足要求，正常运行具有良好调节性能。

第六步：阀门可调比验算

$R_s=10\sqrt{S}=10\sqrt{0.7}=8.4$

因 $\frac{Q_{max}}{Q_{min}}=\frac{196}{36}=5.4$，则

$R_s=8.4>\frac{Q_{max}}{Q_{min}}=5.4$

即，满足要求。

第七步：材料选择

先判断阀门是否发生气蚀现象，即

$$C_f=\frac{P_1 P_s}{\Delta P_{max}}=\frac{19-17.6}{18.95}=0.07$$

因 $C_f<2$，故发生气蚀现象。

阀体材料：Cr－Mo 或不锈钢；

阀芯组件材料：Cr－Mo 或不锈钢。

第八步：泄漏等级的选择

因阀门为常闭阀，要求密封性好，故泄漏等级选Ⅴ级。

第九步：压力等级的选择

系统最高压力为 21kgf/cm^2，温度 205℃，阀体材料为 Cr－Mo 或不锈钢，查公称压力和工作压力对应表，该阀门压力等级为 PN40（ANSI class 600）。

第十步：执行机构的选择

查阀门样本中给出的参数，根据阀门压差和阀门 C_v 值，选择执行机构型号。一般由制造厂选择，用户认可。

第十一步：执行机构附件选择

执行机构附件选择阀门所在系统的联锁保护和控制要求。

7.8.6　控制阀订货清单的编写

若要选购满意的控制阀，则必须做一系列详尽的工作，即参数计算完成后将所需参数和要求以一种表格的形式提交给厂家，控制阀一览表见表 7－27。

表 7－27　控制阀一览表

序号（ITEM No.）						
控制阀编号（CONTROL VALVE TAG No.）						
控制阀所在系统（SYSTEM）						
流量 t/h（FLOW）	最大（MAX.）	正常（NOR.）	最小（MIN.）			
进口压力 MPa（INLET PRESS）	最大（MAX.）	正常（NOR.）	最小（MIN.）			
出口压力 MPa（OUTLET PRESS）	最大（MAX.）	正常（NOR.）	最小（MIN.）			

表 7－27（续）

系统最大压力/MPa（MAX PRESS）				
温度/℃（TEMP）	设计温度（DES. TEMP.）/运行温度（OPER. TEMP.）			
介质类型（FLUID）				
阀门形式（TYPE OF BODY）	球形阀（GLOBE）	角阀（ANGLE）	蝶阀（BUTTERFLY）	
连接方式（CONNECTION）	法兰连接（FLANGE）			
	插焊（SOCKET WELD）			
	对焊（BUTT WELD）			
执行机构动作方式（ACTUATOR ACTION）	气开（SIGNAL INCREASE TO OPEN）			
	气关（SIGNAL INCREASE TO CLOSE）			
介质类型（FLUID）				
流量特性（FLOW CHARACTERISTICS）	等百分比（EQ%）			
	线性（LINEAR）			
	快开式（ON/OFF）			
执行机构附件（CTUATOR ACCESSORIES）	定位器（POSITIONER）			
	电磁阀（SOLENOID VALVE）			
	限位开关（LIMIT SWITCH）			
	闭锁阀（LOCK UP VALVE）			
	位置变送器（POSITION TRANSMITTER）			
	继动器（BOOSTER RELAY ）			
	手轮（HAND WHEEL）			
故障时位置（FAIL POSITION）	开（OPEN）			
	锁定（LOCK）			
	关（CLOSE）			
最大允许噪声 dBA（MAX. ALLOW NOISE dBA）				
管道尺寸（直径×壁厚）[PIPING SIZE（$D \times T$）]				
泄漏等级（LEAKAGE CLASS）				
管道材料（PIPING MATERIAL）				
数量（QUANTITY）				

7.9 控制阀的布置

控制阀的布置与一般阀门不同，它的布置是否合适直接影响控制阀的调节性能，因此应注意以下几项：

(1) 大压差的控制阀前后避免有弯头出现，最好三通，如图7-72所示。

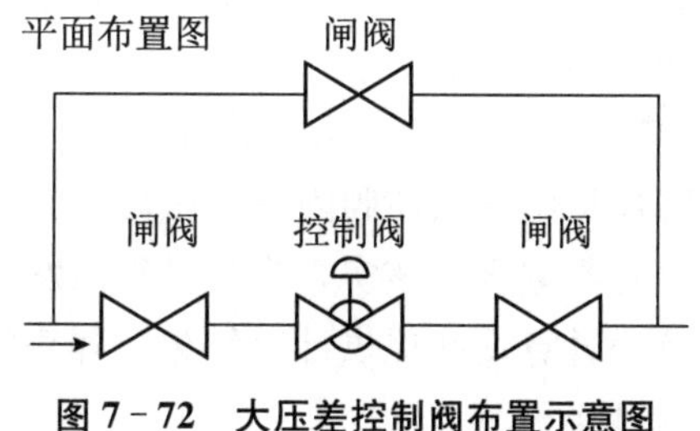

图7-72　大压差控制阀布置示意图

(2) 控制阀和隔离阀之间一定要有直管段，直管段的尺寸视管道直径大小而定，尤其是小直径的管道更应注意。

(3) 控制阀应布置在水平管道上，尽量避免在垂直管道上布置。

(4) 控制阀执行机构最好垂直向上，特别是大阀门，应尽量避免水平或向下（除个别电动执行机构可能要求向下外），若布置要求执行机构水平或倾斜，则要对执行机构做支承。

(5) 对于介质为饱和水（汽）的管道上的控制阀最好靠近出口容器布置，以减少两相流管段长度，而且阀后管道应放大一级，材料为合金钢。

(6) 所有控制阀一般需配大小头，故在初设系统图中，凡控制阀均在两端示出大小头，且采用同心大小头。

(7) 对噪声较大的蒸汽或空气控制阀，其阀门前后最好留有直管段，阀前不小于10倍的管道直径，阀后不小于20倍的管道直径。

(8) 控制阀是比较重要的管道附件，故在施工图说明中应附注安装要求。

(9) 为防止脏物进入阀门而损坏阀芯，管道吹扫完毕方能安装控制阀。

(10) 控制阀不能调换安装，安装前应将技术资料与阀体上的铭牌相对照，以防误装。

(11) 控制阀安装应注意阀体上所示箭头方向与介质流向一致。

(12) 火电厂用几种常用控制阀推荐的流量特性、泄漏等级及三断保护动作。

7.10　控制阀的技术要求

控制阀的技术要求如下：

(1) 控制阀必须按ANSI标准或按等效的国家标准设计、选材、制造及试验。

(2) 控制阀泄漏等级应尽量不小于ANSI标准Ⅳ级。

(3) 控制阀压力等级应按表中最大设计压力和设计温度选取。

(4) 应按数据表中最大流量和进出口最小压差计算最大C_v值，其对应阀门开度尽量小于70%；按最小流量和进出口最大压差计算最小C_v值，其对应阀门开度大于30%。若仅有正常流量及压差，可将其C_v值对应阀门开度在50%。

（5）所有控制阀设计应考虑气蚀问题，如果流体经阀门的最小压力（静压）小于流体的汽化压力。可分两种情况考虑：

1）如果流体经阀门的出口压力（数据表中出口最小压力）小于流体的汽化压力，会出现闪蒸现象，阀门应考虑防磨损措施。

2）如果流体经阀门的出口压力又回升到大于汽化压力，会发生“空化”现象，从阀体设计而言，必须采用多级降压措施，以使阀内各点压力均大于汽化压力，从而保证不发生气蚀，需厂家提供相应的计算数据进行核实，为防止气蚀发生，阀门应采用流关式。

（6）所有阀门均应进行噪声计算，并提供计算结果，噪声标准是距阀体 1m 处不超过 85dB。为防止噪声，阀门应采用流开式。

（7）ON/OFF 快开快关阀门，其执行机构动作时间应小于 3s（均配带电磁阀）。

（8）所有阀门与管道接口采用对口焊接形式，阀体进出口与接管口径应取得一致（否则供方应配带大小头）。接口坡口形式应按买方提供的图纸加工。

（9）阀体口径应小于或等于进口管径，但应大于或等于 1/2 进口管径，这样设计才趋于合理。

（10）控制阀的出口压力可能为 0.04Pa 时，即接近全真空状态时，外部的空气可能通过阀杆泄漏破坏真空，所以阀杆及执行机构的强度也应按真空状态计算，阀门采用流关式，并做真空密封试验。

（11）执行机构控制信号两种：1）4mA～20mA 电信号（应配带电/气转换器）2）$0.2kgf/cm^2$～$1kgf/cm^2$气信号，动力供气压力 $4kgf/cm^2$～$7kgf/cm^2$。

（12）所有气动控制阀均应配带空气过滤器和减压器，空气管路和仪表管路口径，应按一般用途管螺纹（英寸制）ANSI/ASME B1.20.1－83 制作。

（13）ON/OFF 快开快关阀门的执行机构的设计应按数据表中最大设计压力计算。

（14）阀门除特殊要求的为角式外其余均应为直通式。

（15）主给水控制阀（LCV）、定速给水启动泵出口控制阀（LCV）、主给水启动控制阀（LCV）、燃油加热器温度控制阀（TCV）、高低加暖风器正常疏水阀（LCV）、高低加暖风器事故疏水阀（LCV）、除氧器水位控制阀（LCV）、凝结水泵再循环流量控制阀（FCV）、凝汽器热井水位控制阀（LCV）、凝汽器热井补水控制阀（LCV）、除氧器备用气原控制阀（PCV）、辅助蒸汽压力控制阀（PCV）、冷却水温度控制阀（TCV）、吹灰蒸汽压力控制阀（PCV）、压缩空气母管压力控制阀（PCV）、凝结水回收水箱水位控制阀（LCV）、氮气系统压力控制阀（PCV）、主要蒸汽管道疏水阀（GLD），其结构应尽量采用笼套导向型式。

（16）自力式控制阀其气缸承压能力应大于系统最大设计压力。

（17）所有阀门编号应打印在阀门铭牌上。

（18）所有电动控制阀对电动头控制装置应有如下要求：

1）一个双转子的齿轮传动限位开关，每个转子带 4 副接点（可调跳闸点）；

2）一个双转子的齿轮传动行程开关，每个转子带 4 副接点（固定跳闸点）；

3）一个关力矩开关；

4）一个开力矩开关；

5）一套马达加热器，并提供：所有开关的图表、电动头的控制原理接线图、电动头的控制接线图；

6）电动头需配手轮（选项）。

（19）所有气动控制阀有如下要求：

1）均配空气过滤器和减压器；

2）电磁阀的电压和工作状态

AC——交流 220V，单相 50Hz；

DC——直流 110V；

NE——电磁阀的正常工作状态是正常带电；

NDE——电磁阀的正常工作状态是正常不带电；

3）限位开关应是双刀双掷（DPDT）、开、关方向各一个；

4）控制阀的位置变送器输出电流要求为 4mA～20mA，与控制阀的位置指示器呈线性关系，位置变送器应为两线制变送器。

（20）大型电站主要控制阀的实例选择

大型电站主要控制阀的实例选择参见表 7－28，表中各项是根据诸多工程实际选择和国外制造厂的推荐比较后总结得出，具体进行选择时，应根据实际情况确定，表 7－28 仅供参考。

表 7－28　大型电站主要控制阀的实例选择(亚临界机组)

序号	控制阀名称	控制阀形式	压力等级	材料		流量特性	故障时保护动作	执行机构作用方式	泄漏等级	备注
				阀体	阀芯组件					
1	主给水控制阀(操作台)(LCV)	笼式单座控制阀	(P_g320)ANSI Class 2500	Cr－Mo 钢	不锈钢	等百分比	锁定(或开)	气关(正作用)	Ⅲ或Ⅳ	
2	定速给水启动泵出口控制阀(LCV)	笼式单座控制阀	(P_g320)ANSI Class 2500	Cr－Mo 钢	不锈钢	等百分比	锁定(或开)	气关(正作用)	Ⅴ或Ⅵ	大压差，有气蚀
3	主给水启动控制阀(LCV)	笼式单座控制阀	(P_g320)ANSI Class 2500	Cr－Mo 钢	不锈钢	等百分比或线性	锁定(或开)	气关(正作用)	Ⅳ或Ⅴ	启动、低负荷时用
4	给水泵最小流量阀(FCV)	角式或多级控制阀	(P_g320)ANSI Class 2500	Cr－Mo 钢	不锈钢	等百分比或线性	开	气关(正作用)	Ⅵ	
5	过热器喷水控制阀(TCV)	单座控制阀	(P_g320)ANSI Class 2500	Cr－Mo 钢	不锈钢	等百分比	锁定(或关)	气开(反作用)	Ⅳ	
6	过热器喷水关段阀(GLD)	单座控制阀	(P_g320)ANSI Class 2500	Cr－Mo 钢	不锈钢	快开	锁定(或关)	气开(反作用)	Ⅳ	ON/OFF
7	再热器喷水关断阀(GLD)	单座控制阀	(P_g320)ANSI Class 2500	Cr－Mo 钢	不锈钢	快开	锁定(或关)	气开(反作用)	Ⅳ	ON/OFF
8	再热器喷水控制阀(TCV)	多级控制阀	(P_g320)ANSI Class 2500	Cr－Mo 钢		直线性	锁定(或关)	气开(反作用)	Ⅳ	有气蚀、低负荷时用
9	燃油加热器温度控制阀(TCV)	笼式单座控制阀	ANSI Class 300(P_g25)	碳钢	不锈钢	等百分比	关	气开(反作用)	Ⅱ或Ⅲ	
10	燃油供油泵再循环控制阀(PCV)	单座阀	ANSI Class 600(P_g40)	碳钢	不锈钢	线性	关	气开(反作用)	Ⅱ或Ⅲ	
11	高低加暖风器正常疏水阀(LCV)	笼式单座控制阀	视各级压力定	Cr－Mo 钢	不锈钢	线性	关	气开(反作用)	Ⅱ或Ⅲ	角式阀

表 7 - 28(续)

序号	控制阀名称	控制阀形式	压力等级	材料		流量特性	故障时保护动作	执行机构作用方式	泄漏等级	备注
				阀体	阀芯组件					
12	高低加暖风器事故疏水阀(LCV)	笼式单座控制阀	视各级压力定	Cr - Mo 钢	不锈钢	线性	开	气关(正作用)	Ⅴ或Ⅵ	
13	除氧器水位控制阀(LCV)	笼式单座控制阀	ANSI Class 600(P_g40)	碳钢	不锈钢	直线或等百分比	开(或锁定)	气关(正作用)	Ⅱ或Ⅲ	
14	凝结水泵再循环流量控制阀(FCV)	笼式单座控制阀	ANSI Class 600(P_g40)	碳钢	不锈钢	线性	开	气关(正作用)	Ⅳ或Ⅴ	防气蚀
15	凝汽器热井水位控制阀(LCV)	笼式单座控制阀	ANSI Class 600(P_g40)	碳钢	不锈钢	ON/OFF	关	气开(反作用)	Ⅳ或Ⅴ	高水位放水阀
16	凝汽器热井补水控制阀(LCV)	笼式单座控制阀	ANSI Class 600(P_g40)	碳钢	不锈钢	线性	锁定	气开(反作用)	Ⅳ	低水位补水阀
17	凝结水泵密封水压力控制阀(PCV)	自立式控制阀	ANSI Class 600(P_g40)	碳钢	不锈钢	等百分比	/	/	Ⅱ或Ⅲ	自立式控制阀无汽源
18	除氧器备用汽源控制阀(PCV)	笼式单座控制阀	ANSI Class 600(P_g40)	碳钢	不锈钢	线性	锁定	气开(反作用)	Ⅳ或Ⅴ	
19	辅助蒸汽压力控制阀(PCV)	笼式单座控制阀	ANSI Class 600(P_g40)	碳钢	不锈钢	线性	关(或锁定)	气开(反作用)	Ⅱ或Ⅲ	
20	冷却水温度控制阀(TCV)	笼式双座控制阀	ANSI Class 150(P_g10)	碳钢	不锈钢	等百分比	关	气开(反作用)	Ⅳ	大流量可用蝶阀小流量时用笼式单座阀
21	吹灰蒸汽压力控制阀(PCV)	笼式单座控制阀	ANSI Class 2500(P_g320)	Cr - Mo 钢	不锈钢	等百分比或直线	关	气开(反作用)	Ⅳ	

表 7-28(续)

序号	控制阀名称	控制阀形式	压力等级	材料		流量特性	故障时保护动作	执行机构作用方式	泄漏等级	备注
				阀体	阀芯组件					
22	锅炉连排、定排(FCV)	角式单座控制阀	ANSI Class 2500(P_g320)	Cr-Mo 钢	不锈钢	线性	开	气关(正作用)	Ⅴ	
23	压缩空气母管压力控制阀(PCV)	笼式单座控制阀	ANSI Class 150(P_g10)	碳钢	不锈钢	等百分比	关	气开(正作用)	Ⅳ	
24	凝结水回收水箱水位控制阀(LCV)	笼式单座控制阀	ANSI Class 150(P_g25)	Cr-Mo 钢	不锈钢	等百分比	开	气关(正作用)	Ⅳ	有气蚀
25	润滑油处理系统控制阀(PCV)	单座阀	ANSI Class 300(P_g25)	碳钢	不锈钢	等百分比	开	气关(正作用)	Ⅳ	
26	氮气系统减压阀(PCV)	角式或大压差阀	ANSI Class 2500(P_g320)	Cr-Mo 钢	不锈钢	/	开	气关(正作用)	Ⅴ或Ⅵ	高压差(第一道减压阀)
27	氮气系统压力控制阀(PCV)	笼式单座控制阀	ANSI Class 600(P_g100)	碳钢	不锈钢	线性	开	气关(正作用)	Ⅴ或Ⅵ	
28	除氧器溢流阀(GLD)	高性蝶阀	ANSI Class 600(P_g100)	碳钢	不锈钢	快开(ON/OFF)	开	气关(正作用)	Ⅴ或Ⅵ	ON/OFF,双向密封
29	主要蒸汽管道疏水阀(GLD)	笼式单座控制阀	视各管压力定	同左	不锈钢	快开(ON/OFF)	开	气关(正作用)	Ⅴ或Ⅵ	

第 8 章　蒸汽疏水阀和高温高压疏水阀的选用

蒸汽在传输过程中不可避免地要损失热量，当趋于饱和温度时就会析出凝结水即疏水。特别是在蒸汽完全停止流动的区域，尽管蒸汽有过热度，也会产生疏水。蒸汽管道中形成的疏水对机组的安全性和经济性都是有害的。一方面管道中的疏水是形成水冲击和水锤的根源，同时疏水在蒸汽管道中有着输送杂质的作用，从而使换热设备结垢；另一方面，在蒸汽中混有疏水，会使蒸汽额定压力降低，导致做功能力下降，机组效率降低。因此，及时将蒸汽系统中的疏水排走，不仅是安全要求，也是节能增效的需求。

电站的疏水可分为经常性疏水和启动性疏水两部分。根据汽水管道设计技术规程的规定，在下列地点应设置经常性疏水：经常处于热备用状态的设备，如减温减压器进汽管道的低位点、蒸汽不经常流动的管道死端，而且是管道的低位点、饱和蒸汽管道和蒸汽伴热管道的适当地点。在这些地点设置的疏水装置多采用自动蒸汽疏水阀，它能及时自动排出疏水和不凝结气体。

启动性疏水是在机组启动阶段的疏水。根据汽水管道设计规程的规定，在下列地点应设置启动疏水：按暖管方向分段暖管的管道末端；为了控制管壁升温速度，在主管上游端可装设疏汽点；管道上无低位点，但管道展开长度超过 100m 处；在经常性疏水装置处，同时应设置启动疏水和放水装置以及所有可能积水而又需要及时疏出的低位点。在这些地点，设置的疏水装置主要是高温高压疏水阀。典型结构是经过特殊设计的 Y 型截止阀或金属密封球阀。传动方式为气动、电动或液动。在电厂的集控室内控制开启或关闭。当汽轮机的负荷低于额定负荷的 20%运行时，疏水阀即开启，以确保汽轮机本体及相应管道的可靠疏水。

对于亚临界、超临界、超超临界机组，汽轮机进水疏水系统的高温高压疏水阀门，因设计、材料等因素的制约，不耐冲刷，使用寿命很低，属于高端关键阀门，大都需要进口。

8.1　蒸汽疏水阀

8.1.1　疏水阀的用途和分类

在蒸汽供热系统中作为热媒介的蒸汽在管道输送过程中冷却时，会产生凝结水。这些凝结水一般要求从用热设备中尽快排出，才能保证设备的传热效率。若凝结水在管网中积聚，会妨碍蒸汽流动，使蒸汽湿度增加，势必影响换热效率，还可能引起水击，撞坏管道阀门等。

疏水阀是一种能自动迅速地排出蒸汽供暖设备及系统管网中的凝结水，并阻止蒸汽随水排出的设备，所以疏水阀又称阻汽排水阀。

疏水阀主要分成三大类：机械型、热动力型、热静力型。

（1）机械型：利用凝结水液位变化，引起漂浮元件的运动，开启关闭阀瓣。按浮子的结构又分为吊桶式、浮球式、自由半浮球式三种。

（2）热动力型：根据蒸汽和凝结水的运动速度不同，利用蒸汽和凝结水的密度差和黏性系数差，直接启闭阀瓣。它又分成圆盘式和脉冲式两种。

（3）热静力型：利用蒸汽与冷凝水的温度差，驱使元件动作来启闭阀瓣。按膨胀元件又可分为波纹管式、双金属片式、膜盒式和温控式四种。

8.1.2 机械型疏水阀

机械型疏水阀是利用浮子来启闭阀瓣。

8.1.2.1 吊桶式疏水阀

吊桶式疏水阀如图 8－1 所示。吊桶借助杠杆，销子（杠杆支点）吊于疏水阀顶盖上。盖上装有排凝结水的阀座，杠杆上装有阀瓣。当系统开始运行，空气和凝结水进入疏水阀时，吊桶由于自重，倾斜地罩在壳底部，阀瓣处于开启状态，凝结水正好排出。少量的不凝空气由排气小孔排出。残存的凝结水积聚在吊桶下部，以及吊桶外面壳体下部的空腔内。

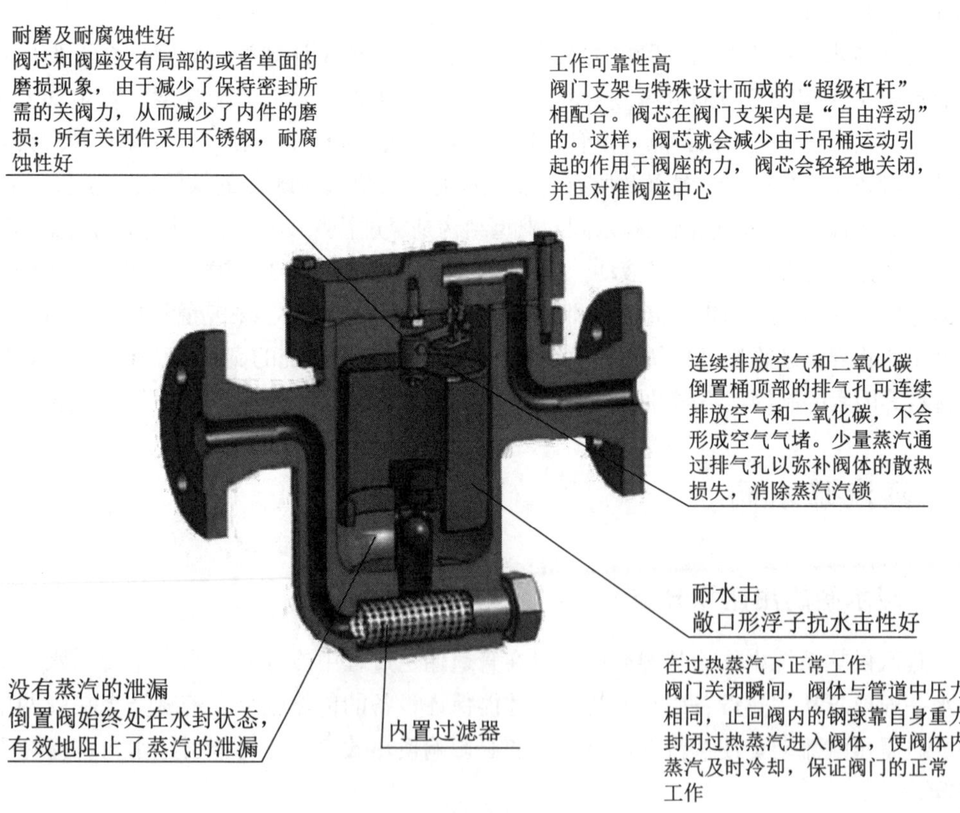

图 8－1 吊桶式疏水阀

当蒸汽进入疏水阀时，蒸汽聚在吊桶上部，下部的水使充满蒸汽的倒吊桶浮起，带动杠杆关闭阀门，阻止了蒸汽的排放。只要有蒸汽进入疏水阀，吊桶内充满蒸汽，疏水阀就能保持关闭状态。当蒸汽停止进入，疏水阀由于外壳散热，吊桶内积存的蒸汽逐渐冷凝成水，少量残存的蒸汽由常开的排气小孔散出，吊桶失去浮力而下沉，阀门被打开。充满壳内腔的凝结水又开始向外排放。

当桶内充满空气时，吊桶的排气孔的大小，决定了吊桶下沉的快慢，孔太大使吊桶内贮存不了蒸汽，也就使吊桶顶不上去，或造成阀门关闭不严而漏气。吊桶式疏水阀比浮桶式体积小，重量轻，安装方便。原则上可连续排水，排水量不受吊桶容积的限制。缺点是关闭件和阀座易磨损。

8.1.2.2　浮球式疏水阀

浮球式疏水阀如图 8-2 所示。当冷凝水进入并充满阀内时，浮球浮起，浮球与杠杆及阀瓣相连，浮球升起，阀瓣打开。冷凝水借助蒸汽压力，经孔道排出。壳体内冷凝水被排除到一定数量时，浮球所受到的浮力小于浮球、杠杆等重量时，浮球即下落，阀瓣关闭。

为了排放不凝空气以及启动时形成的大量凝结水，可以开启旁通排气阀。正常后，再行关闭。由于没有连续排气孔，只适用于除氧较好（有除氧器的锅炉）的电站及供热系统。浮球式疏水阀可以连续工作，管路中介质压力变化较小，在关闭时没有碰撞，很少有蒸汽泄漏，因而密封面不易损坏，寿命较长。

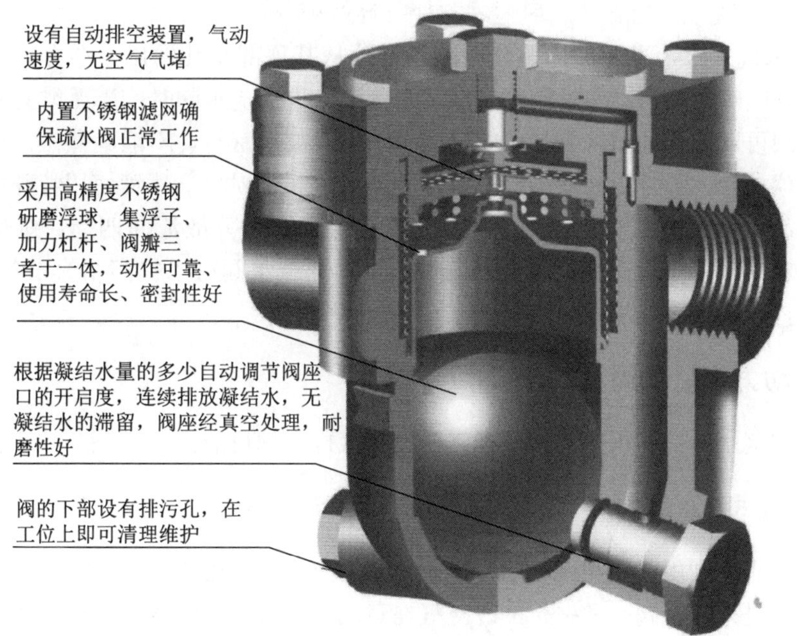

图 8-2　浮球式疏水阀

8.1.2.3 自由半浮球疏水阀

自由半浮球疏水阀是一种新结构的疏水阀，如图 8－3 所示。该阀由过滤网、阀体、阀盖、半浮球、双金属片、排水喷嘴、发射台等组成。

开始运行前，半浮球位于发射台上，进入疏水阀的冷空气和冷凝水从喷嘴中放出。如果进入半浮球的空气，使浮球浮起，安装在阀盖上的双金属片将使半浮球与阀嘴保持一定的距离。半浮球顶部有小孔，空气亦可从此排出。

当蒸汽进入时，半浮球浮起，关闭阀嘴（排水孔）。在这种情况下，双金属片受热变形后，处于不妨碍半浮球关闭阀嘴的位置。

图 8－3 自由半浮球疏水阀

当凝结水进入时，半浮球内蒸汽冷凝，部分从其顶部小孔逸出，浮力减少而下沉至发射台，打开喷嘴，凝结水通过阀嘴排出。当蒸汽又进入疏水阀时，半浮球又上升。

半浮球阀可以连续动作，密封性好。凝结水喷嘴被水密封，不泄漏蒸汽。由于凝结水喷嘴与半浮球接触，经常更换新的接触点，所以半浮球磨损小。喷嘴使用特殊材料，几乎不磨损，因而寿命较长。蒸汽和凝结水由发射管导入，并分散流向四周，避免了水击现象。发射台对半浮球的动作保持最佳的角度。半浮球疏水阀可以提高用汽设备的热效率，把蒸汽耗量控制在最小限度。

8.1.3 热动力型疏水阀

热动力型疏水阀是利用热动力原理来达到阻汽排水的目的。

8.1.3.1 圆盘式疏水阀

圆盘疏水阀是利用蒸汽和冷凝水的动压和静压的变化来使阀瓣动作的，如图 8－4 所示。当凝结水进入疏水阀，和夹带的冷空气在蒸汽的压力下，经通道顶开阀片，进入环形槽 B（迷路），再从孔排出，阀片由于受水流的冲击呈稳定的开启状态。

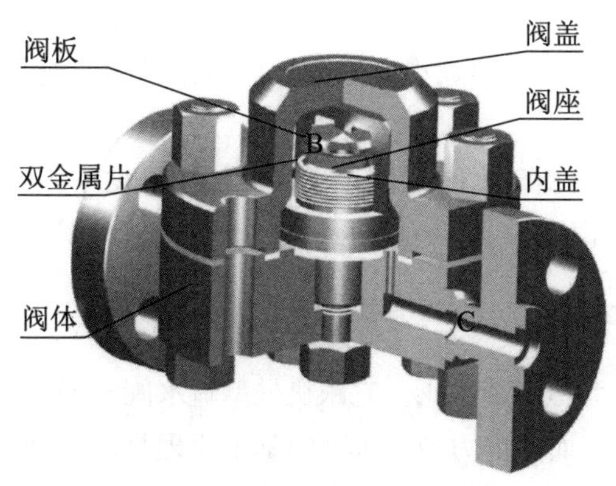

图8-4 热动力型疏水阀

当蒸汽装置的温度足够高时，内压上升，迫使凝结水以较快的速度通过疏水阀。当凝结水温度很高时，通过疏水阀进出口之间会产生很大的压降，这时会有一些二次蒸汽产生。由此产生的凝结水和蒸汽的混合物，在阀片下从A中向边缘四周发射。由于二次蒸汽窜向阀体上部的控制空腔，在这瞬间阀片下面汽流从中心放射流向四周，流速自内向外愈来愈小，内圈流速大、静压小，在阀体上部形成足够大的压力，迅速将阀片压下，关闭阀孔。阀片的关闭是由于蒸汽在流动过程中膨胀阻塞造成的，故称热动力式。

圆盘式疏水阀的缺点，是易受环境温度的影响，当阀体上部控制室的蒸汽放热凝结时，压力下降，使阀片瞬间开启，造成周期性漏气。目前有的厂家，在阀盖外再罩一层外壳，叫空气隔离罩，形成夹套，期间通入蒸汽，可以改善环境的影响。

此外，在排除过热凝结水时，通过疏水阀减压产生很大的压降，这时会有些二次蒸汽产生，并进入控制室将阀片压下，关闭凝结水通路。要待二次蒸汽凝结成水时才能恢复排水。因而频繁地造成间隙，使阀片易损坏。

圆盘式疏水阀的特点是结构简单，体积小，重量轻，排水量大，维修方便等。但阀片关闭时的撞击会产生噪声，漏气严重，寿命短。

8.1.3.2 脉冲式疏水阀

脉冲式疏水阀由阀体、阀盖、倒锥形控制缸（上大下小）、控制盘（在阀瓣上部）、阀瓣和阀座组成。当冷凝水和不凝气体进入阀内，控制盘下方压力升高，使阀瓣上升开启。因此，空气和凝结水经过阀瓣与阀座间缝隙从主排泄孔流出，到达出口通道。然而，有小部分从控制盘与控制缸的间隙流入控制室，产生压力并从副泄孔流往出口。阀瓣上升时，由于控制缸上大下小，控制盘与控制缸的间隙愈来愈大，上升到一定高度，上下方压力平衡而停止。

当进入疏水阀的凝结水温度很高（仅比蒸汽低0℃～2℃）时，在高温凝结水进入控制盘上方后，由于降压，一部分凝结水再蒸发成二次蒸汽，使体积膨胀，压力增高，阀瓣向下关闭主泄孔。随着冷凝水继续进入阀内，温度下降，控制盘上方压力降低，阀瓣重新开启，排出冷凝水。如此循环达到阻汽排水的目的。

调节脉冲式疏水阀控制缸螺杆，使其上下移动，可改变控制盘与控制缸的间隙，从而改变排水动作的间隔时间。环形间隙小、阻力大，压差越大，越易于开启；反之，不易开启，故调节应适当。

脉冲式疏水阀是一种新型疏水阀，体积小，排量大，便于维修。能排除低于饱和温度的凝结水，但有一部分蒸汽泄漏。

8.1.4 热静力型疏水阀

热静力型疏水阀又称为恒温疏水阀。它跟机械型疏水阀不同，机械型疏水阀是依靠阀体内液面的位置开闭疏水阀，而热静力型疏水阀的基本原理是由温度决定疏水阀的开闭。也就是说，它是利用蒸汽（高温）和凝结水（低温）的温差原理，使用双金属或波纹管作为感温元件，它可以随温度的变化而改变其形状（波纹管产生膨胀或收缩，双金属产生弯曲），利用这种感温体的变位，达到开闭疏水阀的目的。例如：波纹管在有蒸汽时（高温）就会膨胀，从而关闭排水阀；而凝结水（低温）流入时，又产生收缩，打开阀门排除凝结水。按照使用的感温元件的不同，其形式大致分为波纹管式、双金属片式、膜盒式和温控式。

8.1.4.1 波纹管式疏水阀

其动作元件即感温元件是波纹管。这种波纹管的形状恰似个小灯笼，可自由伸缩的壁厚为 0.1mm～0.2mm 的密封金属容器。其内部封闭着水或比水沸点低的易挥发性液体。这种波纹管随温度变化其形状也显著变化（变位），即当温度高时，封闭的液体蒸发成蒸汽，靠蒸汽的压力使波纹管膨胀；当降为低温时，蒸汽又凝结，还原成液体，于是波纹管又收缩。波纹管固定安装在疏水阀阀体的上端，其下端与阀瓣连接。

这种疏水阀的动作原理是，开始通汽时为常温状态，波纹管内部封闭的液体没有汽化，波纹管收缩呈开阀状态，因此，流入疏水阀内的空气和大量的低温凝结水通过阀座孔由出口排出［图 8-5a）］，凝结水的温度很快上升；随温度的变化，波纹管感温，同时其内部伸长，并使阀瓣接近阀座，于是，当疏水阀内流入近似饱和温度的水或高温凝结水后，波纹管进一步膨胀，至关阀状态［图 8-5b）］。图 8-6 为波纹管式疏水阀。

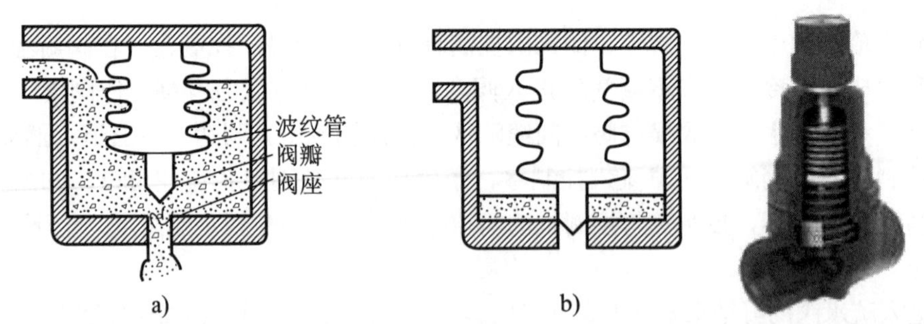

图 8-5 波纹管式疏水阀原理图　　图 8-6 波纹管式疏水阀

疏水阀内凝结水的温度一旦降至设定的开阀温度，波纹管则按照温度的变化成比例地收缩，打开阀门。这一动作反复进行，就实现了开闭阀动作，从而排除凝结水。

波纹管式蒸汽疏水阀有体积小重量轻的优点，但波纹管本身在制造和结构上也有许多不足之处，例如：

①由于波纹管较脆弱，所以抗水击能力差，若用于过热蒸汽上，容易破裂；

②很难保证波纹管的气密性，因此封入的液体往往会减少；

③波纹管容易产生异状膨胀，所以很难保证阀瓣与阀座同轴，容易泄漏蒸汽；

④与双金属式比较，对于压力变化其应动性差。

基于以上原因，在目前填充液使用酒精或乙醚，并封入青铜制的波纹管内的情况下，只能使用在压力为 1kgf/cm^2 以下的室内蒸汽散热器（放热器）上，作为专用疏水阀，即主要作为“散热疏水阀”使用。

波纹管式疏水阀的优点：

①排水温度可以调节范围为 70℃～100℃，使用方便；

②能够阻止高温凝结水的排放，保持蒸汽管线的热能；

③连续排水，没有噪声；

④蒸汽压力小，波动不影响使用；

⑤结构简单，体积小，安装方便、随意；

⑥通过增加波纹管直径提高凝结水的排量；

⑦具有良好的排空气性能，不怕冻；

⑧零泄漏，背压率达到 75％。

8.1.4.2 双金属片式疏水阀

双金属片是由两片膨胀系数不同的金属薄片黏合而成。当双金属片受热时，膨胀系数高的金属膨胀量比膨胀系数低的金属大，双金属片发生弯曲，如图 8－7 所示。利用双金属片的这种特性制成双金属片式疏水阀，通过双金属片受热时产生的弯曲力驱动主阀靠近或离开阀座，如图 8－8 所示。

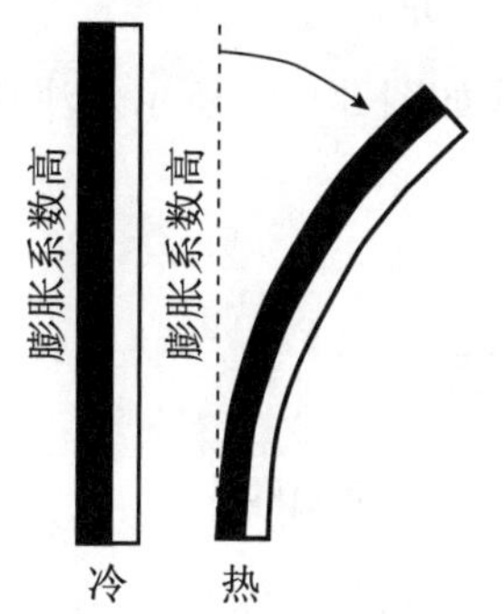

图 8－7 高膨胀系数金属片不同温度下的表现

图 8－8 双金属片在不同温度下的表现

图 8－8 中，采用膨胀系数低的金属片面对面地放置。当疏水阀温度较低时，双金属片处于松弛状态，主阀离开阀座。当蒸汽进入设备后，空气和低温冷凝水就可以通过疏水阀进行排放。当工艺开始升温，冷凝水温度逐渐升高，双金属开始变形。膨胀系数较低的

金属片互相接触，并拱起，拉动主阀朝阀座方向移动，关闭阀门。

所选的双金属片的性能曲线尽可能接近饱和蒸汽的性能曲线，双金属片的弯曲变形量与其长度成正比，与温度几乎是线性关系（图 8 - 9）。应注意一点，双金属片式疏水阀性能曲线无法做到压力平衡式疏水阀那样贴近饱和蒸汽的性能曲线，因此压力的变化将影响饱和蒸汽与排放的冷凝水之间的温度差。

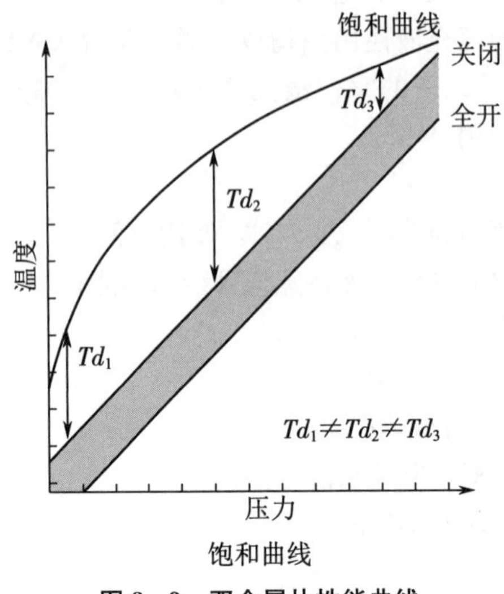

图 8 - 9　双金属片性能曲线

另有一点需注意的是双金属片式疏水阀的冷凝水排放量。从图 8 - 10 中可以看出，对于图中的双金属片式疏水阀而言，如需排放更多的冷凝水，阀头需离阀座更远；如需阀头距离阀座更远，则要求冷凝水的温度降至更低。因此，对于冷凝水量较大的系统而言，疏水阀的工作温度将相应降低，这就意味着该类型的疏水阀对于工艺负荷变化的反应很慢。疏水阀的排放速度由额定流量的温度决定。双金属片式疏水阀排放工艺中冷凝水的速度非常慢，因为冷凝水冷却和双金属片反应都需要时间。

双金属片式疏水阀的结构多种多样，最常见的结构形式如图 8 - 11 所示。注意在这些例子中，阀头在阀座的下游。

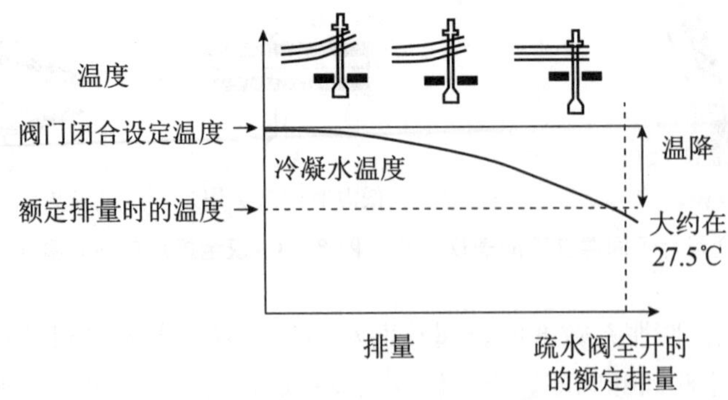

图 8 - 10　排量和温度的关系

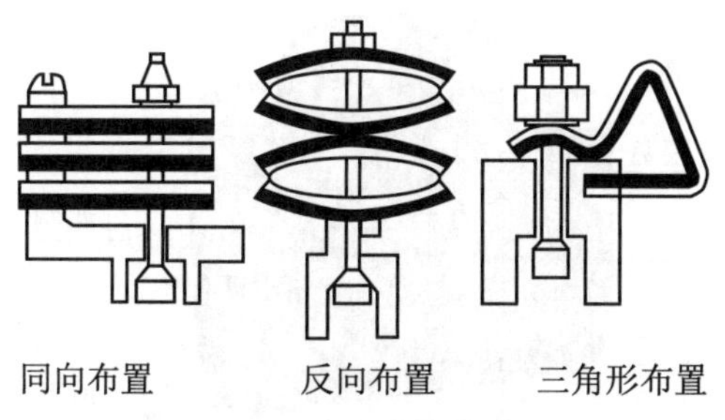

图 8－11　双金属片布置形式

在“下游阀头”的双金属片设计中，双金属片受热时产生的力拉动阀头向上运动，这时双金属片产生的力的方向与蒸汽作用在阀头上的力的方向是相反的（图 8－12）。

从图 8－12 可知，对于采用下游阀头设计的疏水阀，如果系统背压升高，背压将协助阀头向阀座运动。因此，与背压升高前相比，阀门的关闭时间将提前，使得疏水阀的排放温度降低。换而言之，背压的升高将导致大量冷凝水积存，其结果会影响系统的加热效果。

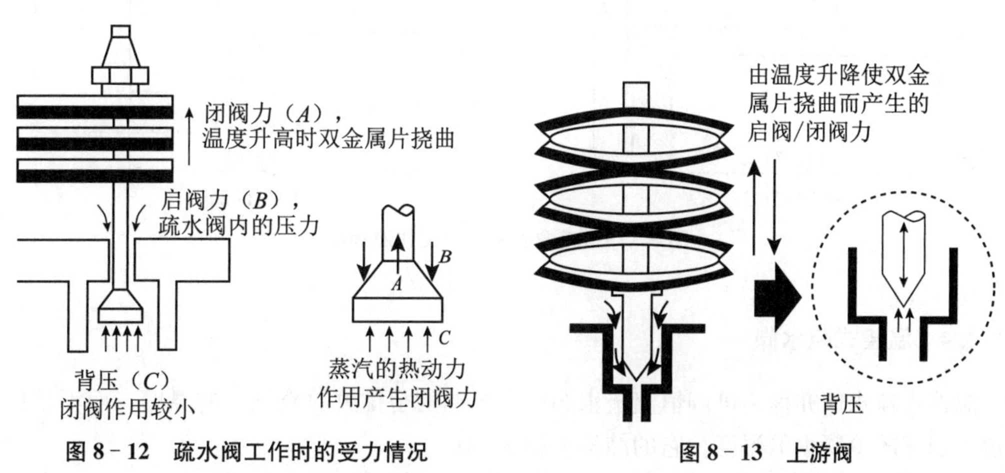

图 8－12　疏水阀工作时的受力情况　　**图 8－13　上游阀**

图 8－13 所示为双金属片式蒸汽疏水阀中的上游阀。它的运行和下游阀相似。但是需注意，蒸汽压力是协助阀门关闭的。同时也请注意，背压的增加对阀头产生的影响十分微弱。因此，上游阀结构的双金属片式蒸汽疏水阀稳定工作性好，受系统波动影响更小。

8.1.4.3　膜盒式疏水阀

膜盒式疏水阀的结构见图 8－14。

阀内膜盒是用特殊材料制成的感温元件，耐压强度高，抗水击能力强，对温度的敏感性高，因此动作灵敏。膜盒式疏水阀靠膜盒内感温液体的状态改变来控制阀的开启和关闭，体积小，排量大，能在压力变化很大的范围内正常工作。广泛用于各种用汽设备及蒸汽伴管和采暖系统，可任意角度安装。图 8－15 所示为膜盒式疏水阀工作原理图。

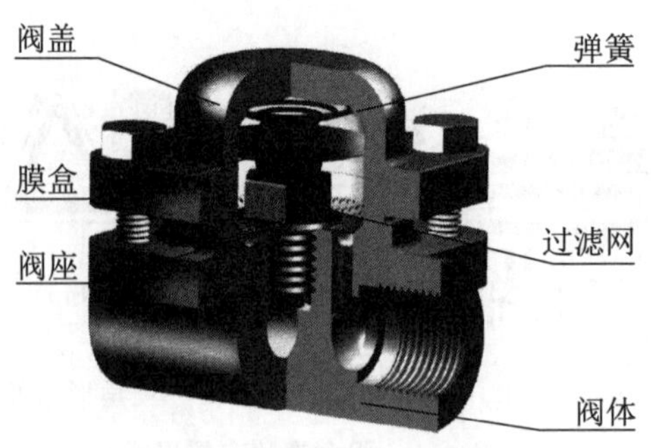

图 8-14 膜盒式疏水阀

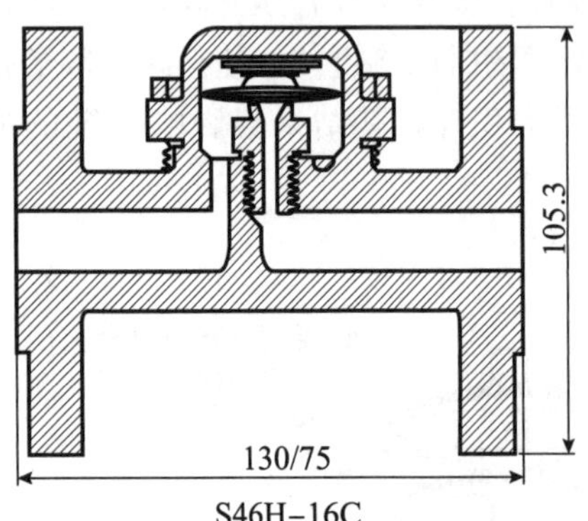

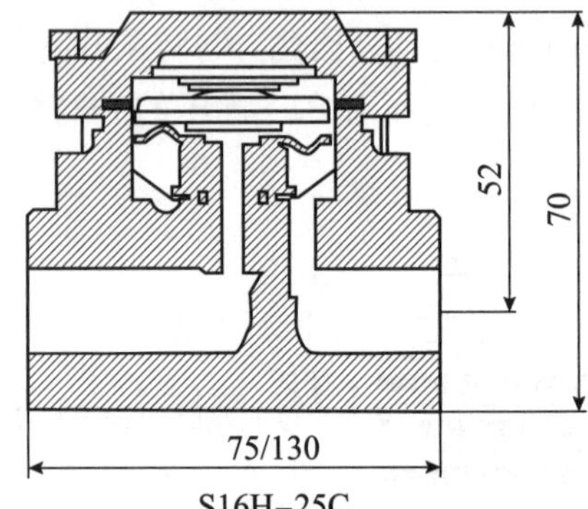

图 8-15 膜盒式疏水阀工作原理图

8.1.4.4 温控式疏水阀

温控式疏水阀亦称为可调恒温疏水阀。它控制的是排放的冷凝水的温度，而不是控制管道内积存的冷凝水的温度。它的结构见图 8-16。

阀内的感温元件由一叠双金属盘片组成，每一对双金属片中膨胀系数较低的那一面彼此相对。盘片的一端靠在阀杆的轴肩上，通过一根很小的压缩弹簧使每队盘片彼此紧靠在一起。作用在轴封下方的弹簧使初始状态的阀头旁开阀座。

装置启动时，疏水阀处于开启状态，空气在蒸汽进入疏水阀前从阀嘴处排放；随后低温冷凝水流入疏水阀，并通过阀嘴排放；当冷凝水温度开始升高，双金属片便开始弯曲，每一对双金属片中膨胀系数较低的那一面相互接触，在轴肩上产生一个向下的压力，压力通过轴肩传递到阀杆和阀头，使阀头朝阀座方向运动，限制冷凝水的流动。

如果蒸汽装置和流量降低，冷凝水变得更热，双金属盘片的膨胀就会更大，阀头将被推至阀座上。阀门在预设的温度值时会保持全关。冷凝水积存直到其逐渐冷却到能够使双金属片回缩，阀门重新打开。

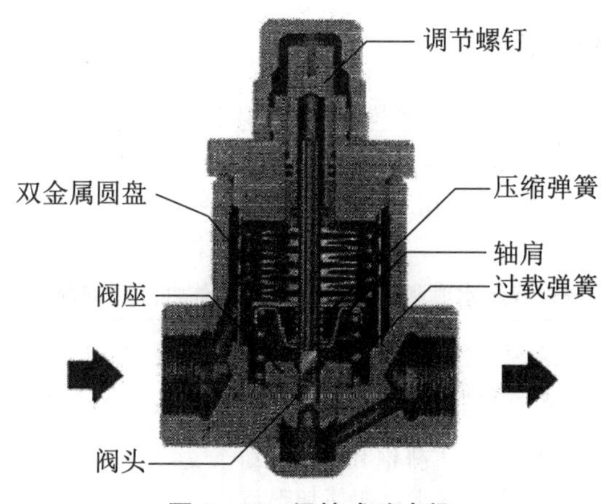

图 8-16　温控式疏水阀

阀门关闭时，如果冷凝水温度过高，会使双金属盘片发生过度膨胀。当阀头已经落在阀座上时，双金属片过度膨胀产生的力会被过压保护弹簧吸收。即使阀头已经关紧不能移动，压缩弹簧也能为双金属片膨胀提供空间（见图 8-17）。

温控疏水阀用于在固定温度（设定温度）下排放冷凝水，通过图 8-16 中的调节螺钉，可调节该温度的大小。实际上，调节螺钉的作用是使阀头接近或远离阀座。在设定温度调节时一定要注意，设定温度不能过于接近饱和蒸汽的温度。不然，当蒸汽压力降至低于设定温度时，大量的蒸汽会从疏水阀中喷出。设定温度和饱和曲线如图 8-18 所示。

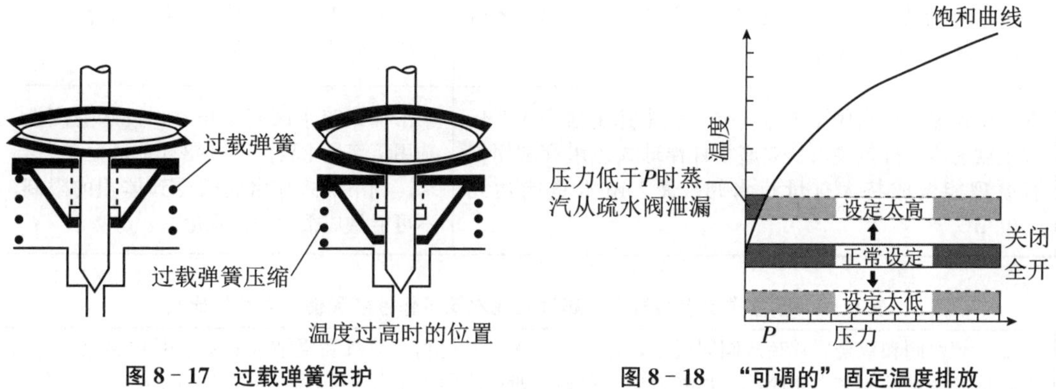

图 8-17　过载弹簧保护　　　　图 8-18　“可调的”固定温度排放

温控疏水阀是利用感温元件内化学物质对温度的热胀冷缩以及状态变换，使阀门打开和关闭，从而达到阻汽排水的目的。冷凝水的排放温度可在一定的范围内调节。该阀克服了波纹管易破裂的缺点，使用寿命长，泄漏率低于 0.1%。

由于温控疏水阀的结构特点，使得冷凝水在温度高于设定温度时会积存在管道内，其显能被利用，这使得该阀适用于蒸汽管道伴热、存储罐、仪器仪表伴热和冷凝水管道防冻保护。但它不能应用到要求快速排放冷凝水的装置上，如蒸汽主管、热交换器和其他重要的用汽设备。

8.1.5 蒸汽疏水阀的性能比较

浮球式疏水阀和吊桶式疏水阀工作性能和使用寿命的比较见表8-1，膜盒式疏水阀与双金属片式疏水阀工作性能和使用寿命的比较见表8-2，自由浮球式疏水阀与热动力式疏水阀工作性能和使用寿命的比较见表8-3。

表8-1 浮球式疏水阀和吊桶式疏水阀工作性能和使用寿命的比较

浮球式疏水阀和吊桶式疏水阀都属机械型疏水阀。它们是根据凝结水和蒸汽的密度差来工作的，过冷度比较小，适用于生产工艺加热设备的疏水	
①浮球式疏水阀的最小过冷度为0℃，能排饱和温度凝结水，有水即排，连续排水。设备里不存水，能使加热设备达到最佳换热效果	①吊桶式疏水阀的最小过冷度为3℃～5℃，间断排水
②自由浮球式疏水阀只有一个高精密度研磨浮球为活动部件，工作时浮球漂在液面上。凝结水少时，浮球随液位下降，在疏水阀前后的压差下，浮球漂向阀座，封住阀孔。浮球整个球面都可为密封面，其使用寿命受浮球精度影响	②吊桶式疏水阀的阀芯与阀座的接触面工作频繁，开关一次碰撞一下，磨损比较快，连接件比较多，使用寿命在8000h～12000h
③自由浮球式疏水阀必须带有自动排空气装置才能避免管网气阻，防止水击	③吊桶式疏水阀的吊桶是开口的，所以不怕水击
④自由浮球式疏水阀最小工作压力0.01MPa，从0.01MPa到最高工作压力范围之内都能正常工作，灵敏度非常好，工作质量高	④吊桶式疏水阀工作压力小于0.1MPa的情况下，阀门关闭不好，会出现跑气，工作压力低的情况不适合选用
⑤自由浮球式疏水阀是连续排水，正常选用倍率1.5倍以上就能达到排量要求。双座杠杆浮球式疏水阀利用杠杆原理能做成特大排量疏水阀，最大疏水量能达到100t/h	⑤吊桶式疏水阀间断排水，排水速度慢，选用倍率最小要大于3倍才能满足工艺要求。倒吊桶式疏水阀因受到体积的限制，不可能做成很大的排水量

表8-2 膜盒式疏水阀与双金属片式疏水阀工作性能和使用寿命的比较

膜盒式疏水阀和双金属片疏水阀同属于热静力型疏水阀，是利用蒸汽和凝结水的温差引起感温元件的变形或膨胀带动阀芯启闭阀门。热静力型疏水阀一般过冷度为15℃～40℃，它能利用凝结水的一部分显热，节能效果好，是蒸汽管道、伴热管线、采暖设备、温度要求不高的小型加热设备上最理想的疏水阀	
①膜盒式疏水阀的感温膜盒内充有一种汽化温度比水的饱和温度低的液体。装置刚启动时，膜盒内的液体处于冷凝状态，阀芯处于开启位置；当凝结水温度渐渐升高，膜盒内的液体开始蒸发，膜盒内压力上升，膜片带动阀芯向关闭方向移动；在冷凝水达到饱和温度之前，疏水阀开始关闭。膜盒式疏水阀有过冷度为15℃和30℃两种膜盒可供选择，不用人工调整	①双金属片疏水阀是由双金属片两面材料受热感温时的伸缩不同产生双金属片的弯曲变形，由几组对称双金属片串在一起，经过感温变形弯曲把阀芯推向关闭位置。双金属片疏水阀设有调整螺栓，可根据不同要求调节排水温度

表 8-2（续）

②膜盒式疏水阀的膜盒内充液是密封的感温液体，感温液体少，膜盒受热面积大，感温特别灵敏，长时间处于高温的条件下，也不会改变过冷度。膜盒和阀芯都可拆卸，互换性好，体积小，任意角度都可安装。膜盒坚固，使用寿命很长	②双金属片疏水阀经常处于高温的条件下，双金属有疲劳性，一段时间以后需要经常调整，随着双金属片的弹性逐步变弱，就不好再进行调整，寿命一般为 8000h～12000h
③膜盒式疏水阀的感温膜盒总是随着蒸汽压力和温度的变化而保持在固定的过冷度范围之间，不需人工调整，非常灵敏，工作质量高	③双金属片疏水阀在工作压力和温度不稳定的条件下，需要经常调整螺栓，否则有可能产生漏汽
④膜盒式疏水阀的关键核心是膜盒的制造技术和液体配方	④双金属片疏水阀制造工艺比较简单，选用好的进口双金属片能延长疏水阀的使用寿命

表 8-3 自由浮球式疏水阀与热动力式疏水阀工作性能和使用寿命的比较

自由浮球式疏水阀	热动力式疏水阀
①自由浮球式疏水阀的阀座处于液面以下，有水封保护，水汽分开，漏汽率为 0%	①因热动力式疏水阀是利用蒸汽和凝结水通过时的流速和体积变化的不同热力学原理，使阀片上下产生不同压差，驱动阀片开关阀门，必须有新鲜蒸汽排出才能带动阀片关闭疏水阀。国家标准规定合格品为 3%～5%的漏汽率
②自由浮球式疏水阀是根据凝结水位的升降来工作的，有水即排，设备里不存水，总是充满新鲜的蒸汽，使设备达到最佳的换热效率。它能排饱和温度凝结水，最小过冷度为 0℃。与热动力式疏水阀相比较，能提高设备温度 8℃～10℃，缩短设备加热时间，提高工作效率	②热动力式疏水阀是间断排水，最小过冷度为 8℃～10℃的温差。设备里面经常存有一部分凝结水，延长设备加热时间，换热效率比较差
③自由浮球式疏水阀的阀芯是一个经过精细研磨的不锈钢空心球，整个球面都可为密封面，关闭时是靠疏水阀的前后压差，使浮球随凝结水漂向阀座堵住阀口，整个球面都可为密封面，使用寿命受浮球精度影响	③热动力式疏水阀工作时每分钟动作 8 次～10 次，动作频繁，阀芯经过汽流的冲刷，磨损较快，使用寿命短
④自由浮球式疏水阀结构先进，加工精密度要求很高，制造成本是热动力式疏水阀的 3 倍～5 倍	④热动力式疏水阀结构简单，体积小，生产成本较低

表 8－3（续）

自由浮球式疏水阀	热动力式疏水阀
⑤例：一台用汽量为 500kg/h 的加热设备，选用 1 台 DN25 的自由浮球式疏水阀 a. 自由浮球式疏水阀结构先进，工作时无蒸汽泄漏，漏汽率 0%，新鲜蒸汽能全部利用 b. 自由浮球式疏水阀能排饱和温度凝结水，最小过冷度 0℃，有水即排，设备里不存水，比使用热动力式疏水阀能提高设备温度 8℃～10℃，设备升温快，换热效果好，缩短工作时间，提高工作效率和产品的合格率 c. 自由浮球式疏水阀最小工作压力 0.01MPa，从 0.01MPa 至最高使用压力范围之内不受温度和工作压力波动的影响，连续排水，背压率大于 85%	⑤例：一台用汽量为 500kg/h 的加热设备，选用 1 台 DN25 热动力式疏水阀 a. 热动力式疏水阀的工作动力来源于蒸汽，蒸汽浪费大，国家标准规定允许漏汽率 3%～5%，以漏汽率 4%为例计算如下： 500kg/h×4%＝20kg/h 20kg×24h＝480kg/天 480kg×30 天＝14400kg/月 每吨蒸汽按 150 元计算 14.4t/月×150 元/t＝2160 元/月 每年是 2160 元/月×12＝25920 元 通过以上的计算，每年最少 25920 元的蒸汽没有利用 b. 热动力式疏水阀间断排水，最小过冷度为 8℃～10℃，设备里面经常存水，换热效果差，延长工作时间，影响工作效率和产品的合格率 c. 热动力式疏水阀最高背压率远远小于 50%

8.1.6 疏水阀的选用

8.1.6.1 选择疏水阀的三要素

生产性：能迅速排除用气装置内产生的凝结水，提高热效率。

经济性：蒸汽泄漏量极少，经过长期使用仍能保持其初期性能。

保养性：维护保养及管理方便。

8.1.6.2 根据工作性能选择

（1）排出凝结水的连续性和合理间隔

应选择能连续排水的疏水阀，圆盘式疏水阀排水有 30s 左右的间隔，而且噪声较大，波纹管式、浮球式、倒吊桶式在排出的凝结水量较小时，其排水也是间隔的。

（2）疏水阀的背压率

背压率是指疏水阀在工作压力下能正常动作，连续排出凝结水时，工作背压 P_{0B}或最高工作背压 P_{M0B}与阀的工作压力 P_0（阀进口端压力）比值的百分数（%）。

$$一般背压率=\frac{P_{0B}}{P_0}\times 100\%$$

$$最高背压率=\frac{P_{M0B}}{P_0}\times 100\%$$

各类型疏水阀的最高背压率：圆盘式疏水阀为 50%（实际测量仅达到 20%），脉冲式疏水阀为 25%，热静力型疏水阀为 30%，机械式疏水阀为 80%。

(3) 疏水阀的漏汽率

漏汽量是指单位时间内疏水阀漏出新鲜蒸汽的量。漏汽率是指在一定的工作压力下，工作背压为大气压力时，相同时间内实际排出热凝结水的质量 Q 与通过阀漏出蒸汽的质量 q 比值的百分数，即漏汽率$=\frac{Q}{q}\times 100\%$，无论何种类型的疏水阀，其漏汽率都不应超过 3%。

(4) 疏水阀的排空气性能

蒸汽加热设备一定要排除空气。排除空气（包括氧气、二氧化碳等不可凝性气体）对于提高加热设备的效率，保证加热温度，保护管道及设备不腐蚀尤为重要。热静力型疏水阀排空气能力最好。

(5) 疏水阀的过冷度

过冷度是指疏水阀在工作压力下连续排出凝结水时，阀内凝结水的温度与该压力相应的饱和蒸汽温度的差值。

各类疏水阀的过冷度如下：

①机械型疏水阀有水即排，它可以排出饱和温度凝结水，即所允许的最小过冷度为 0℃；

②热动力型中的圆盘式和脉冲式疏水阀，其允许的最小过冷度为 6℃～8℃；

③热静力型疏水阀中，一般允许的最小过冷度都较大。但膜盒式疏水阀，允许的最小过冷度为 3℃，波纹管式、双金属片式疏水阀允许的最小过冷度为 10℃～30℃。

(6) 疏水阀低负荷的工作能力

低负荷的工作能力是指 0.5bar 压差下能正常动作的能力。其正常动作的压差越小，工作就越可靠。各疏水阀低负荷的工作能力：

自由浮球式为 0.1bar；杠杆浮球式为 0.1bar；膜盒式为 0.1bar；吊桶式为 0.3bar；圆盘式为 0.5bar；波纹管式为 0.5bar；双金属片式为 0.5bar；液件膨胀式为 1.5bar。

(7) 疏水阀的防水击能力

防水击能力对于有些疏水阀很难从内部元件（如：浮球、膜盒等）的强度上考虑，最有效的方法是防止水击产生，如阀前一段管路应尽量平直，尽量避免拐弯、弯曲和凹下，并要求管道不要突然缩小口径，尽量保持一定的坡度，这才能保证管道无局部积水现象，保持排水通畅，不易产生水击。

(8) 防止凝结水倒流

倒流是加热设备停止供给蒸汽后，其加热设备空间和剩余的蒸汽产生冷凝，造成加热设备出现真空，使凝结水反向流动，从回水管反向压到加热设备中去，使其充满冷水，造成下次启动时间延长，浪费大量能源。双金属片式疏水阀本身具有防倒流功能，其他阀不具备，要实现防倒流只有在阀后面加一止回阀。

(9) 疏水阀的任意方位安装的能力

一般疏水阀的安装应尽量水平，决不允许倒装和斜装：

①热静力型可任意方位安装，但垂直安装时进口应在上方；

②热动力型中，圆盘式和脉冲式最好水平安装；

③机械型只允许水平安装，回转浮球疏水阀可以根据用户的需求，制造任意方向的疏水阀。

(10) 疏水阀的抗冰冻能力

①热动力型抗冰冻能力最好；

②双金属片式抗冰冻能力较好；

③机械型件内有积水的不应采用；

④严寒地区还应注意，疏水阀应尽量靠近加热设备；疏水阀及回水管上应设置防冻阀(即自动放水阀；管道、阀门要进行充分保温)。

(11) 疏水阀的抗污垢能力

污垢（包括泥沙、铁锈、焊渣、水垢等）的存在是影响疏水阀正常工作的关键。解决污垢的根本办法是设置过滤网，并且定期清洗过滤网。

①热静力型的具有倒锥形（或球形）密封阀瓣的双金属片式疏水阀，抗污垢能力最好；

②机械型抗污垢能力次之；

③热静力型抗污垢的能力较弱。

(12) 疏水阀的耐过热蒸汽的能力

①热静力型疏水阀的温度敏感元件，如超出限度可能引起元件损坏；

②热动力和机械型在其最高使用温度范围内，不会受到过热温度的影响。

8.1.6.3 根据容量选择

疏水阀的容量，是指蒸汽疏水阀排除凝结水的能力，一般以 1h 的最大排放量来计算，是选择疏水阀的一个重要因素。如果所安装的疏水阀太小，以致不能输送全部凝结水，使凝结水受阻倒流，最终将造成堵塞，相反，太大的疏水阀将导致过早地磨损和失效。因此，对系统内部产生的凝结水量，必须正确地测定，为正确选用疏水阀提供条件。

(1) 蒸汽使用设备的容量

一般情况下，任何设备和装置的容量都由生产厂家标明，即：凝结水产生量（蒸汽凝结水量）= 蒸汽消费量，因此就能立刻确定该设备的容量。如果由于某种原因不能确定设备的容量时，则可通过实测或计算求得。

(2) 蒸汽疏水阀的容量

蒸汽疏水阀的容量 = 蒸汽使用设备的容量（凝结水产生量）×安全率（安全系数 K）。所谓“安全率”是指在确定蒸汽疏水阀容量时，蒸汽使用设备实际的凝结水量与所标出的容量有误差时，也能确保疏水阀正常工作而估计的安全系数，一般为 2～3，表 8-4 列出了几种常用用汽设备的安全率（安全系数 K）。

表 8-4　疏水阀选用安全系数 K 推荐表

序号	供热系统	使用状况	K
1	分汽缸下部疏水	在各种压力下，能进行快速排除凝结水	3
2	蒸汽主管疏水	每 100m 或控制阀前，管路拐弯，主管末端等处应设疏水点	3
3	支管	支管长度≥5m 处的各种控制的前面设疏水点	3
4	汽水分离器	在汽水分离器的下部疏水	3
5	伴热管	一般伴热管径 DN15，≤50m 处设疏水点	3
6	暖风机	压力不变时	3
7	单路盘加热（液体）	快速加热	3
		不需要快速加热	2
8	多路并联盘管加热（液体）	—	3
9	烘干室（箱）	采用较高压力为 PN16 压力不变时，压力可调时	2
10	溴化锂制冷设备蒸汽器	单效压力≤1kgf/cm^2，双效压力≤10kgf/cm^2	2
11	浸在液体中的加热盘管	压力不变时	2
12	列管式热交换器	压力不变时	3
13	支套锅	必须在支套锅上设排空气阀	3
14	单效或多效蒸汽器	凝结水量＜20t/h（＞20t/h）	3
15	层压机	应分层疏水，注意水击	3
16	消毒柜	柜的上方设排空气阀	2
17	回转干燥圆筒	表面线速度 v≤10 或≤80 或≤100	5.8
18	二次蒸汽罐	罐体直径应保证二次蒸汽速度　v≤5m/s，且罐体上部要设排空气阀	3

为什么在选择蒸汽疏水阀时要有安全率呢？这是因为：

①蒸汽疏水阀的容量是指连续排放凝结水时的排放量，而几乎所有的蒸汽疏水阀在实际工作时都是间断排放的（见图 8-19）。

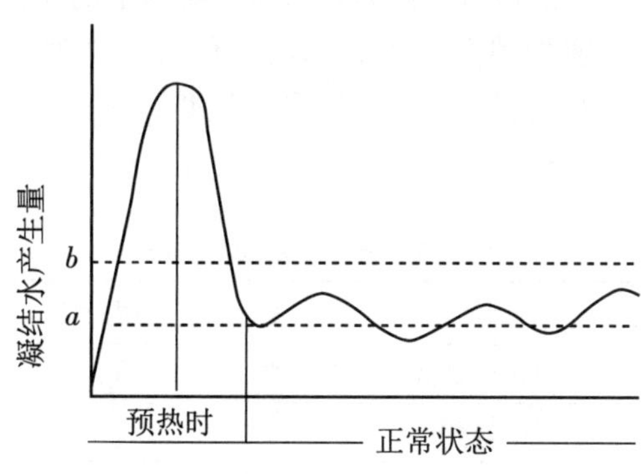

图 8-19　蒸汽疏水阀凝结水排放量

②蒸汽使用设备的容量是指设备在正常运转时的凝结水产生量，而在设备启动初期，预热时凝结水的产生量要比正常运转时大得多（见图 8-19）。

图 8-20 是各种蒸汽疏水阀的标准动作特性。

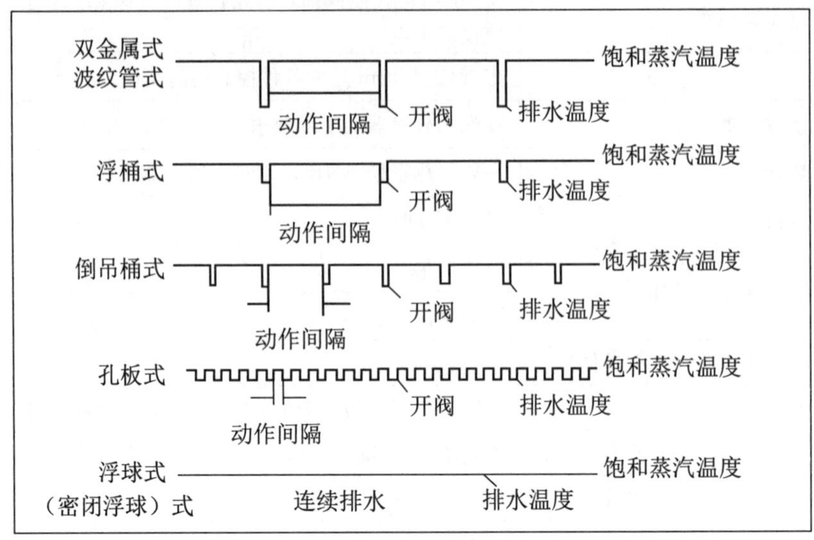

图 8-20　各种蒸汽疏水阀的标准动作特性

8.1.6.4　根据压力差选择

每种疏水阀对其前后的压力差都有一适应性，例如钟形浮子式疏水阀，是根据浮子的杠杆的力矩平衡，没有一定的压差，浮子就不会下沉，阀就不会开启排水，而脉冲式和热动力式疏水阀，最低工作压力不能低于 0.5kgf/cm^2。

8.1.6.5　根据设备加热温度和对排出凝结水的要求选择

如果要求有最快的加热速度，则应保持在加热设备中不能积有凝结水，这时应选择能及时排除饱和水的疏水阀，如浮球、浮桶等疏水阀，排出的饱和水，可进一步回收利用。热动力式和脉冲式疏水阀，排出的凝结水有一定的过冷度，因而加热速度稍慢。

可调恒温式疏水阀，可节约蒸汽，同时还可减少凝结水的二次蒸汽，如果加热设备有较大的受热面，并不要求迅速加热且允许积水时，可选用这种疏水阀，如伴热管线，保温、取暖设备。该类阀门有双金属片、蜡质恒温等类型。

电站疏水阀的选择见表 8-5。

表 8-5　电站疏水阀的选择

使用设备	适用类型	使用设备	适用类型
蒸汽主管	自由浮球式	筒式干燥器	浮球式
	圆盘式		倒置桶式

表 8-5（续）

使用设备	适用类型	使用设备	适用类型
热交换器	浮球式	直接加热装置	浮球式
	倒置桶式		倒置桶式
加热器	浮球式	热板压力机	浮球式
	倒置桶式		倒置桶式
空气加热器	浮球式	伴热管线	自由浮球式
			双金属式
	倒置桶式		倒置桶式
			圆盘式

8.1.7　疏水阀的安装、维护管理

8.1.7.1　蒸汽疏水阀在蒸汽输送管上的设置的注意事项

蒸汽输送管的设置目的是从锅炉向各蒸汽使用设备内安全地（防止水击事故）输送优质的蒸汽（干饱和蒸汽）。注意：

（1）蒸汽输送管设置的基本原则是沿蒸汽的流向要有 1/200～1/300 向下倾斜的坡度。可以使凝结水和蒸汽同向流动，既易于防止水击，又便于排除凝结水。

（2）一般不允许在管道的中间有弯曲或凹处，若因设置地点和环境所限，无法避免这些滞留点时，则应在该处设置蒸汽疏水阀。

（3）为了防止水击和供应优质蒸汽，从蒸汽输送管通过蒸汽支管向蒸汽使用设备输送蒸汽时，原则上蒸汽支管应设置在主蒸汽管的上部。

8.1.7.2　蒸汽设备上安装蒸汽疏水阀的基本原则

一台设备只安装一台蒸汽疏水阀，也就是通常所说的单元疏水系统：

（1）排水点应选在蒸汽容器最低点的下方，蒸汽疏水阀安装在比排水点还低的位置上，且应与旁通管配套使用。

（2）蒸汽疏水阀应安装在便于检修的地方，并尽可能集中，以便于管理。

（3）应尽量使蒸汽疏水阀靠近蒸汽使用设备，以减少汽阻，但对于热静力型蒸汽疏水阀，应离开设备 1m～2m 的距离，而且这端管子不要保温。

（4）蒸汽疏水阀的进口管应沿介质流动方向有一定的向下的斜度，且这段管路的通径不应小于蒸汽疏水阀的公称通径。

（5）旁通管的安装位置不应低于蒸汽疏水阀，因为旁通管阀门漏水或关闭不严时，凝结水不通过疏水阀而使其失去水封，造成失灵。

（6）由于管路布置等原因不允许将疏水阀安装在用汽设备的最低点时，应在最低点设

置返水接头，将蒸汽与上升管分开。

(7) 不同蒸汽压力、不同设备不允许使用一个疏水阀。因为高压设备的进出口压力都高，在共用一个疏水阀时，造成低压设备的出口压力提高，排水不畅或无法正常工作。

(8) 同一蒸汽压力、同类型用气设备，也不允许共用一个疏水阀。因为即使是同一厂家生产的同一型号的用气设备，由于制造和使用情况的不同，其加热效率、流体阻力等均有所不同，更重要的是这些设备的负荷不可能一致，这时蒸汽大多从阻力小的设备流过而其他设备通过的蒸汽较少，不能满足用气设备的工艺要求。

(9) 不允许并联不同类型、不同口径的疏水阀，即使是同类型、相同口径的疏水阀也不推荐使用。因为这样负荷容易集中到一个疏水阀上而使所有疏水阀都缩短使用寿命。但允许并联安装两个容量适当的疏水阀而只使用其中一个，另一个作为备用。

(10) 不允许串联使用疏水阀，因为这样不仅造成浪费，而且两个疏水阀都不能正常工作。

(11) 当利用疏水阀出口压力进行回水及凝结水离开疏水阀后需要爬高时，为防止凝结水倒流，应在疏水阀出口处安装止回阀。

(12) 若几个疏水阀共用一个集水管时，为了防止疏水阀的背压过大，有必要增大集水管的尺寸，并安装止回阀和疏水阀检验器。

8.1.7.3 蒸汽疏水阀的维修管理

(1) 蒸汽疏水阀的维修管理是十分必要的，它可以达到以下两个目的：

①使蒸汽使用设备高效安全地运转；

②从节能的观点来看，可以防止蒸汽损失。

(2) 蒸汽疏水阀维修管理的方法

①事后维修。所谓“事后维修”就是在蒸汽疏水阀发生异常情况或出现故障时，所采取的必要的修整和修理等处理措施。然而，事后维修完全是一种被动的措施，不仅降低了设备的运转效率，同时也造成大量的蒸汽损失，引起很多安全问题。所以事后维修与预防维修并举是至关重要的。

②预防维修，也称为“事前维修”。它包括日常对蒸汽疏水阀的正常操作使用，对其动作情况进行周期性的检查，早期发现故障，早期维修。

(3) 蒸汽疏水阀的故障

蒸汽疏水阀的故障大致分为：堵塞，喷放，漏汽。

1) 突发性故障：蒸汽疏水阀自身的机械性能不良；使用条件、安装等不合理。

2) 使用寿命方面的故障。

①堵塞也可以称为“不能动作”和“闭塞”，或称“堵塞”。它是指疏水阀不能动作，蒸汽和凝结水一点也不能排除的故障。堵塞的原因：有的是内因，往往是蒸汽疏水阀本身的零件不合格或者发生意外故障；有的是外因，如疏水阀选择不当、蒸汽汽锁和空气气堵等；还有极少数是由于疏水阀的进口阀和出口阀，或蒸汽使用设备的供汽阀忘记打开。

②喷放这种故障是蒸汽疏水阀的阀瓣不能关闭，一直呈开启状态，形成凝结水和蒸汽

连续畅通排放的事故状态。造成喷放事故的原因，有时是内因，是由于疏水阀自身阀瓣与阀座等零件发生异常；有时是外因，如蒸汽疏水阀选择不当、使用条件差和安装不合理等因素。

③漏汽是指从蒸汽疏水阀内往外泄漏蒸汽的故障。泄漏蒸汽的方式有以下几种：

——蒸汽疏水阀的动作状况大体良好，只是在闭阀时有蒸汽泄漏；

——疏水阀处于关闭状态（动作停止状态中），经常不断地泄漏蒸汽；

——疏水阀产生不必要的空打动作，从而造成蒸汽泄漏；

——送汽过程中，蒸汽疏水阀无论处于开启状态还是关闭状态，都经常出现漏汽。

蒸汽泄漏点大致有以下部位：从疏水阀的阀瓣、阀座处泄漏；从阀瓣、阀座以外的部位泄漏。

无论哪种泄漏方式，来自疏水阀本身的原因是疏水阀零件产生故障，其外部原因是疏水阀选择不当和安装使用不合理等。但是，应特别注意，由于旁通阀的故障或旁通阀关闭不严也会引起蒸汽泄漏。

（4）蒸汽疏水阀的使用操作方法

正确使用操作蒸汽设备的基本要求大致有以下几点：

1）供应优质蒸汽，保持良好的凝结水的水质。

2）避免发生水击。

3）杂质及水垢等异物及不纯物质，在到达蒸汽疏水阀之前应完全清除，不使其通过疏水阀。

①新装配管时的注意事项：新建蒸汽使用设备或进行扩建和大规模的工程改造，以及进行有关的管道施工时，必须进行管内清扫，使异物排到管道之外。

②启动时的注意事项：要缓慢地输送蒸汽；要对设备及管道进行预热；要排除设备内部在运转初期产生的凝结水和空气。

③正常运转中的注意事项：适时地清洗过滤网；必须适当地检查凝结水的水质。

④停机时的注意事项：假如规定的加工程序（加热或溶解等）结束了，蒸汽使用设备的运转就要停止，应关闭蒸汽供给阀，彻底排除凝结水，同时防止凝结水倒流。

（5）疏水阀的维修

1）疏水阀工作状况的检查

①凝结水的排放应与疏水阀的型式相符合；

②疏水阀漏汽的检查；

③漏汽检查和分析；

④疏水阀较冷但无凝结水排出；

⑤疏水阀很热但无凝结水排出。

2）检查使用工具、仪器与检查方法

①监听装置和高温计检查；

②红外线温度测量仪检查；

③超声波听、视检查仪。

8.1.7.4 疏水阀的常见故障及排除

（1）圆盘式蒸汽疏水阀的故障诊断及处理方法（见表8-6）

表8-6 圆盘式蒸汽疏水阀的故障诊断及处理方法

症状	原因	诊断	处理
不排凝结水	圆盘阀片没开	内盖是否松动	拧紧内盖
		内盖垫片是否损伤	更换垫片
		是否因双金属环的故障造成空气气堵	更换双金属环
		阀片是否粘在阀座上（中间有油）	清除
		是否发生蒸汽汽锁	检查配管
蒸汽喷放	阀片未关	杂质堵塞	清洗（检查过滤网）
		阀片磨损	研磨
		双金属环产生故障	更换双金属环
		超过背压允许度	检查配管
		是否是最低动作压力下使用	在使用压力范围内
		是否有容量不足的倾向	使用容量要适当
		阀片粘在内盖顶部	清洗
泄漏	从阀座以外的部位泄漏	是否从阀座背面处泄漏	拧紧阀座
		外盖松动	拧紧外盖
		喷放孔与排放口是否贯通	更换疏水阀（检查疏水阀容量）
		过滤网座等部位松动	适当拧紧
		旁通阀是否发生故障是否仍处于开启状态	修理旁通阀
	阀片“空打”	阀片与阀座间形成油膜	清洗
		阀片与阀座有划伤	研磨
		阀片与阀座略有磨损	研磨

（2）双金属片式蒸汽疏水阀的故障诊断及处理方法（见表8-7）

表8-7 双金属片式蒸汽疏水阀的故障诊断及处理方法

症状	原因	诊断	处理
不排凝结水	阀瓣没打开	调整不适当	随其变动重新调节
		随温度变化而动作，而温度也随蒸汽压力不同而不同	
		需要按蒸汽压力进行调整	
		随背压的变化也要进行调整	确认双金属片正反面
		组装时双金属片是否装反	

表 8－7（续）

症状	原因	诊断	处理
排水情况差	虽有开阀动作，但排水效果不理想	是否蒸汽疏水阀容量不足	使容量符合规定
		蒸汽装置的压力发生变动	换成浮球式疏水阀
		调整不当	重新调整
		过滤网堵塞	清理
连续排放	阀瓣不关闭	是否堵住杂质	清理
		双金属片因电蚀自己崩坏	更换双金属片
		调节不当	重新调节
		是否有容量不足倾向	使容量满足要求
		组装时双金属片是否装反	确认双金属片正反面
泄漏蒸汽	从阀瓣处泄漏	调整不当	重新调整
		阀体是否有铸造砂眼	更换阀体
		从垫片处泄漏	更换垫片

（3）倒吊桶式蒸汽疏水阀的故障诊断及处理方法（见表 8－8）

表 8－8　倒吊桶式蒸汽疏水阀的故障诊断及处理方法

症状	诊断	处理
凝结水滞留	蒸汽压力比疏水阀额定压力高	降低蒸汽压力或换成高压疏水阀
	疏水阀容量不足	选择更换大容量的疏水阀
	空气气堵	清洗空气阀
	阀座也被杂质堵塞	清洗阀座孔
	关阀状态下吊桶脱落	解体，重新安装吊桶
	过滤网堵塞	清洗过滤网
泄漏蒸汽	失去水封	让阀体内充入一定量的水
	阀瓣或阀座间有杂物	清除杂物
	阀瓣或阀座产生磨损	研磨或更换新件
	开阀状态下吊桶脱落	解体，重新安装吊桶
连续排放	疏水阀容量不足	重新选定容量适当的疏水阀

（4）浮球式蒸汽疏水阀的故障诊断及处理方法（见表 8－9）

表 8-9　浮球式蒸汽疏水阀的故障诊断及处理方法

症状	诊断	处理
连续排水	容量不足	更换大容量的疏水阀或增加个数
喷放	阀座和阀瓣间有杂物	清洗
	阀瓣与导向面间有杂物	清洗
	阀体或阀盖出口孔附近有砂眼	补焊或更换
	浮球脱落	使浮球复位
泄漏	阀瓣与阀座密封不好	研磨或更换
	阀瓣螺纹松动	紧固
	失去水封	恢复水封
没有开阀动作	出水口堵塞	清洗
	浮球破损	更换浮球
	入口阀门关闭	打动入口阀
	凝结水产生量少	更换容量小的疏水阀
	过滤网堵塞	清洗
	蒸汽汽锁	调整、修理管道
	空气气堵	修理自动空气排放阀
	进出口没有压差	检查压力和背压
	压力超过允许压力	更换高压疏水阀

8.2　高温高压疏水阀

高温高压疏水阀主要应用在电厂的防止汽轮机进水的疏水系统上。包括：主蒸汽管道的疏水，再热蒸汽管道的疏水，汽轮机抽汽管道的疏水，汽轮机汽封管道的疏水，以及给水加热器紧急放水。当高、低压加热器发生满水故障时，保持加热器正常水位的高温高压疏水阀就不能满足故障状态下的排水能力，必须通过快开的流量较大的危急疏水阀来排水。此外，高温高压疏水阀还应用在锅炉定排、连排系统，汽包排放，过热器排放和疏水，旁路管线疏水。

高温高压疏水阀工作在汽水两相流的环境中，大压差、高流速，对阀门的冲刷很严重，使用寿命很短，属于高端关键阀门，进口量较大。常用的有 Y 型截止阀和金属密封球阀。

8.2.1　Y 型截止阀

电动 Y 型疏水截止阀的外形和结构见图 8-21，气动 Y 型疏水截止阀的外形和结构见图 8-22。

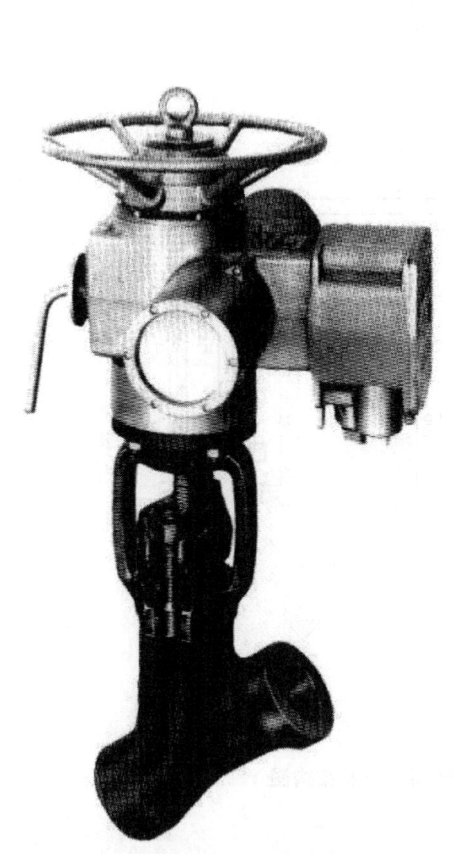

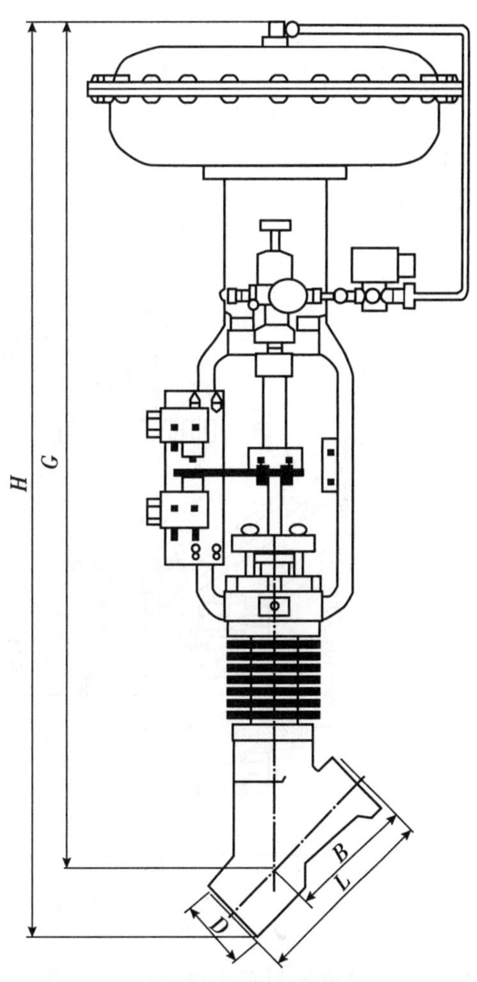

图 8-21 电动 Y 型疏水截止阀

图 8-22 气动 Y 型疏水截止阀

高温高压 Y 型疏水截止阀的主要特点：

(1) 采用双阻尼阀芯，克服了阀门在开启和关闭的瞬间，介质对阀瓣和阀座密封面的冲刷和腐蚀。其原理是通过在阀瓣上设计一个二次密封环，将主密封面和二次密封面分开，在开启和关闭的瞬间，将冲刷和腐蚀区域转移到二次密封环上，从而保护了主密封面，提高了阀门的使用寿命，阀瓣和阀座采用整体硬质合金。

(2) 阀体。整体锻造，有细长的填料腔室，保障阀门的承压性能和填料处的密封性能。Y 型设计能保证阀内流体通道平滑流畅，无流体滞留。

产品规格：压力：600LB～4500LB

口径：DN15～DN80

温度：－20℃～600℃

8.2.2 金属密封球阀

球阀为工业领域广泛采用的阀门。它具有流体阻力小、结构简单、密封可靠、适用范围广、操作灵活等优点。同时，球阀在全开全闭时，球体和密封圈的密封面与介质隔离，介质不会浸蚀密封面，增加了球阀的使用寿命。球阀与截止阀类的阀门相比，可实现快速启闭，达到 0.1s，减少了高压差下高速流通的两相流介质对阀门的冲刷时间。特殊设计的金属密封球阀作为高温高压疏水系统的疏水阀已有较为成熟的经验。金属密封疏水球阀的外形及结构见图 8-23。

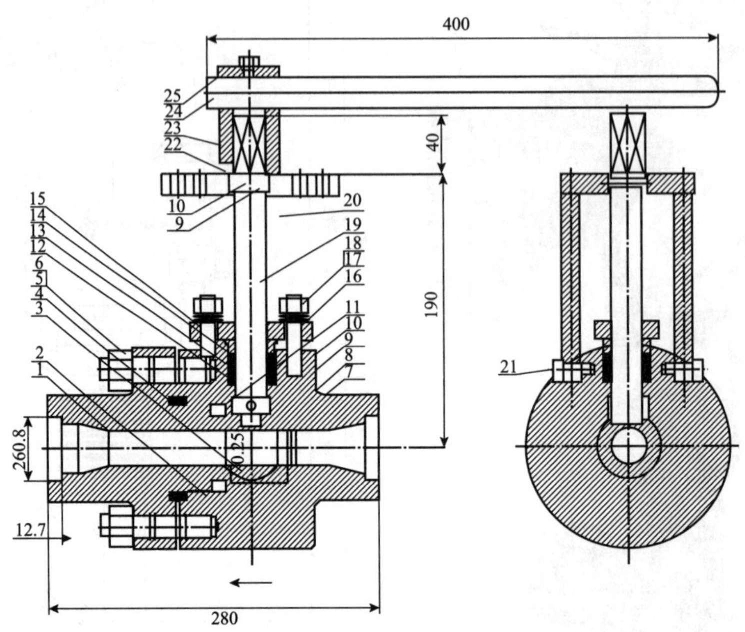

图 8-23　金属密封疏水球阀外形及结构图

高温高压金属密封疏水球阀的设计特点为：

（1）防止阀杆泄漏。阀杆密封采用动态碟簧加载结构，增加了整个紧固系统的柔度，减小了因填料蠕变或不同热膨胀等引起螺栓预紧载荷松弛的影响，提高填料压盖处的密封性能。

（2）密封面工艺。采用热喷涂和超音速喷涂（HVOF），确保无划痕，无颗粒渗入，避免导致磨损并形成危险的渗漏通道。

（3）密封性能。球体与阀座采用一对一定向精密研磨，使密封更加吻合。经上游支持阀座的弹性元件所提供的机械力量，把球芯推向下游的密封阀座，使球芯与出口阀座紧密贴合，同时管线压力辅助球芯与出口阀座更紧密地密封。

（4）防高温卡阻。球体与阀座基体材料一致，确保两者热膨胀系数一样，能抵挡热冲击。

（5）耐冲刷。在开关位置时与汽流隔开，阀座不会受到介质冲刷影响。

第9章　防喘振阀在燃机电厂压气机中的应用

9.1　燃气轮机中压气机的型式

压气机是燃气轮机中的一个重要组成部件，负责从周围大气吸入空气，并将空气压缩增压，然后连续不断地向燃烧室提供高压空气。常用的燃气轮机压气机有三种型式。

（1）轴流式压气机

指气体在压气机内的流动方向大致与压气机的旋转轴平行的压气机。它的空气流量可以做得很大，一个工作叶轮加上一组位于其后的静叶，组成了轴流式压气机的一个级。多级轴流式压气机则由许多个彼此串联在一起工作的分级组合而成。多级轴流式压气机的效率比较高，一般为84％～89％，它是连续稳定地供气。在大功率燃气轮机中，都采用多级轴流式压气机来压缩气体。

（2）离心式压气机

也称为径流式压气机，指气体在压气机内的流动方向大致与旋转轴相垂直的压气机。且工作叶轮中流动的气体能够得到离心力的帮助，因而单级的压比（指压气机排气总压差P_2与进气总压差P_1之间的比值）就高达3～8。但因气流流动路线比较曲折，因此其压缩效率通常要比轴流式压气机低，仅为75％～82％。它的空气流量不能做到很大，多用于微型燃气轮机中。

（3）混合式压气机

同一台压气机内，同时具有轴流式与离心式工作轮叶片的压气机。一般轴流级在前，离心级在后。这样可以改善后段容积流量小的气动性能，提高效率。适用于中、小功率的燃气轮机。

9.2　喘振产生的过程

燃气轮机组在启动、停机以及部分负荷的工况中运行时，压气机是处于非设计工况下运行的。经验指出：与设计工况偏离最远的是前几级和末几级，而中间各级相对于设计工况的变化较小。此时，前几级中的流量系数减小，而最后几级中的流量系数增加，中间各级中的流量系数变化不大。图9－1画出了轴流式压气机第一级、中间级和最后级工作叶栅进口处在设计转速下（实线）和转速降低情况下（虚线）的速度三角形。图中ω是相对速度，c是绝对速度，μ是圆周速度。可以看出：当转速降低时（与设计转速相比），气流

在前几级中冲角 i 加大了，而当冲角增加得过多时，就可能产生旋转脱离。而在末几级中，冲角减小，其增压值和效率迅速降低。

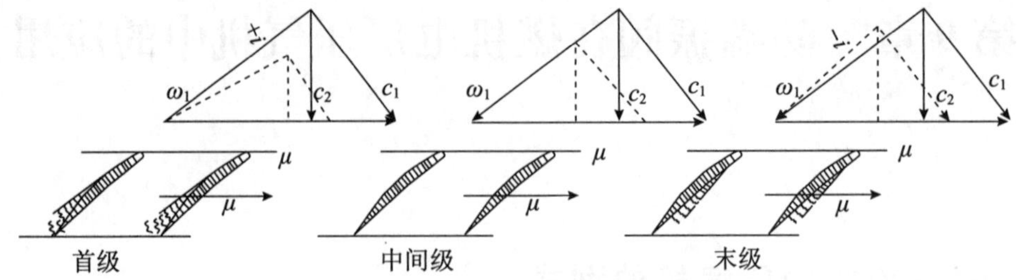

图 9－1　转速低于设计转速时各类级冲角的变化

当压气机在高于设计转速的情况下工作时，情况则相反。在前几级中流量增加，冲角减小；而在末几级中，流量减小，冲角加大。

压气机转速不变而流量变化时速度三角形的变化见图 9－2。

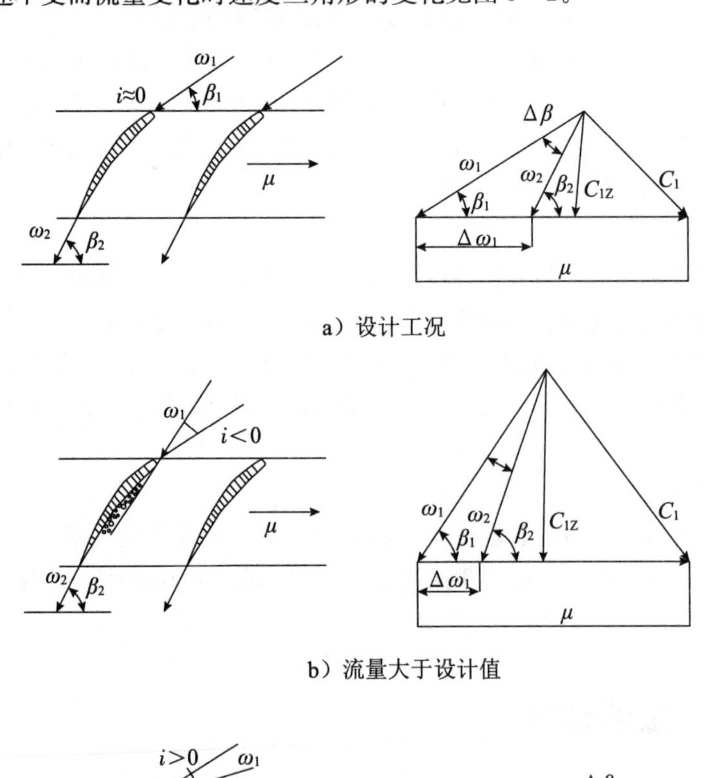

a）设计工况

b）流量大于设计值

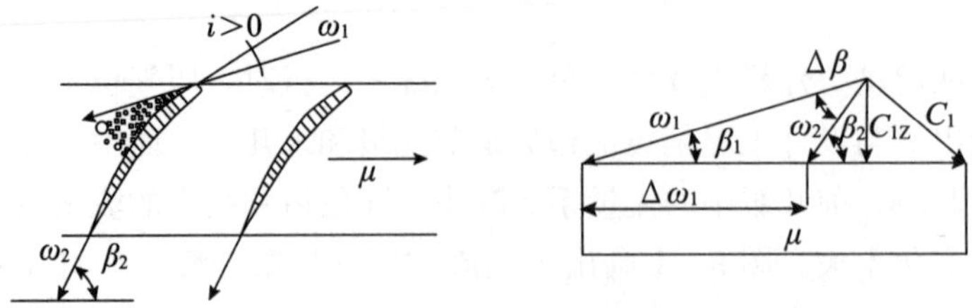

c）流量小于设计值

图 9－2　转速不变而流量变化时速度三角形的变化

机组负荷降低，流进压气机的流量会减少。当负荷降到一定程度时，流进压气机的流量减少到某一数值后，压气机就不能稳定地工作了。此时，压气机中的流量会出现强烈的波动，压比也会随之上下脉动；同时，还伴随低频、狂风般的噪声，使机组产生剧烈的振动，这种现象称之为压气机的喘振。

由于喘振是压气机的固有特性，且对压气机和整个发电机组危害巨大。因此，必须设置相应的防喘振系统，对防喘振控制阀进行合理地配置和设计选型，以确保发电机组安全运行。

9.2.1　轴流式压气机的喘振边界线

在燃气轮机实际运行中，反应压气机工作特性的一些基本参数——流量 q，压比 π，转速 n 和效率 η_c 等，都是随时变化的。到目前为止，压气机的变工况特性曲线还不能用理论计算方法准确地求得。这是由于在非设计工况条件下，压气机中气流运动的变化规律相当复杂。因此，一般常用的压气机特性曲线，几乎都是在整台压气机的实物上或模型上用试验方法测得的。

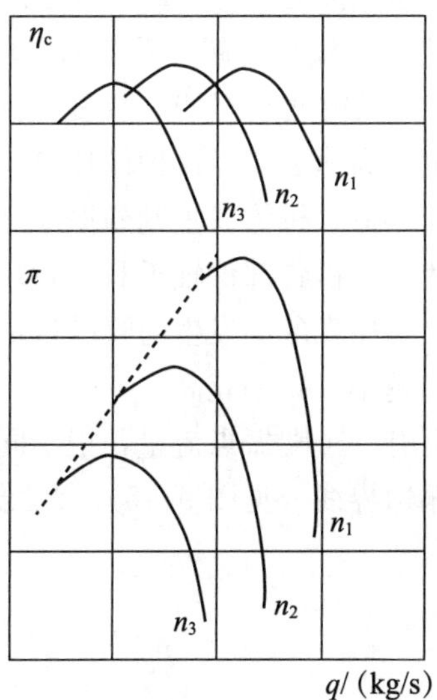

图 9-3　单级轴流式压气机的特性线

在转速恒定的条件下压气机的压比 π 和效率 η_c 随着流量的改变而变化的关系曲线，称为压气机的特性线。图 9-3 所示为一个单级轴流式压气机的特性线。图中下半部的曲线反映出了当转速 n 恒定不变时，压气机的压比 π 随着流量 q 的改变而变化的关系。可以看出：在最初阶段，压气机的压比 π 是随流量的减小而逐渐增高的，到某一流量时，它能达到最大值；此后，随着流量 q 的进一步减小，它将朝着压比不断降低的方向发展。也就是说，压气机的每一条特性线都有一个最高点，它把特性线分为左右两个侧支。在右侧支上，压气机的压比将随流量的减小而增高；在左侧支上，情况则相反。此外，从图中上半部的压气机的效率 η_c 随流量 q 变化而改变的关系曲线上，也可看出相似的变化趋势。

图 9－3（下半部）中，不同转速时曲线最左边点所对应的流量即为压气机不发生喘振的最小流量（亦称为喘振点）。把不同转速下的这些喘振点连成一条虚线，那么这条虚线就是压气机能够进行稳定工作的边界线，通常称之为“喘振边界线”，简称为喘振线。它表示位于喘振线右侧的任何工况点都是可以稳定工作的，而在喘振线左侧则不能稳定工作。

9.2.2 离心式压气机的喘振边界线

图 9－4 所示为离心式压气机特性线。图中纵坐标 P 为出口压力，横坐标 Q 为压气机入口流量。

曲线上的 A 点为压气机正常工作点，压气机的转速为 N。当压气机负荷减低，流量逐渐减小到 Q_B 时，工作点将由运转下限 B 点突变到 C 点，压气机的出口压力就由 P_B 突变到 P_C，在此变化瞬间，与压气机相连的管路系统的压力仍然为 P_B，也即管路系统的压力 P_B 高于压气机的出口压力 P_C，于是气流向压气机倒流，管路系统的压力 P_B 渐渐降低到 P_C。由于压气机在此过程中继续运转，故一旦机内压力与管路系统压力接近时，它又开始向管路系统输送物料，则流量 Q_C 迅速突变到 Q_D，工作点由 C 点突变到 D 点，而 D 点的流量大于 A 点（正常工作点）的流量，超过系统的要求，管路系统压力憋高，当高到 P_B 时，工作点又到达 B 点，接着又突变到 C 点，反复上述过程，气体从管网向压气机倒流，喘振重复发生。由于压气机在高速运转，这种循环过程进行得非常迅速因而气体由压气机忽进忽出，使转子受到高变负荷，机体发生剧烈振动并波及所连接的管线。同时机器发出周期性间断的巨大噪声，使压气机各部件轴承和密封环损坏，严重时打碎叶轮，烧坏轴瓦，使压气机受到严重破坏。喘振现象的发生与管网特性有关。管网容量越大，喘振的振幅越大，频率就低；反之振幅越小，频率就高。

离心式压气机在某一转速下有一个喘振点流量，把不同转速下不同的喘振点用虚线连接起来，就得到该压气机的喘振边界线（见图 9－5）。此线左侧为喘振区，压气机的工作点不得进入喘振区。

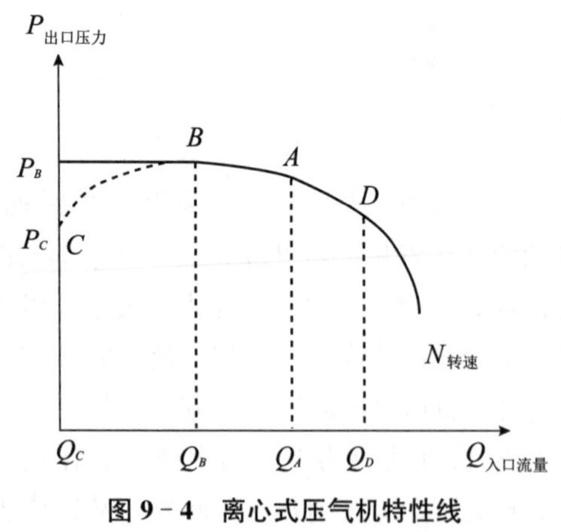

图 9－4　离心式压气机特性线

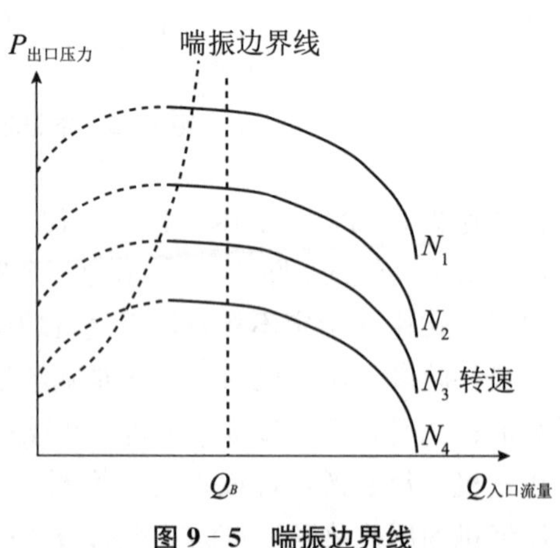

图 9－5　喘振边界线

9.3　压气机中的防喘振措施

9.3.1　轴流式压气机的通流部分安装防喘放气阀

在多级轴流式压气机中，除了在设计时采取措施力求扩大压气机的稳定工作范围外，还可以在压气机通流部分的某一个或若干个截面上安装防喘放气阀，如图9-6所示。

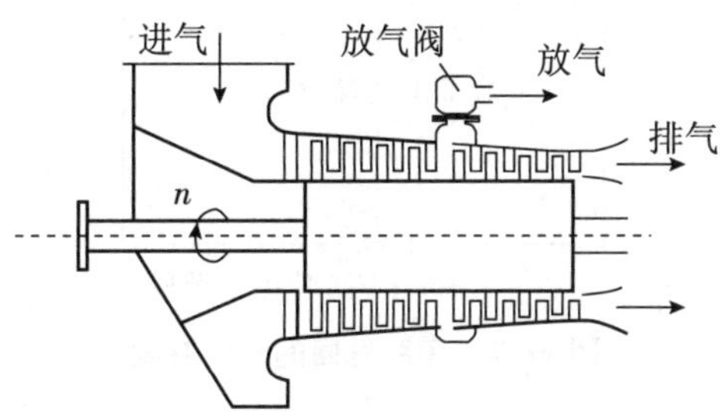

图9-6　多级轴流式压气机中间级的防喘振放气阀

机组在启动工况和低转速工况下，流经压气机前几级的空气流量过小，以致产生较大的正冲角，从而使压气机进入喘振工况，于是就设想在最容易进入喘振工况的某些级的后面，开启一个或几个旁通放气阀，迫使更多的空气流过放气阀之前的那些级（此时，流经这些级的空气流量必然要比流往放气阀后面各级中去的空气量要多，它们之间的差值就是通过放气阀排向大气的流量），这样就可能避免在这些级中产生过大的正冲角，从而达到防喘的目的。

选择防喘放气阀的安装位置十分重要。实践表明：把防喘放气阀安装在压气机的最前几级并不能获得很好的效果；如把防喘放气阀装在压气机最后几级，甚至安装在压气机后的排气管道上，虽对于扩大压气机的稳定工作范围有好处，但由于放气压力很高，由旁通放气阀排出的空气所带走的能量损失很大。因此，总是把防喘放气阀放在压气机通流部分的某个截面上。这样，既能改善那些流动情况最为恶劣的压气机级的工作条件，又使放气能量不至于过大。放气阀一般都采用一次开关式。从机组的启动瞬间开始，一直到机组转速升高到额定转速 n_0的95%之前，防喘放气阀将始终开启，只有当机组转速超过额定转速 n_0的95%之后放气阀才自动关闭。

很明显，当防喘放气阀打开时，燃气轮机的运行线将会远离压气机的喘振边界线，从而扩大了机组的稳定工作范围。

9.3.2　离心式压气机设置防喘振控制系统

离心式压气机目前有两种防喘振控制系统，一种是旁路返回的气体系统，见图9-7。在转速一定时，经旁路返回压气机入口的流量 $Q_{返}$须大于或等于喘振起始点流量 Q_B与压气机入口气体 Q_A之差，即 $Q_{返} \geqslant Q_B - Q_A$，这样一旦压气机的气体流量减小到 Q_B以下，就须自动打开旁路阀，使一部分出口气体回流到入口，保持压气机入口内的气量始终大于 Q_B，从而避免了喘振。

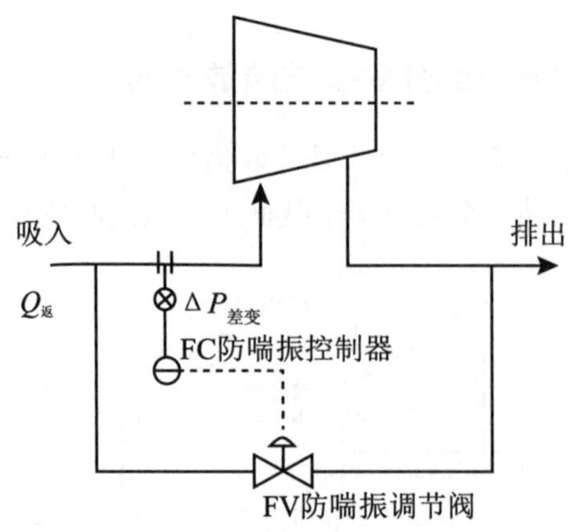

图 9－7　旁路返回的气体系统

这类方案可靠性高，使用于转速相对固定的离心式压气机，但转速降低时，容易浪费能源。

离心式压气机的另一种防喘振调节系统为可变极限流量防喘振。这种调节方案可使压气机在不同的转速（即不同的负荷）下有不同的喘振极限流量。它是根据压气机的特性曲线，采用近似的方法，建立一个离喘振曲线有一定裕量（通常为3%～5%）的防喘振控制线，如图 9－8 所示。通过防喘振控制线的轨迹确定防喘振调节器的给定值，确保压气机运行在喘振控制线的右侧。这种控制方式一般用于负荷可能经常波动的离心式压气机。其调节系统简图如图 9－9 所示。

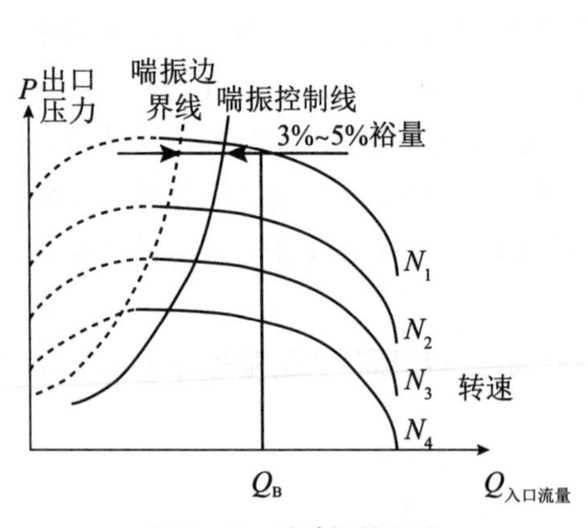

图 9－8　防喘振控制线

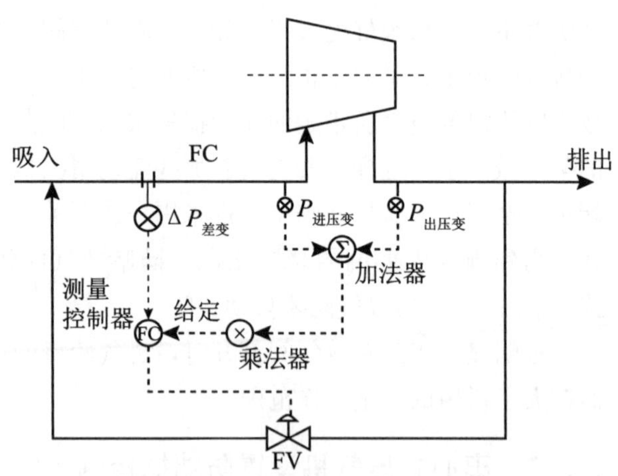

图 9－9　防喘振调节器调节系统

9.3.3　安装防喘振控制阀

除了上述两种防喘振措施之外，安装防喘振控制阀也有很好的防喘振效果。

（1）防喘振控制阀的特点

防喘振控制阀主要用来保护压气机，不致因喘振而引起叶片断裂，机体损坏等。因此，它必须具有以下特点：

1）具有可靠的快开功能，释放由于喘振引起的压力波动。

2）具有良好的调节性能，充分调节流量，防止压气机进入喘振边界线的左侧运行。避免因喘振所产生的压气机和管道损坏，确保压气机安全可靠地运行。

3）灵敏的阶跃响应，以满足压气机在启动和停车时的压力、流量变化。

4）防喘振控制系统有位置反馈信号，可监控阀门开度。

5）具有快开、慢关的控制特性，确保调节过程中压气机压力稳定。

（2）防喘振控制阀的构成和分类（见表 9－1 和表 9－2）

防喘振控制阀和其他控制阀一样，主要由三部分构成：阀门本体、执行机构、控制系统及附件。

1）阀门本体：通径≤DN200（8"）采用直通式平衡阀芯单座阀；通径＞DN200（8"）采用高性能蝶阀。

2）执行机构：气动防喘振阀采用弹簧薄膜执行机构，其推力较小，单作用的用于≤DN350 的防喘振阀；也可用气缸式执行机构，其推力大，双作用的可用于≥DN400 的防喘振阀；还有液动直行机构。

3）控制系统及附件：控制系统中定位器是最关键的控制部件，还有放大器、多路转换器、快排阀、电磁阀、信号转换器、单向阀、手动针阀、过滤器减压阀等。

防喘振控制阀按控制介质分为气动控制防喘振阀和液动控制防喘振阀。

按控制系统的安装方式又可分为：一体式——执行机构、阀门及控制系统一体化；部分分体式——针对气动控制系统，将抗振性较差的定位器与阀位变送器部分分离，避免定位器的电气和气动元件因振动损坏；完全分体式——在现场温度超过 80℃时，控制系统与阀门、执行机构完全分离的安装方式。

表 9－1　防喘振阀的规格及技术参数（推荐）

序号	项目	蝶阀（通径＞DN200 以上，采用的高性能蝶阀）	直通阀（通径≤DN200 时）
1	泄漏等级	ANSI V	ANSI V
2	流量特性	近似线性	线形（亦可选用等百分比或快开）
3	材质	阀体——碳钢 蝶板——316 不锈钢	阀体——碳钢 阀内件——316 不锈钢
4	压力等级	ANSI Class 150 或按工况要求选用	同左

表 9-2　电气控制及其他参数

<table>
<tr><td>控制信号</td><td colspan="2">4～20 mA，24V (DC)</td><td>电磁阀电源</td><td colspan="2">220V (AC) /50Hz、24V (DC) 或其他</td></tr>
<tr><td>实际阀位指示信号</td><td colspan="5">4～20 mA，24V (DC)(采用 HIM　HART 接口时，可输出高源信号)</td></tr>
<tr><td>作用方式</td><td colspan="2">故障开 F.O</td><td>紧急快开时间</td><td colspan="2">≤1.5s</td></tr>
<tr><td>阀门开关死区</td><td colspan="5">通径≤DN400 为 2%，通径>DN400 为 3%</td></tr>
<tr><td>位置反馈误差</td><td colspan="2">≤2%</td><td>调节响应参数</td><td colspan="2"><1%</td></tr>
<tr><td>管线振动要求</td><td colspan="5">定位器等附件安装在阀门上时，管线振动频率不大于 1g/15Hz</td></tr>
<tr><td>过滤精度</td><td>5μm</td><td colspan="2">设定压力范围</td><td>0.05～0.85MPa</td><td>过滤器减压阀气原接口¾" NPT</td></tr>
</table>

(3) 防喘振控制阀的计算步骤

由于喘振是压气机的固有特性，因此对于特定的压气机来说，选择合适的防喘振控制系统并合理选择防喘振控制阀是很重要的。对于防喘振系统来说，整个回路比如控制方案、现场阀门及仪表的选型、取压方式等是一个有机整体，任何一方面的缺位都不会取得应有的效果。

防喘振控制阀和普通控制阀门一样，是一个局部阻力可以改变的节流元件。控制阀的计算最主要的依据和工作程序就是计算流量系数。计算流量系数的基型公式是以伯努利方程为基础的。流体的流动有非阻塞流和阻塞流两种情况。阻塞流是指当介质为气体时，由于它具有可压缩性，当阀的压差达到某一临界值时，通过控制阀的流量将达到极限，这时，即使进一步增加压差，流量也不会再增加；当介质为液体时，一旦压差增大到足以引起液体气化，即产生闪蒸和空化作用时，也会出现这种极限的流量。在这两种情况下所用的计算公式是不相同的。

气体介质调节阀时，产生阻塞流的判别式为：$\dfrac{\Delta P}{P_1} \geqslant F_K \cdot X_T$

式中：ΔP——阀前、阀后压差；

P_1——为阀前压力；

F_K——气体的比热比系数（对空气 $F_K=1$，对其他气体 $F_K=\dfrac{K}{1.4}$，K 为该气体的绝热指数，见表 9-3）；

X_T——压差比系数，根据不同类型的阀门及流向决定（见表 9-4）。

表 9-3　气体的绝热指数 *K*（压力为 0.10135MPa）

名称	分子式	温度/℃										
		0	100	200	300	400	500	600	700	800	900	1000
氩	Ar	1.67	1.67	1.67	1.67	1.67	1.67	1.67				
氦	He	1.67	1.67	1.67	1.67	1.67	1.67	1.67				
氖	Ne	1.67	1.67	1.67	1.67	1.67	1.67	1.67				
氪	Kr	1.67	1.67	1.67	1.67	1.67	1.67	1.67				
氙	Xe	1.67	1.67	1.67	1.67	1.67	1.67	1.67				

表 9-3（续）

名称	分子式	温度/℃										
		0	100	200	300	400	500	600	700	800	900	1000
汞蒸气	Hg					1.67	1.67	1.67				
甲烷	CH_4	1.314	1.268	1.225	1.193	1.171	1.155	1.141				
乙烷	C_2H_6	1.202	1.154	1.124	1.105	1.095	1.085	1.077				
丙烷	C_3H_8	1.138	1.102	1.083	1.070	1.062	1.057	1.053				
丁烷	C_4H_{10}	1.097	1.075	1.061	1.052	1.046	1.043	1.040				
戊烷	C_5H_{12}	1.077	1.060	1.049	1.042	1.037	1.035	1.031				
己烷	C_6H_{14}	1.063	1.050	1.040	1.035	1.031	1.029	1.027				
庚烷	C_7H_{16}	1.053	1.042	1.035	1.030	1.027	1.025	1.023				
辛烷	C_8H_{18}	1.046	1.037	1.030	1.026	1.023	1.022	1.020				
氯甲烷	$CHCl_3$	1.27	1.22	1.18	1.16	1.15	1.13	1.12				
三氯甲烷	$CHCl_3$	1.15	1.13	1.12	1.11	1.10	1.10					
乙酸乙酯	$C_4H_8O_2$	1.088	1.069	1.056	1.049	1.043	1.038	1.035				
氮	N_2	1.402	1.400	1.394	1.385	1.375	1.364	1.355	1.345	1.337	1.331	1.323
氢	H_2	1.410	1.398	1.396	1.395	1.394	1.390	1.387	1.381	1.375	1.369	1.361
空气		1.400	1.397	1.390	1.378	1.366	1.357	1.345	1.337	1.330	1.325	1.320
氧	O_2	1.397	1.385	1.370	1.353	1.340	1.334	1.321	1.314	1.307	1.304	1.300
一氧化碳	CO	1.400	1.397	1.389	1.379	1.367	1.354	1.344	1.335	1.329	1.321	1.317
水蒸气			1.28	1.30	1.29	1.28	1.27	1.26	1.25	1.25	1.24	1.23
二氧化硫	SO_2	1.272	1.243	1.223	1.207	1.198	1.191	1.187	1.184	1.179	1.177	1.175
二氧化碳	CO_2	1.301	1.260	1.235	1.217	1.205	1.195	1.188	1.180	1.177	1.174	1.171
氨	NH_3	1.31	1.28	1.26	1.24	1.22	1.20	1.19	1.18	1.17	1.16	1.15
丙酮	C_3H_8O	1.130	1.103	1.086	1.076	1.067	1.062	1.059				
甲基溴	CH_3Br	1.27	1.20	1.17	1.1	1.14	1.13	1.13				

表 9-4　X_T数值

阀型	单座阀				双座阀	套筒阀		角型阀		偏转阀		蝶阀	
	VP		JP		VN	VM	JM	VS		VZ		VW	
流向	流开	流关	流开	流关	任意	任意	任意	流开	流关	流开	流关	任意（90°）	任意（70°）
X_T	0.58	0.46			0.61	0.69		0.56	0.53	0.56	0.40	0.27	0.52

从管道工艺设计提供的数据到算出流量系数，再到阀门口径的确定，步骤如下：

1）按照工作情况判定介质的性质即阻塞流情况，根据第 7 章的计算公式或图表，计算流量系数 K_v值。

2）根据计算求得的 K_v 值，进行放大或圆整，根据此 K_{vmax} 值，在该产品型号标准系列中，选取 K_v 值。

3）验算控制阀的开度。

4）验算控制阀的实际可调比。

5）根据 K_v 值确定阀座直径，根据管道布置情况确定控制阀的公称直径。

第 10 章　电液（伺服）执行器在电站阀门上的应用

10.1　概述

电液（伺服）执行器是自动控制系统中的终端控制单元，它将标准输入信号（4mA～20m 或开关量信号）通过电液转换、液压放大并转变为与输入信号相对应的角位移（输出力矩），或直线位移（输出推力）的执行器。其通过就地或远程方式实现对阀门的开启（含快开）、关闭（含快关）以及连续调节。

电液（伺服）执行器主要在电厂需要高精度控制、高可靠性、高自动化水平、特殊功能要求及特殊工种的环境中应用。以往这类阀门基本上靠进口，近年来，根据国家能源领域“十二五”规划要求，国内在这方面加强攻关，增强科技自主创新能力，提高了能源装备自主化发展水平，已有产品正式投放市场。无疑这将对提高我国自动化装备制造业的综合竞争力，打破垄断，降低成本，缩短供货周期产生深远影响。

阀门在调节工况时，因调节元件逐步接近阀座，其流体很不稳定，压差越大这种不稳定就越严重，有时甚至会使阀门丧失工作能力。而电液（伺服）执行器利用液体的不可压缩性，将动力、油泵和电液伺服阀集于一体，它运行起来非常平稳，响应快，能实现高精度的控制。国外第三代的执行器产品其死区（所定义的信号范围和行程范围之间所允许的最大百分比偏差）已可以≤0.03％。这是气动装置和电动装置不可企及的。电液（伺服）执行器具有多种设置使其可通过微调来满足不同的阀门动作速度，带有快开或快关功能的阀门，其全关或全开时间可≤0.1s。

电液（伺服）执行器可以设定“最小开度限制”。该参数设定了行程末端即阀门关闭位置时可选的不可调节区的上限。在苛刻工况下运行的阀门，会通过多级降压的方式减少流体能量，这种设计通常存在最小可控的 C_v 值。此时，如果在工况中出现实际运行的 C_v 值低于最小可控 C_v 值时，会造成阀芯和阀座之间的压降超过节流元件允许的压降。阀门在这种工况下运行，会使阀内件严重损坏，甚至失效，电厂的生产也会被迫停止。最小开度限制能使阀门在运行工况 C_v 值低于最小可控的 C_v 值时，自动关闭或保持关闭状态。只有当信号显示出运行工况的 C_v 值大于最小 C_v 值时才开始正常工作，从而延长了阀门的使用寿命。

电液（伺服）执行器的失效安全模式，即故障时阀门的安全位置的设定，标准配置是失电时保持原位。对于很多应用，这是个首选的“安全”位置。然而，其液压回路可以很容易地实现失效安全位置为行程终点的操作模式，即“开”或“关”位。实现这种失效模式可通过以下两种方式：

弹簧复位：这种复位装置包括一个弹簧和一个电磁阀，电磁阀打开液压回路，弹簧驱动油缸活塞杆到达预定的全伸出或全缩回位置，从而将阀门锁定在“开”或“关”的位置。

蓄能器复位：用气囊式蓄能器或与油缸并联的活塞式蓄能器取代了弹簧。

电液（伺服）执行器相对于电动和气动执行器，其主要缺点就是价格昂贵，如果要配置动力油箱，其体积庞大。

目前，国产和进口的智能电液（伺服）执行器，已经不需要外部的动力油箱（即液压站）和外接输油管路，而是一体化结构，只需把电液（伺服）执行器安装到阀门上，然后接通工作电源（220V、380V，AC）和输入输出信号线就可以工作。智能电液（伺服）执行器配有宽温高亮大屏 OLED 显示器，可在－40℃～80℃的环境中正常工作。它不需背光源，具有高亮、宽视角及显示清晰等特点，方便现场操作与巡视。

电液（伺服）执行器的通信方面，进口电液（伺服）执行器通过可选控制板选择其他的控制信号，包括脉冲、HART 协议、FF 和无线；国产的亦可选择 Modbus、Profibus、FF 和无线等。

电液（伺服）执行器主要由油缸传动单元、电液转换单元、电气控制单元等组成。其中电液转换单元在泵控型电液（伺服）执行器中是一个整体，在阀控型电液（伺服）执行器中则分成了实施电液能量转换的动力单元和实施电液信号转换的控制阀组两个部分。也有部分阀控型执行器直接使用现场主机油源集中供油，减少了独立的动力单元。

10.2 电液（伺服）执行器的分类

电液（伺服）执行器形式多种多样，按传动方式、功能、结构、控制信号等不同的侧重点，有不同的分类方法；不同类别的配置组合，形成了品种繁多的电液（伺服）执行器。常见的分类方式有以下几种。

10.2.1 按传动方式分为直行程和角行程

10.2.1.1 直行程电液（伺服）执行器

直行程电液（伺服）执行器主要与闸阀、截止阀、笼式调节阀、插板阀等具有直线运动式阀瓣的阀门配套，液压油缸通过联轴器直接拖动阀瓣启闭，如图 10－1 所示。但有些角行程运动的阀门，如旋启式、斜板式抽汽止回阀等，也可采用直行程的顶杆式电液执行器助力关闭，如图 10－2 所示。

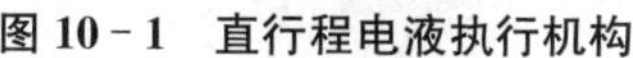

图10－1 直行程电液执行机构　　图10－2 斜板式抽汽快关止回阀

10.2.1.2 角行程电液（伺服）执行器

角行程电液（伺服）执行器主要与蝶阀、球阀、旋塞阀等具有旋转运动式阀瓣的阀门配套，输出90°或其他特定角度的行程。但有些直行程阀瓣的阀门，如用于水电站旁路生态供水控制的活塞式流量调节阀等，通过曲柄连杆机构的转换，也采用角行程电液（伺服）执行器来传动，如图10－3所示。

图10－3 活塞式流量调节阀

角行程电液（伺服）执行器的液压执行元件大部分仍然是直行程的液压油缸。按照直行程-角行程接力转换机构的不同，角行程电液（伺服）执行器又分为连杆式、拔叉式、齿轮齿条式、螺旋式、旋转叶片式等。

（1）连杆式传动

连杆式传动是最常见的油缸接力方式，如图10－4所示。其特点是结构简单，配置灵活，各运动副均为圆柱面接触，易加工，承载大，便于润滑，不易磨损，且通过力臂的改变很容易实现大力矩的输出，并可采用多油缸连杆同时驱动，成倍增加负载能力。大型的水电站水轮机进水液控蝶阀（见图10－5），火电厂循环水系统液控缓闭止回蝶阀电液（伺服）执行器多采用此结构，输出力矩可达数百万 N·m。

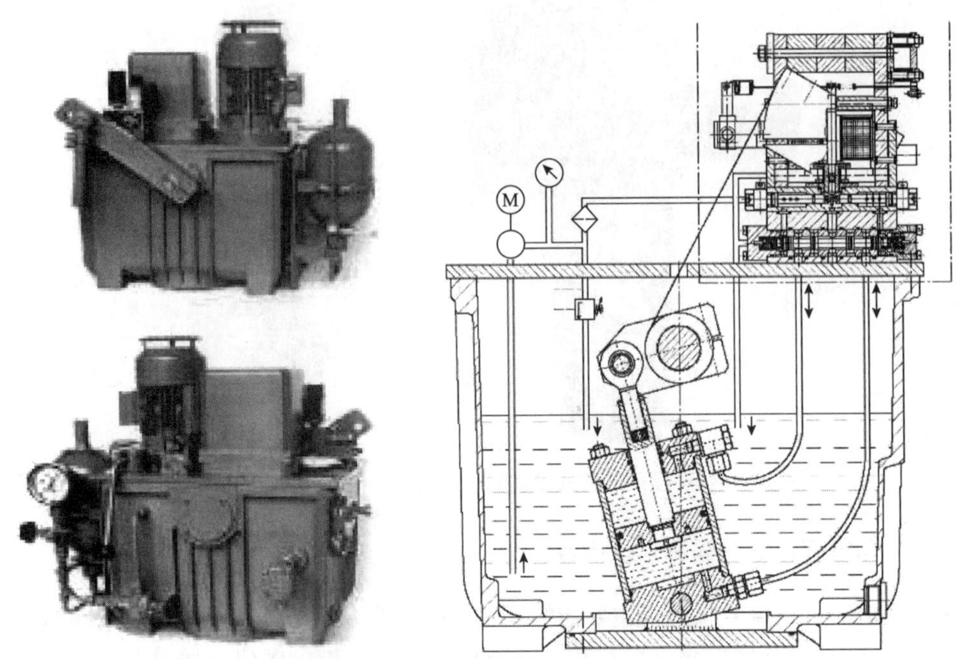

图 10-4 伺服调节型角行程连杆式传动电液（伺服）执行器

图 10-5 大型水轮机进水液控蝶阀撑地式连杆传动

连杆式传动是一个变力矩的过程，随着连杆的转动，油缸推力的压力角 α 一直在发生变化，通过传动压力角的合理配置，可以使执行器的输出特点更好地与配套阀门操作力矩相匹配。如图 10-6，对称型的结构在中间位置有最大的压力角，输出力矩最大，与非密闭性蝶阀和球阀的操作力矩特性一致；而偏置型结构在油缸初始行程位置压力角接近于直角，获得最大输出力矩，更适合与在全关位置强制密封的蝶阀配套。图 10-7 为球阀启闭操作力矩特性图；图 10-8 为蝶阀启闭操作力矩特性图。

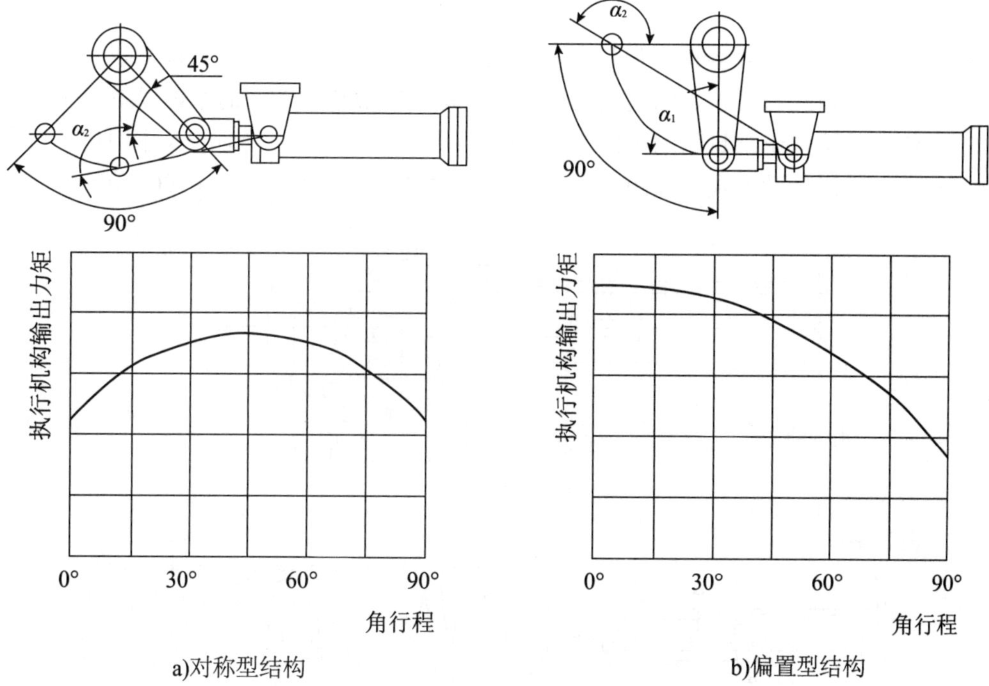

a)对称型结构　　b)偏置型结构

图 10-6　连杆式传动力矩输出特性曲线

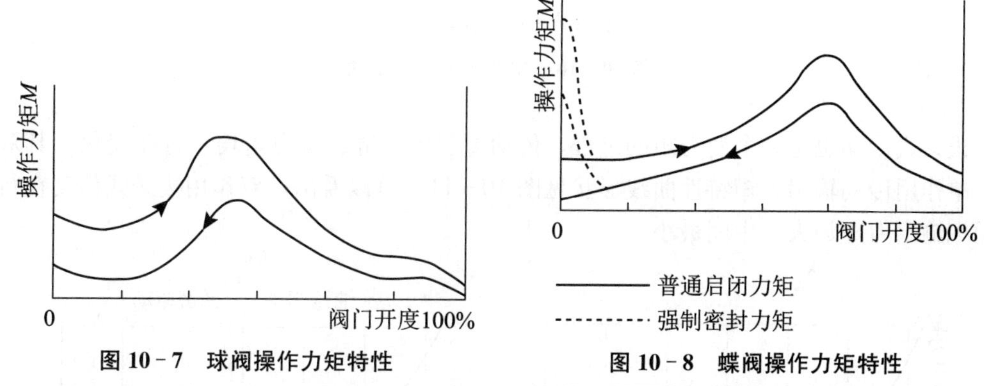

图 10-7　球阀操作力矩特性　　图 10-8　蝶阀操作力矩特性

小型的连杆式结构也可以采用如图 10-9 所示的曲柄连杆活塞结构，所有传动部分均置于全密封的传动箱体内，减小装置的占用空间，提高防护等级，增强了装置的工况适应性。

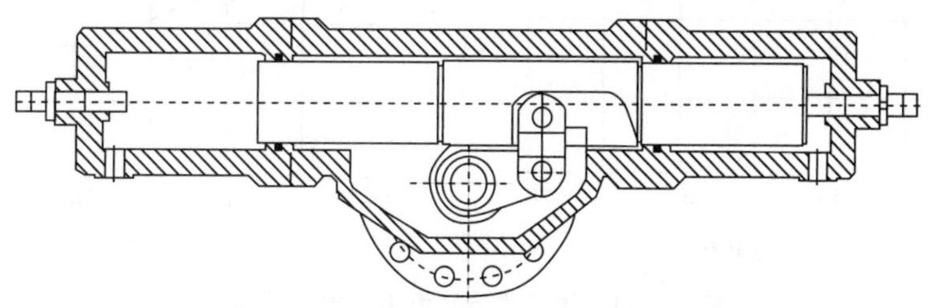

图 10-9　封闭式曲柄连杆活塞结构

(2) 拔叉式传动

拔叉式传动 (Scotch yoke) 通过安装在油缸活塞杆头部的对称销轴推动拔叉转动。该传动结构紧凑，拔叉和销轴之间通过滚轮连接，减少销轴和拔叉间的摩擦以及销轴和拔叉的磨损。传动件均位于全封闭的箱体内，防护等级高；有全油压驱动的双作用传动方式和弹簧回程的单作用传动方式，如图 10－10 所示。最大行程一般在 80°～100°可调。

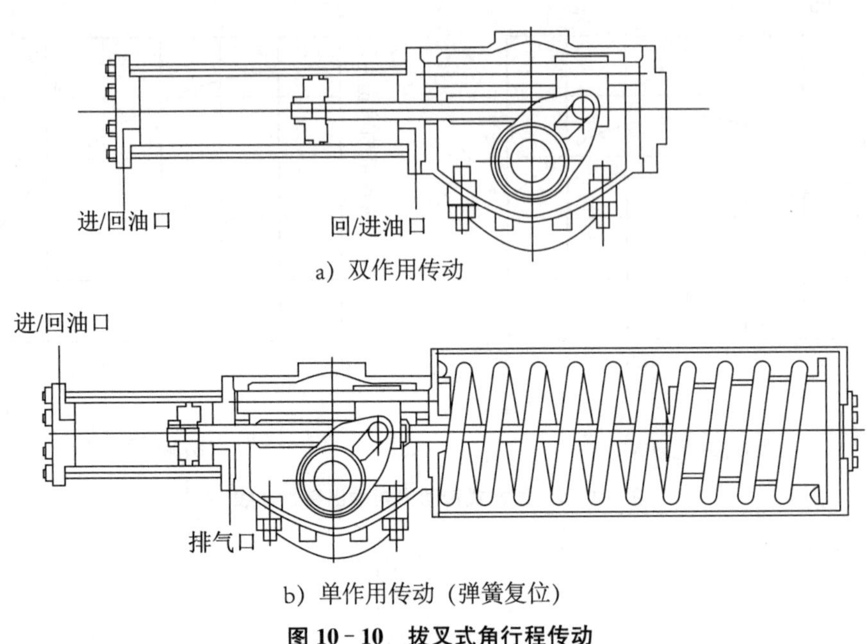

a) 双作用传动

b) 单作用传动 (弹簧复位)

图 10－10　拔叉式角行程传动

拔叉式传动也是一个变力矩的过程，传动过程中力臂、压力角均一直在变化，其双作用、单作用传动输出力矩特性曲线形状见图 10－11。可以看出，双作用拔叉式传动在行程的两端输出力矩最大，中间最小。

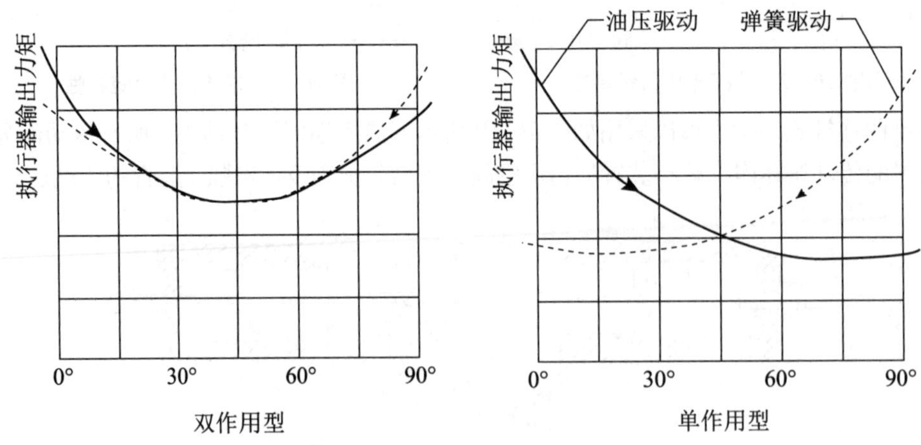

图 10－11　拔叉式传动力矩输出特性曲线

本结构也可以通过拔叉的偏置，加大其中一侧的力矩输出，使之更适合于强制性密封蝶阀等工况，如图 10－12 所示。

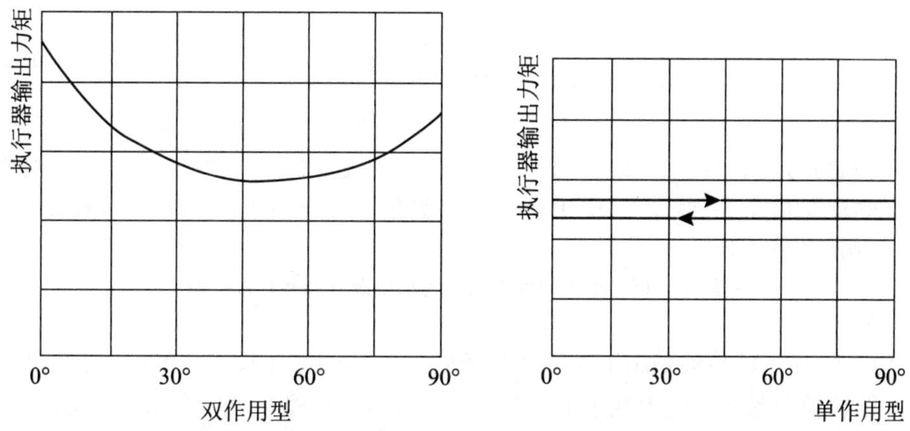

图 10－12　拔叉偏置力矩输出特性曲线　　图 10－13　齿轮齿条传动力矩输出特性曲线

(3) 齿轮齿条传动

齿轮齿条式传动的力臂是不变的，因此是恒定力矩输出。如图 10－13 所示，它适合于快速传动，需要时可以通过齿条的加长，输出超过 360°的行程。

图 10－14 所示的传动结构由独立的液压缸安装在传动箱体一端拉动齿条运动，这种结构便于油缸拆卸检修，易于功能扩展，并可在传动箱体另一侧加装复位弹簧后演变成单作用快速（调节）型电液（伺服）执行器。如图 10－15，这一类执行器广泛配套于汽轮机各类蒸汽管道阀门，与 OPC、AST 保安系统相连，保护主机安全。

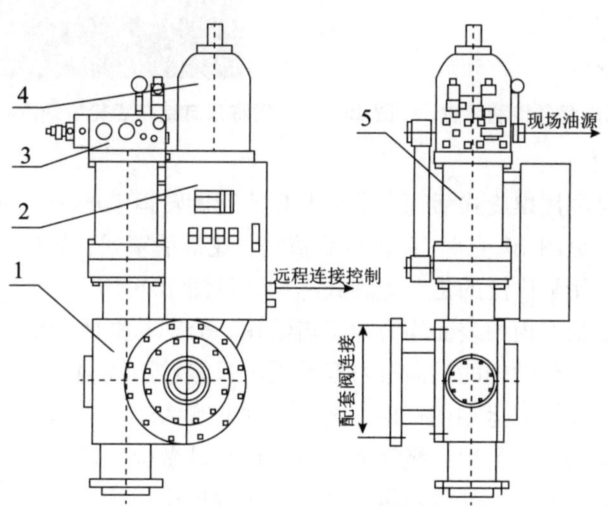

1——齿轮传动箱；2——电气控制箱；3——控制阀组；4——蓄能器；5——油缸

图 10－14　双作用齿轮齿条传动电液（伺服）执行器（油缸偏置）

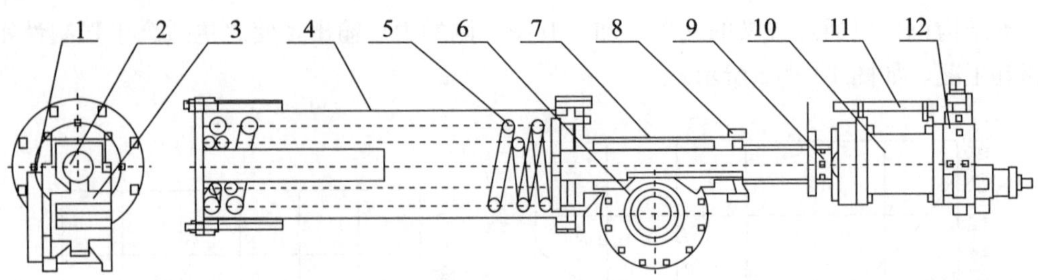

1——位置开关盒；2——齿条；3——齿轮；4——弹簧缸；5——弹簧；6——开度指针盘；7——传动箱体；8——油缸支架；9——行程调节套；10——液压缸；11——行程传感器；12——阀组集成缸盖

图 10-15　单作用齿轮齿条传动电液（伺服）执行器

图 10-16 所示的传动采用了对称的齿条式活塞结构，加长的活塞中间位置直接加工成齿条，结构简单紧凑，大大减小了外形尺寸。且两个行程方向均为无杆腔受压，输出力矩完全一样。本结构还可采用对称双缸结构，成倍增加输出力矩，见图 10-17。

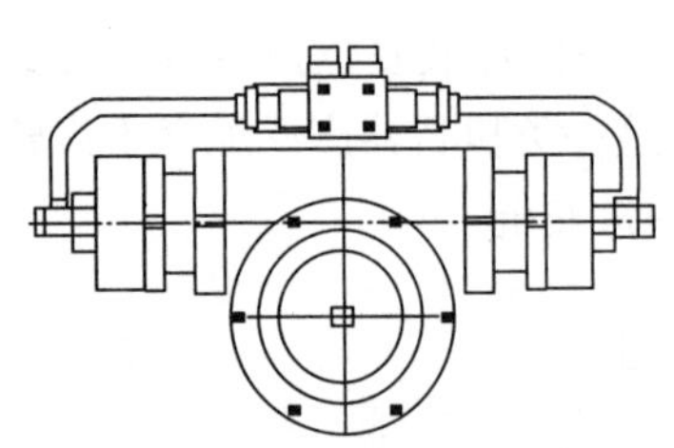

图 10-16　对称型齿轮齿条传动装置

图 10-17　对称双缸结构齿轮齿条传动电液（伺服）执行器

（4）螺旋式传动

螺旋传动油缸是利用螺旋式活塞大螺旋升角实现旋转运动的一种特殊油缸。双作用传动时为恒力矩输出，见图 10-18。有非圆活塞式、花键活塞式、导向杆式、双螺旋式等多种结构形式，其中应用最广泛的是双螺旋式结构，见图 10-19。

其特点是，油缸活塞内外表面均为螺旋齿结构，分别与缸体的螺旋齿内表面和传动轴的螺旋齿外表面配合，传动轴的轴向自由度受限，只能够围绕轴心转动；这样，当活塞在油压作用下在缸体内作轴向运动的同时，外表面的螺旋结构也驱动活塞进行角行程旋转，而内表面的螺旋传动则将角行程二级放大，驱动传动轴做旋转运动，带动阀门或其他角行程机械工作。在活塞一端加装复位弹簧，则可以实现单作用传动。因油缸传动轴直接输出角行程，与其他结构形式相比，体积小，重量轻，结构十分紧凑。通过螺旋配合尺寸的加长，很容易获得超过 360°的角行程，对需要低速大角度的配套工况来说是一种理想的选择。

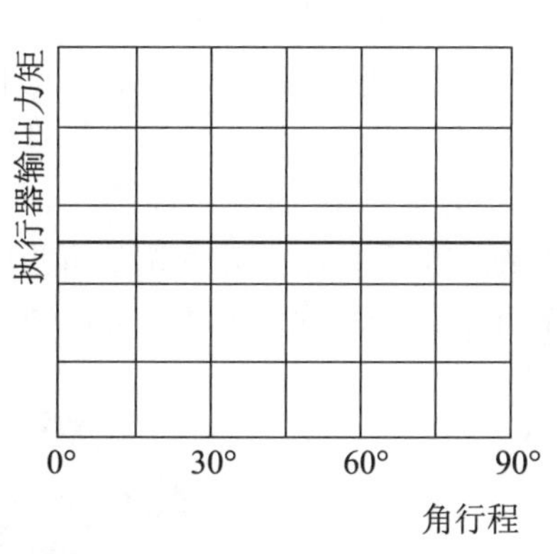

图 10-18 螺旋传动力矩输出特性曲线

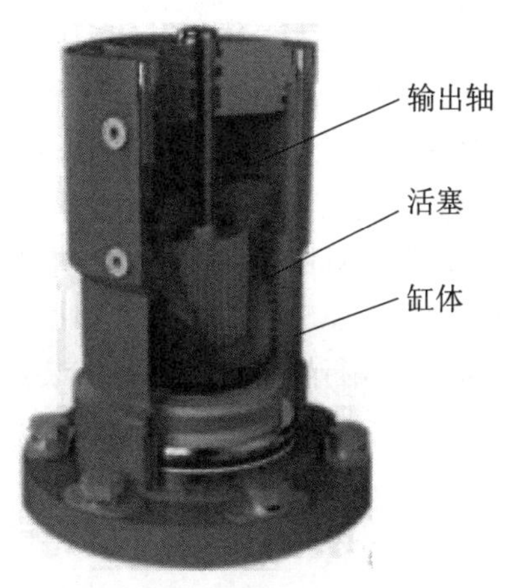

图 10-19 双螺旋式传动油缸

螺旋式传动油缸的配套应用见图 10-20。

常规配套技术参数：

额定工作压力：3MPa～21MPa

最大工作压力：25MPa

试验压力：1.5×额定工作压力

摆动角度：标准型 90°±1°，最大可达 1000°

输出扭矩：125N·m～100000N·m

机械效率：≈70%

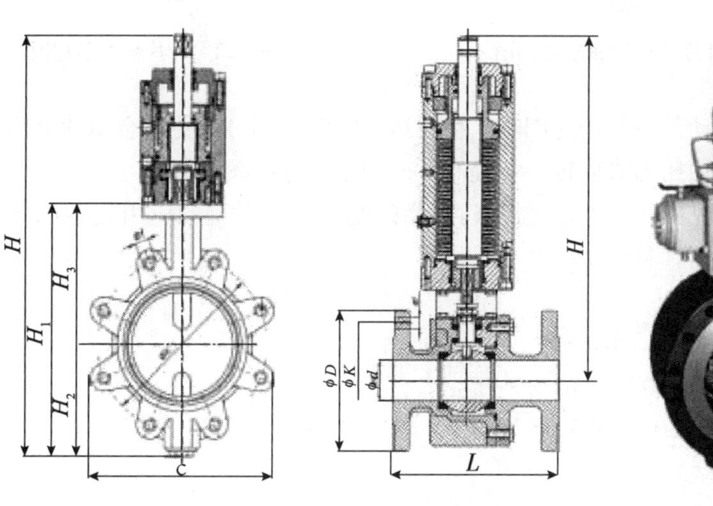

a) 双作用传动　b) 单作用传动

c) 螺旋传动成套电液（伺服）执行器

图 10-20 螺旋传动油缸的配套应用

(5) 旋转叶片式传动

旋转叶片式传动方式也是一种直接输出角行程的油缸结构，如图 10-21 所示。其叶片式活塞与中心转轴连为一体，缸体上设固定行程限位座来分割进、回油腔，叶片式活塞在油压推动下围绕轴心转动。有单叶片和双叶片两种结构形式。单叶片形式可以输出更大的角行程，而双叶片形式因其结构的对称性，两叶片上的受力大小相等、方向相反，两股相对力量的耦合形成完全均衡的力矩，不会在阀杆或执行器轴承上产生破坏性的侧向载荷力，应用更为广泛，见图10-22。此结构因其扎实的主体中央直接套在阀杆上，其重量平衡分布在阀法兰上，驱动器可承受大幅振动；且结实的限位座经外部调整可吸收全部行程力矩，保护阀门；执行器主体为同心安装，体积小，重量平均，极适合大振动工况应用。

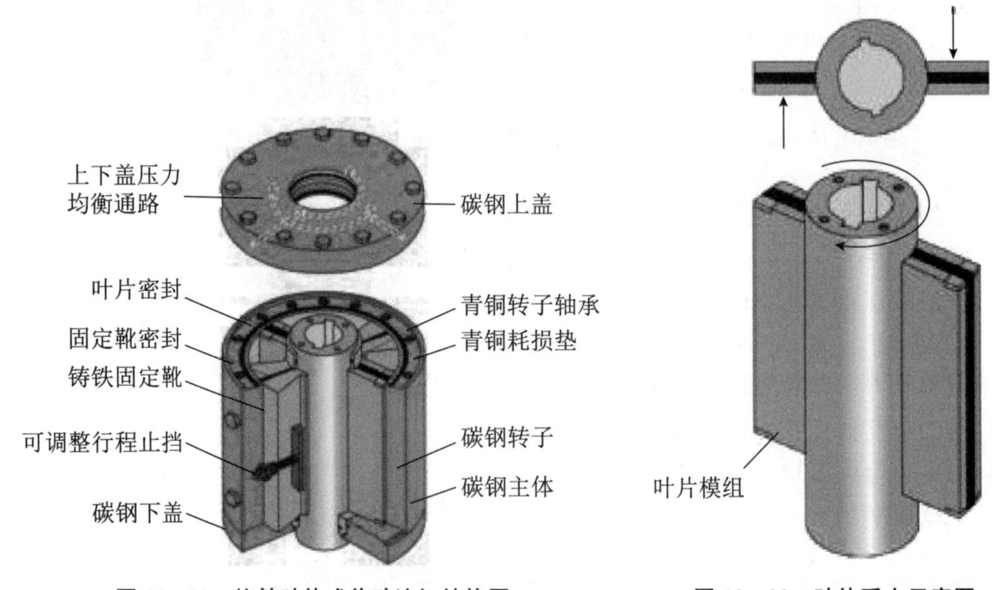

图10-21　旋转叶片式传动油缸结构图　　**图10-22　叶片受力示意图**

该结构最大问题是：运动部位的密封困难，存在运动间隙，不可避免地会造成高低压腔间内泄漏。容积效率和使用压力难以进一步提高，多用于中低压系统。

该结构为恒力矩输出，见图10-23。与阀门产品的配套中最典型的应用是Shafer公司的管线球阀气液联动执行器，见图10-24。

常规配套技术参数：

驱动油压范围：6.9bar～206.8bar

输出范围：113N·m～677907N·m

环境温度范围：标准，－20°F～250°F（－29℃～121℃）；可选，－76°F～250°F（－60℃～121℃）

行程输出：可达280°

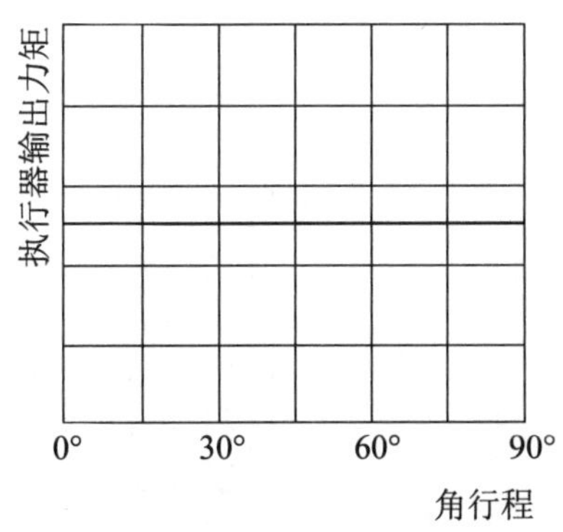

图10－23　旋转叶片式传动力矩输出特性曲线

图 10－24　旋转叶片式气液联动执行器

10.2.2　按作用方式分为双作用与单作用

10.2.2.1　双作用电液（伺服）执行器

双作用电液（伺服）执行器常规油缸结构如图 10－25 所示，油缸往复两个行程均为油压推动，低油压系统还可以采用缸体串联的方式增加输出力。常规的带杆油缸无杆腔力要大于有杆腔力，而对称结构的活塞缸以及旋转叶片缸等，则往复两个行程出力完全一样。

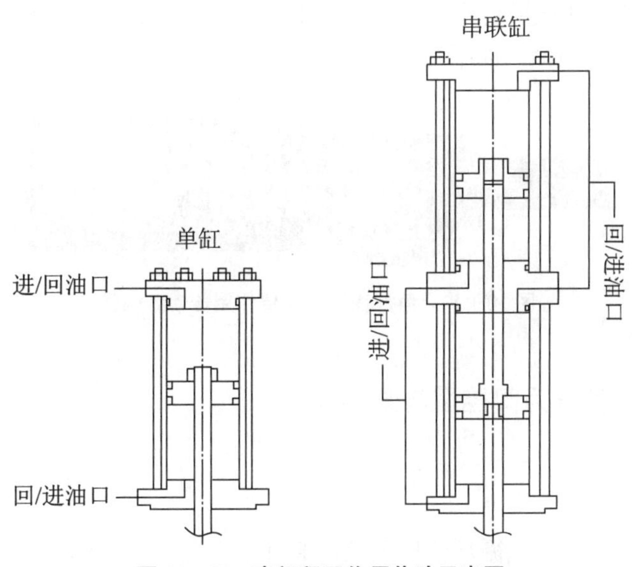

图 10－25　直行程双作用传动示意图

10.2.2.2　单作用电液（伺服）执行器

单作用执行器在油压推动油缸活塞动作的同时，压缩弹簧或举升重锤以储备能量，回程则通过重锤、弹簧势能的释放来驱动，如图 10－26 所示。

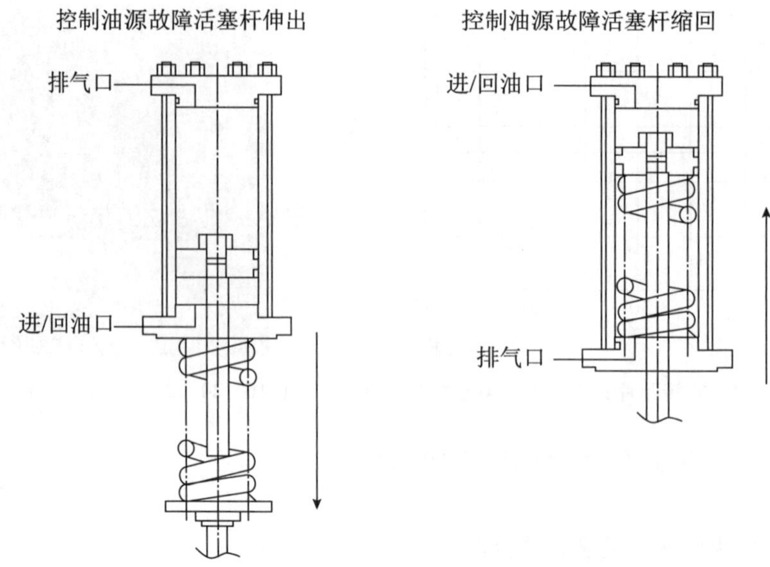

图 10－26　直行程弹簧式单作用传动示意图

单作用执行器以其储备能量的可靠性、能量释放的快速性等明显优势特性，用于停电、超速等事故状态需要紧急快速启闭的阀门驱动，像汽轮机蒸汽管道快关快开阀、水轮机事故阀、循环水泵出口液控止回蝶阀等。图 10－27 所示为弹簧式单作用电液（伺服）执行器，图 10－75 为重锤式单作用电液（伺服）执行器。

图 10－27　角行程弹簧式单作用传动结构图

10.2.3　按主控元件分为阀控型与泵控型

10.2.3.1　阀控型

阀控系统是最常见的开式循环液压系统，通过电机/油泵动力单元提供压力油源，通过流量/方向等控制阀组成的控制单元控制液压油流动方向及流量大小。图 10－28 为开关型阀控系统控制方框图。

图 10－29 为阀控系统典型液压原理图。图中，电机 M/油泵 P 机组及溢流阀 RV 为系统的主动力单元，直接输出压力油源；蓄能器 A、压力开关 PS 等组成系统的辅助动力单元，避免电机的长期工作，并提供动力失电时的紧急驱动；伺服阀 SV 为系统的控制单元，控制液压油流动方向及流量大小；液压油缸 CY 传动单元驱动阀门等配套设备动作，并通过行程

传感器 LVDT、行程开关 SQ 等反馈工件位置信号。

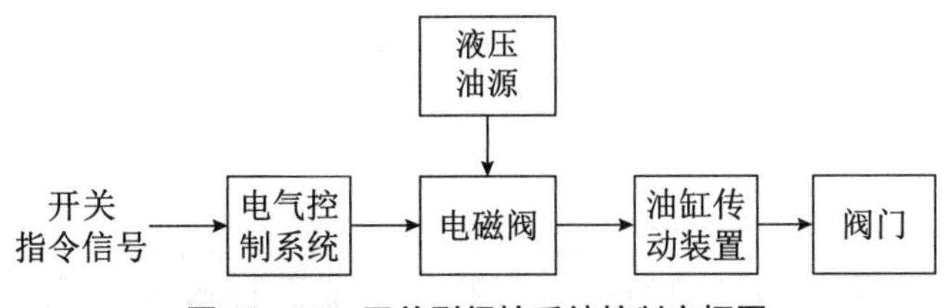

图 10-28　开关型阀控系统控制方框图

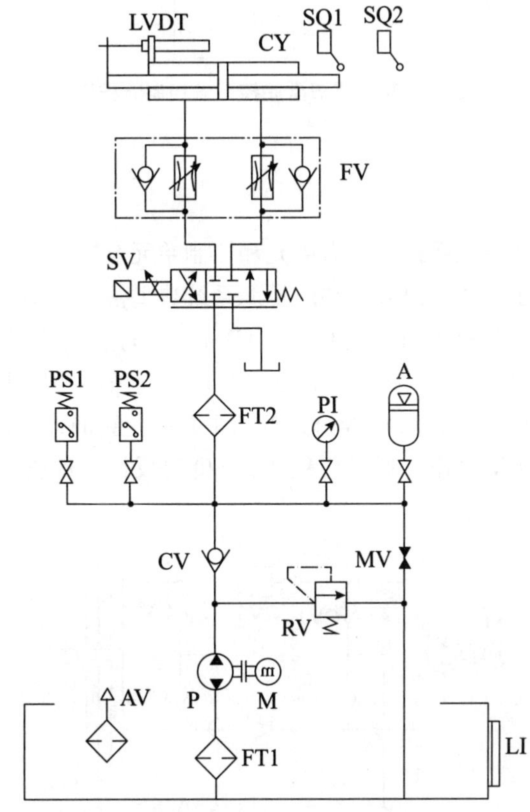

A——蓄能器；M——电机；P——油泵；AV——空气滤清器；CV——单向阀；CY——油缸；FT——过滤器；FV——流量阀；LI——液位计；LVDT——行程传感器；MV——截止阀；PI——压力表；PS——压力继电器；SQ——行程开关；SV——伺服阀；RV——溢流阀；YV1——电磁滑阀

图 10-29　典型阀控系统液压原理图

调节型阀控系统：一般将采用伺服阀的称为“伺服调节系统”、采用比例阀的称为“比例调节系统”。图 10-30 所示两阀为实施调节控制的核心元件，既是电液转换元件，又是功率放大元件，其功用是将比较出的小功率偏差电信号输入转换为大功率液压能（压力和流量）输出，能够对输出流量和压力进行连续双向控制。当偏差值为零时，阀开度也减小至零，执行器停止在目标位置。

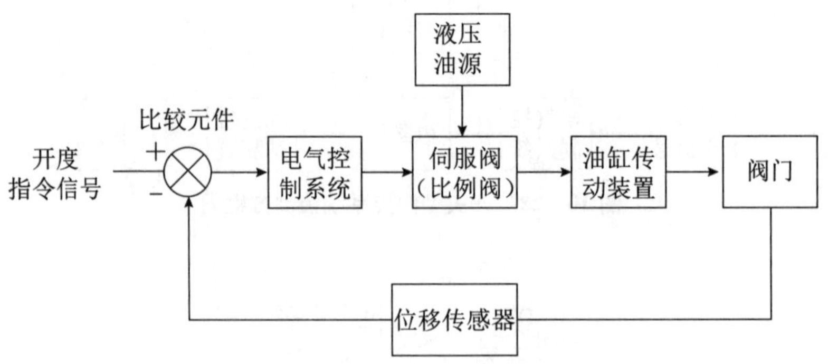

图 10 - 30　调节型阀控系统控制方框图

10. 2. 3. 2　泵控型

泵控系统是闭式循环液压系统，动力单元和控制单元合二为一：通过电机的转向和转速来直接控制双向油泵压力油输出方向和流量。系统典型液压原理图见图 10 - 31。图中电机 M、双向齿轮泵 P、与配对单向阀组 CV1～CV4、双向液压锁 CV5 等配合，形成了动力/控制合二为一的功能组合。泵控型执行油缸 CY 一般采用两腔等容积的对称缸。油路循环中液压油在配对阀 CV1、CV2 处经过过滤器 FT 进行吸油补充；过载液压油在配对阀 CV3、CV4 处经溢流阀 RV 排出。通过行程开关 SQ 等反馈工件位置信号。

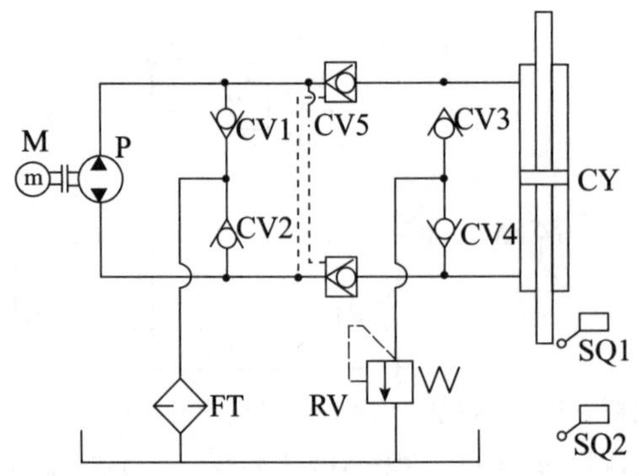

M——电机；P——双向油泵；CV1～CV4——单向阀；CV5——双向液压锁；CY——液压缸；FT——吸油过滤器；RV——溢流阀；SQ——行程开关

图 10 - 31　典型泵控系统液压原理图

泵控系统中，伺服电动机或步进电动机是实施调节控制的核心元件。若偏差值超出了用户设定的死区，执行器将启动电动机，驱动液压泵旋转，控制油缸运行向指定位置。当执行器到达目标位置时，该偏差值为零，电机转速也减小至零，执行器停止在目标位置。

开关型泵控系统控制方框图见图 10 - 32。调节型泵控系统控制方框图见图 10 - 33。

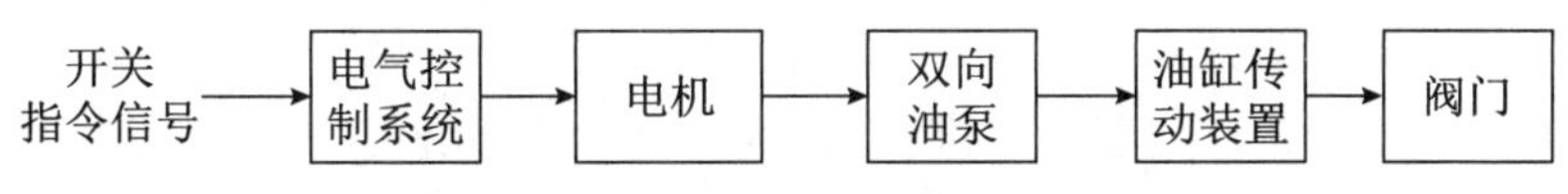

图 10－32　开关型泵控系统控制方框图

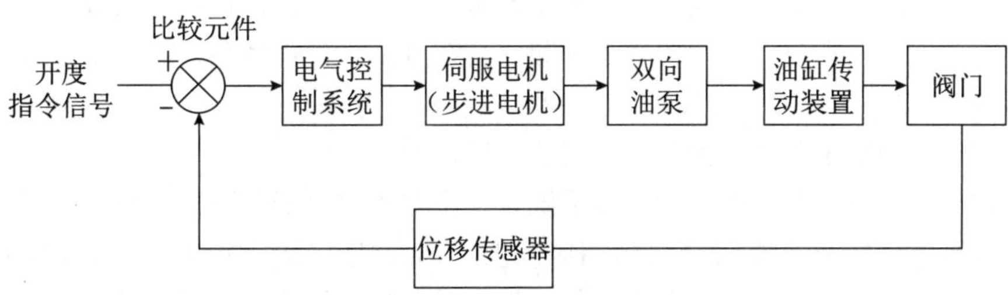

图 10－33　调节型泵控系统控制方框图

10.2.4　按控制方式分为开关型与调节型

10.2.4.1　开关型

开关型电液（伺服）执行器接受开关量信号，控制阀门运行至全开、全关位。除常规匀速启闭外，电站阀门控制要求中还有快慢两阶段开启、快慢两阶段关闭、匀速启闭＋紧急快关、匀速启闭＋紧急快开等多种特殊的启闭工作方式。大型的循环水液控蝶阀开关型电液执行器在管道投入运行的初始阶段，在阀门开启时也有类似调节型停止在中间位置的充管工况，充管结束后将通过手动输入指令或延时自动程序恢复并完成开阀动作。

尽管不用作阀门开度的实时调整，智能开关型电液执行器也可反馈多种开关量、模拟量状态信号，并能通过 RS485 接口、现场总线及无线收发装置等实现远程通信，根据状态信号的改变在就地或远程 DCS 中做出中断或启动某种操作的响应。

10.2.4.2　调节型

调节型电液（伺服）执行器除拥有开关型的普通控制功能外，主要在于其能接受模拟量信号或数字量信号，通过开环、闭环等工作方式，驱动阀门开启至相应开度；并随着输入信号的变化，阀门输出的流量或压力参数也连续成比例地得到控制。

调节型电液系统分类方式主要为以下几种：

（1）按输出参量分为位置控制、速度控制、力控制等。与阀门配套的电液执行器多为位置控制系统。

（2）按输入指令分为模拟型、数字型、数模混合型。

模拟型调节系统：控制输入和反馈信号都是连续性的模拟量，信号可以是直流或交流、电流或电压信号，最常用的是 4mA～20mA 标准电流信号。模拟型调节的特点是：重复精度高，分辨力较低（绝对精度低），精度很大程度取决于检测装置的精度，微小信号易受噪声和零漂影响。

数字型调节系统：部分或全部信号是离散参量，全数字系统中动力元件通过数字阀或电液步进电机接收数字量。随着计算机技术的普及和数字元件技术的发展，数字型调节的应用越来越广泛。

数模混合调节系统：利用D/A转换器将数字指令转换成模拟量输出到控制元件，A/D转换器将输出的模拟量转换成数字量反馈到输入端进行比较，将计算机数字控制技术与成熟的模拟型元件技术较好地结合在了一起。其特点是：分辨率高，绝对精度高，受噪声和零漂影响小。

（3）按输入与输出关系分为开环控制、闭环控制。

开环控制是指不带反馈的电液调节系统，工作方式类似于普通开关型：根据输入的开度指令，执行器直接驱动阀门开启到相应开度，即完成一个工作过程。开环控制比较简单，成本较低，整个过程只有按顺序工作，没有反向联系的控制，容易掌握使用；但是系统的输出量不会对系统的控制作用发生影响，没有自动修正或补偿的能力，精度和速度的提高受到限制。在传感技术飞速发展的今天，调节型阀门电液执行器多采用闭环控制的方式。

闭环控制是在电液执行器的输出端设位移传感器，检测执行器的位置变化，并将其转化为电信号；该信号与执行器的输入指令信号进行比较得到偏差，控制器根据该偏差和预设的控制算法输出控制电信号，通过伺服（比例）阀或伺服电机控制油缸运行至目标位置。闭环控制较开环控制复杂，调试维修的难度加大，成本也相应增加；但因有了反馈环节，缩短了响应时间，执行器的定位精确度也大大提高。

10.2.5 按电磁阀工作方式分为正作用型与反作用型

主要针对单作用电液执行器，或与具有事故失电保护功能阀门配套的电液执行器；按其主电磁阀或用作保护功能的二位式电磁阀的工作方式来划分：

正作用型：带电正常工作，失电复归安全位置。

反作用型一（二位阀）：失电正常工作，带电复归安全位置。

反作用型二（三位阀）：为双线圈电磁阀，失电保持原位；两只电磁线圈分别带电时，控制执行器正向或反向运行。

10.2.6 按防爆功能分为普通型与防爆型

在燃气轮机-蒸汽联合循环电站的天然气管道、高炉煤气余压透平发电装置TRT（Blast Furnace Top Gas Recovery Turbine Unit）的进、排气管道上安装的各种电液调节阀、电液快速切断阀，因管道内介质都是天然气、高炉煤气等易燃易爆气体，所配备的电液执行器均应具备与所在区域相匹配的防爆性能，见图10-34。防爆性能要求见7.1.6“控制阀的防爆”。

图 10－34　防爆型电液执行器

10.2.7　按油源配置方式分为自带油源、外接油源和双油源

自带油源方式：电液执行器自带动力单元，为标配形式。为提高设备能效，现在一般采用 4MPa 以上的中、高压系统。

外接油源方式：主要针对动力单元与控制单元分开配置的阀控系统而言。电液执行器不含动力单元，而利用汽轮机 DEH 数字电液控制系统、水轮机调速器液压站等其他油源，甚至是管道的压力水源作为电液执行器的动力源。油源压力除中、高压等级外，还可能会是 0.6MPa、1.0MPa、2.0MPa 等低压油源。

双油源方式：用作汽轮机、水轮机机组安全保护的阀门电液执行器，除启闭动力主油源外，另外还接入汽轮机安保系统 OPC、AST 油源，或水轮机过速保护器油源。此油源不参与阀门的普通启闭操作，仅以“纯油压信号”的方式存在；该信号是常规启闭操作运行的必要条件。当主机系统发生超速等事故时，该“纯油压信号”消失，此状态的改变不经过电控系统，直接通过控制阀将电液执行器切换至快速动作状态，驱动阀门关闭（或开启）至管道安全位置。

10.3　电液执行器关键液压元件

10.3.1　动力元件

10.3.1.1　柱塞泵

柱塞泵主要由若干柱塞和缸体构成，利用柱塞在缸体内作往复运动来改变封闭容积，完成吸油和压油过程。根据柱塞运动方向，可分为轴向柱塞泵（与传动轴平行）和径向柱塞泵（在传动轴的径向方向）；轴向柱塞泵又有斜轴式和斜盘式结构等，拥有手动变量、液动变量、机动（伺服）变量、恒压变量等多种变量方式，并可通过斜盘式变量头倾角 α 的伺服调节实现工作过程中的流量换向，适用于闭式液压系统工况。阀组及电子集成技术使泵的性能扩展日趋多样化；有的泵型就直接带有电液比例控制形式，接受PC机或机器的控制指令，通过集成在泵上的数字控制器实现流量和压力的闭环控制，同时可限制最大功率。

和其他类型的油泵相比，柱塞泵结构复杂，材料和加工精度要求高，对油的清洁度要求高，价格也相对较高。但其容积效率高、泄漏小，高压工况拥有明显的优势；在阀控型电液执行器产品上配套应用也非常普遍。

轴向柱塞泵典型结构见图10-35。

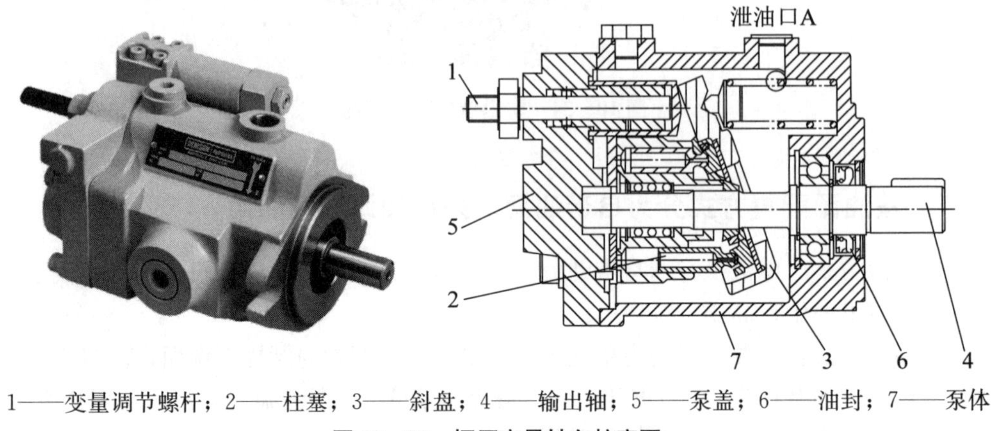

1——变量调节螺杆；2——柱塞；3——斜盘；4——输出轴；5——泵盖；6——油封；7——泵体

图10-35 恒压变量轴向柱塞泵

10.3.1.2 齿轮泵

齿轮泵是一对相互啮合的齿轮装在由泵体、前后盖组成的密封空间内，且以两个齿轮的啮合线为界，形成吸油腔和压油腔。当齿轮转动时，齿轮脱开侧空间的体积从小变大，形成真空，将液体吸入，齿轮啮合侧空间的体积从大变小，而将液体挤入管路中去。齿轮连续旋转，齿轮泵就实现了连续吸油和排油的工作循环。

齿轮泵有内啮合和外啮合两种类型。和其他泵型相比，因泵轴受不平衡力，泄漏较大，容积效率略低，压力和流量的脉动较大；但其体积小，结构简单，对油的清洁度要求不高，价格相对便宜。且其理论上吸油腔与压油腔是完全对称的结构，使其实现双向流动功能更为容易：工作过程中，无须对泵本体结构做任何调整，电机转向反向，即可改变流量方向。

双向齿轮泵是泵控型电液执行器的核心元件，其闭式工作原理见图10-31。双向齿轮泵与流量配对阀块集成组合，即构成了一个功能完整的液压动力+控制单元，整体结构十分紧凑，如图10-36所示。

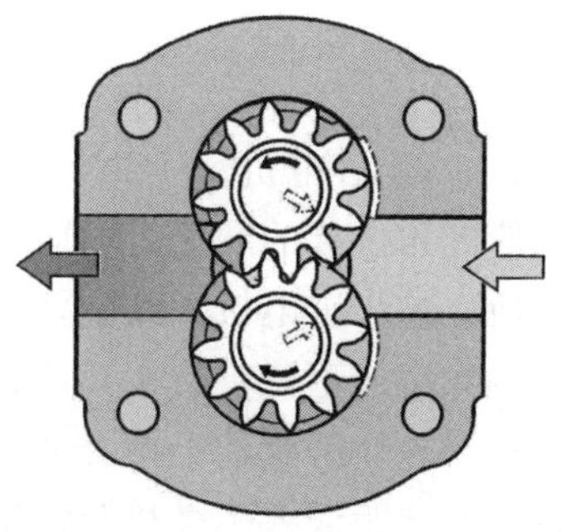

图 10－36　双向齿轮泵

10.3.1.3　伺服电机

如图 10－37 所示，伺服电机（Servo Motor）又称执行电机，具有根据控制信号的要求而动作，把收到的电信号转换成电机轴上的角位移或角速度输出的功能。在信号来到之前，转子静止不动；信号来到之后，转子立即转动；信号电压的大小和极性改变时，电机的转动速度和方向也跟着变化，且转速随着转矩的增加而均匀下降；信号消失，转子能及时自动停转。同时，伺服电机本身自带编码器，每旋转一个角度，都会发出对应数量的脉冲信号反馈给伺服驱动器，与接收到的目标值进行比较，调整转子转动的角度，直至差值为零；因此这是一个“闭环控制”的过程。其机械特性和调节特性均为线性，具有响应快、可控性好、稳定性高、适应性强等特点。而与步进电机相比，则有低频特性好，控制精度高，过载能力强，响应速度快，矩频特性佳等优势。

伺服电机分为交流伺服电机和直流伺服电机。但随着集成电路、电力电子技术和交流可变速驱动技术的不断进步，永磁交流伺服驱动技术有了突出的进展，交流伺服电机已成为当代高性能伺服系统的主要发展方向，其在传动领域的应用发展也日新月异。在泵控型伺服调节电液执行器上，伺服电机即是实施电液能量转换和电液信号转换的主控执行元件。

图 10－37　伺服电机

图 10－38　步进电机

10.3.1.4 步进电机

如图 10－38 所示，步进电机（stepping motor）也是一种控制电机，具有将电脉冲信号转换为电机轴相应的角位移的功能。每输入一个电脉冲信号，电机就转动一个角度，其运动是步进式的，所以称步进电机。其主要特点是：①输出角位移量与其输入的脉冲数成正比，转速与脉冲的频率成正比；且在其负载能力范围内，这些关系不受电压的大小、负载的大小、环境条件等外界因素的干扰。②步进电机每转一周都有固定的步数，所以在不失步的情况下运行，其步距误差不会长期积累。③控制性能好，可以在开环系统中很宽的范围内通过脉冲频率的改变来调节电机转速，并且能快速启动、制动和反转。④有些机型在停止供电的状态下还有定位转矩，或在停机后具有自锁能力，不需要机械制动装置等。其主要缺点是效率较低，并且需要专用电源供给电脉冲信号，带负载惯量的能力不强，在运行中会出现共振和振荡问题。

步进电机的控制本身为“开环控制”，但在装置中加入速度和位置反馈传感器后，即可构成“闭环控制”系统，提高控制精度。而在成本上和伺服电机相比有着明显优势，因此在泵控调节型电液执行器的电机选型配套中，当控制精度要求不高时，步进电机也是一种不错的选择。

10.3.1.5 辅助动力元件——蓄能器

广义上的蓄能器包括重锤加载式、弹簧加载式、金属波纹管式、压缩气体式等多种储能形式。压缩气体式又包括非隔离式气瓶、活塞式、隔膜式、气囊式等结构，其中气囊式结构应用最为广泛，如图 10－39 所示。

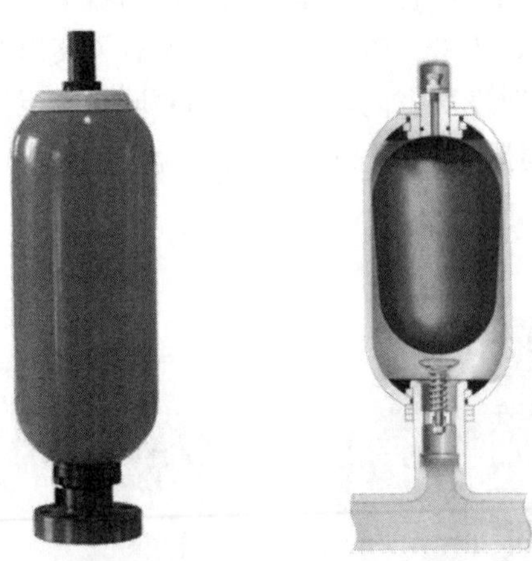

图 10－39　气囊式蓄能器

气囊式蓄能器金属壳体内由预充了一定压力氮气的气囊和囊外的液压油构成。当液压油压入时，气囊受压变形，体积变小，液压油被逐渐储存；当液压系统需要时，气囊膨胀将液压油排出，系统液压油得到补充。在液压系统中，蓄能器的功能主要是用作辅助、紧急动力源、补充泄漏和保持恒压、吸收缓和液压冲击等。蓄能器与系统之间一般要求设截止阀，便于工作时充气、检修。

气囊式蓄能器的优点是：气腔与油腔之间密封可靠，二者之间无泄漏，油不易氧化；胶囊惯性小，响应灵敏；尺寸紧凑，结构简单，增容方便。

气囊式蓄能器有 10MPa、20MPa、31.5MPa 等多种公称压力等级，标准化的产品规格已达 200L 以上。

在电站阀门的使用工况中，汽、水管道上配置的各种紧急快速保护阀，在事故发生时需要能量快速释放驱动电液执行器工作。该执行器若采用双作用工作方式，则气囊式蓄能器是最理想的辅助动力源；若采用单作用工作方式，由弹簧或重锤势能释放的方式来实现，则在此势能长期维持的过程中，气囊式蓄能器又是最常用的补充泄漏、维持系统稳定的储能元件。

10.3.2　调节型控制元件

10.3.2.1　电液伺服阀

电液伺服阀是阀控系统伺服调节型电液执行器主控元件，是一种接收模拟量电控制信号，输出随电控制信号大小及极性变化，且快速响应的模拟量流量或压力的液压控制阀，通常由力矩马达或力马达、液压放大器和反馈或平衡机构等 3 部分组成。与电液比例阀相比较，电液伺服阀具有快速的动态响应及良好的静态特性，如：分辨率高、滞环小、线性度好等。

图 10－40 所示为电站伺服系统中应用较多的 MOOG G761 系列电液伺服阀，可用作三通和四通节流型流量控制阀，是一种高性能的两级电液伺服阀。阀的先导级是一个对称的双喷嘴挡板阀，由干式力矩马达的双气隙驱动；输出级是一个四通滑阀；阀芯位置由一悬臂弹簧杆进行机械反馈。其工作方式是：输入一电流指令信号给力矩马达的线圈，将会产生电磁力作用于衔铁的两端，衔铁因此而带动弹簧管内的挡板偏转。而挡板的偏转将减

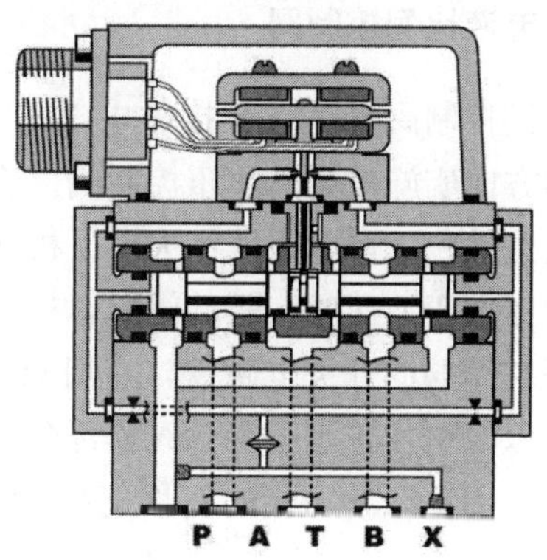

图 10－40　电液伺服阀

少某一个喷嘴的流量，进而改变与此喷嘴相通的阀芯一侧的压力，推动阀芯朝一边移动。阀芯的位移打开了供油口（P）与一个控制油口之间的通道，沟通了回油口（T）与另一控制油口之间的油路。同时，阀芯的位移也对弹簧杆产生一个作用力，此作用力形成了对衔铁挡板组件的回复力矩。当此回复力矩与油力矩马达的电磁力作用在衔铁挡板处的力矩相平衡时，挡板回到零位，滑阀芯保持在这一平衡状态的开启位置，直到输入的给定信号发生变化。这样，阀芯的位移与输入的电流信号大小成正比，在恒定的阀压降下，流过阀的负载流量与阀芯的位移成正比。

MOOG G761 系列主要性能参数：

供油压力：最小 1.4MPa，最大 31.5MPa；

耐压：P 口 47.3MPa，T 口 31.5MPa；

温度范围：油液温度－29℃～135℃，环境温度－29℃～135℃；

密封材料：氟橡胶；

推荐清洁等级：常规使用 ISO 4660，＜14/11，长寿命使用 ISO 4660，＜13/10；

振动：三轴，30g；

防护等级：IP65（带配套插头时）；

额定流量：4L/min～63L/min　（ΔP_N＝7MPa）；

额定流量误差：±10%（ΔP_N＝7MPa）；

额定电流：±40mA（线圈并联或单线圈工作方式）、±20mA（线圈串联）；

对称性：＜10%；

分辨率：＜0.5%；

滞环：＜3.0%；

零漂：温度变化 38℃时，＜2.0%；

加速度至 10g 时，＜2.0%；

供油压力每变化 7MPa，＜2.0%；

背压从 0MPa 变化至 3.5MPa 时，＜2.0%。

10.3.2.2　电液比例控制阀

电液比例控制阀也是一种接收电气信号，并根据这一输入信号按比例地对油液的压力、流量和方向实施控制的液压控制阀。连续变化地输入电气信号，经比例放大处理后作用于比例电磁铁；比例电磁铁作为电、机转换装置，再输出与其感应线圈电流成比例的牵引力，此力作用于液压阀，驱动阀芯，控制、输出液压量。早期的比例阀仅仅是将比例电磁铁代替开关型阀的开关电磁铁，一般只用于开环系统；现代比例阀采用了压力、流量、位移内反馈以及电校正等手段，阀体部分精度、结构性能也有所改善，使阀的稳态精度和动态性能大为提高，新一代的高性能比例阀以及伺服性能比例阀已广泛应用于闭环控制系统。

图 10－41 所示为 VICKERS 伺服性能级别的 KBS4 系列比例控制阀，采用内置式数字放大器，设 LEDS 故障功能提示，嵌入式压力/温度传感器，内置 Axis 控制器、PQ 控制、

CAN 总线差分通信技术，使设备更易诊断。开放式控制结构可以让客户使用 Pro－FX 配置软件对输入指令信号、启用功能、监控信号等参数进行设置调整。

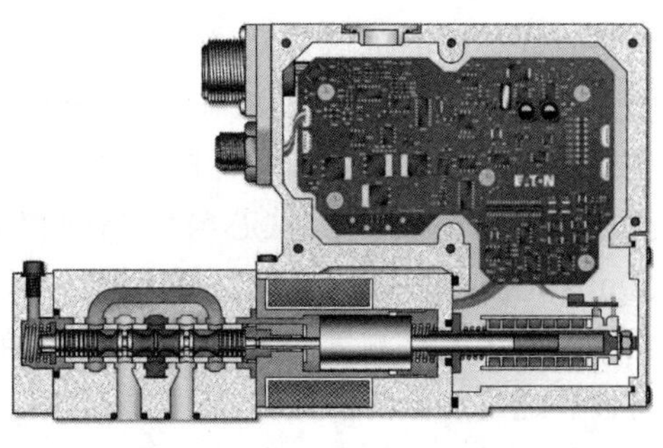

图 10－41　电液伺服比例阀

KBS4 系列主要性能参数：

阀型式：带电气反馈的伺服比例阀；

放大器型式：内置；

工作压力：最大 31.5MPa；

额定流量：4L/min～100L/min；

最大流量：NG6 80L/min～100L/min，NG10 100L/min～190L/min；

工作温度：－25℃～＋85℃；

阀性能下降时最低温度：－20℃；

电源电压：24V（DC）；

输入指令信号：±10V（DC）、4～20mA、±10mA、±15mA（通过 Pro－FX 软件设置）；

监控反馈信号：±10V（DC）、4～20mA、±10mA、±15mA（通过 Pro－FX 软件设置）；

启用功能：ON/OFF；

通信方式：CANBus 总线通信；

检测器信号：±10V（DC）；

输出阻抗：10kΩ；

零点调整：在 LVDT 插头下可达到机械调整装置的±18%；

重复性，阀与阀之间，100%指令信号时的流量增益：≤5%；

暂载率：连续额定（ED＝100%）；

迟滞率：<0.5%；

传感器分辨率：400bar，满量程的 2.5%；

防护等级：IP65/IP67。

10.3.2.3 直行程传感器 LVDT

LVDT（Linear Variable Differential Transformer）直线位移传感器，是利用差动电感原理，将直线移动的机械量转变为电信号，从而进行位移的自动监测和控制的传感元件，如图 10-42 所示。它由密封在 304 不锈钢管壳体内的线圈和内部一个可自由移动的杆状铁芯组成。当铁芯与线圈间有相对移动时，例如铁芯上移，次级线圈感应出电动势经过整流滤波后，便变为表示铁芯与线圈间相对位移的电气信号，经变送器放大后输出 4mA～20mA 电流等标准信号作为负反馈。

本元件具有无摩擦测量、无限的分辨率、零位可重复性、非线性度好、高速检测等许多优良特性。通过加强防护配置，可以在潮湿、灰尘、低温、高温、腐蚀性介质等各种恶劣环境中工作，是火力发电高温环境设备中最常用的位移传感器。为提高控制系统的可靠性，汽轮机主汽调节阀等重要阀门的电液执行器均为双传感器冗余配置。

图 10-42 直线位移传感器 LVDT

TDG 高温型 LVDT 传感器主要技术参数：

线性量程：0～1000mm（共 16 种规格）；

非线性度：不大于 0.25% F·S；

初级阻抗：不小于 500Ω（振荡频率为 3kHz）；

工作温度：－40℃～＋210℃（＋250℃持续 30min）；

温漂系数：小于 0.03% F·S/℃；

激励电压（rms）：3V（1～5）（有效值）；

激励频率：2.5kHz（400Hz～5kHz）；

引出线：六根或三根特氟隆绝缘护套线，外有不锈钢护套软管；

耐受振动：20g（可达 2kHz）；

匹配变送器：LTM 系列、XCBSQ 系列及各种进口变送器（卡件板）。

10.3.3 开关型控制元件

10.3.3.1 四通电磁（液）滑阀

电磁换向阀是用电磁铁推动阀芯，从而变换介质流动方向的方向控制阀。四通电磁阀是最常见的阀型，一般为滑阀结构，有双线圈或单线圈、二位或三位、各种电压等级、丰富的控制机能供配套选择，并可直接当作三通阀使用，如图 10-43 所示。常用的规格有 DN04、DN05、DN06、DN10 等，最大流量为 120L/min。

电磁换向阀线圈上带手动换向按钮，手动推入换向，松开复位，可以进行手动换向操作。

电液换向阀是由电磁换向阀先导控制的液动换向阀组件，满足大流量的需要，如图 10-44所示。常用的规格有 DN16、DN20、DN32 等，最大流量可达 1100L/min。

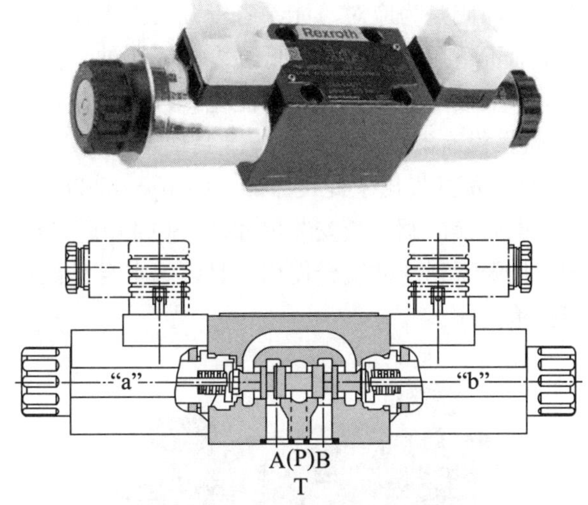

图 10-43　三位四通电磁换向阀

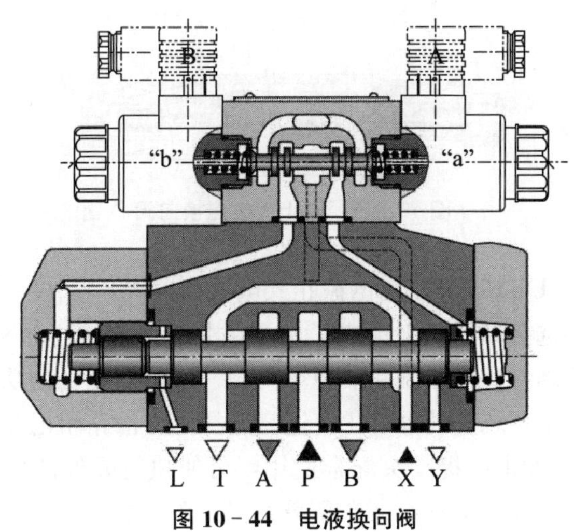

图 10-44　电液换向阀

叠加式安装是四通电磁（液）阀最大的结构优势。该结构各种叠加阀的安装表面尺寸和高度尺寸都按 ISO 7790 和 ISO 4401 等标准的规定。在一个安装面上，各种功能的阀叠加组合在一起，结构紧凑、外形整齐美观，并很容易实现功能的改变重组，大大方便了用户选型、使用和维护。

滑阀式结构最主要的缺陷是泄漏，因阀芯配合环缝的存在，一定的泄漏量是不可避免的，这在一些保压性能要求高的工况下使用就受到了限制。

在电液执行器的配套中，电磁滑阀一般用作开关型系统的主换向阀，也可用作电磁卸荷阀、先导阀等。

10.3.3.2 截止式四通电磁（液）换向阀

内泄漏微小的截止式换向阀是为应对节能、省资源的需求而开发。该阀可用于常规滑阀式换向阀因内泄漏过多而不适用的回路，或低黏度的液压油。使用低黏度液压油，可减少由流道阻力引起的压降，从而可实现装置的节能化。且因是截止式座阀结构，阀芯无遮盖量（重叠），从而响应快，没有滑阀结构的液压卡紧现象。

国外很多知名液压元件厂都开发出了此类产品。图 10－45 为日本 YUKEN 的 DSLG1－4－O-※-N－H 型截止式电磁换向阀。其安装尺寸按 ISO 4401，与常规型的电磁滑阀可以互换，并可与同规格的叠加阀系列产品组合使用。且因阀本身是截止型结构，叠加组合时无需用于闭锁油路的液控单向阀。

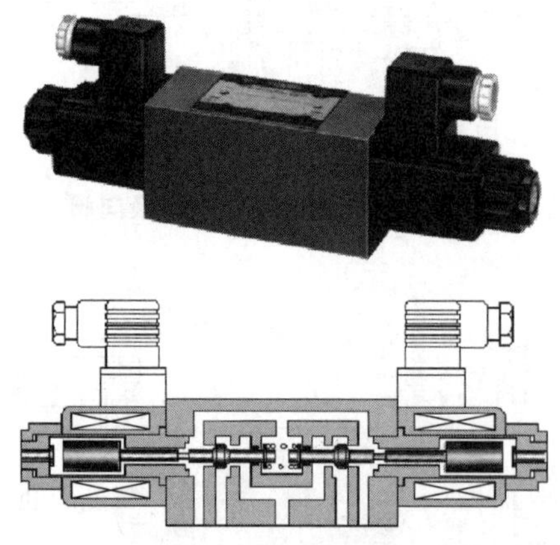

图 10－45　截止式电磁换向阀

图 10－46 所示为 YUKEN 大规格的截止式电液换向阀，是由一个作为先导控制的1/8电磁换向阀、一个先导选择阀、加上集成了四个插装式座阀的主阀构成的多功能复合阀。一个阀同时具有方向控制、流量控制和液控单向阀（或平衡阀）的功能，可节省使用阀的数量，减小安装空间，实现装置的紧凑化。适宜选择先导油路阻尼孔径，可自由调节液流通道的开/关时间，与无冲击型提动头配合使用，可使执行元件的启动和停止平稳，且换向时噪声和管路振动也由此大幅减小。产品最大工作压力 25MPa，最大流量为 500L/min，安装尺寸符合 ISO 国际标准，从而实现与常规阀的互换。截止式电磁（液）换向阀的应用说明见图 10－82。

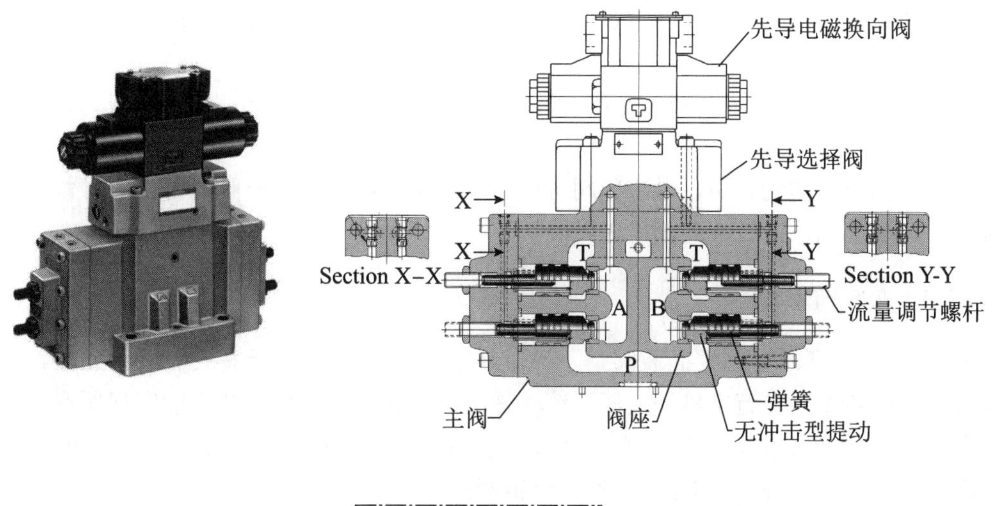

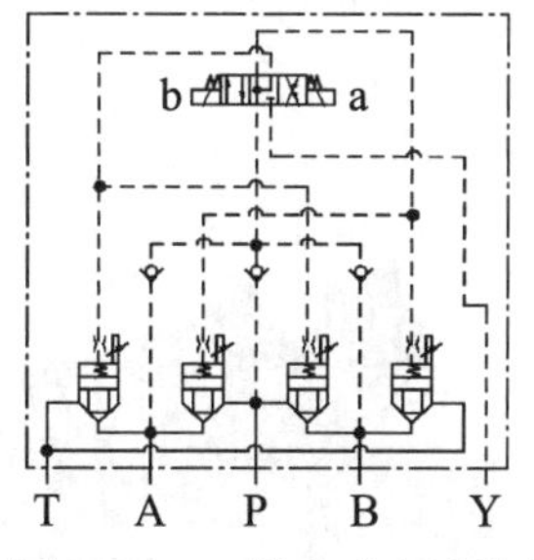

图 10-46　截止式电液换向阀

10.3.3.3　电磁球阀

如图 10-47 所示，二位三通电磁球阀（以下简称电磁球阀）也是一种截止式换向阀。它是以电磁铁的推力为动力，推动钢球来实现油路的通断和切换；控制机能有常闭型和常开型。通过加装附加块，可以扩展为二位四通的功能。该阀密封性能好，可实现零泄漏，使用压力高，响应速度快，在许多特殊的场合有着不可替代的应用优势。

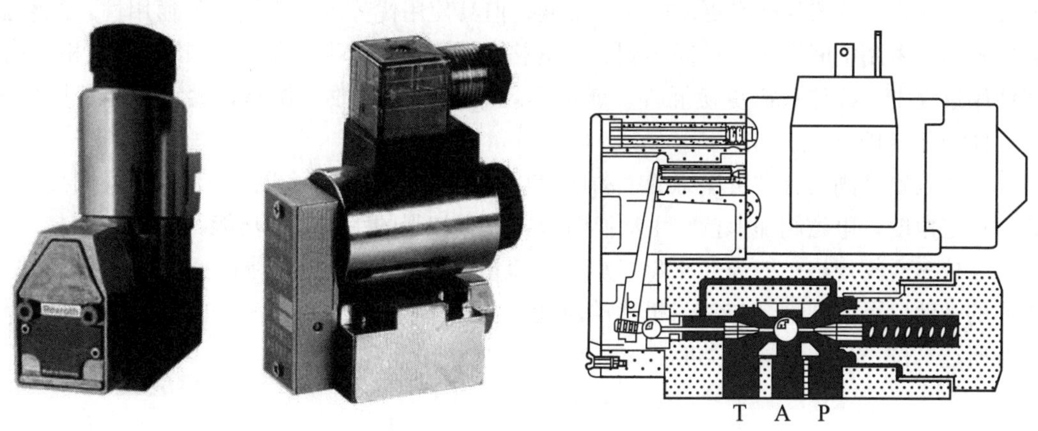

图 10-47　二位三通电磁球阀

电磁球阀线圈上带手动换向按钮，手动推入换向，松开复位，可以进行手动换向操作。

当前，电磁球阀的规格还只有 DN06 和 DN10，额定油压 31.5MPa，最大流量 40L/min。

在电液执行器的配套中，电磁球阀可用作小型执行器的主换向阀，更多的时候是用作大流量二通插装阀、液控单向阀的先导阀。

10.3.3.4 螺纹插装阀

如图 10－48 所示，螺纹插装阀是一种以螺纹旋入的方式进行安装的液压元件，其发展应用源自结构紧凑的行走机械液压系统。螺纹插装阀品种繁多，几乎能实现所有液压阀的功能。电磁阀也有滑阀和截止式锥阀两种结构类型，锥阀结构包括二位二通电磁锥阀（以下简称二通电磁锥阀）和二位三通电磁锥阀。见图 10－48。

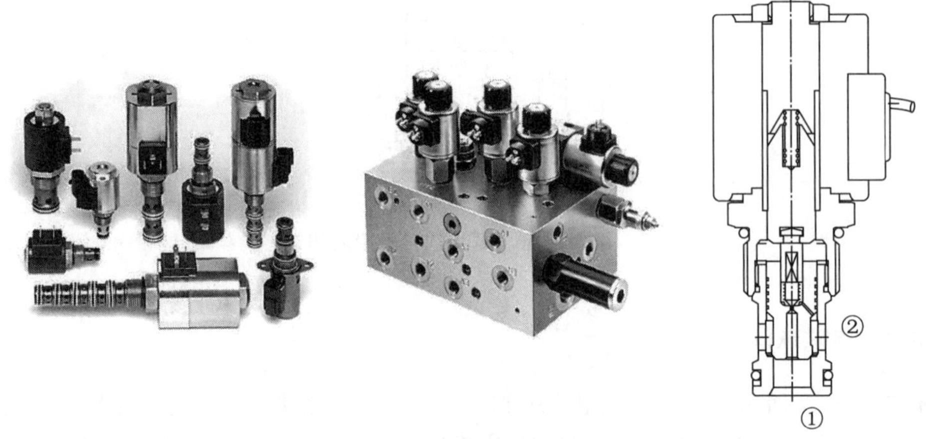

图 10－48 螺纹插装阀

螺纹插装阀的推广存在的最大问题是插装孔的加工，每种规格都需要专用的成型组合刀具，比板式、管式结构有更大的加工难度。但其使用优势也在于插孔的通用性：螺纹插装方式不仅占用空间极小，且同系列、同规格通道而功能不同的阀门，其插孔是相同的，在使用过程中，往往只需更换插件，就可实现系统功能的改换调整，大大方便了用户选型、使用和维护。

二通电磁锥阀具有“可保持的手动换向功能”选配：按下（或提上）手动换向按钮后旋下一定角度，电磁阀即保持在手动换向位，具有较强的手动操作功能。

二位三通阀规格一般为 DN08、DN10，流量最大约 50L/min。同一种三通阀体，选择不同的进油口可实现常开与常闭机能的改变，如图 10－49 所示。三通电磁锥阀的使用与前节所述二位三通电磁球阀类似。

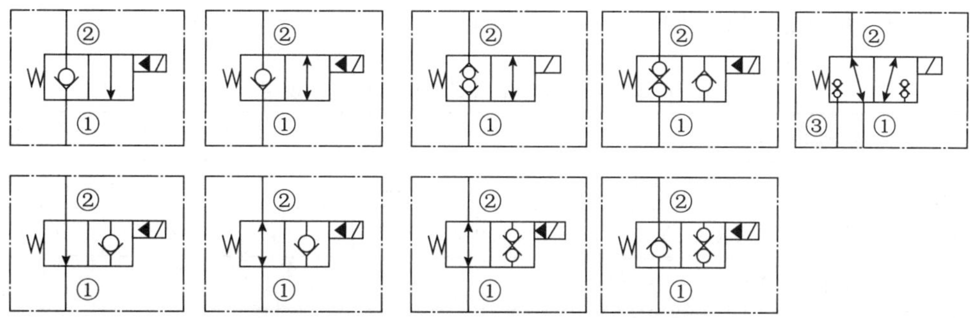

图 10－49　螺纹插装电磁锥阀基本控制机能

二位二通阀规格较为齐全，从 DN06～DN32，最大流量可达 480L/min，基本上能满足常规系统的流量需要。二通控制机能分常闭、常开，而导通状态有单向导通和双向导通，截止状态有单向截止和双向截止等。几种功能的组合，形成了二通螺纹插装锥阀的控制机能体系，满足不同工况的需要。

相对三通阀，二通电磁锥阀的应用更为广泛，不仅可与其他插装阀组成占用空间极小的纯螺纹插装系统，直接或组合成三通、四通机能后用作系统主阀，还可用在其他普通的液压系统中，在需要无泄漏截止的二通油路上，替代以往的电磁球阀，或大流量油路中的电磁球阀＋液控单向阀、电磁球阀＋二通插装阀组合，简化液压系统，方便用户使用。

10.3.3.5　二通插装阀

二通插装阀又称逻辑阀，是由插装件（主阀组件）、控制盖板以及先导阀合成的具有一定控制功能的逻辑单元，如图 10－50 所示。一个或多个逻辑单元的有机组合，则可以形成不同的功能单元，如方向控制单元、流量控制单元等。

二通插装阀也是微泄漏的锥阀结构，其最大的优势是大流量。以 REXROTH 的 LC 型插装阀为例，常规的规格从 DN16 到 DN160，最大流量可达 25000L/min。

LC 型插装阀技术规格见表 10－1。部分规格插装阀流量特性曲线见图 10－51。

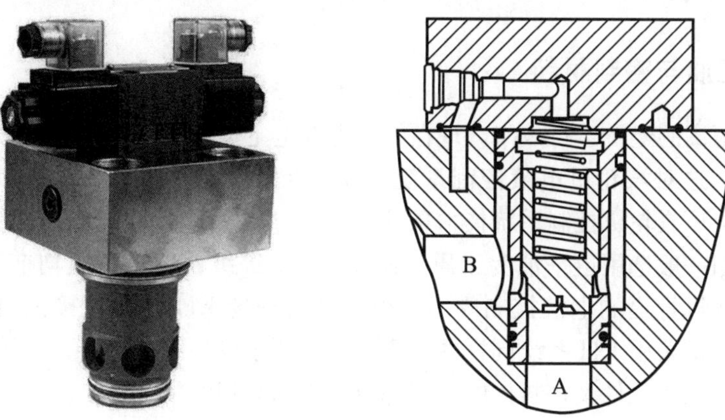

图 10－50　二通插装阀

二通插装阀在电液执行器配套中的应用见图 10-68、图 10-70 等。

表 10-1　REXROTH　LC 型插装阀技术规格

公称通径/mm		16	25	32	40	50	63	80	100	125	160
流量/（L/min）（ΔP=0.5MPa）	不带阻尼凸头	160	420	620	1200	1750	2300	4500	7500	11600	18000
	带阻尼凸头	120	330	530	900	1400	1950	3200	5500	8000	12800
工作压力/MPa		31.5（42）									
工作介质		矿物油、磷酸酯液									
油温范围/℃		−30～+70									
过滤精度/μm		25									
注：括号中压力为带叠加式换向座阀（63MPa 型）的盖板。											

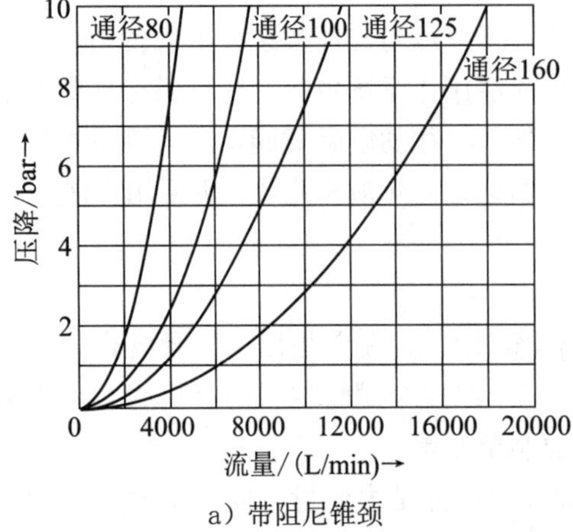

a）带阻尼锥颈

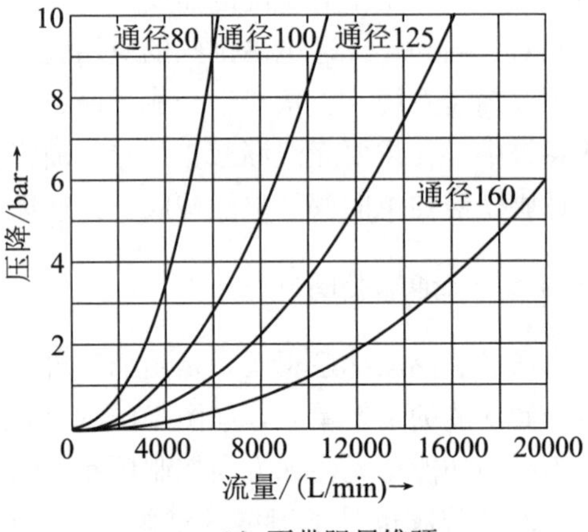

b）不带阻尼锥颈

（在 $\upsilon=46\text{mm}^2/\text{s}$，$t=40℃\pm5℃$时测得）

图 10-51　LC 型二通插装阀特性曲线

10.3.4　液压油与密封材料

为了追求更高的经济运行效率，现在的火力发电主蒸汽温度、压力、液压油温度、压力都不断提高，这对汽轮机电液控制系统工质也提出了更高的要求。根据 DL/T 996—2019《火力发电厂汽轮机控制系统技术条件》，火电厂 DEH 数字式电液控制系统 300MW 等级以下的机组一般选用透平油为工质，而 300MW 等级及以上机组均推荐选用抗燃油。应用于火电厂蒸汽管道的电液控制阀门，很多都由现场 EH 油源直接供油；即使自带油源，也往往被要求采用 EH 系统同样的液压油，以便于设备维护保养。当采用不同液压油时，电液执行器液压元件及密封件的选型都应与该油品相匹配。

透平油也称汽轮机油，以精制矿物油或合成原料为基础油，加入抗氧剂、腐蚀抑制剂和抗磨剂等多种添加剂而制成。氟橡胶（FKM）、丁腈橡胶（NBR）等是与之相适应的常用密封材料，而丁基橡胶（HR）、乙丙橡胶（EPDM）等则与之不相容。GB/T 14541—2017《电厂用矿物涡轮机油维护管理导则》等标准对其使用维护都提出了详细的要求。

抗燃油，即三芳基磷酸酯人工合成油，抗磨性好，物理性稳定，难燃性是其最突出特性之一，闪点多在 240℃以上，自燃点在 560℃以上。和其他润滑油一旦达到着火点就很容易燃烧相比，该油着火时不能产生足够的能量以维持燃烧，具有自熄灭性，还能热分解成具有阻燃作用的磷酸，适合用于电厂高温环境。该油有轻微毒性，与金属材料一般均能相容，但对很多有机化合物和聚合物有很强的溶解能力。其中，与常用密封材料丁腈橡胶（NBR）、氯丁橡胶（CR）等耐油橡胶和天然橡胶（NR）均不相容；但对丁基橡胶（HR）、氟橡胶（FPM）等有着良好的适应性，见表 10-2。其使用维护详见 DL/T 571—2014《电厂用磷酸酯抗燃油运行维护导则》等标准。

液压密封圈的常用材料有丁腈橡胶（NBR）、氟橡胶（FPM）、聚四氟乙烯（PTFE）、聚氨酯等。如前述，丁腈橡胶（NBR）只能用于透平油系统，而氟橡胶（FPM）在两种液压油中都能使用。另一个常用的橡胶材料制品是蓄能器皮囊，常用材料为丁腈橡胶（NBR）和丁基橡胶（HR），其中丁腈橡胶皮囊只能用于透平油，而丁基橡胶皮囊只能用于抗燃油，两种材料不能互换使用。

同样，电液执行器采用其他的非金属材料或应用其他的液压油时，都必须先核实材料与所接触的液压油的相容性，如表 10-2 所示。

表 10-2　液压油与密封材料的相容性

密封材料	石油型液压油	水一乙二醇	磷酸酯液	矿物油一磷酸酯混合液	油包水乳化液	高水基液
皮革（石蜡浸渍）	良好	不可	良好	中等	不可	不可
皮革（硫化物浸渍）	优秀	良好	不可	不可	优秀	优秀
天然橡胶（NR）	不可	良好	中等	中等	不可	不可
氯丁橡胶（CR）	中等	优秀	不可	不可	中等	中等
丁腈橡胶（NBR）	优秀	优秀	不可	不可	优秀	优秀
丁苯橡胶（SBR）	不可	优秀	不可	不可	不可	不可
丁基橡胶（HR）	不可	优秀	优秀	中等	不可	不可
聚硫橡胶（TR）	优秀	优秀	中等	中等	中等	中等
硅橡胶（SI）	中等	不可	不可	中等	中等	中等
氟橡胶（FPM）	优秀	优秀	良好	优秀	优秀	优秀
聚氨酯橡胶（AUEU）	优秀	不可	不可	不可	不可	不可
乙丙橡胶（EPDM）	不可	优秀	优秀	良好	不可	不可
聚丙烯酸酯橡胶（ACM）	中等	不可	不可	不可	不可	不可
氯磺化聚乙烯橡胶（CSM）	中等	良好	不可	不可	中等	中等
聚四氟乙烯（PTFE）	优秀	优秀	优秀	优秀	优秀	优秀

另外，磷酸酯抗燃油的黏温特性较差，如图 10-52 所示，在 20℃以下的油黏度太大，

不利于系统和油泵工作。电厂 EH 抗燃油系统设置规定：当 EH 油温小于 10℃时，绝对禁止启动油泵，以免油泵吸空造成油泵伤害；当 EH 油温大于 10℃而小于 20℃时，禁止运行油泵，但允许点动油泵，以作油液循环。因此，在北方地区应用的抗燃油介质电液执行器，油箱内应按工作环境考虑安装加热器，在油温低于 20℃时给加热器通电，提高油温。另外，EH 油如长期在 80℃以上温度运行时，很容易使油液产生乳化。因此，抗燃油系统油泵工作温度建议大于 20℃、小于 60℃。

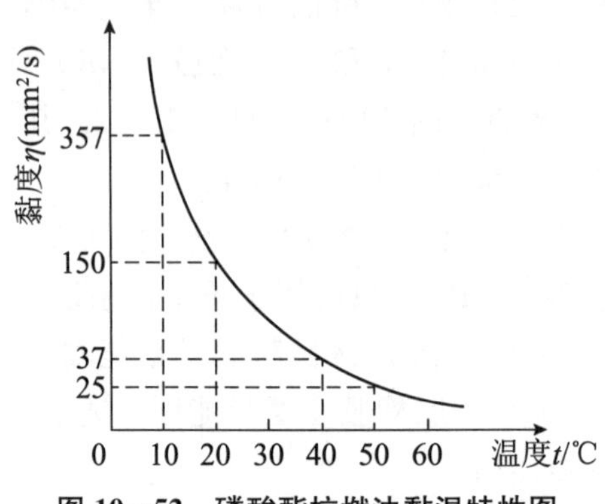

图 10－52　磷酸酯抗燃油黏温特性图

10.4　智能型电液（伺服）执行器

智能化是当前一切工业设备的流行趋势，电液（伺服）执行器作为一种高级的工业控制装置当然也不例外。最新的数字化的伺服控制单元通常都设计为智能型产品，其智能化特点表现在以下几个方面：

首先，它们都具有参数记忆功能，系统的运行参数都可以通过人机交互界面来设置，保存在伺服单元内部；通过通信接口，这些参数可以通过上位计算机加以修改，应用起来十分方便。该系统还能通过就地或远程控制器设定的路径，全自动进行行程测试，并将测试结果自动关联调试时保存的扭矩（推力）参考曲线，由此就可以对测试进行全自动评估，在偏差发生变化时，自动指出该变化。

其次，它们都具有故障自诊断与报警功能，无论什么时候系统出现故障，会将故障的类型以及可能引起故障的原因通过用户界面清楚地显示出来，这就降低了维修与调试的复杂度。同时还能在系统出现故障或者造成间接损坏前，提供错误分析，避免代价昂贵的停机时间和工作流程中断。

10.4.1　国产智能型电液（伺服）执行器

国产智能型电液（伺服）执行器包含有开关型和调节型全系列产品，广泛用于蝶阀、球阀、风门挡板角行程及直行程的调节阀的控制上，如图 10－53 所示。

如图 10－54 所示，国产智能型电液（伺服）产品设计基于高性能伺服系统的多参数双电机控制方案，具有快速开关、精确调节、ESD 紧急安全控制、掉电复位、防火、开关异速以及先快后慢防水锤的关阀等功能。

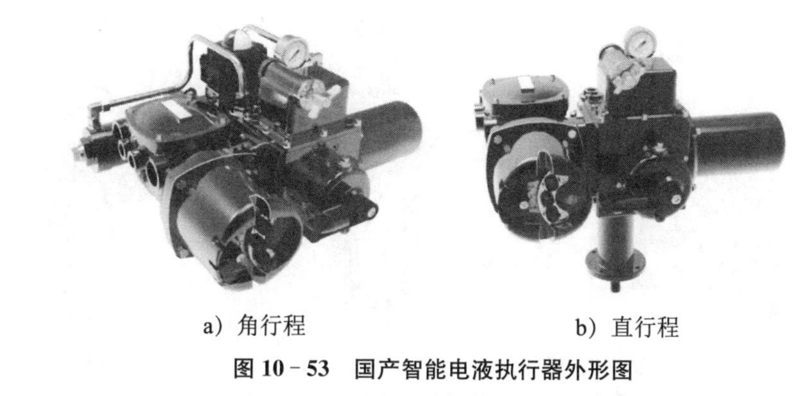

a）角行程　　b）直行程

图 10－53　国产智能电液执行器外形图

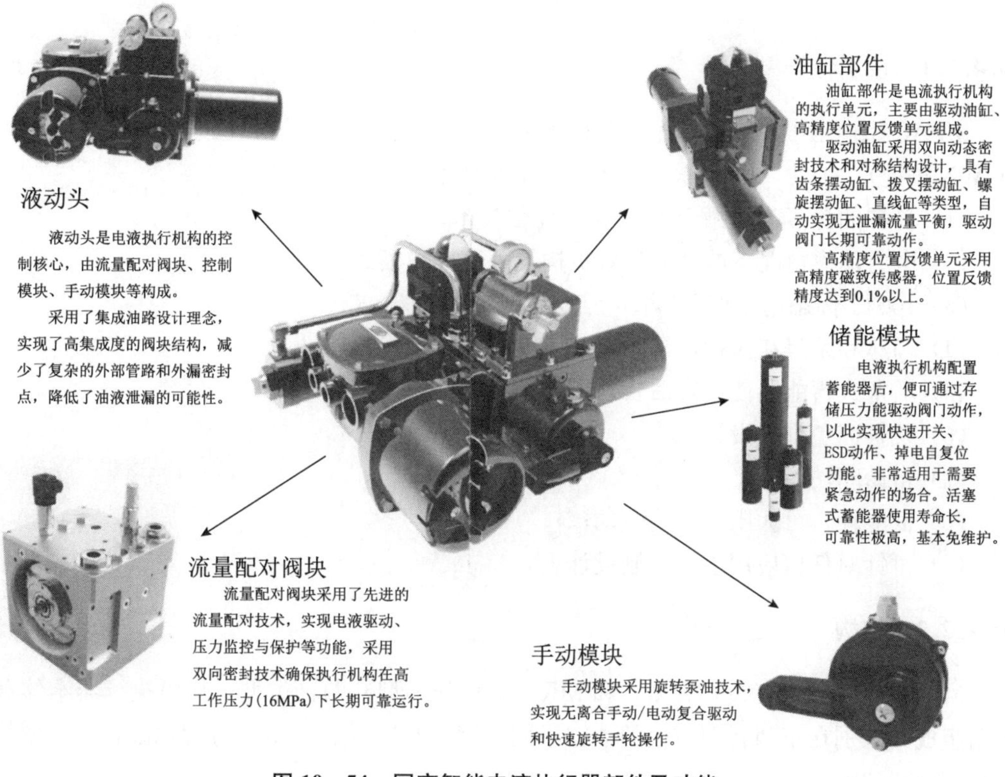

液动头

液动头是电液执行机构的控制核心，由流量配对阀块、控制模块、手动模块等构成。

采用了集成油路设计理念，实现了高集成度的阀块结构，减少了复杂的外部管路和外漏密封点，降低了油液泄漏的可能性。

油缸部件

油缸部件是电流执行机构的执行单元，主要由驱动油缸、高精度位置反馈单元组成。

驱动油缸采用双向动态密封技术和对称结构设计，具有齿条摆动缸、拨叉摆动缸、螺旋摆动缸、直线缸等类型，自动实现无泄漏流量平衡，驱动阀门长期可靠动作。

高精度位置反馈单元采用高精度磁致传感器，位置反馈精度达到0.1%以上。

储能模块

电液执行机构配置蓄能器后，便可通过存储压力能驱动阀门动作，以此实现快速开关、ESD动作、掉电自复位功能。非常适用于需要紧急动作的场合。活塞式蓄能器使用寿命长，可靠性极高，基本免维护。

流量配对阀块

流量配对阀块采用了先进的流量配对技术，实现电液驱动、压力监控与保护等功能，采用双向密封技术确保执行机构在高工作压力(16MPa)下长期可靠运行。

手动模块

手动模块采用旋转泵油技术，实现无离合手动/电动复合驱动和快速旋转手轮操作。

图 10－54　国产智能电液执行器部件及功能

10.4.2　进口智能型电液（伺服）执行器

进口智能电液执行器已经发展到了第三代产品，它的第二代产品已被广泛应用，以国内电厂应用较多的 REXA MPAC 电液执行器为例，其最大的特点在于其电液动力模块，包括伺服或步进电机、双向高精度齿轮泵、流量配对阀等集成于一体，取消了伺服阀，见

图 10－55。因伺服阀对高精度油质的要求，经常需要对油质进行高精度的过滤，否则，容易引起卡死，引起事故。到第三代产品，其产品的死区已经可以达到不超过 0.03%。

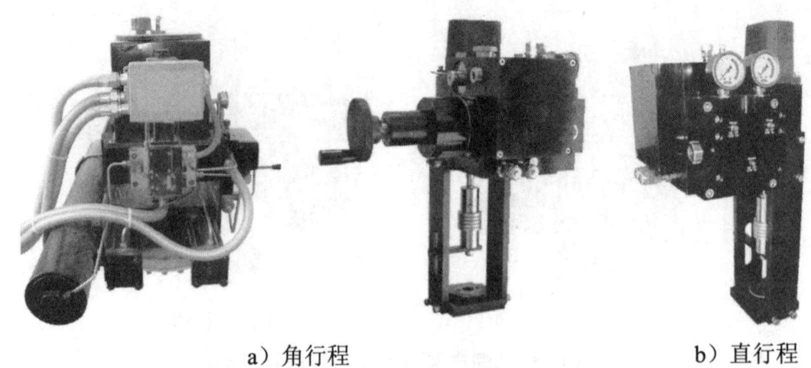

a）角行程　　b）直行程

图 10－55　进口开关型智能电液执行器

10.4.2.1　技术特点

MPAC 型电液执行器配置了四种操作方式：远操（开关两位），就地手操（UP/DOWN 按键），手动，ESD 紧急关闭，其主要技术特点有：

（1）自带油源、闭式循环的电液一体化技术；

（2）电力消失情况下的蓄能失效机构及手动操作模式；

（3）100% 固态电子控制；

（4）马达和泵只在执行机构动作时运转；

（5）活塞式蓄能器使用寿命长，可靠性高；

（6）长寿面免维护设计；

（7）自诊断功能；

（8）低能耗，可太阳能电池驱动；

（9）可针对任何应用进行定制设计。

10.4.2.2　结构

MPAC 有 ML（直线开关型）和 MR（旋转开关型）两种类型，均由执行器本体和电控箱组成，区别在于两者间使用的油缸不同。ML 型执行器采用直行程油缸，MR 型执行器采用旋转油缸。

执行器安装在阀门上，电控箱可安装在执行器上，也可安装在阀门附近，执行器和电控箱之间通过专用电缆进行连接。

（1）执行器本体

执行器本体由电液动力模块、活塞式蓄能器、油缸、机械手动单元和反馈单元构成。

电液动力模块是 REXA MPAC 执行器的核心，包括伺服或步进电机、双向高精度齿轮泵、流量配对阀、贮油箱、加热器、电磁阀。动力模块油液额定工作压力 13.78MPa。

反馈系统由两个密封于 MA 4X 等级空间内的接近开关组成，用来提供油缸的位置信息。

与隔膜式蓄能器隔膜易折断、易漏气相比，活塞式蓄能器具有使用寿命长、气体漏损少、工作介质不易接触空气而产生氧化的优点。

机械手动单元使设备在失电的情况下，具备了手动操作被驱动装置的能力。

（2）电控箱

包括位置控制处理器（PCP）、步进电机（或伺服电机）驱动器、手操板、接线端子等。

10.4.2.3　工作原理

图 10－56 为工作原理图。当电磁换向阀一侧接受控制指令得电时，蓄能器的压力油进入旋转油缸，使油缸逆时针旋转，当油缸达到行程终点时，接近开关发信号至位置控制处理器（PCP），使电磁换向阀失电 ，油缸处于锁位状态。当电磁换向阀的另一侧接受控制指令得电时，使油缸顺时针方向旋转，其工作过程与上述情况相反。在系统失电等非正常工况下，可用手动泵手动控制执行器，使阀门开、关动作。

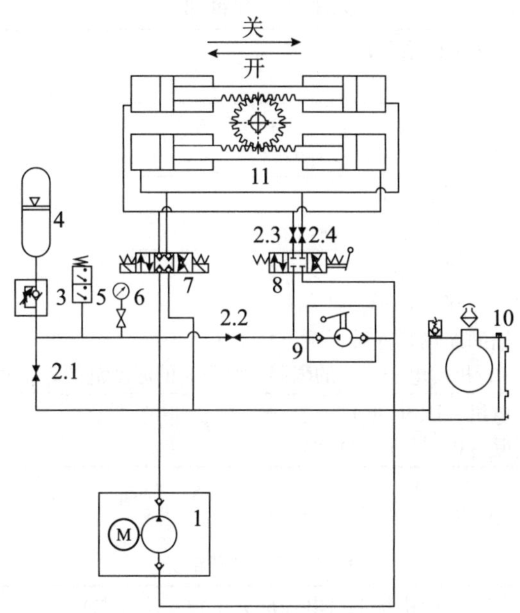

1——电液动力模块；2——截止阀；2.1——蓄能器排油截止阀；2.2——隔离阀；2.3——隔离阀；2.4——隔离阀；3——单向节流阀；4——活塞式蓄能器；5——压力开关；6——压力表；7——电磁换向阀；8——手动换向阀；9——手动泵；10——油箱；11——旋转油缸

图 10－56　工作原理图

在蓄能器油液压力降低至压力开关的低限设定值时，压力开关发信号至位置控制处理器（PCP），使步进电机（或伺服电机）驱动齿轮泵向蓄能器补油充压，当蓄能器油液压力达到压力开关的高限设定值时，电液动力模块停止工作。

10.4.2.4 规格说明

（1）操作模式见表10－3。

表10－3 操作模式

正常操作	远方自动：控制信号：有源（直流24V）或无源干接点； 就地操作：电动，UP/DOWN按键； 手动，手动泵或手轮
紧急关断	接收到ESD信号后，执行关闭或开启阀门操作； 控制信号有源（直流24V）或无源干接点
失电操作	电力丧失情况下的阀门关阀或开启操作； 控制信号：有源（直流24V）ESD信号
速　　度	阀门全开/全关时间为10s～180s可选

（2）机械部分见表10－4。

表10－4 机械部分

动作方式	旋　转—MR系列； 直行程—ML系列
制造材料	阳极化铝材（动力组件、旋转反馈室）； 钢WCB（油缸和与阀门的接口）
防护及防爆等级	NEMA4X（IP66）； CSA CL1 Div2、CL1 Div1
工作温度范围	0°F（－18℃）～＋140°F[①]（60℃）； 可选至200°F（90℃）； 加装辅助加热装置后可至－40°F（－40℃） [①]受执行机构电子部分的限制。对更高的温度范围，需使用隔离电气可选配置。
驱动马达	步进电机（B、C型） 或伺服电机（½D、D型）

（3）电子部分见表10－5。

表10－5 电子部分

型　　式	安装在执行机构上（电控部分单独安装可选）； 成套，数字式； 固态继电器
动力需求	B型动力组件：24V（DC）、48V（DC）、220V（AC）、380V（AC）－250W，最低200W可选； C型动力组件：110V（AC）、220V（AC）、380V（AC）－700W； 1/2D型动力组件：220V（AC）、380V（AC）－1200W； D型动力组件：220V（AC）、380V（AC）－2000W
工作温度范围	－20°F（－29℃）～＋140°F（60℃）； 可选－40°F（－40℃）～＋140°F（60℃）； 连　　接：高负载接线端子； 位置反馈：模拟量或开关两位可选

10.4.2.5　产品选型

见图 10－57。

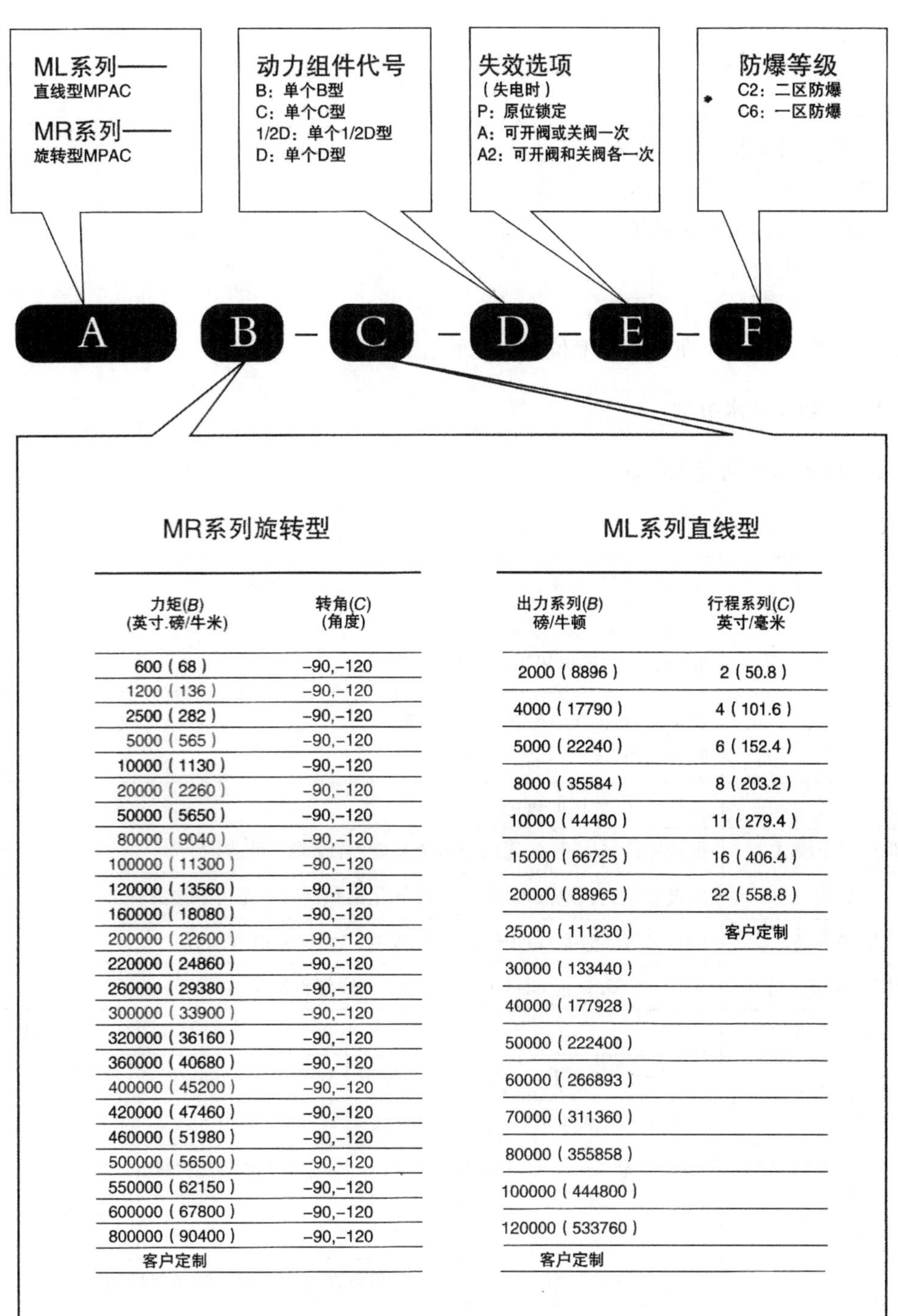

MR系列旋转型

力矩(B) (英寸.磅/牛米)	转角(C) (角度)
600（68）	-90,-120
1200（136）	-90,-120
2500（282）	-90,-120
5000（565）	-90,-120
10000（1130）	-90,-120
20000（2260）	-90,-120
50000（5650）	-90,-120
80000（9040）	-90,-120
100000（11300）	-90,-120
120000（13560）	-90,-120
160000（18080）	-90,-120
200000（22600）	-90,-120
220000（24860）	-90,-120
260000（29380）	-90,-120
300000（33900）	-90,-120
320000（36160）	-90,-120
360000（40680）	-90,-120
400000（45200）	-90,-120
420000（47460）	-90,-120
460000（51980）	-90,-120
500000（56500）	-90,-120
550000（62150）	-90,-120
600000（67800）	-90,-120
800000（90400）	-90,-120
客户定制	

ML系列直线型

出力系列(B) 磅/牛顿	行程系列(C) 英寸/毫米
2000（8896）	2（50.8）
4000（17790）	4（101.6）
5000（22240）	6（152.4）
8000（35584）	8（203.2）
10000（44480）	11（279.4）
15000（66725）	16（406.4）
20000（88965）	22（558.8）
25000（111230）	客户定制
30000（133440）	
40000（177928）	
50000（222400）	
60000（266893）	
70000（311360）	
80000（355858）	
100000（444800）	
120000（533760）	
客户定制	

图 10－57　选型图例

10.4.2.6 技术特点

100% 连续调节；
死区在 0.05 %～5%内可调；
输入信号：4mA～20mA 模拟信号或脉冲信号；
重复率：<0.1%；
分辨率：可调整至<0.1%；
线性度：可修正至<0.05%；
可选的失电弹簧复位功能；
自容式单机设计；
微处理器控制，灵活、可靠；
间歇动作：电机仅在需要改变位置时运转。

10.4.2.7 X2R 技术参数

X2R 技术参数见表 10－6。

表 10－6 X2R 技术参数

<table>
<tr><td colspan="2">内容项目</td><td colspan="4">X_{pac}角行程执行器　　CE 认证（可选）</td></tr>
<tr><td colspan="2">输出力</td><td colspan="4">600 lbf · in～400 000 lbf · in（68 N · m～ 45 194 N · m）
如需更大的输出扭矩，请联系厂家</td></tr>
<tr><td colspan="2">控制信号</td><td colspan="4">模拟信号：4 mA～20 mA（标准）
脉冲信号：24～120 V（ac 或 dc）</td></tr>
<tr><td colspan="2">死区</td><td colspan="4">5%～0.05%区间可调</td></tr>
<tr><td colspan="2">失效安全模式</td><td colspan="4">保持原位（标准）；通过弹簧或蓄能器开/关（可选）</td></tr>
<tr><td colspan="2">材质</td><td colspan="4">阳极氧化铝（电液模块），阳极氧化铝和钢（齿轮齿条油缸）</td></tr>
<tr><td colspan="2">防护等级</td><td colspan="4">NEMA 4（标准）；IP65；NEMA 4X（可选）电气部分</td></tr>
<tr><td colspan="2">危险区域等级（可选）</td><td colspan="4">防爆：CSA 认证 Class1，Division2（详细资料参见 TM6）</td></tr>
<tr><td rowspan="5">温度①
范围</td><td>本体构造</td><td colspan="3">标准</td><td>高温</td></tr>
<tr><td rowspan="2">R 型旋转油缸</td><td>+10°F～+200°F</td><td>−10°F～+200°F</td><td>−76°F～+200°F</td><td>−5°F～+250°F</td></tr>
<tr><td>（−12℃～+93℃）</td><td>（−23℃～+93℃）</td><td>（−60℃～+93℃）</td><td>（−20℃～121℃）</td></tr>
<tr><td>安装要求</td><td>无</td><td>1in⑥隔热材料④</td><td>伴热和 1in⑥隔热材料④</td><td>可选高温结构</td></tr>
<tr><td>反馈</td><td colspan="3">非接触电位计</td><td>薄膜电位计
（10×10^6 全循环）</td></tr>
<tr><td colspan="2" rowspan="2">电气部分温度范围②</td><td colspan="4">独立控制箱，包括 PCP，电机驱动器，电源，瞬态保护和接线端子</td></tr>
<tr><td colspan="2">−40°F～+140°F（−40℃～ +60℃）</td><td colspan="2">−40°F～+120°F（−40℃～+50℃）</td></tr>
</table>

表 10-6（续）

电机类型		步进电机		伺服电机			
电机规格		B	C	1/2D	D	D，P9	D，P40
电源要求[3]	12 V DC	可选	咨询工厂	咨询工厂	—	—	—
	24 V DC	可选	咨询工厂	咨询工厂	—	—	—
	48 V DC	可选	咨询工厂	咨询工厂	—	—	—
	120 V DC	标准	标准	标准	可选[3]	—	—
	240/208 V DC	可选	可选[3]	可选	标准	标准[5]	标准[5]
	480 V DC	可选[3]	可选[3]	可选[3]	可选[3]	可选	可选

① 高环境温度会影响油的黏度，可能对执行器的额定输出造成影响。请参阅 TM19-2《温度指导》。
② 更多信息请参见 TM20-2。
③ 可选电压需要独立的变压器。
④ KOSO 美国公司不负责提供这些项目。
⑤ 需要三相电源。关于增速泵，蓄能器和其他选项请与工厂联系。
⑥ 1in=2.54mm。
* 600/1200 型的最小死区为 0.5%。
由于 REXA 不断改进产品设计，因此规格可能会有所变化。

10.4.2.8　位置控制处理器（PCP）

X_{pac}由专用的微处理器位置控制处理器（PCP）来操控。PCP 位于控制箱内，有三种操作模式：自动（Automatic）、设定（Setup）和就地控制（Local）。在调整操作中，PCP 处于自动模式，其功能相当于传统的定位器。PCP 会将控制信号同执行器的实际位置（显示在控制箱的显示面板上）不断进行比较。如果差值大于设定的死区，电机就会向要求的方向旋转，直到达到新的位置。控制信号一旦变化，它就能立刻反应。

在设定模式中，通过简单的操作步骤可以对 PCP 进行设定，实现用户对执行器操作参数的完全控制。通过按钮和显示屏，即可对执行器的速度、行程、死区、加速度、控制信号及增益等参数进行设定。这种菜单式的设定方式减少了时间的浪费，避免了与限位开关和/或扭矩开关及电位计联调的繁琐过程。设定的参数被存储在永久性固定存储器内。对于一些特殊或高难度的应用，可以提供流量特性设定，防止水锤（双速）等更复杂的控制功能。为避免参数被非法修改，可通过设置密码限制进入设定模式。

就地模式下，可以通过 PCP 上的按键控制 X_{pac}的行程。通过显示屏可显示执行器的位置、当前的控制信号和最近发生的错误。

10.4.2.9　继电器

标准执行器配有 4 个 AC/DC 的光耦继电器作为输出 。继电器 1 和继电器 2 被用作“电子限位开关”，可以在调试模式下进行设置。继电器 3 和继电器 4 用于提供警告和/或

表明设备可能存在问题的报警。（负载电压：200V，AC/DC；负载电流：1A）

继电器1：用作低位指示。在调试过程中，可在0.1到99.9之间进行设定，但必须比继电器2的值低。LED显示继电器的状态，当LED灯亮时，表明继电器被通电激活。

继电器2：用作高位指示。可以在0.1到99.9之间进行设定，但必须比继电器1的值高。LED显示继电器的状态，当LED灯亮时，表明继电器被通电激活。

报警继电器：用于显示执行器无法跟踪给定控制信号的情况。LED显示报警继电器的状态，发生报警时，LED灯灭。

警告继电器：用于显示检测到执行器存在问题，但仍能维持预定操作的情况。LED显示警告继电器的状态，发生警告时，LED灯灭。

10.4.2.10 位置变送器

标准配置为与执行器位置相对应的两线制4mA～20mA信号，有正反馈和逆反馈可选。变送器的输出与电气部分隔离，有无源或有源两种可选。无源位置变送器需要外部提供直流电源，有源位置变送器直接由内部24 V（dc）电源供电，见表10-7。

表10-7 位置变送器参数表

项目	无源	有源
分辨率	<全行程的0.1%	
最大外部负载（dc）	1000Ω @ 36V	700Ω @ 24V
最小供电电压（dc）	10V+（0.02×R_{LOAD}）	24V（内部提供）
最大供电电压（dc）	36V+（0.004×R_{LOAD}）	

10.4.2.11 失效安全模式选项

REXA执行器的标准配置是在失电时保持原位。对于很多应用，这是个首选的“安全”位置。然而，其液压回路可以很容易地实现失效安全位置为行程终点的操作模式。实现这种失效模式有两种方式：

（1）弹簧复位，包括一个弹簧和一个电磁阀，电磁阀打开液压回路，弹簧驱动油缸输出轴到达预定的全伸出或全缩回位置。由于弹簧与油缸串联，在行程过程中，一部分液压力被用于压缩弹簧。选择弹簧复位执行器时，参照表10-8查找行程终点时的净出力。

表10-8 旋转型弹簧选型表

油缸扭矩 lb/in	弹簧硬度 lb/90°转角	弹簧初始力 lb	弹簧最终出力 lb
2500	625	1000	1625
5000	1250	2000	3250
10000	2500	4000	6500

表 10-8（续）

油缸扭矩 lb/in	弹簧硬度 lb/90°转角	弹簧初始力 lb	弹簧最终出力 lb
20000	5000	8000	13000
100000	12500	20000	32500

1）采用“弹簧初始力”来确定可满足失效安全关闭要求和提供所需的油缸行程的最低的油缸/弹簧硬度组合 。

2）用“油缸扭矩”减去“弹簧初始力”，以确保有足够的初始力使执行器动作。

3）用“油缸扭矩”减去“弹簧最终力”，以确保有足够的力使执行器走完全行程 。

（2）蓄能器复位，用蓄油器和与油缸并联的活塞式蓄能器取代弹簧。这种方式避免了使用“超大尺寸”的油缸来补偿压缩弹簧所需要的出力。当动力模块为蓄能器充压时，与正常操作时的主液压回路是隔离的。表 10-9 提供了基于油缸尺寸和行程的估算复位时间。

表 10-9　基于油缸尺寸和行程的估算复位时间

型号	预计失效时间/s
R2500	0.30
R5000	0.40
R10000	0.50
R20000	0.75
R100000	3.0

10.4.2.12　手操机构选项

当无法提供电源时，可通过手操机构实现对 REXA 执行器的操作，手动机构参数表见表 10-10。两种可选方式如下 ：

（1）可分离式手轮/手钻，可安装在电机输出轴的末端。一旦与电机轴啮合，可用来正反向转动电机轴，驱动液压泵。也可将此装置的手轮部分拆除，露出六角接头，用电钻或电式电钻进行操作。

（2）手动泵，可安装在执行器上。该装置可旁路液压泵和流量匹配阀（FMV），将液压油从油缸的一端抽取到另一端。与手轮相比，该装置可以提供更快的动作速度。

表 10-10　手动机构参数表

手动装置	动力模块上的手轮			手动泵
	B	C	D	
流量	0.01in^3/rev	0.03in^3/rev	0.054in^3/rev	0.50in^3/pump
所需动作次数/1000lbs/90°转角	200	65	36	4

10.4.2.13　装置的通信

X2 系列的标准控制信号是 4mA～20mA 模拟信号。通过可选控制板选择其他的控制信号，包括脉冲、HART 协议和 FF 总线通信。

10.5　电液执行器电站应用工况示例

10.5.1　高压主汽阀及高压调节汽阀工况

高压主汽阀与高压调节汽阀安装在锅炉连接汽轮机高压缸的蒸汽管道上，每个主汽阀和与之相配套的两个调节汽阀组合为一体，又合称为高压主汽调节汽阀，见图 10-58。

汽轮机启、停及变负荷均是一个加减速的调节过程，当前主流的调节系统是 DEH 数字电液调节系统（“D”代表数字，“E”代表电，“H”代表液动）。该系统由固态电子控制器柜、操作系统、EH 供油系统、执行机构、保安系统等五大部分组成，其中执行机构就是一套控制高压主汽调节汽阀启闭工作的电液执行器。

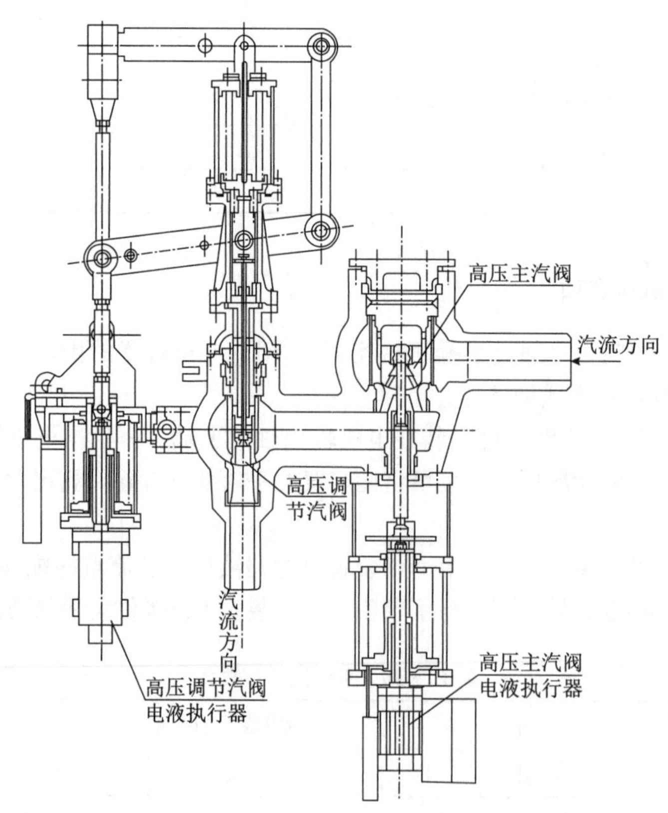

图 10-58　300MW 机组高压主汽调节汽阀结构图

高压主汽阀与高压调节汽阀配套的均为“直行程单作用伺服调节型电液执行器”，其开启由抗燃油压力来驱动，关闭则是靠操纵座上的弹簧力。

（1）高压主汽阀工况

高压主汽阀执行器的控制功能主要是两部分：调节部分和安全部分。在汽轮机组的调节序列中，主汽阀不参与速度与负荷控制，而主要是在高压缸及阀门预暖时，控制开启10%进行预暖。出现异常情况时，高压主汽阀迅速关闭，实现紧急停机。图10－59是高压主汽阀执行器液压原理图。该执行器装有一个伺服阀和两个冗余配置的直行程位移传感器LVDT，伺服阀接收来自伺服放大器的阀位信号，从而控制执行器的位置；LVDT则输出一个正比于阀位的模拟信号，反馈到控制器形成一个闭环，可以将汽阀控制在任意的中间位置上，实现执行器的调节功能。

执行器的油缸旁装有一个电磁先导卸荷阀，经单向阀与AST“危急遮断油”母管相连。当汽轮机发生故障需要迅速停机时，接收到关阀指令，电磁阀带电，先导泄压；或者安全系统动作，AST母管泄压，均会让卸荷阀迅速打开，快速泄去油缸下腔中液压油，在弹簧力作用下，迅速关闭高压主汽阀，使汽轮机安全停机。为保证安全功能的有效性，执行器空载试验时要求遮断关闭时间为0.15s。另外，在执行器快速关闭时，为了保证阀芯与阀座的冲击应力保持在允许的范围内，在油缸活塞尾部设置液压缓冲装置。

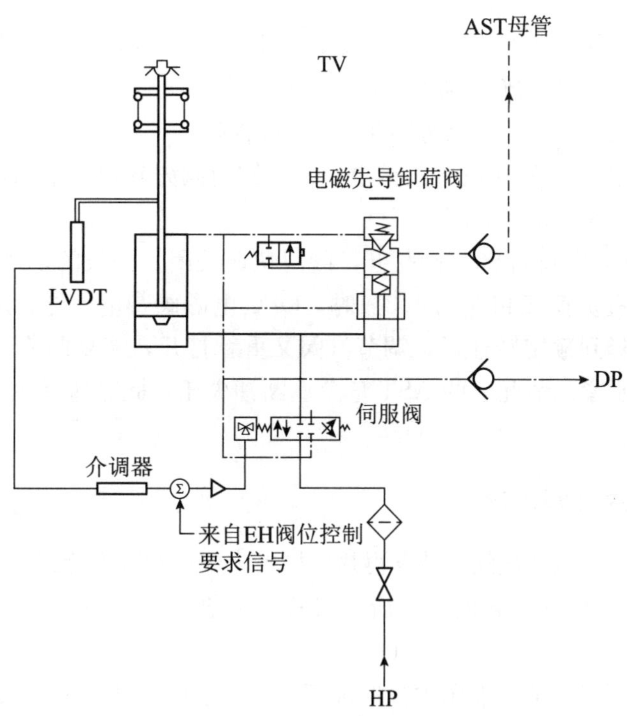

图10－59　300MW机组高压主汽阀执行器液压原理图

（2）高压调节汽阀工况

高压调节汽阀执行器的控制原理与主汽阀执行器基本相同，见图10－60。其调节功能在汽轮机组的调节序列中，主要与中压调节汽阀配合，共同负责汽轮机的速度与负荷控制。

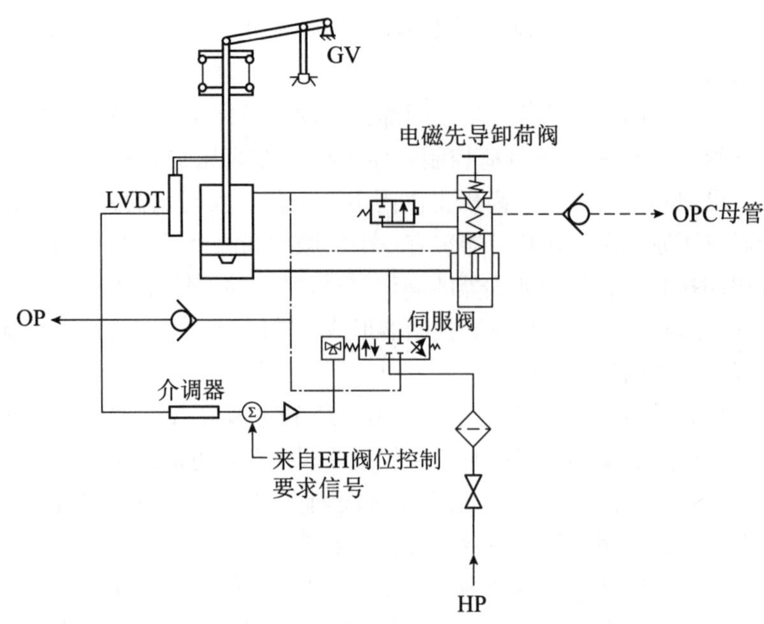

图 10－60　300MW 机组高压调节汽阀执行器液压原理图

高压调节汽阀的保护功能与主汽阀的安全等级不一样，其电磁先导卸荷阀的远控先导口经单向阀后，连接的是 OPC（超速保护控制）母管。

在以下几种工况下，调节汽阀将实施紧急关断保护：

1）接收到关阀指令，先导电磁阀带电，卸去卸荷阀先导口内油压，卸荷阀主阀芯随即打开，主油卸压，阀门快速关闭。

2）OPC 母管失压，随即卸荷阀打开，阀门快速关闭。一般的 OPC 母管失压属超速保护：当汽轮机全甩负荷或超速约 103%时，OPC 电磁阀带电，导致母管失压，阀门关闭。但当汽轮机下降到额定转速后，调节汽阀又重新打开，恢复调节工作。另一种 OPC 失压来源于更高级别紧急情况下的 AST 危急遮断油失压，此时所有主汽及调节汽阀均快速关闭，机组停机。

10.5.2　中压联合汽阀工况

中压主汽阀和中压调节汽阀安装在再热器接入中压缸的蒸汽管道上；两阀结构上共用阀壳和阀座，配合面在不同截面上，所以又称为联合汽阀。其电液执行器控制原理如图 10－61所示。

与高压主汽阀不同的是，中压主汽阀配套的是“单作用开关型电液执行器”，油压开启，弹簧关闭。其作用主要是：在紧急情况下，通过电磁先导卸荷阀带电或 AST 母管油压消失，控制阀门迅速关闭，阻止再热器及其连接通道内蒸汽进入中压缸，防止机组超速。该执行器没有调节功能，取消了伺服阀，但增加了一只试验电磁阀 21YV（22YV），可以定期进行阀杆活动试验，以保证该阀处于良好的紧急备用状态；并且可以根据用户的要求设定阀门的关闭速度。

中压调节汽阀电液执行器工作方式与高压调节汽阀基本相同，装有一个伺服阀和两个冗余配置的直行程位移传感器 LVDT：伺服阀接收来自伺服放大器的阀位信号，从而控制执行器的位置；LVDT 则输出一个正比于阀位的模拟信号，反馈到控制器形成一个闭环，可以将汽阀控制在任意的中间位置上，实现执行器的调节功能，与高压调节汽阀配合，共同负责汽轮机的速度与负荷控制。其保护功能则是在电磁先导卸荷阀带电或 OPC 母管纯油压信号的消失时，与中压主汽阀一道，在机组 103％超速或其他紧急情况下，快速切断再热器气原，防止机组超速。

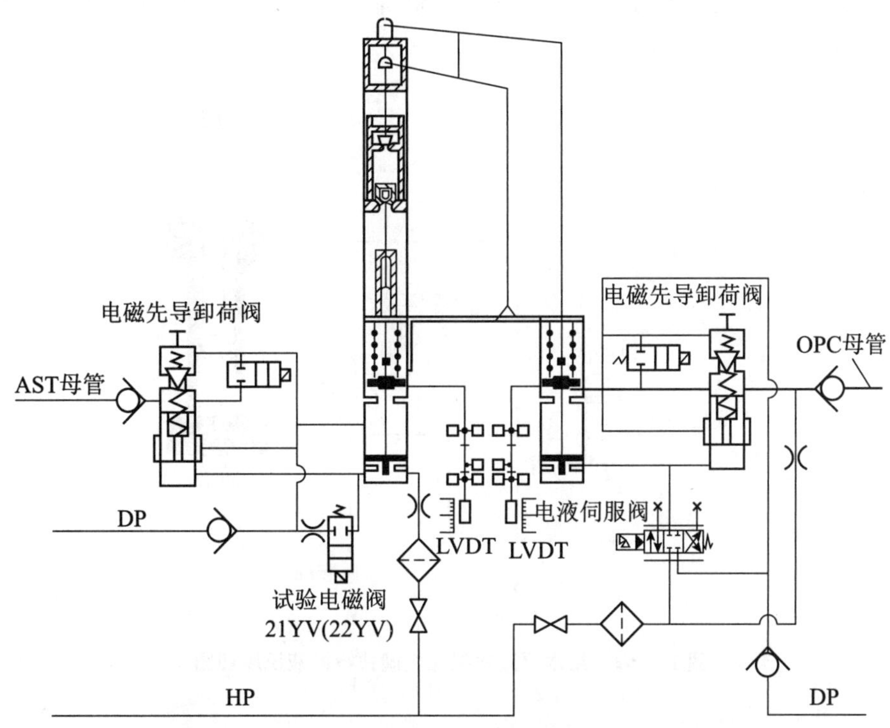

图 10－61　300MW 机组中压联合汽阀执行器液压原理图

10.5.3　给水泵汽轮机主汽阀及主汽调节阀工况

给水泵汽轮机采用主机抽汽作为气原，并为双气原的方式：低压气原常取自中压缸，如四段抽汽，排汽排入凝汽器；当主机负荷下降到一定程度时，可自动切换至高压气原——主蒸汽。两路气原管道上分别安装低压主汽阀、多个低压调节汽阀、高压主汽阀、高压调节汽阀等。各阀的驱动装置均为电液执行器。给水泵汽轮机数字电液控制系统（MEH）不设单独的动力油源，各电液执行器动力油仍来自主机 EH 高压抗燃油系统；但在 EH 油进油管路上设有蓄能器组，用作应急动力源和吸收管路脉动。

低压主汽阀和高压主汽阀配套的是“直行程单作用开关型电液执行器”，油压开启，弹簧关闭。主要元件包括油缸、二位四通电磁阀、卸荷阀、节流阀等，工作原理图见图10－62。其工作过程是：危急遮断油正常状态下，电磁阀导通进油路时，EH 油推动油缸开阀；电磁阀换向截断进油路，同时排出油缸无杆腔内压力油，执行器在弹簧推动下关闭阀门。在紧急情况下，当 AST 危急遮断油失压，进入油缸的压力油经卸荷阀迅速释放，在弹簧作用下，主汽阀快速关闭。

低压调节汽阀和高压调节汽阀配套的是“直行程双作用伺服调节型电液执行器”，由油缸、伺服阀、双支直行程位移传感器 LVDT 等组成，工作原理图见图 10－63。伺服阀接受来自伺服放大器的阀位信号，从而控制执行器的位置；LVDT 则输出一个正比于阀位的模拟信号，反馈到控制器形成一个闭环，可以将汽阀控制在任意的中间位置上，实现执行器的调节功能。一旦伺服阀失去控制信号，伺服阀的机械偏置会使油缸活塞上行，关闭低压调节汽阀。

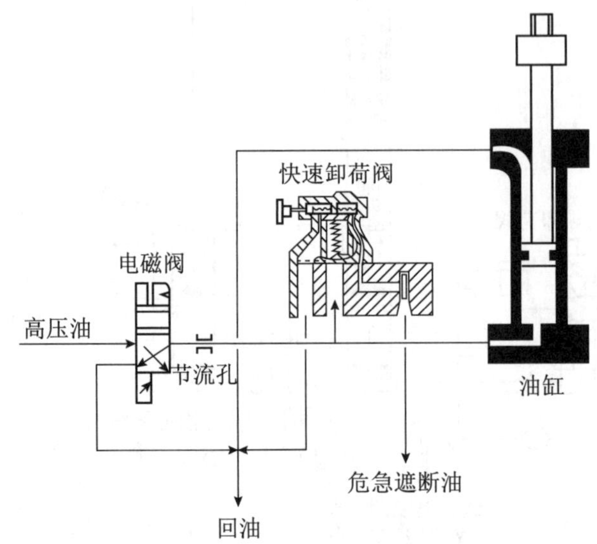

图 10－62　给水泵汽轮机主汽阀执行器液压原理图

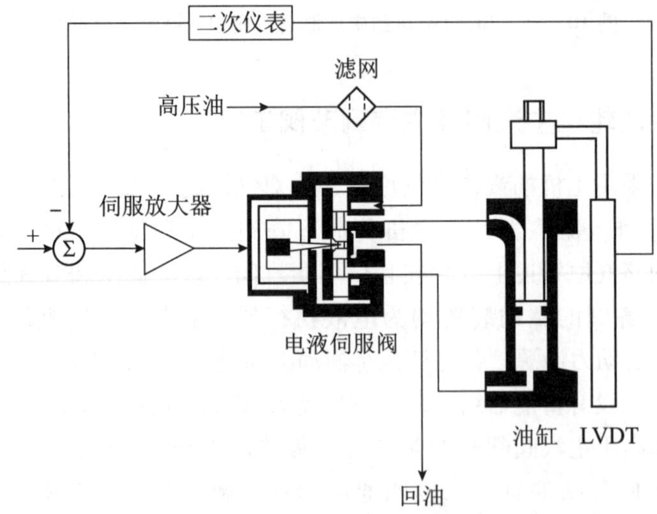

图 10－63　给水泵汽轮机调节汽阀执行器液压原理图

10.5.4　低压联通管快开调节阀工况

连通管是中压缸排汽通向低压缸的通道，处于机组的最高点。连通管快开调节阀安装在管道的竖直管段或水平管段，由于口径较大，均采用蝶阀结构，见图 10-64。其配套的执行器是“角行程单作用调节型电液执行器”，油压关闭，弹簧开启，起着调节低压缸进汽流量和保护低压缸安全的作用。其中 ESV（Emergency vent valve）快开功能主要针对的是低压缸因“鼓风摩擦”造成的超温现象。

“鼓风摩擦”是指在部分进汽的级中，当叶轮转至无喷嘴处，不但不能做功，而且蒸汽还要随叶轮一起转动，产生像鼓风机一样的效应把蒸汽排出，产生摩擦。摩擦生热，造成了能量损失，按照能量守恒定律，蒸汽总的做功能力就下降。正常情况下，因为蒸汽流动，这部分热能会被带走。若汽轮机进汽少，热量无法快速被带走，就会造成叶片超温膨胀。这在末级的低压缸叶片上，因为尺寸大，现象就特别明显。因此，连通管蝶阀必须按照低压缸的最小蒸汽流量设定最小通流面积，也可以通过电液执行器可靠的机械限位保证阀门的最小开度，防止因鼓风摩擦产生的热量不能被及时带走而导致低压缸胀差增大。同时，当低压缸超温现象发生时，电液执行器的 ESV 功能在 0.5s 内快速将阀门驱动至全开，加大蒸汽流入，带走缸内热量。

图 10-64　连通管快开调节阀

快开调节阀电液执行器示例方案液压原理图见图 10-65。电磁球阀 YV 带电，压力油经过滤器 FT、电磁球阀 YV、插装阀盖板 LCF 进入二通插装阀 LCV 先导控制腔，关闭其阀口；进入液控单向阀 CV 先导控制口，打开阀芯，导通油缸 CY 进油路。此后，比例伺服阀 SV 接收控制器开度指令信号，直行程传感器 LVDT 则输出一个正比于阀位的模拟信号，反馈到控制器形成一个闭环，将阀门控制在需要的开度。若进油管 X 失压，或电磁球阀 YV 失电复位，液控单向阀 CV 及二通插装阀 LCV 先导口均经电磁球阀 YV 卸压，油缸 CY 进油路在液控单向阀 CV 处截止；在弹簧推力下，油缸 CY 无杆腔内液压油打开二通插装阀 LCV 阀芯快速回油，驱动阀门在 0.5s 内全开。油缸 CY 尾部设有缓冲，消除快速冲击。

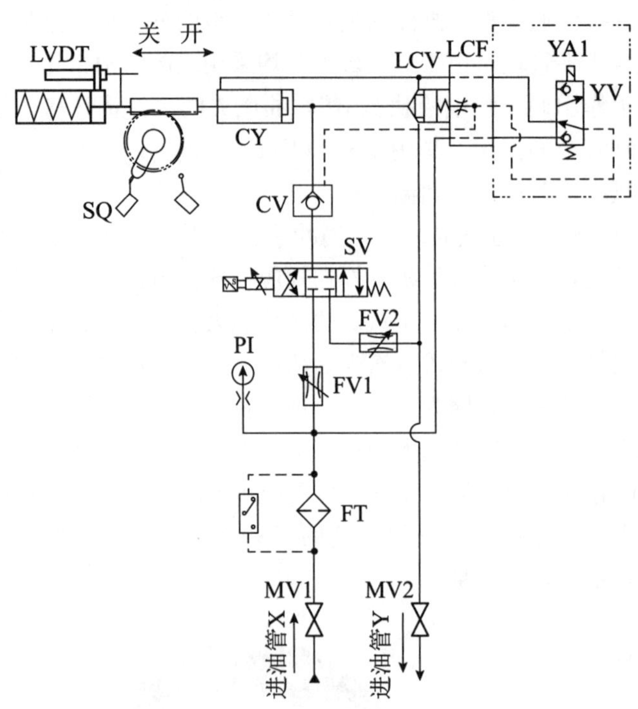

CV——液控单向阀；CY——缓冲油缸；FT——过滤器；FV——流量阀；LCV——二通插装阀；LCF——盖板；LVDT——直行程传感器；MV——截止阀；PI——压力表；SQ——行程开关；SV——伺服阀；YA——电磁线圈；YV——电磁球阀

图 10-65 连通管快开调节阀电液执行器液压原理图

连通管快开调节阀电液执行器主要技术特点：

传动方式：角行程（拔叉式、齿轮齿条式）；

油缸工作方式：单作用 / 弹簧式；

控制方式：伺服（比例）调节型；

输入控制信号：4mA～20mA、±40 mA；

输出反馈信号：4mA～20mA；

伺服（比例）阀输入信号：4mA～20mA、±40 mA、±10V（DC）；

ESD 或 ESV 功能：有 / ESV（紧急快开）；

ESV 信号：油源失压、快开电磁阀失电（或得电）；

油源配置：现场 EH 油源，或自带动力单元；

操作方式：就地、DCS 远程。

10.5.5　给水泵汽轮机用液动切换阀工况

给水泵汽轮机用液动切换阀安装在辅助蒸汽或主机再热冷段至给水泵汽轮机四抽供汽管道的管路上。正常情况下，水泵汽轮机工作气原为四抽供汽管道。当汽轮机负荷下降到一定程度时，液动切换阀动作，接入备用气原（再热冷段蒸汽）。切换阀后管道上装有压力变送器监测蒸汽压力，与电液执行器通过压力控制器实现压力闭环控制；电液执行器伺服阀与直行程传感器 LVDT 通过位置控制器实现阀位闭环控制，再加上伺服阀、伺服比例阀内部的阀芯位置控制闭环等，实际上是一个多重闭环的控制过程，如图 10-66 所示。

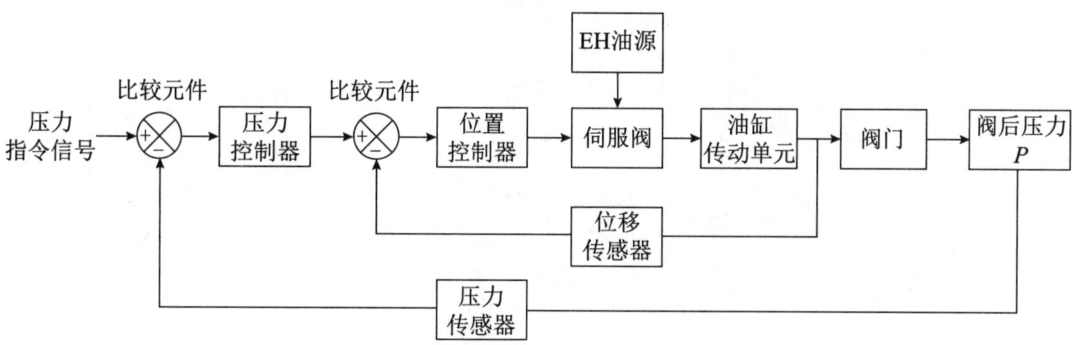

图 10-66　液动切换阀多重闭环控制框图

液动切换阀必须保证给水泵汽轮机高、低压气原切换时无阀门引起的任何扰动。且紧急情况下，执行器全行程的快速关闭时间应小于 0.25s。为保证信号反馈的可靠性，执行器均采用双 LVDT 直行程传感器配置，全关位双行程开关配置。

如图 10-67 所示，液动切换阀配套的是“直行程单作用伺服调节型电液执行器”，示例方案液压原理图见图 10-68，工作过程说明如下：

图 10-67　给水泵汽轮机用液动切换阀

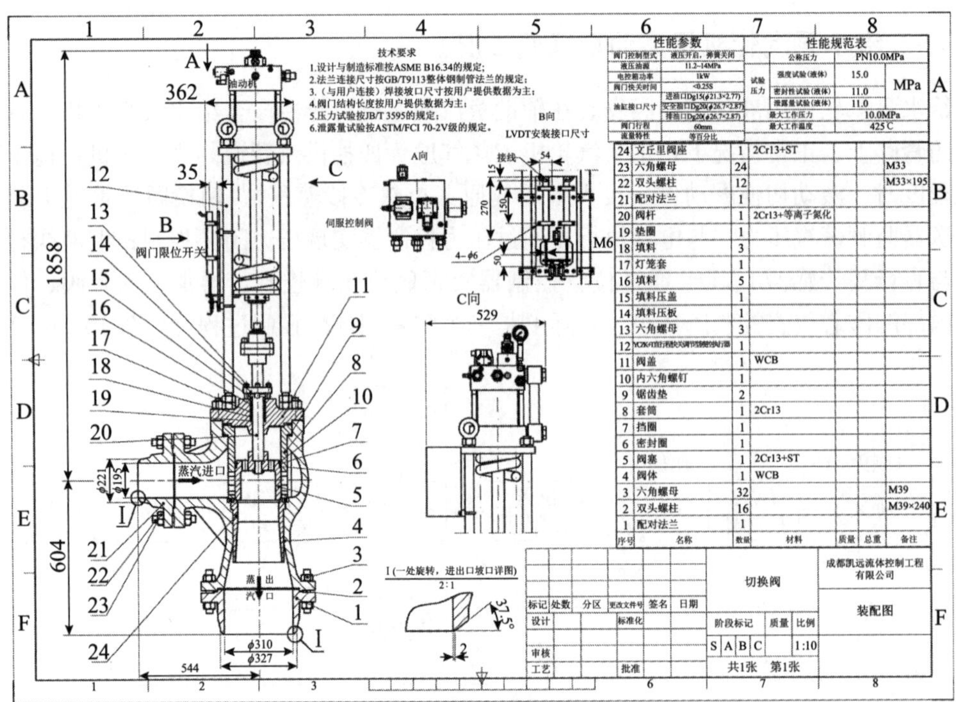

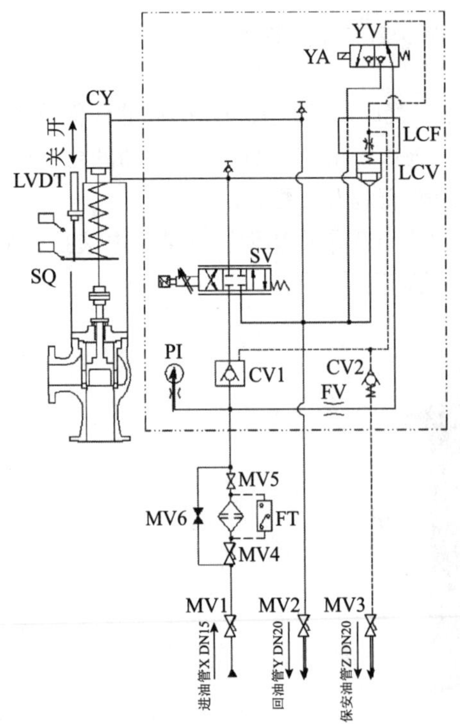

CV1——液控单向阀门单向阀；CV2——单向阀；CY——缓冲油缸；FT——过滤器；FV——流量阀；LCV——二通插装阀；LCF——盖板；LVDT——直行程传感器；MV——截止阀；PI——压力表；SQ——行程开关；SV——伺服阀；YA——电磁线圈；YV——电磁球阀

图 10-68 液动切换阀小样图及其电液执行器液压原理图

主油源和保安油源压力正常的情况时，保安油压在单向阀 CV2 处封闭先导油路；主油源压力油经过滤器 FT、节流阀 FV、电磁球阀 YV 进入二通插装阀 LCV 与液控单向阀 CV1 的先导腔，打开 CV1 主阀芯，关闭 LCV 阀芯。此时，比例伺服阀 SV 接收控制器开度指令信号，直行程传感器 LVDT 则输出一个正比于阀位的模拟信号，反馈到控制器形成一个闭环，将阀门控制在需要开度。当电磁球阀 YV 得电、主油源失压，或保安油源失压时，均导致液控单向阀 CV1 与二通插装阀 LCV 先导腔卸压→油缸 CY 进油路在 CV1 处截止；在弹簧推力下，油缸 CY 有杆腔内液压油打开二通插装阀 LCV 阀芯快速回油，驱动切换阀在 0.25s 内关闭。油缸 CY 有杆腔行程尾部设有缓冲，消除快速冲击。过滤器 FT 进出油口设有检修截止阀，可以在线更换滤芯。

液动切换阀电液执行器主要技术特点：

传动方式：直行程；

油缸工作方式：单作用（弹簧式）；

控制方式：伺服调节型；

输入控制信号：4mA～20mA、±40 mA；

输出反馈信号：4mA～20mA；

伺服阀输入信号：4mA～20mA、±40 mA；

ESD 或 ESV 功能：有 / ESD（紧急快关）；

ESD 信号：主油源失压、保安油源失压、快关电磁阀得电；

油源配置：EH 油源（高压抗燃油或低压透平油）＋ 保安油源（OPC 或 AST）；

操作方式：就地、DCS 远程。

10.5.6　抽汽管道电液联动快关阀工况

10.5.6.1　基本工况要求

当汽轮机组跳闸或者甩负荷后，如果工业抽汽管道上的逆止门关闭不严密，管道内的大量蒸汽会返回汽缸，推动机组转子不断升速甚至造成超速飞车。为了避免此类情况的发生，杜绝恶性事故，1992 年，原国家能源部颁发了《关于防止电力生产重大事故的二十项重点要求》；经过多次修订补充，2014 年，国家能源局再次颁布《防止电力生产重大事故的二十五项重点要求》，其中第 8.1.10 条就明确规定：“抽汽供热机组的抽汽逆止门关闭应迅速、严密，连锁动作应可靠，布置应靠近抽汽口，并必须设置有能快速关闭的抽汽截止门，以防止抽汽倒流引起超速。”抽汽管道快关阀即应此要求设置。

该快关阀一般采用蝶阀，配套的是“角行程电液执行器”。油缸工作方式可以为单作用型和双作用型。有时也集成了抽汽流量调节功能。执行器一般自带动力油源；也可直接采用现场 EH 油源，或加入 OPC 保安油源实现双油源控制。

抽汽管道快关阀电液执行器主要技术特点：

传动方式：角行程（齿轮齿条式、拔叉式）；

油缸工作方式：双作用、或单作用（弹簧式）；

控制方式：开关型或调节型（按控制要求）；

输入控制信号：1）开关量信号；

2）4mA～20mA 模拟量信号（调节型）；

输出反馈信号：开关量、4mA～20mA（按配套要求）；

ESD 或 ESV 功能：有 / ESD（紧急快关）；

ESD 信号：快关电磁阀失电（或得电）、保安油源（若有）失压；

PST（部分行程试验）：有（开关型）；

油源配置：自带动力油源或 EH 油源，OPC 保安油源（按配套要求）；

操作方式：就地、DCS 远程。

10.5.6.2 双作用快关型电液执行器示例说明

如图 10-69 所示，为双作用型电液联动快关阀，系统中配置气囊式蓄能器作为紧急关阀时的能量储备。示例方案液压原理图如图 10-70 所示。其工作过程说明如下：

自动保压：接通电源，电液系统即进入储能的“自动保压”状态，蓄能器 A 压力≤低压力继电器 PS1 设定点时，电机 M 自动启动给蓄能器 A 充压；达高压力继电器 PS2 设定点后停机。此后，蓄能器压力一直保持在压力继电器 PS1、PS2 的有效设定压力范围内。

无信号原始状态：在尚未有控制电信号输入的状态下，油路为快关状态，即快关插装阀 LCV1、LCV2 先导控制腔内液压油经盖板 LCF1、LCF2 及电磁球阀 YV4 回油箱，蓄能器内压力油打开二通插装阀 LCV2，经高压油管 Y 进入油缸 CY 有杆腔，拉动活塞关阀；油缸 CY 无杆腔内液压油经高压油管 X、二通插装阀 LCV1 回油箱，蓄能器内压力油以快关状态将阀门牢牢锁定在全关位。

常速启闭：当电磁球阀 YV4 得电，压力油进入二通插装阀 LCV1、LCV2 先导口，关闭二阀芯，截止快关通路。此时，可通过螺纹插装电磁阀 YV2 得电，导通蓄能器油路，与电磁滑阀 YV1 开线圈 YA1、关线圈 YA2 配合，完成阀门的常速启闭动作。当阀门开启到位后，电磁线圈 YA1、YA3 失电，此时，执行器油缸 CY 两腔处于二通插装阀 LCV1、LCV2、液控单向阀 CV3 所形成的闭锁油路内，实现阀门的定位。

图 10-69 双作用型电液联动快关阀

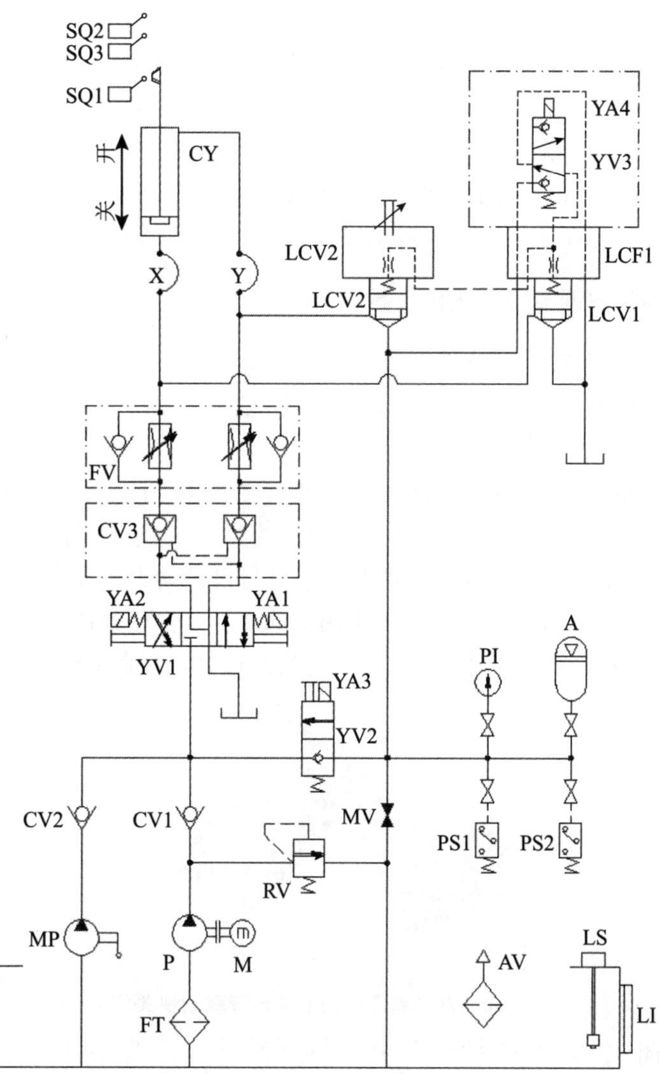

A——蓄能器；M——电机；P——油泵；AV——空气滤清器；CV1/CV2——单向阀；CV3——液控单向阀；CY——缓冲油缸；FT——过滤器；FV——双单向节流阀；LI——液位计；LS——液位继电器；LCV——二通插装阀；LCF——盖板；MP——手动泵；MV——截止阀；PI——压力表；PS——压力继电器；SQ——行程开关；RV——溢流阀；YA——电磁线圈；YV1——电磁滑阀；YV2——螺纹插装电磁阀；YV3——电磁球阀

图 10－70　双作用快关型电液执行器液压原理图

PST 试验：为保证紧急工况下阀门能顺利关闭，在全开状态下，电液执行器应能进行 PST 部分行程活动试验，防止阀门卡阻。具体操作是，控制箱或远程输入“试验”指令，通过常速启闭线圈 YV1、YV2、YV3 与全开位行程开关 SQ2、75°行程开关 SQ3 等配合，阀门在全开位 10%行程范围内完成三个启闭循环后，回复到全开位。为避免行程开关 SQ3 故障后导致全关误动作，执行器 PLC 控制程序中还应设置延时控制程序，执行器“试验”关动作执行预定时间后，即使行程开关 SQ3 未动作，也应切换到开启动作，以作为执行器“试验”动作切换的冗余信号。

事故快关：在阀门开启状态下，执行器接收到“快速关阀”指令，各电磁阀均失电，快关插装阀 LCV1、LCV2 先导控制腔内液压油回油箱，蓄能器内压力油打开二通插装阀 LCV2 进入油缸 CY 有杆腔，拉动活塞关阀；油缸 CY 无杆腔内液压油打开二通插装阀 LCV1 回油箱，蓄能器 A 内压力油驱动执行器在 0.5s 内快速关闭阀门，并在到位后以快关状态将阀门牢牢锁定在全关位。油缸无杆腔尾部行程设有约 5°缓冲，避免造成冲击。

10.5.6.3 单作用快关调节型电液执行器示例说明

图 10－71 所示为单作用调节型电液联动快关阀，传动装置以压缩弹簧作为紧急关阀时的能量储备。液压原理图见图 10－72，其配置特征说明如下：

（1）保安油源配置

为便于快速油路的布置，该类执行器动力单元单独为一体，而电液控制单元往往集成在传动油缸缸盖上。图示控制方案中，OPC 保安油源参与了执行器的 ESD 紧急关闭控制。因 OPC 油源来自 EH 系统，为避免出现 EH 系统与自带动力单元窜油的现象，采用了二位三通液控球阀 HV（常闭）与二位三通电磁球阀 YV（常闭或常开）串联控制 LCV 先导油路的方案。OPC 保安油源仅用于 HV 的阀芯换向控制，与自带油系统完全隔离。

图 10－71 单作用调节型电液联动快关阀

（2）常速启闭

当 OPC 保安油源压力正常时，二位三通液控球阀 HV 换向导通，此时可通过电信号用电磁球阀 YV、伺服（比例）阀 SV 来控制执行器的常速启闭及快速关闭；电磁球阀 YV 带电，压力油经过滤器 FT、液控球阀 HV、电磁球阀 YV、插装阀盖板 LCF，进入二通插装阀 LCV 先导控制腔，关闭其阀口；进入液控单向阀 CV 先导控制口，打开阀芯，导通油缸 CY 进油路。此后，比例伺服阀 SV 接收控制器开度指令信号，直行程传感器 LVDT 则输出一个正比于阀位的模拟信号，反馈到控制器形成一个闭环，将阀门控制在需要的开度。

（3）事故快关

无论阀门开启到哪种程度，若 OPC 保安油源失压，二位三通液控球阀 HV 复位，或电磁球阀 YV 失电复位，液控单向阀 CV 及二通插装阀 LCV 先导口均经电磁球阀 YV 或液控球阀 HV 卸压，油缸 CY 进油路在 CV3 处截止；在弹簧推力下，油缸 CY 无杆腔内液压油打开二通插装阀 LCV 阀芯快速回油，驱动阀门在 0.5s 内关闭。油缸 CY 尾部设有缓冲，消除快速冲击。

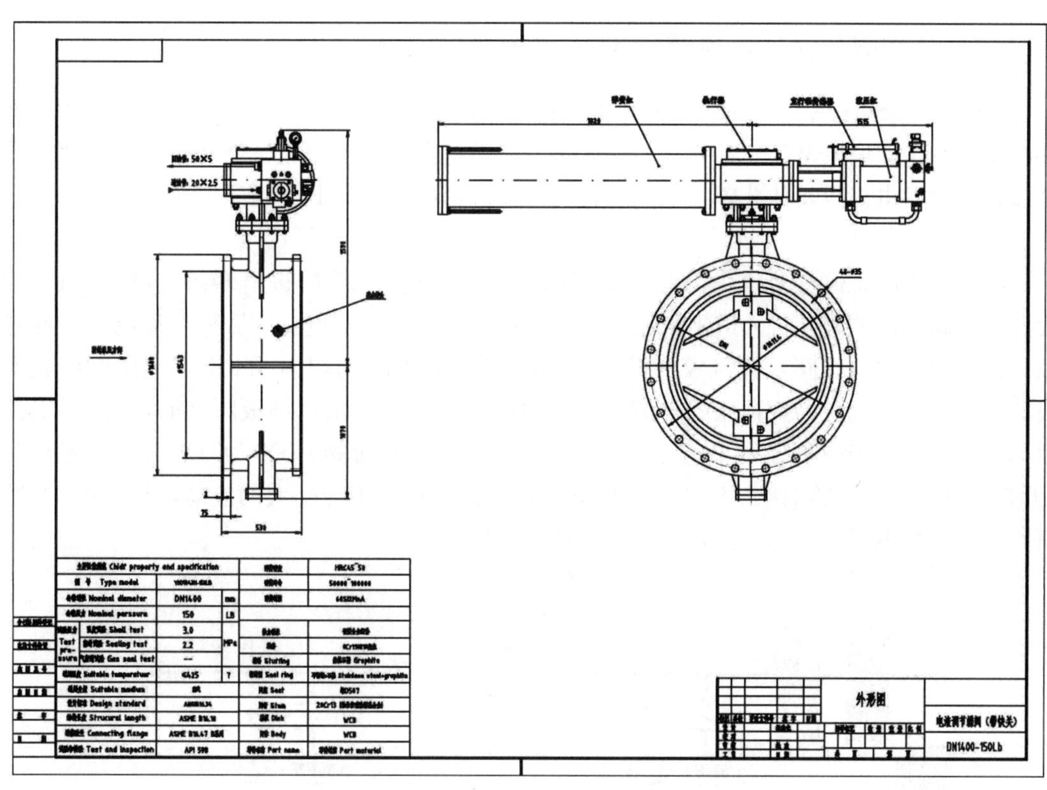

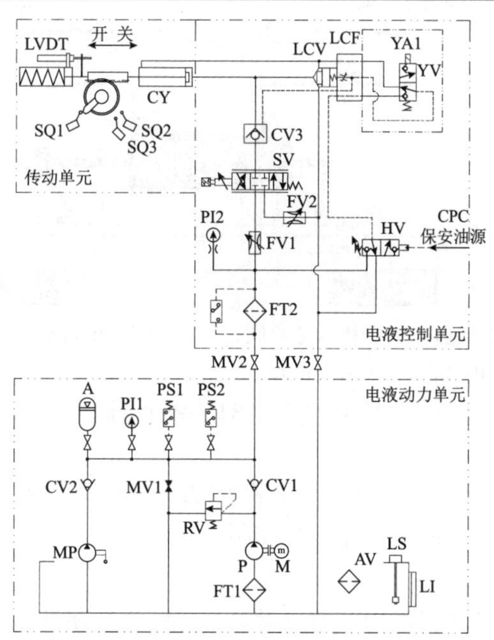

A——蓄能器；M——电机；P——油泵；AV——空气滤清器；CV1/CV2——单向阀；CV3——液控单向阀；CY——缓冲油缸；FT1——吸油过滤器；FT2——高压过滤器；FV——流量阀；HV——液控球阀；LI——液位计；LS——液位继电器；LCV——二通插装阀；LCF——盖板；LVDT——直行程传感器；MP——手动泵；MV——截止阀；PI——压力表；PS——压力继电器；SQ——行程开关；SV——伺服（比例）阀；RV——溢流阀；YA——电磁线圈；YV——电磁球阀

图 10－72　单作用快关调节型蝶阀小样图及其电液执行器液压原理图

10.5.7 高炉煤气余压发电装置 TRT 管道阀门工况

高炉煤气余压透平发电装置 TRT（Top gas pressure recovery turbine）是利用高炉冶炼的副产品——高炉炉顶煤气具有的压力及热能，使煤气通过透平膨胀机做功，将其转化为机械能，驱动发电机或其他装置发电的一种二次能源回收装置。其管道系统示意图如图 10-73 所示。

高炉产生的荒煤气经重力除尘、布袋除尘后，经过 TRT 的进口蝶阀、进口插板阀、紧急切断阀和可调静叶进入透平膨胀做功，透平带动发电机发电。膨胀做功后的煤气经过出口插板阀、出口蝶阀，送到减压阀组后的煤气主管道上。这样，TRT 与减压阀组就形成并联关系，实现对高炉顶压的控制。在入口插板阀之后、出口插板阀之前，与 TRT 并联的地方，有一旁通管及快开慢关旁通阀（简称快开旁通阀），作为 TRT 紧急停机时 TRT 与减压阀之间的平稳过渡之用，以确保高炉炉顶压力不产生大的波动，从 TRT 和减压阀组出来的低压煤气再供给热风炉或其他用户使用。

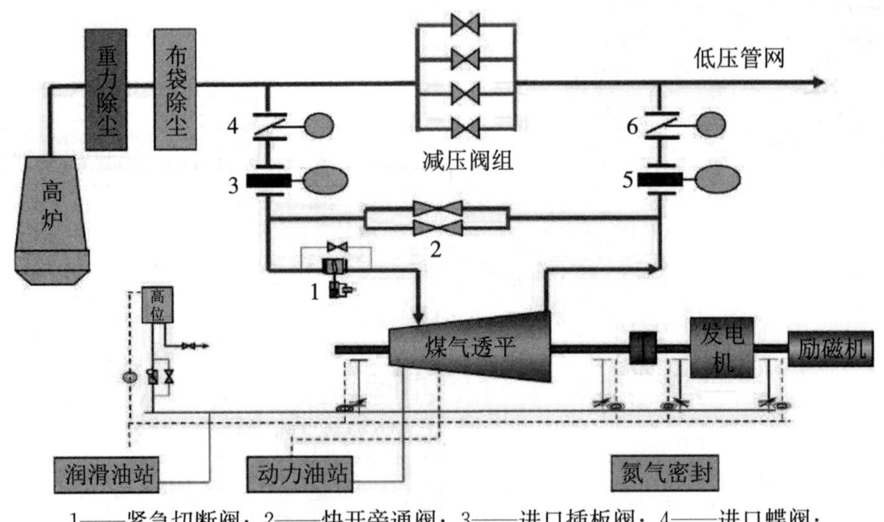

1——紧急切断阀；2——快开旁通阀；3——进口插板阀；4——进口蝶阀；5——出口插板阀；6——出口蝶阀

图 10-73 TRT 系统示意图

TRT 系统介质为高炉煤气，所配控制装置均应为防爆型结构。以上 TRT 设备中，透平机及多种阀门都采用了电液执行器进行控制，其中：

（1）透平机流量调节

采用伺服调节型电液执行机构，通过对调节静叶进行闭环行程控制来实现。

（2）紧急切断阀

主阀为蝶阀结构，ESD 功能阀（紧急快关），采用单作用快速型角行程电液执行器，共用主机系统动力油源，并接受保安油压信号控制。

（3）快开旁通阀

主阀为蝶阀结构，采用伺服调节型角行程电液执行器，共用主机系统动力油源。

（4）进、出口插板阀

常用执行机构：普通开关型电液执行器，或电动执行机构。电液执行器采用独立的动力油源。

（5）进、出口蝶阀

常用执行机构：普通开关型电液执行器，或电动执行机构。电液执行器采用独立的动力油源。

（6）紧急切断阀电液执行器控制方案示例介绍

紧急切断阀配套是"角行程单作用快关型电液执行器"，油压开启，弹簧关闭；其保安油源来源于主机超速危急保安器。液压原理图见图10－74，其中各电磁阀均以不常带电方案为例，工作过程说明如下：

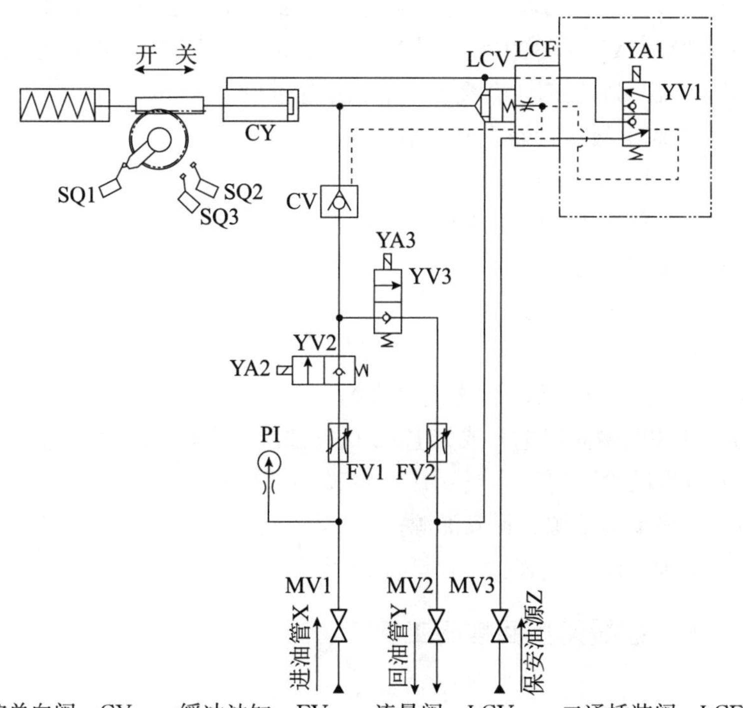

CV——液控单向阀；CY——缓冲油缸；FV——流量阀；LCV——二通插装阀；LCF——盖板；MV——截止阀；PI——压力表；SQ——行程开关；YA——电磁线圈；YV1——电磁球阀；YV2/YV3——螺纹插装电磁锥阀

图10－74　TRT紧急切断阀电液执行器液压原理图

当保安油压正常时，压力油经截止阀MV3、二位三通常开电磁球阀YV、插装阀盖板LCF，进入二通插装阀LCV先导控制腔，关闭其阀口；进入液控单向阀CV先导控制口，打开阀芯，导通油缸CY进油路。此后，可通过常速操作电磁阀YV2、YV3进行执行器慢速启闭及PST部分行程试验操作→电磁阀YV2得电，主油源压力油经截止阀MV1、流量阀 FV1、螺纹插装电磁锥阀 YV2、液控单向阀 CV 进入油缸 CY 无杆腔，推动执行器开阀，同时压缩弹簧储备能量。开阀速度可通过流量阀 FV1 进行调节。开阀到位后，电磁阀 YV2 失电，此时，油缸 CY 无杆腔处于二通插装阀 LCV、电磁锥阀 YV2、YV3 所形成的微泄漏封闭油腔内，执行器停止在全开位。一定时间后若该封闭油腔内液压油泄漏，通过全开位行程开关 SQ2 以及 75°行程开关 SQ3 的监控，可让电磁阀 YV2 重新带电，将阀门重新开启至全开位。这在一定程度上相当于 PST 部分行程试验功能，可防止装置卡阻。也可在工作状态下将电磁阀 YV2 长期带电，则可消除可能因油路泄漏出现的自动复位动作。

阀门全开时，若电磁锥阀 YV3 得电，油缸 CY 无杆腔内液压油经液控单向阀 CV、电磁锥阀 YV3、流量阀 FV2、截止阀 MV2 回油，在弹簧作用下，执行器推动阀门关闭。关阀时间可通过流量阀 FV2 进行调节。

无论阀门开启到哪种程度，若保安油源失压或电磁球阀 YV1 得电换向，液控单向阀 CV 及二通插装阀 LCV 先导口均经电磁球阀 YV1 卸压，油缸 CY 进油路在 CV 处截止；在弹簧推力下，油缸 CY 无杆腔内液压油打开二通插装阀 LCV 阀芯快速回油，驱动阀门在 0.5s 内关闭。油缸 CY 尾部设有缓冲，消除快速冲击。

TRT 紧急切断阀电液执行器主要技术特点：

传动方式：角行程（齿轮齿条式、拔叉式）；

油缸工作方式：单作用（弹簧式）；

控制方式：开关型，防爆型；

输入控制信号：开关量信号；

输出反馈信号：开关量；

ESD 或 ESV 功能：有 / ESD（紧急快关）；

ESD 信号：快关电磁阀得电（或失电）、保安油源失压；

PST（部分行程试验）：有；

油源配置：主机动力油源、保安油源；

操作方式：就地、DCS 远程。

10.5.8 循环水液控缓闭止回蝶阀工况

10.5.8.1 基本工况要求

电站阀门中，循环水系统液控缓闭止回蝶阀是最常见的开关型电液执行器应用工况。基本控制要求有：

（1）开阀要求

离心泵或离心式混流泵工况：先启泵，后开阀，或泵阀同启。

轴流泵或轴流式混流泵工况：先开阀，后启泵，或泵阀同启。

电机油泵启动开阀，开阀同时液压系统储备能量，并在阀门开启状态下通过电液执行器的自动保压功能一直保持该能量。阀门开启状态下应定位可靠，不会发生抖动等不利情况。

工作状态下控制系统失电，有失电关阀和失电保持原位两种断电保护方式，应与 DCS 控制要求一致。

(2) 关阀要求

关阀泵阀联锁方式：先关阀至一定角度，再停泵；或泵阀同时关闭。

关阀动作应通过储备能量的快速释放来驱动执行。

关阀过程分两阶段进行：先快关约 80%行程，切断大部分水流，防止水泵倒转；后约 20%行程缓慢关闭，消除停泵水锤。两阶段关阀的角度与时间均应可调。

(3) 操作要求

既能在现地单机操作，又能与循环水泵联动控制。除了接收 DCS 远程启闭指令外，还输出油压、液位等电液执行器状态信号、全开位、全关位、15°、75°中间位置等阀门状态信号至远程监控。

按照工作时储能方式不同，满足以上控制要求的电液执行器主要有通过举升重锤储能的单作用执行器和通过气囊式蓄能器储能的双作用执行器。

10.5.8.2　重锤储能单作用电液执行器方案示例

图 10－75 所示为重锤式液控缓闭止回蝶阀。液压原理图见图 10－76，其中电磁阀工作特征以“反作用型”进行说明，即阀门开启工作状态电磁阀不带电，得电则阀门关闭。

图 10－75　重锤式液控缓闭止回蝶阀

开阀流程：油泵电机启动，压力油经流量阀 FV1、单向阀 CV1、缓闭油缸 CY 尾部的单向阀进入油缸无杆腔，推动油缸活塞，带动阀门开启。同时传动连杆举升重锤储能。开阀速度通过流量阀 FV1 进行调整。开阀到位后，油泵电机继续给蓄能器 A 充压，直至高压力继电器 PS2 设定点后停机。

自动保压：全开位行程开关 SQ2 动作后，液压系统进入自动保压状态，即：若液压系统泄漏，蓄能器 A 内储备的压力油予以补偿，保证重锤不下落；当蓄能器 A 内油压因泄漏下降至低压力继电器 PS1 设定点时，油泵电机启动给蓄能器 A 补压，达到高压力继电器 PS2 设定点后停机。当系统油压泄漏降至低压力设定点时，若压力开关 PS1 故障，未能控制电机 M 启动补压，则油压继续下降，直至重锤下掉。当阀门刚一离开全开位，全开位行程开关 SQ2 释放，或 75°行程开关 SQ3 动作，均会触发电机 M 启动，实现压力多重自保。

关阀流程：电控系统接收到“关阀”指令，电磁阀 YV 得电换向，油缸 CY 内液压油经油缸尾盖快速通道、流量阀 FV2、电磁阀 YV 回油箱，重锤落下，带动阀门快速关闭。快关时间可通过流量阀 FV2 进行调整。本油缸 CY 为缓闭油缸，当执行器快速关闭约 80%行程后，油缸尾盖上的快速通道关闭，执行器进入缓闭状态；缓闭速度可通过油缸尾盖上流量阀进行调节。同时，油缸快关行程也可通过尾盖上行程调节杆进行调节，以更好地适应现场工况，消除停泵水锤。

摇动手动泵 MP 手柄，可手动开启阀门；打开手动阀 MV，则可手动关闭阀门。

方案变化：若将电磁阀 YV 机能更改为“常开”，则工作方式转变为“正作用型”，即：执行器驱动阀门开启时，电磁阀 YV 必须带电；失电，则阀门关闭。

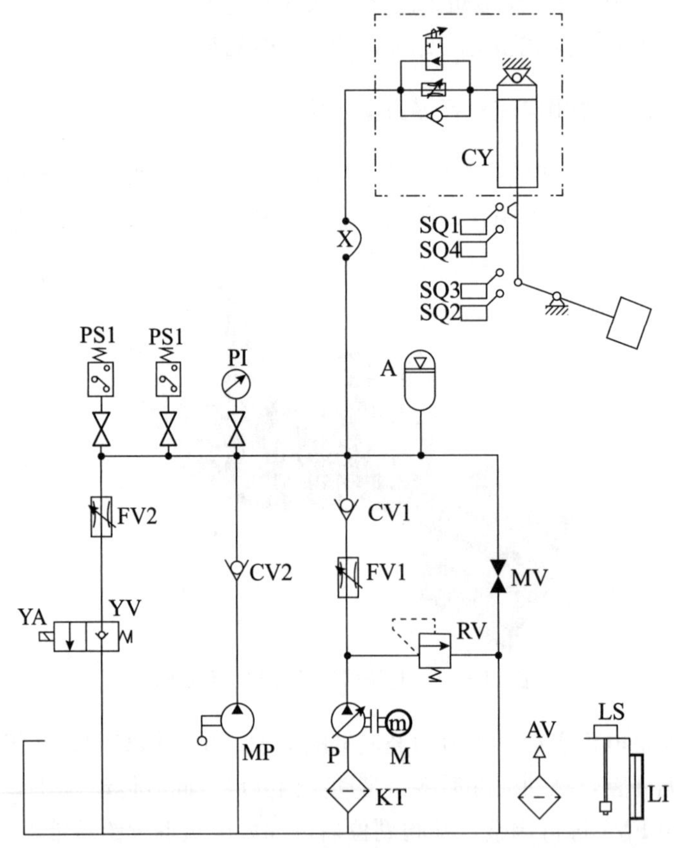

A——蓄能器；M——电机；P——油泵；AV——空气滤清器；CV——单向阀；CY——可调缓闭油缸；FT——过滤器；FV——流量阀；LI——液位计；LS——液位继电器；MP——手动泵；MV——截止阀；PI——压力表；PS——压力继电器；SQ——行程开关；RV——溢流阀；YA——电磁线圈；YV——螺纹插装电磁阀

图 10－76　重锤式单作用电液执行器液压原理图

10.5.8.3　蓄能器储能双作用电液执行器方案示例

（1）方案说明

图 10－77 所示为蓄能器储能的液控缓闭止回蝶阀。其双作用电液执行器以气囊式蓄能器作为阀门启闭的辅助动力源。接通电源，电液系统即进入“自动保压”状态：当蓄能器 A 内压力≤低压力开关 SP1 设定点时，电机 M 启动给蓄能器 A 充压，达到高压力开关 SP2 设定点后停机。这样，蓄能器内始终保持着至少能够完成一次全行程开启或关闭阀门的压力油源。

前文所述几种开关型电磁阀均有被不同厂家用作该类执行器的主控换向阀。下面将几种选型方案性能特点进行对比。几点说明如下：

1）对比方案图中，油缸 CY 均采用缓闭功能可靠性更高的专用缓闭油缸，即：快慢关角度与快慢关时间（至少慢关时间）调整通过设在油缸尾盖上的行程调节杆和流量调节阀来进行，而没有体现其他采用电磁阀切换的方案。

2）只对比电液执行器主换向回路，其他保压油路的自动切换控制均采用螺纹插装电磁锥阀以简化系统，而没有体现部分厂家所采用的电磁球阀、电磁球阀＋液控单向阀、电磁球阀＋二通插装阀组合等较为繁琐的方案。

图 10－77　蓄能器式液控缓闭止回蝶阀

（2）二通插装阀组方案

如图 10－78 所示，此方案采用了“常闭”电磁球阀 YV1 先导控制液控单向阀 CV3 与“常闭”螺纹插装电磁锥阀 YV2 形成“开阀”油路，通过流量阀 FV 调节开阀速度；先导控制两只二通插装阀 LCV1、LCV2 形成大流量的“关阀”油路；开阀状态下，电磁阀 YV2 失电截断有杆腔回油路，实现中间位置的“停止”。各控制阀均为微泄漏阀，保压性能良好。控制阀组工作方式为正作用型，即：得电开阀，开阀到位后电磁阀持续带电，油路继续保持开阀状态，防止蝶板抖动、回退；失电后关阀，关到位后油路持续保持关阀状态，防止蝶板误开，并为阀座提供密封比压。可利用各电磁阀的手动功能进行简单的手动换向操作。但阀门全开工作状态下，电磁阀必须长期带电，对电磁阀的寿命有一定影响；单一的“失电即关阀”的工作方式，使电控系统对一些小型电气故障的包容性变低，增加了工作状态下的在线检修难度，也一定程度上影响了成套装置的可靠性。

方案变化 1：将先导电磁球阀 YV1 更换为常开机能，则可以实现“失电保位”的三位四通电磁滑阀的工作方式。但因本方案的“停止”状态是通过“在开阀的状态下截断有杆腔回油路的方式”来实现的，对全关位很不利，所以一般不予采用。

方案变化 2：两只电磁阀功能若均更改为“常开”，则控制阀组工作方式为反作用型，即：得电关阀，失电开阀，电磁阀的失电低能量状态对应阀门开启的工作状态。那么在全关状态下停电时，阀门会自动开启。方案不可取。

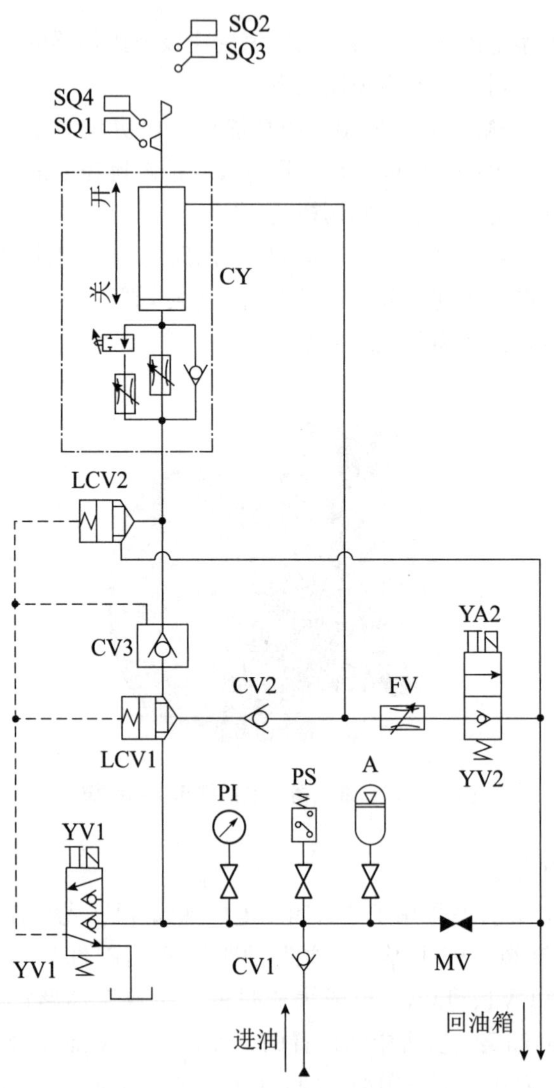

A——蓄能器；CV1、CV2——单向阀；CV3——液控单向阀；CY——缓闭油缸；FV——流量阀；LCV——二通插装阀；MV——截止阀；PI——压力表；PS——压力继电器；SQ——行程开关；YA——电磁线圈；YV1——电磁球阀；YV2——二通电磁锥阀

图 10－78　二通插装阀组方案原理图

方案特点：电磁阀失电低能量状态对应阀门关闭的安全状态，配置合理；阀门全开、全关位定位效果非常好；可应用于大流量系统。但工作状态长期带电降低了电气系统的可靠性；不能直接实现“失电保位”，若要按此方式工作需加装备用电源；二通插装阀故障检修较为麻烦。

（3）二位三通电磁球阀方案

如图10－79所示，此方案由一只连接缓闭油缸CY有杆腔的常开电磁球阀YV1与一只连接无杆腔的常闭电磁球阀YV2合成一个二位四通阀的功能，实现正作用工作方式：两只电磁球阀同时得电“开阀”，开阀到位后电磁阀持续带电，油路继续保持开阀状态；电磁阀同时失电“关阀”，关到位后油路持续保持关阀状态。开阀状态下，电磁阀YV1失电，通过单向阀CV2截止油缸有杆腔回油路来实现中间位置“停止”。各控制阀均为微泄漏阀，保压性能良好。

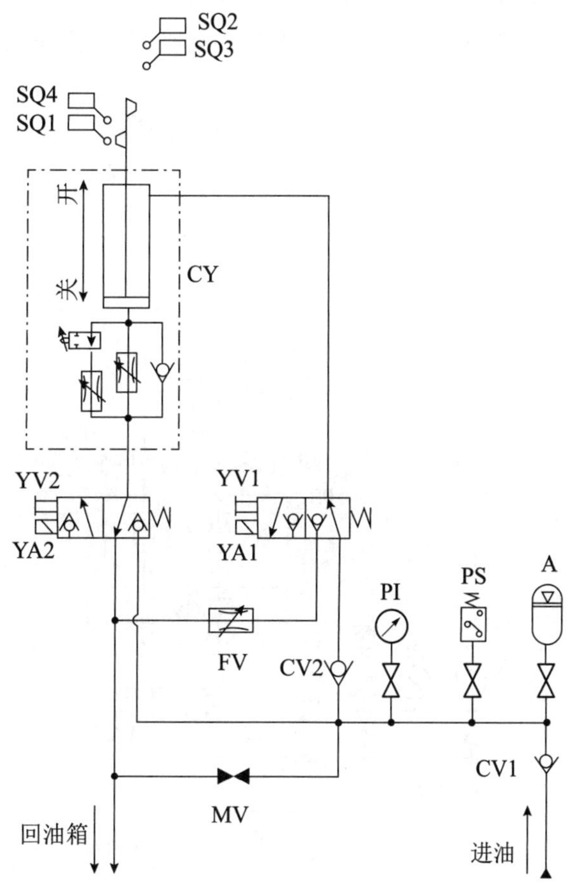

A——蓄能器；CV——单向阀；CY——缓闭油缸；FV——流量阀；MV——截止阀；PI——压力表；PS——压力继电器；SQ——行程开关；YA——电磁线圈；YV——电磁球阀

图10－79 二位三通电磁球阀方案原理图

方案变化1：电磁阀YV2更换为常开功能，则可以实现“失电保位”的三位四通电磁滑阀的工作方式。同两通插装阀方案一样，本方案的“停止”状态是通过“在开阀的状态下截断有杆腔回油路的方式”来实现的，对全关位很不利，所以一般不予采用。

方案变化 2：电磁阀 YV1 更换为常闭，YV2 更换为常开，则控制阀组工作方式为反作用型，即：得电关阀，失电开阀，电磁阀的低能量状态对应阀门开启的工作状态。那么在全关状态下停电时，阀门会自动开启。方案不可取。

方案特点：本方案工作方式的特点和变化与“二通插装阀组方案”基本一致。但主阀只有两只电磁球阀，系统油路相对简单，便于检修维护。只是电磁球阀最大选型规格只有 DN10，流通能力很小，为保证阀门快关速度，一般只能配套于 DN600 以下液控蝶阀的电液执行器。

（4）三位四通电磁滑阀方案

如图 10－80 所示，此方案采用三位四通电磁滑阀 YV1＋双口液控单向阀（液压锁）CV2 叠加阀组来实现换向控制；同时，因电磁滑阀泄漏量较大，设置二通电磁锥阀 YV2 将电磁滑阀 P 口与蓄能器 A 保压油路隔离，在主换向阀 YV1 任一线圈得电换向时，YV2

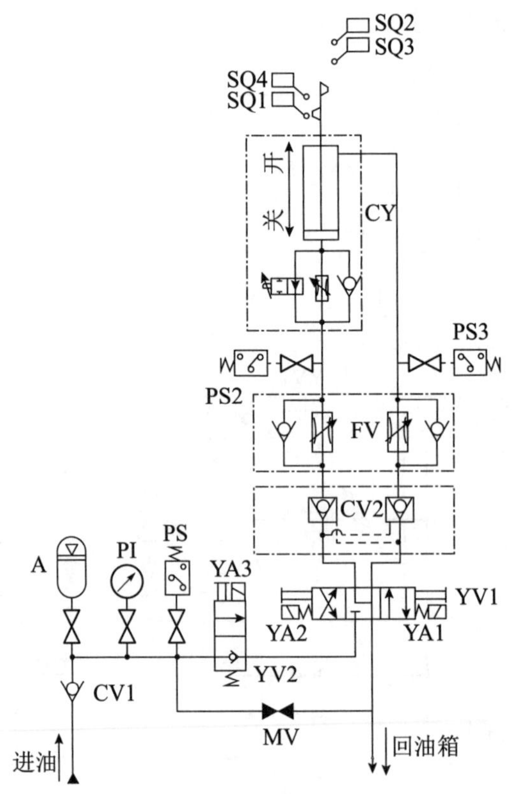

A——蓄能器；CV1——单向阀；CV2——液控单向阀；CY——缓闭油缸；FV——双单向节流阀；MV——截止阀；PI——压力表；PS——压力继电器；SQ——行程开关；YA——电磁线圈；YV1——电磁滑阀；YV2——二通电磁锥阀

图 10－80　三位四通电磁滑阀方案原理图

均同时带电换向导通蓄能器油路进行配合。工作方式：电磁滑阀 YV1 开线圈 YA1 得电“开阀”，开到位后失电，通过液压锁 CV2 闭锁油缸 CY 两腔，实现阀门全开位定位。同理，电磁滑阀 YV1 关线圈 YA2 得电关阀，关阀到位后失电，通过液压锁 CV2 闭锁油缸 CY 两腔，实现阀门全关位定位。电磁阀 YV1 的失电低能量状态对应阀门“停止”的保位状态：在开关过程任意中间位置电磁阀失电，均能实现“停止”定位。各电磁阀均带手动功能，可以现地进行简单的手动换向操作。大口径阀门的配套可以采用电液换向阀。

此方案中，阀门全开、全关位置的定位状态，油缸实际上都是处于两腔闭锁的“停止”状态。各元件正常工作时，阀门也能保证定位；但一旦出现油缸、阀组泄漏等情况，就可能会出现阀门密封副松开、蝶板抖动、回退等故障。因此，在油缸两腔油路中需加入压力开关进行压力监控：通过执行器 PLC 控制程序的设定，在阀门全开位时的无杆腔或全关位时的有杆腔，油压低于压力开关 PS2、PS3 预设值，或阀门位置出现偏移时，电磁阀相应线圈带电一定时间，将阀门恢复至正确状态。

阀门全开、全关位置电磁线圈均失电，可大大提高电磁线圈的寿命及对一些小型电气故障的包容性，工作状态下的在线检修更容易实现，电气工作的可靠性得到提高。但现场要求“失电关阀”等功能时，不能直接实现，必须在电控系统中配备备用电源，让电磁阀关线圈 YA2 带电才能完成，相应降低了工况的适应性。

方案变化：可以将电磁阀 YV1 更换为单线圈弹簧复位的二位四通功能，去除电磁阀 YV2 让蓄能器油路长期导通，实现类似二通插装阀组方案的纯正作用工作方式；但因电磁滑阀泄漏量大，长时间工作将影响系统的保压性能，能量储备的不足会导致更大的隐患，因此不可取。

方案特点：采用“失电保位”的反作用工作方式，工作状态下电磁阀不带电，提高了电气控制的可靠性；但不能实现真正意义上的“失电关阀”，需要备用电源进行功能补偿；全开、全关位为“停止”状态，定位功能稍差，需用压力开关进行功能补偿；流量范围可以满足常见工况的阀门配套。

（5）二通螺纹插装阀组方案

如图 10－81 所示，此方案由并联的四只常闭型螺纹插装电磁锥阀组成，分别连接油缸的有杆腔和无杆腔；其中，接回油箱的 YV1、YV4 为单向截止型，连接蓄能器保压回路的 YV2、YV3 为双向截止型。工作方式与电磁滑阀方案相同：电磁滑阀 YV1、YV3 得电开阀，开阀到位后失电，四只常闭型电磁阀失电时均为微泄漏截止状态，闭锁油缸两腔，实现阀门全开位定位。同理，电磁阀 YV2、YV4 得电关阀，关阀到位后失电，油缸两腔闭锁，实现阀门全关位定位。电磁阀失电低能量状态对应阀门“停止”的保位状态，在开关过程任意中间位置电磁阀失电，均能实现“停止”定位。常闭式螺纹插装电磁阀手动功能较强，手动换向后可保持在换向状态，方便系统调试以及保证某些特殊工况下的正常工作。

此方案与电磁滑阀方案一样，阀门全开、全关位置的定位状态，油缸实际上都是处于两腔闭锁的“停止”状态。一旦出现油缸、阀组泄漏等情况，也可能会出现蝶板抖动、回退等故障。但此方案电磁阀均为可长期带电的微泄漏锥阀，可在 PLC 控制程序中设置保护程序，一旦监控到定位不正常情况，可让相应电磁阀组长期带电，将阀门牢牢锁定在全开或全关位，达到二通插装阀组方案的定位效果，而不会影响系统的保压性能。

方案变化1：可以将电磁阀YV2、YV4更换为常开功能，则执行器工作方式更换为正作用型：四只电磁阀同时得电开阀，同时失电关阀，电磁阀失电低能量状态对应阀门关闭的安全状态，与二通插装阀组方案完全一样；若仅YV2、YV4得电，油缸两腔闭锁，实现阀门“停止”定位，又与电磁滑阀方案一样。

方案变化2：可以将电磁阀YV1、YV3更换为常开功能，则执行器工作方式更换为反作用型：四只电磁阀同时失电开阀，同时得电关阀，电磁阀失电低能量状态对应阀门开启的工作状态，不可取。

方案特点：正常情况下采用“失电保位”的反作用工作方式，工作状态下电磁阀不带电，提高了电气控制的可靠性；故障情况下又可长期带电，达到全开、全关油压驱动定位的效果；可以调整电磁阀功能配置，转换为“失电关阀”的正作用工作方式；电磁阀手动换向后可保持换向状态，保证某些特殊工况下的正常工作；工况适应性非常强。流量范围可以满足常见工况的阀门配套。

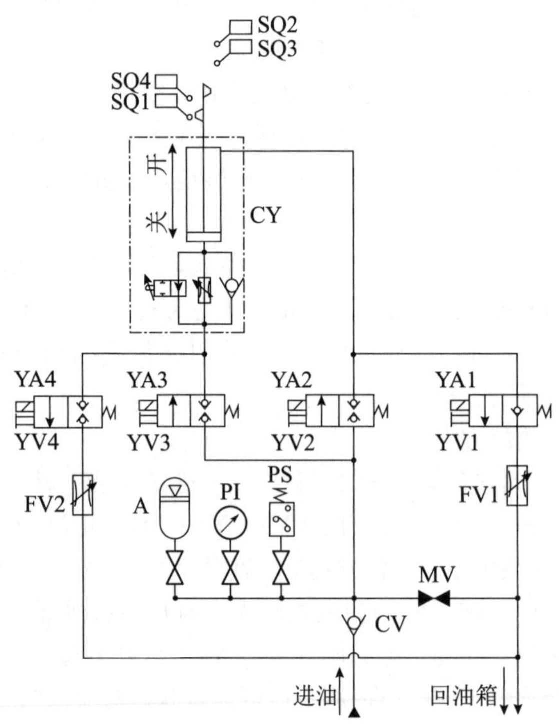

A——蓄能器；CV——单向阀；CY——缓闭油缸；FV——流量阀；MV——截止阀；PI——压力表；PS——压力继电器；SQ——行程开关；YA——电磁线圈；YV——螺纹插装电磁锥阀

图10-81 二通螺纹插装阀方案原理图

（6）三位四通截止式电磁（液）换向阀方案

如图 10－82 所示，此方案主换向阀仅为一只三位四通截止式电磁换向阀 YV，叠加一只双单向节流阀 FV 用于流量控制，油路与三位四通电磁滑阀方案相似。但由于该阀为微泄漏截止式结构，无需另设保压阀；并可长期带电保持开阀或关阀状态，油路及元件配置更为简单。

大流量配置时需采用截止式电液换向阀。该阀为多功能阀，集换向功能、双向液压锁功能、流量调节功能于一体，图中流量阀 FV 也可取消，结构相对更为紧凑。

方案特点：本方案主阀功能集成度比三位四通叠阀方案更高，可长期带电的微泄漏截止式结构，使执行器具有良好的保压、定位功能，工况适应性强。但该类阀当前多为进口，价格较贵，同时给用户的后期维护造成一定的不便。

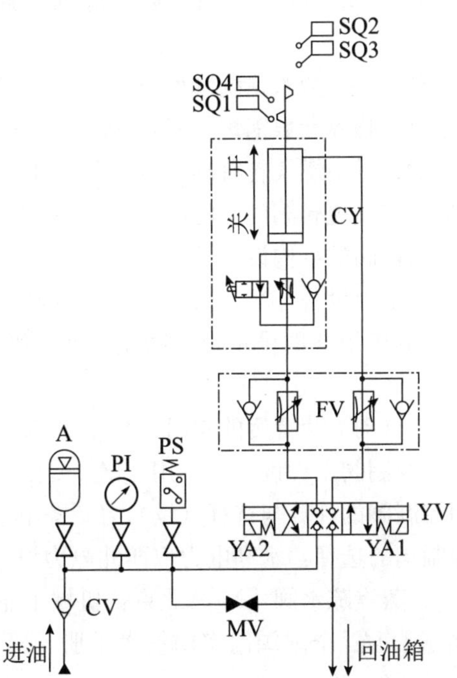

A——蓄能器；CV——单向阀；CY——缓闭油缸；FV——流量阀；MV——截止阀；PI——压力表；PS——压力继电器；SQ——行程开关；YA——电磁线圈；YV——截止式电磁换向阀

图 10－82　三位四通截止式电磁换向阀方案原理图

参考文献

［1］刘美德，楼重义．火力发电厂热力学基础［M］．北京：中国水利电力出版社，1988.

［2］张磊，马明礼．汽轮机设备及其系统［M］．北京：中国电力出版社，2006.

［3］刘继平，方联，任宏伟．1000MW 机组汽轮机旁路系统选择［J］．发电设备，2010.02.

［4］张月军，祝洪青，张桂英．旁路系统选型研究［J］．热机技术，2007，02.

［5］樊泉桂．超超临界及亚临界参数锅炉［M］．北京：中国电力出版社，2007.

［6］艾松，陶健，戴富林．重型燃气轮机燃气过滤器设计［J］．发电设备，2012，04.

［7］戴富林．含镍材料在烟气脱硫阀门中的应用［J］．阀门，2008，02.

［8］戴富林．海水淡化用蝶阀的结构设计及材料选用［J］．阀门，2009，04.

［9］郑源，张强．水电站动力设备［M］．北京：中国水利水电出版社，2003.

［10］谢云敏．水轮机发电机组辅助设备及自动化运行与维修［M］．北京：中国水利水电出版社，2005.

［11］古列维奇等〈苏〉．核动力装置用的阀门［M］．北京：原子能出版社，1988.

［12］何衍庆，邱宣振．控制阀工程设计与应用［M］．北京：化学工业出版社，2005.

［13］彭领新．电站用控制阀的计算与选择（续）［J］．热机技术，1997.

［14］彭领新．电站控制阀的选择：水利电力部西北电力设计院，1988 年.

［15］中井多喜雄［日］．蒸汽疏水阀［M］．北京：机械工业出版社，1989.

［16］上海市机械设备成套局．全国阀门实用技术手册［M］．浙江：浙江科学技术出版社，1992.

［17］黎启柏．液压元件手册［M］．北京：冶金工业出版社，机械工业出版社，2000.

［18］刘爱忠．汽轮机设备及运行［M］．北京：中国电力出版社，2003.

［19］范存德．液压技术手册［M］．辽宁：辽宁科学技术出版社，2004.

［20］姚晓光．伺服系统设计［M］．北京：机械工业出版社，2013.

［21］张利平．液压阀原理、使用与维护（第三版）［M］．北京：化学工业出版社，2015.

［22］高殿荣，王益群．液压工程师技术手册（第二版）［M］．北京：化学工业出版社，2016.

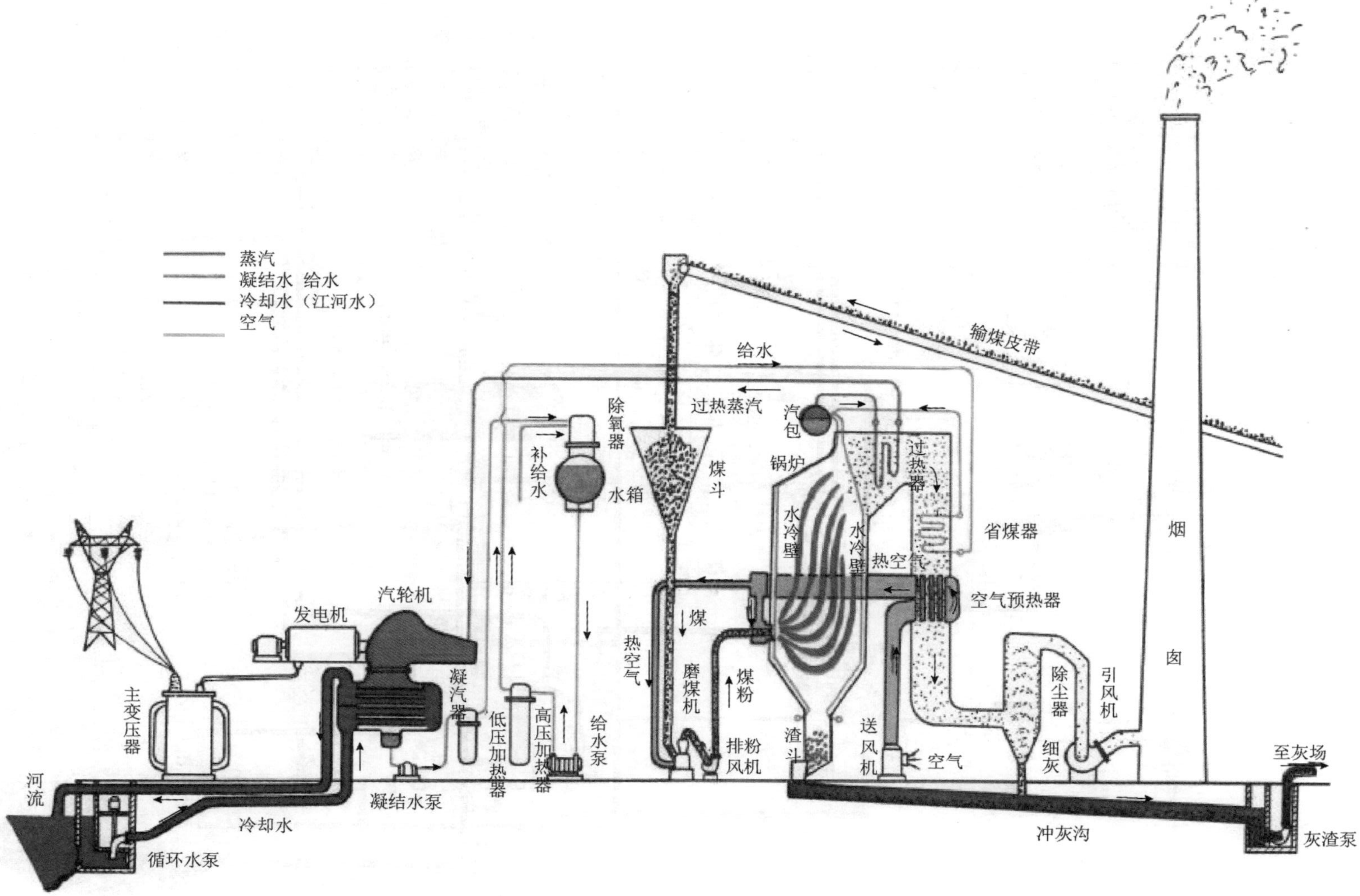

彩图1　燃煤电厂生产过程和主要设备示意图

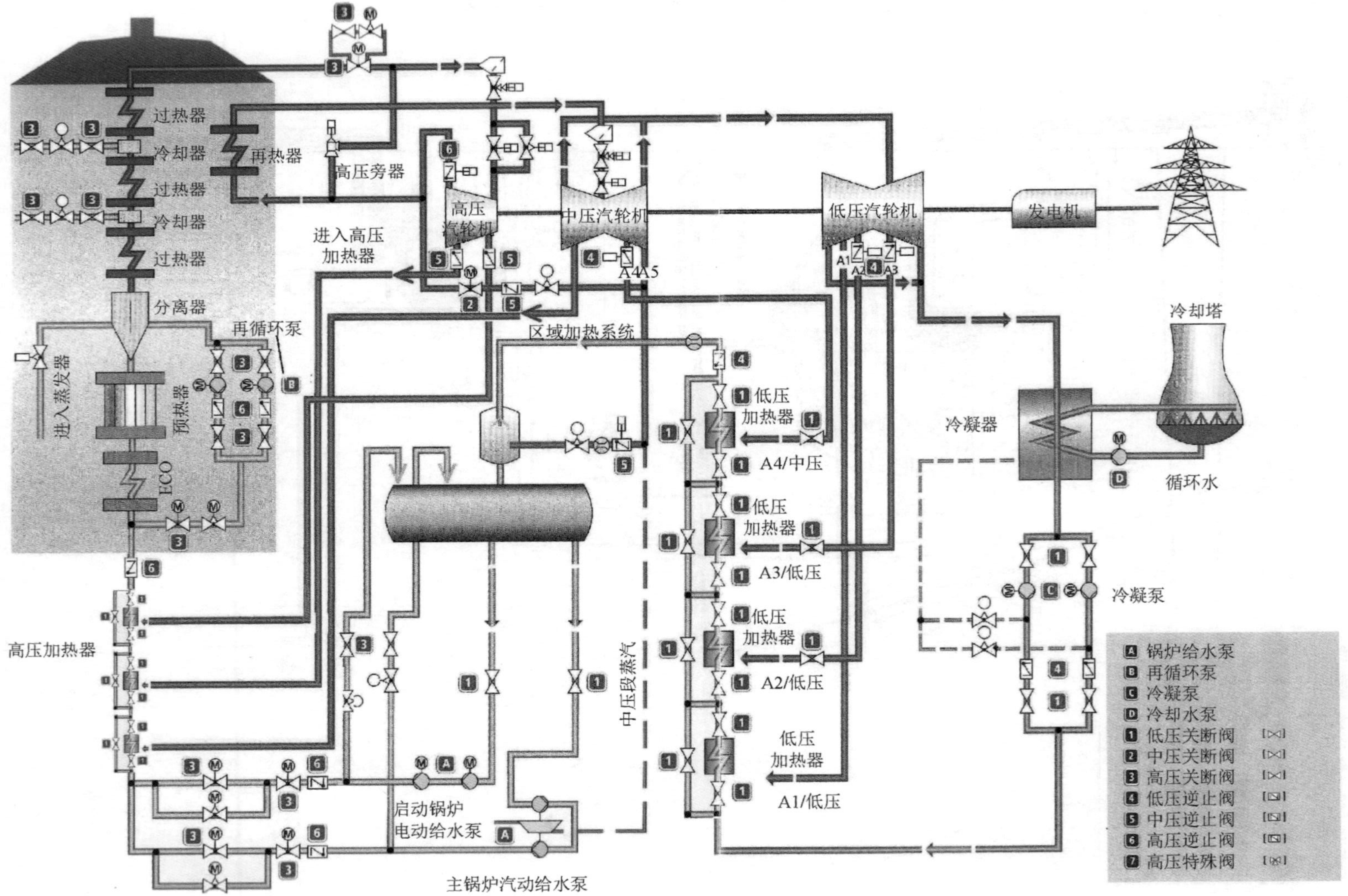

彩图2 燃煤电站工艺流程及主要阀门布置图

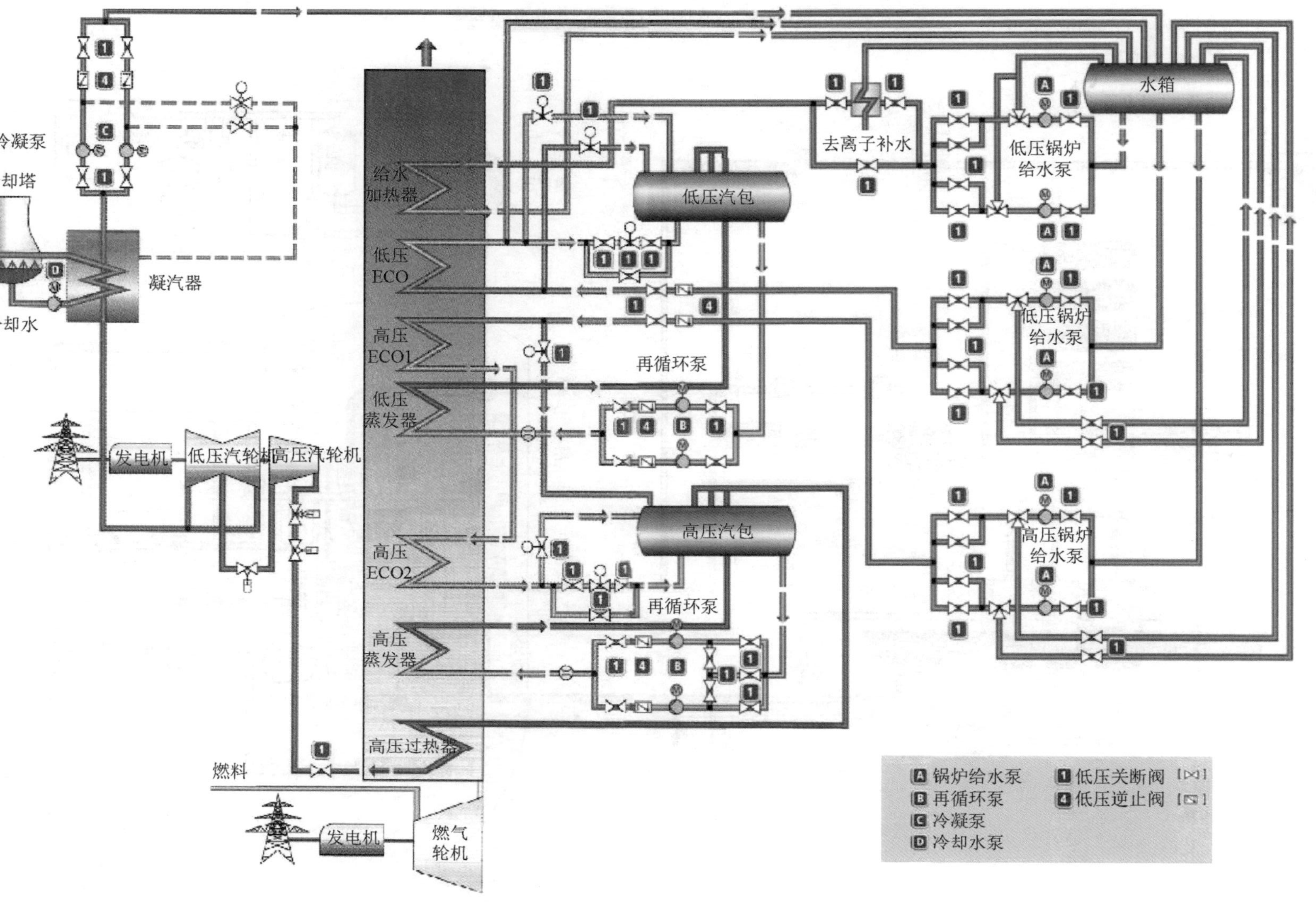

彩图3 燃气—蒸汽联合循环电站工艺流程及主要阀门布置图

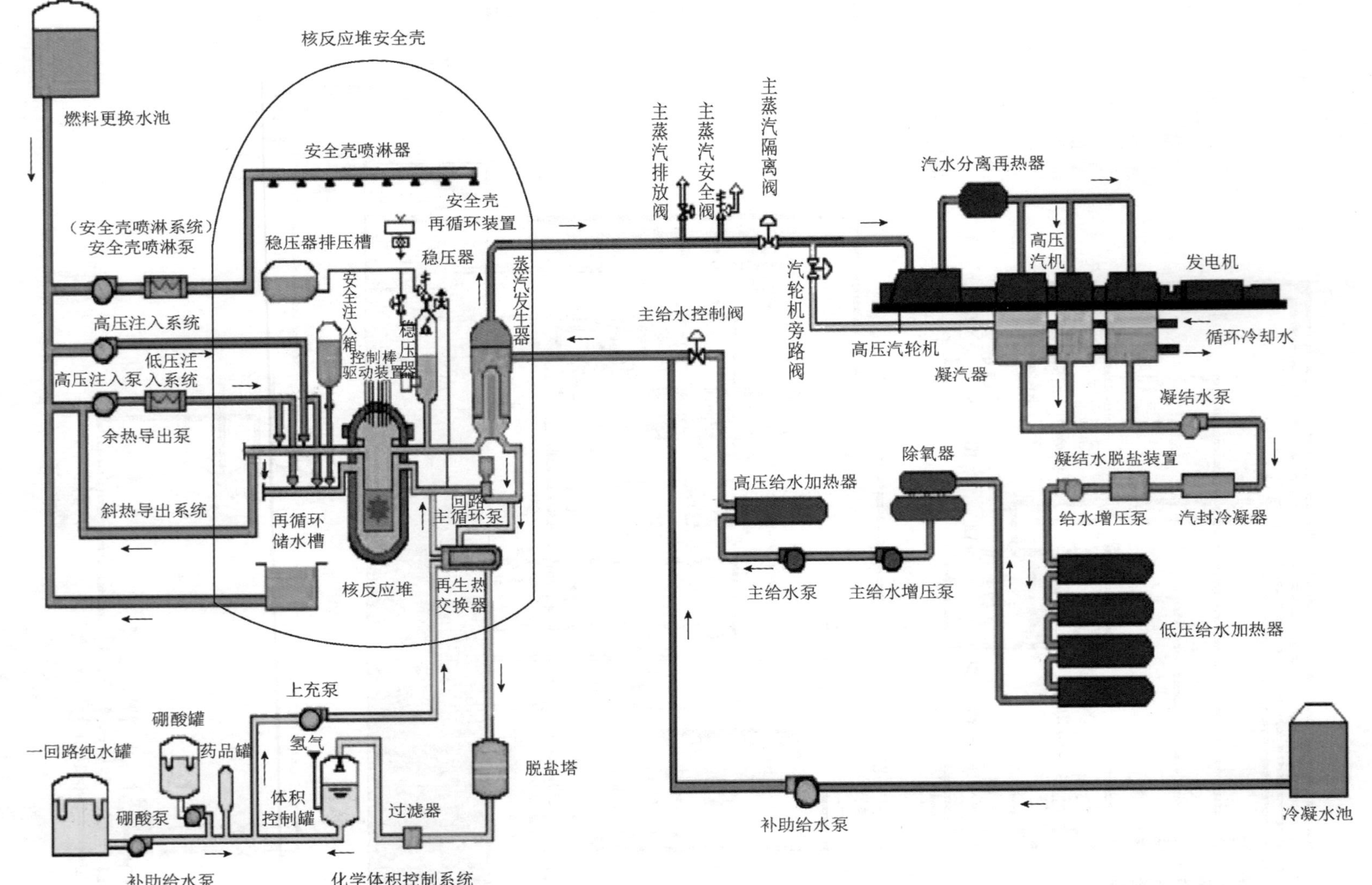

彩图4　核电站工艺流程及主要阀门布置图